LA VIE

DANS L'HOMME.

DIJON. — IMPRIMERIE J.-E. RABUTOT,

place Saint-Jean, 1 et 3.

LA VIE

DANS L'HOMME.

EXISTENCE, FONCTIONS, NATURE, CONDITION PRÉSENTE, FORME, ORIGINE ET DESTINÉE FUTURE DU PRINCIPE DE LA VIE; ESQUISSE HISTORIQUE DE L'ANIMISME.

PAR J. TISSOT,

Professeur de Philosophie

à la Faculté des Lettres de Dijon.

PARIS

VICTOR MASSON ET FILS

place de l'École-de-Médecine.

1861.

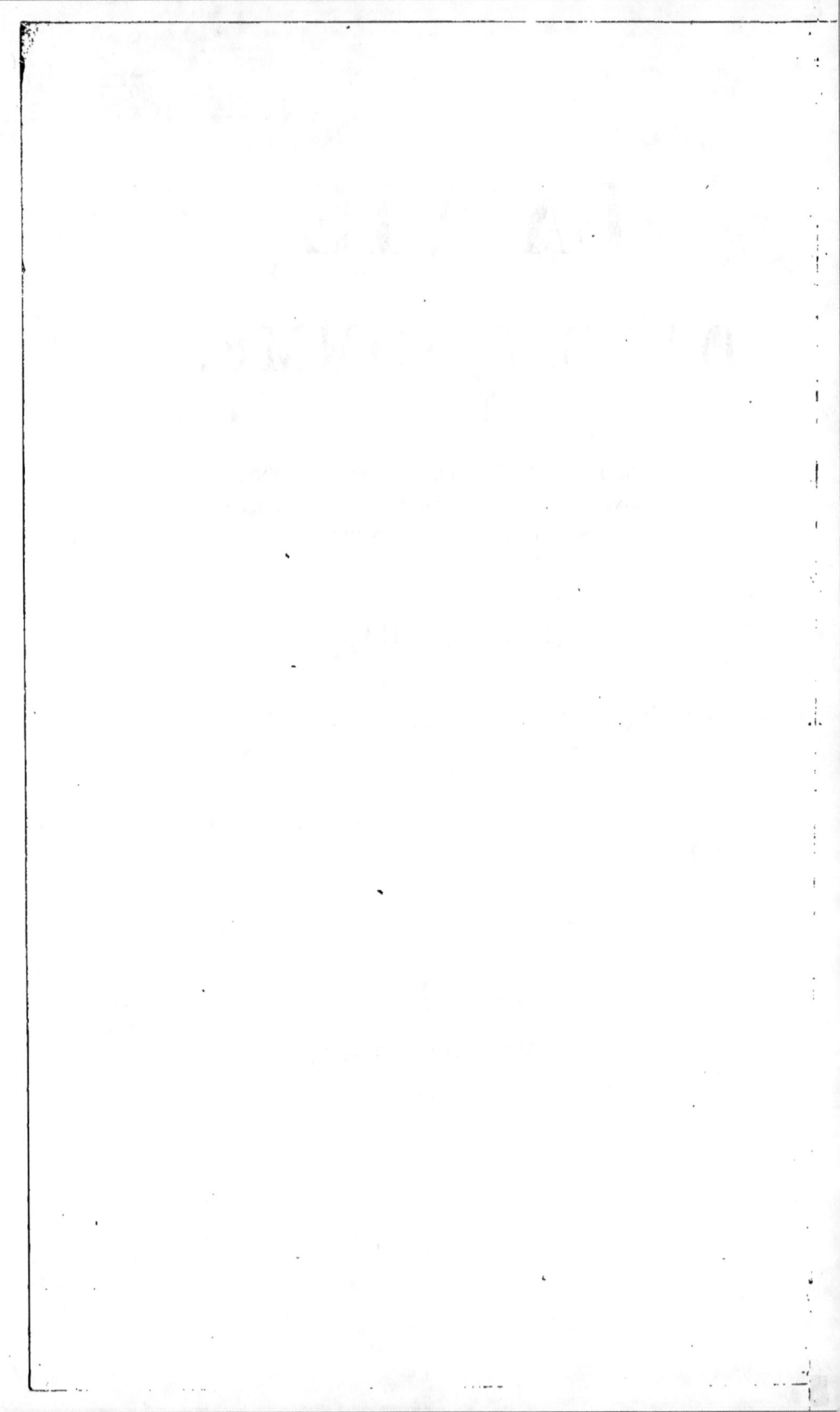

PRÉFACE.

Ce volume fait suite à un autre, dont il suppose jusqu'à un certain point la connaissance. Il forme néanmoins un tout assez distinct, qui a pour objet la question du principe de la vie dans l'homme, si fortement controversée dans ces derniers temps.

Il est aussi nécessaire d'admettre un pareil principe qu'il l'est que tout effet donné ait une cause. On aura beau vouloir fermer les yeux sur la nature de cette cause, toujours est-il qu'il faut en admettre une. Aussi, là n'est pas la difficulté. Mais dès qu'il s'agit de savoir quelle est cette cause, les opinions se partagent.

La vie est l'effet de l'organisation suivant les uns; d'autres, plus exigeants, se demandent d'où vient l'organisation et la vie avec elle, et répondent : de la matière. Mais ceux qui ne peuvent reconnaître à la matière une pareille puissance, cherchent la vie en dehors du monde corporel : la cause de la vie, disent-ils, c'est la nature, c'est Dieu. Cette manière de voir, aussi peu scientifique qu'elle est péremptoire, ne contente pas tous les esprits. Il en est donc qui préfèrent expliquer la vie en disant que c'est un agent naturel, une véritable cause seconde individuelle, qui varie suivant les espèces, qui n'est cependant ni le corps ni l'âme des êtres vivants, mais un troisième principe substantiel, participant de la nature du corps et celle de l'âme, servant de lien entre l'un et l'autre. Il en est enfin, et nous sommes du nombre, qui croient que ce qui pense en nous est aussi ce qui préside à la vie organique, ou que l'âme est le principe de la vie.

Reprenons un peu tous ces points de vue.

Il existe une classe de savants fort estimables qui ont appris à se défier de la métaphysique en physique, et qui, pour rester plus fidèles au précepte de Newton que Newton lui-même, ne veulent pas entendre parler de causes, de causes invisibles du moins. Des faits, toujours des faits, et rien que des faits, telle est leur devise. Justement attachés à la méthode expérimentale, ils n'entendent pas en sortir. Ils consentiront bien à rattacher des faits à d'autres faits, à expliquer les uns par les autres, suivant que les premiers sembleront résulter des seconds, mais ils se garderont bien de sortir de là ; ils craindraient de passer de la physique dans la métaphysique, du domaine des faits dans celui de l'imagination, du réel au fantastique.

Cette crainte a son côté très salutaire, et la méthode qui l'inspire ses résultats heureux : cette méthode a produit les sciences expérimentales avec leurs conséquences pratiques sans nombre.

Mais on peut, sans cesser de s'y conformer, faire un pas de plus, sauf à ne pas oublier qu'en sortant des phénomènes, en recherchant des causes, on passe réellement d'un ordre de choses à un autre, du sensible à l'intelligible. Les causes, comme causes pures et simples, ne sont que des vertus cachées, des puissances, des facultés dont les agents sont doués. Si l'on ne peut pas les connaître en elles-mêmes, on peut du moins chercher à savoir quels sont les agents qui les possèdent.

Nous devions faire toutes ces réserves en faveur de la méthode expérimentale, mais revendiquer en même temps tous les droits de la raison, le plein et légitime exercice de cette faculté. Autrement, c'est-à-dire si l'on nie l'existence des causes, ou la possibilité d'en rien connaître, d'en savoir autre chose du moins que la succession des effets, et qu'on ne distingue pas même le rapport de causalité d'avec le rapport de succession, comme le voulait Hume, ou bien si en le distinguant on prétend n'en pouvoir connaître jamais autre chose, on tombe alors dans un empirisme étroit et sceptique, qui amoindrit la raison humaine, en refusant de lui faire toute sa part.

On tombe dans une faute plus grave encore, puisqu'on ajoute à cet empirisme exclusif le tort d'une pétition de principe en expliquant les fonctions de la vie par les propriétés organiques. Nous reconnaissons sans peine, par exemple, que dans la reproduction de certaines parties d'un organe, il y a, dans les parties restantes de cet organe, ou dans d'autres parties qui y tiennent, un travail organique reproducteur. Mais on s'arrête évidemment en chemin, si l'on se contente de reconnaître et de dire que ces parties sont douées d'une vertu reproductrice, qu'elles sont le principe même de la vie, en ce qui regarde l'effet qu'elles sont capables de produire; car il s'agit tout juste de savoir si déjà ces parties, capables d'en reproduire d'autres, ne sont pas des instruments employés par une force invisible, qui n'aurait rien de matériel, et, en tout cas, d'où leur vient cette action vitale, celle-là plutôt que toute autre, pourquoi elle a lieu dans telles circonstances et dans telle mesure plutôt que dans une autre mesure et dans d'autres circonstances. Il s'agit, en un mot, de savoir d'où leur vient à elles-mêmes l'organisation, la vie et les vertus par lesquelles cette vie se manifeste.

Répondre qu'elles la tirent d'elles-mêmes, c'est supposer qu'elles sont avant d'être, qu'elles agissent avant de posséder la faculté d'agir, qu'elles vivent avant de vivre; c'est répondre à une difficulté par une impossibilité. Dire qu'elles sont le produit d'autres organismes semblables, c'est répondre par la question ou se jeter dans l'infini ; car d'où viennent ces organismes antérieurs ? et s'il y en a de premiers, pourquoi la cause seconde qui les a produits dans le principe ne serait-elle pas encore la cause seconde qui les produit toujours ? Dire qu'il n'y a pas eu de commencement, c'est à coup sûr se jeter en dehors de l'expérience, à laquelle on est si jaloux de rester attaché ; c'est se jeter de gaîté de cœur dans les séries infinies, s'y perdre, et déclarer, sans fondement expérimental tout au moins, qu'il n'y a pas ici de cause seconde initiale, qu'il pourrait bien aussi, par la même raison, n'y avoir aucune cause première.

Voilà pourtant les extrémités métaphysiques auxquelles on aboutit logiquement, c'est-à-dire nécessairement, en se renfermant dans l'organisme, en refusant de lui reconnaître une cause qui en diffère, qui lui soit antérieure et supérieure. Pour avoir craint de sortir du visible, d'affirmer l'intelligible comme cause nécessaire du sensible, on rend le sensible lui-même inintelligible, impossible, ou l'on s'abîme dans l'infini par un attachement excessif au fini ; le trop grand éloignement de la métaphysique jette dans l'absurde ou dans l'inconcevable.

Il y a donc une mesure à garder en ce point. Il faut sortir de l'organisme pour comprendre l'organisme, pour en avoir la raison. Mais il faut en sortir par la bonne porte ; autrement, on tourne le dos à la vérité qu'on poursuit, à la lumière qu'on attend. Chercher la cause de l'organisation dans la matière même organisable, c'est chercher la cause dans son effet, l'ouvrier dans son œuvre, l'actif dans le passif, la forme dans la matière. L'organisation est en possibilité dans l'organisable ; mais elle y resterait éternellement, sans une cause qui la rende actuelle, qui opère l'organisation même. S'il était de l'essence de la matière de s'organiser, pourquoi serait-elle en si grande quantité dans un état contraire à son essence? pourquoi la vertu organisatrice qui résiderait en elle agirait-elle si diversement dans la production des différentes espèces d'êtres vivants? Comment pourrait-elle eagir avc tant de sagesse et réaliser une multitude infinie de types, et dans ces types spécifiques une variété plus grande d'individus? Le matérialisme pur, qu'il se fonde sur les propriétés mécaniques, physiques ou chimiques des corps, est donc pour le moins aussi impuissant à rendre compte de l'organisation et de la vie que l'empirisme exclusif et sceptique, dont il est si proche parent du reste.

Animés d'un esprit tout différent, bien que matérialistes encore, un certain nombre de savants ou de gens qui se croient tels; moins fermes sur la méthode expérimentale; moins éclairés sur la caractéristique du sensible et de l'intelligible; plus disposés à se payer de mots, à les prendre pour des idées; plus portés à réaliser des abstractions, à prendre des causes occultes pour des causes connues, des causes chimériques pour des causes véritables : ces sortes d'esprits, qu'on pourrait justement appeler des matérialistes mystiques, font de la nature une entité, une force, une cause universelle, et font produire à cette cause tous les effets divers qui se manifestent dans le monde, tous les individus mêmes qui le remplissent. Il n'y a pas de causes individuelles, subsistantes en dehors de cette grande et suprême cause; en dehors d'elle tout n'est plus qu'effet, malgré l'apparence contraire. C'est à peine si les plus modérés d'entre eux font une exception en faveur de la force pensante et agissante que nous appelons l'âme de l'homme. Ils ne s'aperçoivent point que cette nature dont ils parlent tant n'est rien, précisément parce que, si elle était quelque chose, elle serait tout, et qu'une individualité universelle est aussi contradictoire que l'un et le multiple. D'un autre côté, si elle était individuelle sans être universelle, elle n'expliquerait que l'existence et la vie d'un individu; de même que si elle était universelle sans être individuelle, elle ne serait plus qu'une idée applicable à tout être vivant, mais sans qu'elle pût expliquer aucun d'eux, le plus humble de tous, à titre de cause; elle ne serait plus une force, parce qu'elle ne serait plus une substance, un individu véritable.

Aussi, grand nombre de ceux qui, doués encore de ce tour d'esprit mystique, mais moins matérialistes cependant, sentent la nécessité d'une cause supérieure à toutes les causes visibles, individuelles du moins, conçoivent-ils en dehors de la nature, quoique intimement unie à cette nature, une cause individuelle par sa substance, mais universelle par son action, et qui a pour loi de se développer, de se manifester dans tous les individus différents d'elle qui remplissent l'univers. Suivant que cette cause est conçue comme substance unique, ou comme substance distincte d'autres substances, elle seule existe, et tout le reste est purement phénoménal; ou bien, au contraire, les substances qui existent en dehors d'elle sont ou une partie d'elle-même, une émanation de sa nature, ou un produit de sa vie même, qu'il y ait ou non intelligence dans ce développement vital. C'est, comme on voit, le panthéisme sous toutes ses formes, depuis le panthéisme naturaliste le plus simple, jusqu'au panthéisme spiritualiste qui se rapproche le plus du déisme. Nous avons fait voir ailleurs, dans notre Théologie philosophique, combien est inadmissible une pareille conception.

Rien donc que de fort naturel si des esprits plus sages, mais n'accordant pas assez cependant à la puissance créatrice, n'ont cru pouvoir expliquer la vie, dans les êtres vivants tout organisés, que par l'action immédiate de la Divinité. Les moins difficiles à cet égard ont cependant supposé qu'une fois l'organisme formé et mis en jeu par la main divine, il pouvait fonctionner pendant une certaine durée, sans que l'ouvrier divin fût obligé de s'en occuper autrement. L'individu vivant, dans le système du théovitalisme, est donc parfaitement comparable à un mécanisme sorti de la main de l'homme, qui peut fonctionner et durer un laps de temps pour ainsi dire déterminé sur l'étendue de son ressort et la matière qui a servi à le construire. Ce ressort sera l'âme, si l'on veut; mais il n'est plus une cause seconde douée d'une force propre, d'une force organisatrice et vivifiante, puisque l'organisation et la vie viennent d'ailleurs. Elle n'est plus qu'une partie de l'ensemble vivant, et non le principe de la vie. Elle sera un moteur secondaire, il est vrai, mais un moteur indigne de ce nom, puisqu'elle-même aura besoin d'être sans cesse soutenue, dirigée, poussée par une force étrangère. Elle n'aura pas au dedans d'elle, dans son essence, de quoi se suffire et pourvoir, pendant un certain temps au moins, au mouvement vital de la machine entière. Ce système, moins mystique que les deux précédents, l'est, suivant nous, trop encore; il exclut de la création les causes secondes véritables. Et s'il est vrai de dire avec les scolastiques que la philosophie s'applique essentiellement à la recherche des causes secondes, qu'il n'est pas philosophique de recourir sans une nécessité absolue à la cause première, le système dont nous parlons aura le défaut de n'être pas assez philosophique, s'il est vrai qu'on peut encore expliquer la vie par une cause créée, par l'âme. Car en dehors de Dieu et du monde matériel, il n'y a plus de réalités à nous connues, que le principe pensant ou capable de penser dans l'homme, et des principes analogues dans les autres êtres vivants.

C'est pourtant afin d'échapper à cette nécessité qu'une école célèbre a imaginé un troisième principe, qu'elle appelle principe vital par excellence. Nous verrons, en parlant de l'archée de Van-Helmont et du vitalisme de Montpellier, qui ne diffère pas, au fond, de la fiction du célèbre belge, que cette hypothèse n'est ni nécessaire ni même utile ; qu'elle ne fait que reculer et compliquer la difficulté.

Reste donc l'explication de la vie par l'âme ; c'est l'animisme. Cette théorie a pour elle le quadruple avantage de partir d'un principe aussi certain que l'existence même du principe de la pensée, de se fonder sur le fait non moins certain de l'action de l'âme sur le corps, d'avoir en sa faveur l'autorité des plus beaux génies depuis l'antiquité jusqu'à nos jours, d'être parfaitement simple et sans fiction.

Dans le principe, tout semblait animé dans la nature, partout, du moins, où le mouvement se manifestait. Et comme on ne distinguait pas encore nettement le moteur et la chose mue, on mettait la force motrice dans le corps mu, sans distinguer clairement entre la substance de l'un et la substance de l'autre, peut-être même en n'admettant qu'une substance unique partout où l'on ne voyait qu'un individu, la substance corporelle.

Mais alors aussi, par le fait qu'on ne distinguait pas comme aujourd'hui la matière par opposition à l'esprit, on n'entendait point exclure l'une par l'autre ; en parlant du corps, on ne voulait point l'opposer à l'âme, et réciproquement ; on n'avait, à cet égard, aucune idée parfaitement arrêtée ; la force motrice pouvait bien n'être qu'une propriété des corps, de certains corps au moins : c'était, en tout cas, ce qui semblait être. Mais on n'entendait pas, pour cela, nier la présence d'un principe différent du corps vivant, uni à ce corps, et cause de sa vie. Aussi ne peut-on trouver, à l'époque dont nous parlons, un matérialisme ni un spiritualisme bien prononcés. Spiritualisme et matérialisme étaient encore à l'état de synthèse primitive ou d'indistinction. C'est ce qui s'observe jusque dans les systèmes aujourd'hui regardés comme les plus matérialistes, dans celui de Démocrite, plus tard repris par Epicure.

Il faut arriver, du moins chez les Grecs, jusqu'à Anaxagore avant de trouver la distinction réfléchie et délibérée entre le corps et l'âme, ou plutôt entre l'esprit et la matière. Encore est-elle si peu ferme qu'elle n'a pas rendu, entre ses mains, toutes les conséquences qu'elle comportait naturellement; une fois faite, elle est, pour ainsi dire, abandonnée comme un aperçu dont la portée n'aurait pas été bien comprise.

Mais, si elle est peu féconde entre les mains d'Anaxagore, elle le sera davantage dans celles de Socrate, et plus encore dans celles de Platon. L'âme sera tellement distincte du corps qu'elle n'y tiendra guère plus que le pilote au vaisseau, et que son union avec le corps sera regardée comme un état contre nature, comme un état de compression et de violence faite à l'âme, dont la destinée vraie serait d'être séparée du corps, d'être affranchie des liens de la chair. De là des aspirations mystiques vers cet état de délivrance, qui ne doit être qu'un retour à l'état de liberté et de clairvoyance primitive.

Aristote, souvent opposé à son maître, vit un excès, une erreur même dans cette manière d'envisager les rapports du corps et de l'âme. A la comparaison assez inexacte du pilote et du vaisseau, il en opposa une autre qui tendait à unir trop étroitement le corps et l'âme, celle de la matière et de la forme. Dans l'opinion de Platon, l'âme était au moins un agent, un principe distinct du corps, qui peut vivre sans lui, d'une vie meilleure, d'une vie supérieure et plus propre. Dans l'opinion d'Aristote, où l'âme est l'acte parfait du corps vivant, la forme ou la vie même de ce corps, on ne sait trop si cette forme est substantielle ou si elle ne l'est pas; si, le corps cessant de vivre, sa forme ne périra pas avec lui, et, si elle ne périt pas, quelle vie nouvelle sera la sienne. Il faut une certaine bonne volonté pour maintenir la substance de l'âme et surtout sa vie propre, après que le corps aura succombé.

Cette bonne volonté ne pouvait manquer aux péripatéticiens inspirés par la foi chrétienne. Aussi, tout en définissant l'âme l'acte ou la forme du corps, tout en abandonnant au corps les facultés inférieures, toutes celles qui tiennent de la sensibilité, la sensation, la perception, le sens commun, l'imagination, la mémoire, une sorte de jugement même (*facultas æstimativa*), ils réservent l'intellect ou la raison et le raisonnement pour un principe à part, l'*animus*, qui est le principe vraiment substantiel et immortel dans l'homme. L'*anima* n'est rien de semblable; elle succombe dans l'homme comme dans les animaux, à la mort du composé vivant; elle n'est dans l'homme qu'une fonction de l'intellect substantiel. Elle n'est pas même cela, dans les animaux du moins, car ils n'ont pas l'intellect proprement dit, l'âme immortelle dont l'homme est doué; et pourtant ils sentent, perçoivent, se souviennent, imaginent, associent des états et jugent d'une certaine façon. Il faut donc bien, puisque toutes ces opérations sont possibles avec le corps seul, avec ce qu'il y a de périssable dans l'homme et dans la brute, qu'elles soient l'effet du corps.

C'était aller bien loin dans le rapprochement du corps et de l'âme, dans leur union. Et pourtant là ne devait point s'arrêter la doctrine péripatéticienne parmi les docteurs chrétiens. Déjà S. Thomas avait vivement repris Platon d'avoir osé dire que l'âme est au corps comme le pilote au vaisseau; que la destinée de l'âme n'est point d'être unie à un corps, mais au contraire d'en être séparée. Henri de Gand ira plus loin : il fera du corps la substance, c'est-à-dire le sujet de l'âme, par la raison toute simple que l'âme est la forme du corps. Et comme la forme est peu de chose, rien, sans une matière formée, le corps ne sera pas moins nécessaire à l'âme que l'âme au corps. La destinée de l'âme est donc d'être unie au corps. Si l'âme est encore quelque chose sans le corps, elle est du moins inférieure, dans cet état de séparation, à ce qu'elle est dans l'état d'union. Peu s'en faut donc qu'Henri de Gand ne fît périr l'âme avec le corps, si le corps périssait véritablement et pour toujours. Mais la foi chrétienne soutient ici le Docteur solennel : l'éternelle destinée de l'âme est d'être unie au corps ; elle n'en peut être séparée qu'en apparence ou pour un temps relativement assez court. Que devient l'âme dans cet état d'union imparfaite ou en attendant la suprême et impérissable union? Ici encore la foi dut être appelée par notre docteur au secours de la raison ; je ne présume pas, en effet, qu'il eût osé répondre à cette question comme le fit plus tard Charles Bonnet, suivant en cela les traces de Leibniz, mais allant un peu plus loin que lui, en disant que l'état qui sépare la mort de la résurrection n'est ni un état de mort complet, ni un état de vie entière, mais quelque chose d'intermédiaire, et comme une sorte de rêve, analogue à ce qui se passe dans la chrysalide, où s'accomplit le travail imperceptible de la métamorphose.

Quoi qu'il en soit, Henri de Gand conçoit l'union de l'âme et du corps d'une manière plus intime encore que ne l'avaient fait Albert et Thomas d'Aquin. Elle est si étroite en réalité, que c'est à peine si elle n'est pas nécessaire d'une nécessité absolue pour l'âme, aussi bien que pour le corps vivant qui est l'instrument et l'effet de l'âme.

Cette manière à la fois péripatéticienne et chrétienne de concevoir le rapport de l'âme et du corps, fut, à des degrés divers, celle de tout le moyen âge et des temps suivants, jusqu'à Descartes. Mais dès qu'une fois la philosophie eut secoué le double joug de l'autorité d'Aristote et de la théologie, pour ne plus porter que celui de la raison, et de la raison telle qu'elle peut inspirer chacun de ceux qui l'interrogent; dès qu'on eut admis avec Descartes que l'étendue est l'essence du corps, et la pensée l'essence de l'âme, une nouvelle séparation s'établit entre les deux principes qui composent l'homme ; elle devint si tranchée même qu'il en résulta une sorte d'abîme qu'on ne sut comment combler. Le moyen, en effet, d'unir la pensée à l'étendue, de faire de la première la forme de la seconde, et de l'une et de l'autre un tout bien assorti ? Aussi, plus de ce demi-spiritualisme, qui était en même temps un demi-matérialisme, et qui servait à expliquer par le corps seul des opérations spirituelles déjà, telles que nous les observons dans les animaux. On niera donc ces opérations ; mais comme on n'en pourra nier les apparences, on les expliquera par la matière. On rouvrira ainsi au matérialisme une porte qu'on croyait lui avoir à jamais fermée. Un excès de spiritualisme aura de nouveau mis en péril le spiritualisme véritable. Puis, la substance étant commune à la matière et à l'esprit, étant prise pour une sorte de matière dont l'étendue et la pensée ne seraient que des formes, Spinoza en conclura hardiment qu'il n'y a ni esprit ni matière, ni corps ni âme, ni multiplicité d'individus simples ou composés, mais bien un individu absolu, substance unique, à double forme, étendue et pensante tout à la fois, dont tout le reste n'est qu'une détermination mobile et variée, une détermination vivante.

Mais cette conception était trop contraire aux apparences et aux idées reçues, pour avoir d'abord un grand nombre de partisans. On s'en tint donc aux idées fondamentales du maître, que l'étendue est l'essence des corps, et la pensée l'essence de l'âme. Mais il fallait expliquer l'union de cette double essence; et c'est ce qu'on trouvait impossible à première vue. Le problème restait donc pendant. Les cartésiens purs, plus embarrassés que personne de la situation qu'ils s'étaient faite, déclarèrent qu'il n'y a réellement pas d'union entre le corps et l'âme ; qu'il n'y a entre ces deux choses aucun commerce véritable, un commerce d'action et de réaction ; qu'il y a bien une corrélation, une correspondance, un parallélisme, mais que cette corrélation est l'œuvre incessante de Dieu, qui détermine dans le corps les états ou les mouvements qui doivent s'y accomplir, dans l'intérêt de la conservation de l'individu, à la suite de tel état ou de tel mouvement de l'âme : de la même manière qu'il fait naître dans l'âme les états ou les mouvements qui semblent être la suite naturelle de ce qui se passe dans le corps, et qui ne sont pas moins nécessaires à la conservation du sujet. Les états et les mouvements du corps ne seraient donc qu'une occasion pour Dieu de faire naître des états et des mouvements corrélatifs dans l'âme, et réciproquement. C'est le système de l'*occasionalisme*.

Pour dispenser Dieu de cette action incessante, et pour en faire un ouvrier un peu plus habile, Leibniz imagina de lui faire construire le corps et l'âme comme deux machines qui auraient chacune leur moteur propre, mais qui seraient tellement conçues, que les mouvements de l'une devraient répondre avec la plus entière précision aux mouvements de l'autre, sans que l'ouvrier ait désormais besoin de remettre la main à son œuvre pour rétablir un accord un instant troublé. Non, leur harmonie a été si bien calculée dès le début, elle a été si parfaitement établie, qu'elle se maintiendra jusqu'au bout. C'est l'*harmonie préétablie*.

L'abîme creusé par Descartes entre le corps et l'âme était donc comblé, ici comme là, dans le système de l'harmonie préétablie, comme dans celui de l'occasionalisme, par l'action de Dieu; seulement cette action est plus visible dans le premier de ces systèmes; mais au fond, elle n'est ni moins réelle ni moins complète dans l'un que dans l'autre. Ce n'était donc pas là une explication qui pût être acceptée par la conscience du libre arbitre, ni même par une philosophie digne de ce nom, par cette philosophie qui ne recourt à la cause première que comme à une extrémité rendue nécessaire par l'impossibilité démontrée d'expliquer les faits naturellement ou à l'aide de causes secondes.

Aussi Van-Helmont aima-t-il mieux imaginer un principe intermédiaire, l'archée, dont nous avons déjà parlé, que de recourir à l'un de ces moyens désespérés. Nous savons si la conception fut bien plus heureuse.

Quel autre parti restait-il à prendre? Je dirais volontiers celui de n'en prendre aucun, celui de ne recourir à aucune fiction, celui de s'en tenir aux faits : d'un côté le corps, d'un autre l'âme, en troisième lieu l'action de l'un sur l'autre, sauf à reconnaître à l'âme la juste prépondérance qui lui revient dans ce commerce : c'est le parti que prit Stahl. Mais il eut le tort de ne pas distinguer assez nettement dans l'âme une activité inconsciente et involontaire, et une activité raisonnée et voulue; de vouloir que l'âme sache et veuille encore ce qu'elle fait dans ses opérations purement organiques.

Cette hypothèse toute gratuite, erronée même selon nous, est le vice principal de l'*animisme* de Stahl. Mais comme elle ne porte que sur le fondement même du système, qu'elle n'est qu'une question accessoire ou de comment, il était facile d'y apporter remède. C'est ce que nous avons essayé de faire dans l'exposé de notre doctrine.

Nous avons, en outre, signalé dans tout le temps qui nous sépare de Stahl, des animistes plus ou moins fidèles à sa doctrine, mais qui professent, comme lui, l'action de l'âme dans les profondeurs de l'organisme vivant; qui font de l'âme le principe de la vie organique, la cause efficiente de l'organisation elle-même. Et ces animistes, nous les avons trouvés parmi les philosophes, parmi les physiologistes, en France, en Allemagne, dans tous les pays où cette question préoccupe à juste titre les esprits.

De dire quel profit la physiologie et la médecine en peuvent tirer, ce n'est point notre affaire. Il n'est cependant pas difficile d'apercevoir qu'en admettant à ce degré l'action de l'âme sur le corps, on est plus porté, dans le diagnostic, dans le pronostic, dans la thérapeutique enfin, à tenir compte de cette action, des phénomènes spirituels et de leurs rapports, actifs ou passifs, avec les phénomènes organiques.

D'ailleurs, cette théorie, comme toutes les théories, n'est pas aux yeux de la science pure une question d'utilité : c'est, avant tout, une question de vérité. C'est à ce point de vue désintéressé, ou qui fait de la vérité le suprême intérêt, que la philosophie envisage l'animisme.

C'est là, du moins, le but unique que nous nous sommes proposé dans les recherches qui composent la partie doctrinale de ce volume. C'est à ce point de vue encore que, dans la première partie de cet ouvrage pris en entier, nous avons étudié tous les grands phénomènes de conscience : les phénomènes fondamentaux de la vie organique, la corrélation des uns et des autres, enfin la doctrine de la séparation de l'intelligence et de la vie par l'une de nos plus grandes célébrités scientifiques.

Mais dans le présent volume, qui, tout en se rattachant à un autre, forme cependant un tout à part, ainsi que nous l'avons déjà dit, nous nous sommes particulièrement appliqué à établir la nécessité d'un agent naturel, cause efficiente et immédiate de la vie organique ; à prouver que la matière, comme telle, ne peut être cet agent vital ; que l'âme seule en est capable ; qu'une foule de faits tendent à le prouver ; que si c'est là une hypothèse, elle a du moins les qualités qu'une hypothèse doit avoir pour être légitime, pour devenir un principe ; qu'elle est suffisamment fondée en raison, et qu'elle explique plus heureusement les faits qu'aucune autre ; que si elle est sujette à des difficultés, ces difficultés ne sont pas insolubles; qu'elles sont plus nombreuses et plus embarrassantes encore dans toute autre supposition.

Une fois cette thèse établie, ce qui est l'objet du premier livre, nous avons dû, suivant le cours naturel des idées, nous demander quelle est la nature, la condition présente, la forme, l'origine et la destinée future du principe de la vie, de l'âme, en un mot. C'est l'objet du deuxième livre. Il touche encore par plusieurs points aux rapports du physique et du moral, à l'animisme par conséquent. Dans une troisième partie de l'ouvrage entier, nous recueillons les principales doctrines animistes que nous rencontrons dans le cours des temps.

De cette façon, le principe de la vie a été étudié dans ses effets, dans sa nature, dans son origine, dans sa destinée, enfin dans son histoire. Nous croyons donc l'avoir considéré à tous ses grands points de vue.

En comparant la théorie de l'animisme, telle que nous l'offrent l'antiquité et le moyen âge, avec ce qu'elle est devenue sous la plume de ceux qui l'ont reprise de nos jours, on y trouve toute la différence qui sépare une idée juste soutenue par des raisons toutes *a priori*, de la même idée établie par la méthode expérimentale, c'est-à-dire par l'observation d'un grand nombre de faits, qui tous aboutissent à cette idée comme à une conclusion naturelle et légitime.

Mais l'un des arguments les plus décisifs, tout *a priori* qu'il est à certains égards, et sur lequel on ne saurait trop insister, c'est celui qui part de l'unité de l'homme. Il faut être de l'avis de Leibniz, ou reconnaître que cette unité ne s'explique que par un moteur unique et supérieur. Partout où il y aura deux moteurs distincts pour deux mécanismes, il y aura visiblement deux machines; elles pourront être juxtaposées, renfermées dans la même cage, mais elles ne seront pas moins distinctes par le fait que les deux horloges de Leibniz, qui seraient contenues dans une même caisse. Mais si un ressort unique met en mouvement une roue principale, laquelle tient, par hypothèse, à un axe muni de plusieurs roues secondaires qui animent chacune un système particulier de rouages destinés, l'un à marquer le siècle, l'autre les années, un troisième les mois solaires, un quatrième les mois lunaires, un cinquième le jour de la semaine, un sixième les heures, un septième les minutes, un huitième les secondes, etc., il n'y aura dans tout cela qu'une machine unique, à fonctions diverses, il est vrai, mais qui toutes s'accomplissent par une seule force motrice, à l'aide d'organes divers.

L'un quelconque des systèmes secondaires de cette machine peut subir des altérations, des troubles, il peut se détraquer même, sans que tout le reste en souffre essentiellement. Il peut arriver aussi que s'il y a dérangement essentiel dans les derniers engrenages, si le mouvement en est arrêté par un obstacle puissant, cette résistance se communique jusqu'au moteur premier, et en paralyse tous les autres effets.

Rien n'est plus facile que de comprendre la portée de cette conception mécanique, de voir la justesse de la comparaison dont elle est un des termes et d'en saisir la conséquence. S. Thomas avait déjà dit que trois âmes seraient comme trois horloges dans une seule caisse, ayant chacune un moteur propre; qu'elles pourraient trop facilement n'être pas d'accord, puisqu'elles ne dépendraient en aucune façon les unes des autres; que si elles étaient d'accord, ce serait par hasard, ou grâce à l'adresse merveilleuse de l'artiste.

Il faut donc un moteur unique à notre machine à double système, l'organique et le spirituel. Mais remarquons bien que ces deux systèmes ne sont pas de même sorte; qu'ils ne peuvent être mis sur le même plan; que l'un est principal, et l'autre accessoire ou instrumental.

Cela posé, il reste simplement à savoir s'il y a une raison nécessaire de recourir à un moteur particulier en dehors des deux systèmes; et si, dans le cas où cette nécessité n'existerait pas, l'un des deux systèmes peut être subordonné à l'autre, en recevoir le mouvement.

La nécessité d'un moteur étranger n'a jamais été établie, que nous sachions, et ne peut l'être. Reste donc la question de savoir si l'on peut subordonner l'un des systèmes à l'autre, et lequel.

Suivant les matérialistes, c'est le spirituel qui est dominé par le corporel et qui en est expliqué; suivant les spiritualistes, c'est tout le contraire.

Si les matérialistes peuvent expliquer la pensée, la vie même par la matière seule, il n'y a pas de raison suffisante d'admettre un principe différent pour rendre compte de tout ce qui s'observe dans l'homme. Si, au contraire, on ne peut pas plus expliquer la vie que la pensée par la matière, il faudra bien renoncer au matérialisme, et même à l'organisme.

Reste donc le spiritualisme. S'il rend un compte aussi clair que possible de la pensée; si d'autre part, non seulement il ne répugne point à l'explication de la vie organique, s'il s'y prête même avec une facilité de conception, avec une force d'induction frappante, pourquoi le spiritualisme ne serait-il pas considéré comme le système qui répond à toutes les faces de la question? Pourquoi ne professerait-on pas le vitalisme spiritualiste?

C'est ce que nous croyons avoir établi avec une certaine apparence de vérité tout au moins. Mais si l'on veut connaître toute la force de nos raisons, il est indispensable de se pénétrer d'un point capital, qui a été méconnu jusqu'ici de tous les adversaires de l'animisme, à savoir, de l'activité inconsciente, fatale et cependant régulière de l'âme humaine. C'est à mettre en lumière cette face importante, et nouvelle à plusieurs égards, des phénomènes de la pensée, que nous avons consacré la plus grande partie du volume qui est l'antécédent logique de celui-ci.

Dans l'esquisse historique que nous avons donnée de l'animisme, bien des noms auront sans doute été omis; la nécessité d'arriver à la fin d'un volume déjà trop fort, l'ignorance où nous avons dû nous trouver souvent, nous serviront d'excuse auprès des intéressés ou des mieux informés. On ne peut pas tout dire, ni toujours faire entre les noms propres la part la plus strictement équitable, même avec la meilleure intention de mettre chaque chose et chacun à sa vraie place.

Il y a, toutefois, des omissions qui seraient tellement regrettables, que ce serait en quelque manière frustrer le lecteur du droit qu'il a d'être éclairé par celui qui ose en prendre la charge et la responsabilité, et se priver soi-même d'une grande autorité, que de ne pas les réparer dès qu'il en est temps encore. C'est précisément ce qui m'arrive avec l'un des plus grands noms de la chimie moderne, avec M. Chevreul.

J'aurais pu, avec une parfaite opportunité, faire connaître son opinion sur la grande question de la vie dans ses rapports avec la chimie, lorsque j'ai mis en regard le chimisme et l'organisme. Mais je ne connaissais pas encore alors ses travaux sur ce sujet; ils m'ont été révélés par les derniers articles de l'auteur dans le *Journal des Savants*.

Il faut savoir, avant tout, que le célèbre chimiste a depuis longtemps médité la question de la vie, de ses conditions, de sa cause et de tout ce qui s'y rattache. Et comme il y revient aujourd'hui, après avoir étendu par l'expérience et la réflexion, par l'histoire des sciences, par un travail *ex professo* sur la méthode, des connaissances déjà solides et vastes il y a plus de quarante ans, on sera d'autant plus curieux de connaître sa pensée d'aujourd'hui, comparée à celle d'autrefois.

Or, en la rapprochant, telle du moins qu'elle s'offre à nous dans l'espace de plus de trente années, nous la trouvons parfaitement d'accord avec elle-même. Ce qui suit confirme, en l'expliquant et en l'étendant, ce qui précède. Ici et là nous voyons M. Chevreul toujours fidèle à ces quelques articles de doctrine, qui sont pour nous l'essentiel :

1° La question de la vie présente un double point de vue, suivant qu'il s'agit de ses causes ou conditions physiques, ou de sa cause intelligible.

2° Le premier de ces points de vue appartient plus spécialement aux sciences physiques.

3° En recherchant cette espèce de cause, on n'entend point nier, loin de là, une cause intelligible, mais d'un plus difficile accès.

4° Il n'y a pas, au fond, deux chimies, l'une minérale, l'autre organique; les lois de l'une sont celles de l'autre.

5° Mais les forces chimiques n'expliquent pas tous les phénomènes de la vie; elles ne les expliqueront jamais.

6° Il est difficile, cependant, de tracer la ligne de démarcation précise qui sépare les phénomènes dus aux simples forces chimiques, de ceux qui ne seraient que les effets d'une autre cause ; d'autant plus difficile même, que certains résultats, dus entièrement aux propriétés chimiques des corps, en dehors des corps organisés, peuvent s'accomplir d'une autre manière dans les être vivants.

7° Il y a, en tout cas, dans les êtres vivants un dessin, un ensemble, un mouvement, un équilibre harmonique des forces, qu'il est impossible d'expliquer par la chimie toute seule.

On le voit, si M. Chevreul n'est pas animiste, au sens positif du mot, il l'est néanmoins en ce sens qu'il croit à l'influence d'un principe de vie, d'une organisation vivante tout au moins, dans les phénomènes vitaux. Il ne recherche, il est vrai, que des causes physiques, mais il reconnaît formellement qu'il y en a une autre, dont les sciences physiques n'ont pas mission de s'occuper.

Il est temps de le laisser parler lui-même : « En définitive, je n'ai jamais aperçu aussi clairement qu'aujourd'hui combien il y aurait peu de raison à supposer que celui qui aurait expliqué la digestion, l'assimilation, la respiration, la circulation et la sécrétion, serait en état d'expliquer la vie. » (1) Il y a bien autre chose, en effet, dans un être vivant, que ces opérations physiologiques, lors surtout qu'on les envisage isolément; et cependant la chimie est encore loin d'avoir atteint tous les résultats dont on lui fait honneur ici par forme de concession.

S'il y a des actions chimiques, et de nombreuses, dans les corps vivants, il y a de plus des opérations d'une nature essentiellement différente : « Nous n'établissons aucune relation, aucune analogie entre des espèces chimiques, simplement juxtaposées et distinctes à l'œil, comme le sont le quartz, le feldspath et le mica constituant le granit, et l'admirable organisation de la cellule, ou des tissus constituant le moindre organe, appartenant à l'animal ou au végétal le plus simple; car entre ces objets, se trouve toute la différence d'une matière minérale vraiment brute, d'avec une matière organisée sous l'influence de la vie. » (2)

Il n'y a donc pas réciprocité entre les règnes, en ce sens que si les propriétés chimiques des corps ont encore leur action dans les êtres organisés, vivants, les produits propres de la vie ne se rencontrent point dans les corps inorganiques : « Les composés organiques ne se trouvent pas dans le règne inorganique ; d'après cela, ils semblent ne pouvoir être pro-

(1) *Journal des Savants*, 1837, p. 674.
(2) Ibid., 1860, p. 689.

duits que sous l'influence de la vie d'un être organisé, soit d'un végétal, soit d'un animal : tels sont les sucres, les huiles, l'albumine, la fibrine. » (1) Ne serait-ce pas là le moyen de reconnaître ce qui appartient à la vie, agissant seule, ou par l'intermédiaire des forces chimiques ? Tout ce qui se trouverait en plus dans les êtres organisés serait l'effet propre de la vie, ou l'effet commun de la vie et de son instrument chimique. Ainsi, quoique les forces chimiques soient les mêmes partout, elles peuvent être modifiées dans leur action par une force étrangère. Il y aurait donc là une cause multiple, mais dont l'une ne serait pour ainsi dire que le moyen de l'autre. En tout cas, l'effet paraît bien accuser cette multiplicité d'agents : « La fusion des deux chimies est le résultat de la chimie appliquée à l'étude des corps organiques morts, tandis que la recherche de la nature des forces qui régissent les corps vivants appartient à la chimie appliquée à l'étude des corps vivants ; et en ce cas, elle concourt avec la physique, la physiologie, l'anatomie, à la solution des problèmes que cette étude se propose. » (2)

La chimie, appliquée aux corps vivants, ne serait donc qu'un des aspects sous lesquels ces corps doivent être envisagés, lorsqu'on veut embrasser dans toute son étendue la question complexe de la vie et de ses causes. De plus, faire se pourrait que, sans même tenir compte de la différence essentielle qui distingue un produit artificiel ou purement chimique, d'un produit naturel de même nature, je veux parler de la vie qui anime celui-ci et non celui-là, la manière dont ces produits se réalisent dans les deux circonstances soit différente, par exemple dans la production de l'acide formique (3).

(1) *Journal des Savants*, p. 689.
(2) Ibid., p. 693, 694.
(3) Ibid., p. 694.

Arrivons au dernier mot de M. Chevreul, la reconnaissance formelle d'un agent vital propre dans chaque être vivant : « Il est évident pour nous que ce qui distingue essentiellement le corps organisé du corps brut, ce n'est point la nature des forces auxquelles nous rapportons immédiatement les phénomènes de la vie, mais bien la cause première, naturelle cependant, du balancement essentiel de ces forces et de leur coordination, pour maintenir la vie dans un assemblage de molécules assujéties à une forme déterminée susceptible d'accroissement régulier aux dépens du monde extérieur, et capable de continuer dans l'espace et le temps. » (1)

Si ces paroles remarquables pouvaient laisser encore des doutes sur l'existence, dans la pensée de l'auteur, d'agents vitaux substantiels, et aussi nombreux que le sont, que peuvent l'être même les individus vivants, le passage qui suit, et qui motive la conclusion ci-dessus, est on ne peut plus explicite : « Alors même qu'on aurait expliqué tous les phénomènes de la respiration, de la circulation, des sécrétions, de l'assimilation, par les sciences mécaniques, physiques et chimiques, vraisemblablement nous n'en serions guère plus avancés que nous ne le sommes sur la cause première [naturelle] de la vie : car si ces phénomènes sont réellement des effets dont les causes prochaines rentrent dans le domaine des sciences que nous venons de nommer, il est évident qu'il y a au-delà une cause plus générale dont l'effet, réduit à l'expression la plus simple, se révèle dans le développement progressif du germe et de l'être qui en provient..... C'est bien effectivement la puissance qu'a le germe de se développer peu à peu aux dépens du monde extérieur, de manière à représenter l'être d'où il émane, et à reproduire des individus semblables à lui-même ; c'est cette puissance dont l'action nous

(1) *Journal des Savants*, p. 697.

chappe à son origine, et ne se révèle à nos sens que quand le germe est déjà un corps organisé, qui est le fait capital de l'organisation, le mystère de la vie : car l'être vivant ne peut se développer avec la constance que nous observons dans la forme et les fonctions de ses organes, sans qu'il y ait une harmonie préétablie entre toutes les parties et toutes les conditions extérieures où son existence est possible, etc. » (1)

Si M. Chevreul ne va pas plus loin dans la détermination de l'agent vital, c'est, d'une part, qu'il ne veut point prendre couleur dans les détails de la question; c'est, d'autre part, que son objet n'était pas d'étudier les causes de la vie à ce point de vue. Mais si l'on ne peut justement lui faire affirmer ce qu'il n'affirme pas, il n'est pas plus possible de lui faire nier ce qu'il ne nie pas. Si donc il n'est pas avec nous jusqu'au bout, nul ne peut dire non plus qu'il soit contre nous.

En résumé, et pour dire en deux mots toute notre pensée sur le rapport de l'action vitale à l'action chimique, la cause de l'une trouve dans la cause de l'autre un instrument, une limite et un antagonisme tout à la fois, mais avec prépondérance de l'une ou l'autre de ces trois sortes d'effets, suivant les cas ou les circonstances.

Dijon, le 29 décembre 1860.

(1) *Journal des Savants*, p. 696, 697.

Erratum.

CORRECTION IMPORTANTE :

Page 450, dans le titre, lire : *organicisme,* au lieu de : *organisme.*

DEUXIÈME PARTIE

LIVRE PREMIER.

DU PRINCIPE DE LA VIE DANS L'HOMME.

CHAPITRE PREMIER.

Existence d'un pareil principe. — Sa nature. — Questions accessoires.

Il existe des êtres composés, au sein desquels s'accomplissent des mouvements divers, exécutés par des appareils variés, et dont les fonctions sont nécessaires à la conservation, au développement, au bien-être de l'individu tout entier. Ces fonctions, comme les appareils qui les exécutent, sont dans une dépendance mutuelle les unes à l'égard des autres; il y a solidarité entre elles, et, dans leur variété, elles forment une unité harmonique dont l'ensemble constitue un sujet vivant, un être organisé.

L'ensemble des fonctions nécessaires à l'existence de ces sortes de sujets constitue la vie phénoménale ou visible, la vie en tant qu'effet. Le principe caché ou la cause invisible qui exécute ces mouvements, est le principe de la vie.

Mais avant que les appareils divers qui fonctionnent dans un sujet vivant soient mis en jeu, avant même qu'ils soient formés et réunis, et pour qu'ils le deviennent, il faut qu'une cause, une force, agissant suivant des lois déterminées, et de manière à produire ce mécanisme admirable, forme, sans organe corporel aucun, toutes ces pièces destinées à produire de concert l'individu vivant.

Or, nous appelons principe de vie la cause substantielle ou la force individuelle qui produit un organisme, qui le met en jeu, le développe, le conserve, le fortifie, en répare les pertes dans une certaine mesure et suivant les espèces.

Si l'existence du principe vital n'est pas plus douteuse que la vie elle-même; si elle ne peut être niée de personne, comme simple cause, puisque ses effets sont incontestables, le même accord ne se rencontre plus lorsqu'on vient à se demander quelle peut être la nature de ce principe. Est-il distinct de la matière qu'il met en œuvre ou ne l'est-il pas? S'il en est distinct, forme-t-il une force à part, également distincte de l'âme, et qui ait son existence et ses fonctions propres; ou ne serait-il que l'âme elle-même? S'il est l'âme, d'où vient que ses opérations sont si étrangères à la conscience, au moi, quelquefois même si au-dessus de l'intelligence de l'âme consciente ou du moi, et si contraires à ses volontés? Telles sont les questions qu'il s'agit d'examiner d'abord.

I.

Dans la pensée de ceux qui ne voient partout que de la matière, la question n'existe même pas. C'est la *ma-*

tière qui s'organise elle-même, qui fonctionne dans chacun des organes et des appareils qu'elle a formés; c'est la matière, en un mot, qui vit et fait vivre.

La question n'existe pas davantage aux yeux de ceux qui, avec l'évêque de Cloyne, Berkeley, prétendent qu'il n'existe rien de matériel, que la matière n'est qu'une illusion mensongère, qu'il n'existe que des *esprits* purs, produisant tous les phénomènes, ceux que nous appelons externes aussi bien que les internes.

Un troisième système, suivant lequel la nature du principe vital n'est point une question, parce qu'un principe vital est alors inutile, c'est celui où Dieu est agent universel, et cause immédiate de toute phénoménalité, de tout effet, de toute forme et de tout mouvement dans les corps, de tout état dans les esprits. Ce système comprend celui qui est connu depuis longtemps sous le nom d'*occasionalisme,* et qui donne d'autant plus à Dieu qu'il retire ou refuse davantage à la créature.

C'est le même système qui a produit cet autre : que la créature n'existe jamais d'une existence réelle, qu'elle n'est qu'une ombre d'existence, et qu'à chaque instant indivisible de sa durée elle est de nouveau créée, ou plutôt qu'elle est continuellement à l'état de création, à l'état de *devenir,* sans être jamais une création actuelle ou en acte, une création accomplie, un *être.*

C'est ce même système encore qui ne peut comprendre que l'agir, aussi bien que l'être, soit possible ailleurs qu'en Dieu, et qui soutient que tout ce qu'il y a de positif dans les créatures est Dieu ou œuvre de Dieu; que la créature ne possède en propre que la privation ou le néant; qu'elle n'est en soi et par soi qu'une pure négation, un rien, qui ne peut sans contradiction devenir quelque chose de positif, auquel Dieu même, malgré sa toute-puissance, ne saurait donner l'être véritable. Tel est le système suivant lequel la conservation ou la durée des êtres n'est qu'une création continuée.

On sent combien une semblable théorie est proche d'une autre, qui exclut l'existence de tout principe vital individuel, ou plutôt la multiplicité des principes de cette nature, par la raison qu'il ne pourrait exister qu'un seul être, une seule substance, un seul principe, une seule cause, une seule force, une seule matière, c'est-à-dire la matière, la force, la cause, le principe et l'être absolu. Tout cela n'est alors qu'une seule et même chose, et ne peut se décomposer en dualité essentielle, bien que cette cause-substance, nécessairement unique et indivisible comme elle est une, absolument une, puisse revêtir des formes diverses, deux grandes formes au moins, dont tout le reste ne serait qu'accident, l'étendue et la pensée. Dans ce système, qui est celui du *panthéisme* de Spinoza, il n'y a pas de place, en effet, pour le principe vital.

Il n'y en a pas davantage dans l'idée de ceux qui, comme les modernes penseurs de l'Allemagne, Fichte, Schelling, Hegel, ne distinguent même plus cette dualité de forme que Spinoza avait encore laissée debout. Suivant Fichte, le moi absolu ne produit qu'une chose, la pensée, et le monde extérieur, Dieu lui-même, n'existent pour le moi qu'autant qu'ils en sont produits ; leur chercher une autre existence, c'est tomber dans une flagrante contradiction, puisque c'est les affirmer avant de les avoir obtenus, et indépendamment même de la seule manière dont ils peuvent être obtenus réellement.

Que signifient, d'ailleurs, toutes ces distinctions de monde, de Dieu, de moi et de non-moi? Qui ne voit, nous dit Schelling, que la réalité ne peut être dans ces oppositions, en tant qu'oppositions, puisqu'elle serait différente d'elle-même? Il faut donc qu'elle ne soit ni dans le moi ni dans le non-moi, mais seulement dans quelque chose de plus profond, d'essentiellement un et identique, où succombe et disparaisse la dualité de deux termes qui se détruisent nécessairement l'un par l'autre, par le seul fait qu'ils s'opposent l'un à l'autre en se distinguant l'un de l'autre; il faut que le réel soit l'indistinct, l'un, l'identique, l'absolu, l'objectif sans subjectif, l'en soi et par soi, la non différence dans le différent.

Mais comme il y a là encore une apparence de réalité, et de réalité objective, il y a par là même un reste de dualisme, celui qui pose l'être en face du non-être, l'objectif absolu en face du subjectif absolu de Fichte. Comme aussi cet absolu est sans mouvement et sans vie; comme il fait tout rentrer dans une espèce de chaos immobile auquel le monde des idées, monde certain pourtant, ne peut absolument point se reconnaître, Hegel n'a vu en toutes choses et partout que l'idée, mais l'idée unique, absolue, mais l'idée absolue à l'état de repos absolu ou considérée en elle-même. Elle n'est à l'état de mouvement que dans l'homme. Mais aussi, dans l'homme, elle n'est que l'ombre d'elle-même; elle est comme une image imparfaite, qui cherche dans le temps, par le mouvement et la vie, à devenir adéquate à l'idée absolue, la seule et véritable idée, qui est en dehors du temps et de l'espace, et où tout le possible est réalisé de toute éternité, en vertu d'une dialectique éternelle comme la vérité même, qui est toute nécessaire, qui ne connaît point la contingence.

Nous voilà loin, bien loin, en effet, de la question du principe vital, que des esprits peu familiarisés avec les spéculations sans frein de la rêveuse Allemagne seraient déjà tentés cependant d'accuser de métaphysique. Eh bien! cette question du principe vital se trouve, comme toutes les autres questions subordonnées au détail, entraînée dans le torrent de ces spéculations plus hautes, d'une généralité universelle, où toutes les questions spéciales disparaissent, ainsi que les réalités qui composent notre univers.

Un autre courant d'idées, qui sort du cartésianisme, comme celui qui vient d'être parcouru, puisqu'il repose sur le dualisme, mais cependant sur un dualisme dont les termes n'ont rien d'aussi divers que le corps et l'âme, que l'étendue résistante et le principe inétendu qui pense; un autre courant d'idées cartésiennes, disons-nous, aboutit à un autre système dualiste, celui de Leibniz ou le monadisme. L'occasionalisme, qui suppose deux choses sans action ni réaction possible entre elles, l'esprit et la matière, est dualiste de sa nature; mais ce dualisme est tel qu'il se résout bientôt par Spinoza dans un monisme réel, qui ne conserve plus du dualisme qu'une vaine apparence. Cette apparence s'évanouit à son tour sous la pensée de plus en plus abstraite et généralisatrice de l'Allemagne contemporaine.

Semblablement, Leibniz, en soutenant, et avec raison, que l'étendue n'est point l'essence de la matière, en soumettant tout ce qui existe véritablement à une forme unique, identique en ce point qu'elle exclut partout l'étendue, qui convertit par conséquent l'étendue en un phénomène; Leibniz fait par là disparaître à sa manière le dualisme résultant de la forme étendue ou inétendue.

En effet, tout ce qui est composé ne peut l'être, en définitive, que de quelque chose de simple; autrement, il y aurait des composés sans composants, puisque les composés ne se composeraient jamais que de composés, sans qu'il fût possible d'en atteindre les éléments, même par la pensée. Les composés se composeraient donc d'éléments inconcevables, impossibles; ils seraient donc aussi chimériques eux-mêmes que leurs éléments fictifs.

L'étendue n'est donc pas substantielle, et n'est point produite par des substances elles-mêmes étendues ou inétendues; c'est tout simplement un phénomène qui n'a pas autre chose à démêler avec la réalité, sinon que notre esprit, en face de certaines réalités dont nous ignorons le mode d'action sur nous, conçoit l'étendue et l'objective en la rapportant à des systèmes de monades qui ont la propriété originelle de provoquer, par l'impression qu'elles font sur nous, la conception d'étendue. Nous disons conception, et non pas perception.

Encore est-il vrai de dire que cette impression n'est qu'apparente, et que toutes les monades, par cela qu'elles sont des foyers de forces distincts, qui n'ont rien de commun avec l'étendue, auxquels par conséquent les conceptions d'impénétrabilité ou de pénétrabilité, de mouvement reçu ou donné, d'impression exercée ou subie, d'action ou de passion sont tout à fait inapplicables.

Chaque monade est donc à elle seule tout un monde; elle est montée dès son origine pour se donner, suivant les lois essentielles de son être, des déterminations représentatives ou autres qui ne peuvent pas plus être changées par une force étrangère, qu'une monade elle-même ne peut être transformée par une autre. Seulement, ces foyers indivisibles de forces ont été faits pour fonctionner entre eux d'une manière harmonique, exactement comme s'il y avait de l'un à l'autre action et réaction. En réalité, cependant, ce commerce d'influence n'existe point. Toutes les monades créées, également indépendantes les unes des autres à cet égard, sont également dépendantes de la monade des monades, ou de la monade créatrice et conservatrice. Et conserver est pour elle autant que créer.

Les monades créées n'existent donc pas non plus d'une existence véritable; elles ne sont, comme dans les autres systèmes cartésiens, qu'un *acte* de création, et non une *œuvre* du Créateur. Et comme l'acte d'un agent n'est point distinct de l'agent lui-même, qu'il n'en est qu'un mode, les conséquences possibles, nécessaires même du monadisme, malgré l'infinie multiplicité apparente des monades, aboutissent également à l'unité panthéistique par la voie commune de la conservation, par une création continuée.

Ce qu'il y a de bien clair en tous cas, c'est qu'il n'y a pas de place pour le principe vital dans le système des monades et de l'harmonie préétablie, puisqu'il n'y a aucune action du corps sur l'âme, ni de l'âme sur le corps, ni, en général, d'une monade sur une autre monade. Tout ce qu'on peut dire, c'est que chaque monade est à la fois son principe vital, son corps et son âme, son tout, c'est-à-dire sa force indivisible, qui est sans cesse en action, et qui sans cesse produit ses états divers, suivant une double loi : celle d'abord de la constitution propre de la monade, qui en fait une monade d'une espèce plutôt que d'une autre, et, dans cette espèce, une monade qui a quelque chose d'individuel ou de propre; celle ensuite en vertu de laquelle un état consécutif est amené nécessairement par l'état qui précède. Ce qui fait que le présent d'une monade contient tout son avenir, et que cet avenir est non moins nécessairement tel ou tel d'après le passé, qu'il est à venir par rapport à ce même passé.

Il est enfin deux autres systèmes qui rendent inutile un principe de vie propre à l'individu vivant, c'est le naturalisme et le démonisme.

Suivant une opinion assez répandue, même chez de fort bons esprits, par exemple dans Virey, une force étrangère à chaque individu, mais agissant en eux tous, une force cosmique dont l'action s'étend à toutes les parties de l'univers, la nature enfin, serait la cause créatrice et conservatrice des hommes, des animaux et des plantes, comme des minéraux du globe terrestre et de toutes les masses, petites ou grandes, qui sont disséminées dans l'immensité de l'espace. C'est une force unique et universelle, agissant avec intelligence, suivant des lois qui lui sont propres; que, du reste, elle soit elle-même intelligente et libre ou qu'elle ne le soit pas; qu'elle soit Dieu elle-même ou son lieutenant, ou bien encore un immense et aveugle instrument de ses décrets éternels : toutes choses qu'on ne décide point.

Suivant d'autres, mais en nombre bien plus restreint, les causes de l'organisme vivant seraient, par analogie avec celles qui président aux mouvements des planètes et à la conservation du monde, d'après le même ordre d'idées mystiques, non pas une force unique et vaguement conçue, mais des puissances spirituelles égales en nombre aux êtres vivants et qui produisent dans chacun d'eux tous les phénomènes composant la vie organique, et même la vie animale ou de relation chez les êtres dépourvus de raison. Et, comme les animaux sont dans ce cas, ces âmes ne seraient pas autre chose que des esprits malins qui auraient été condamnés à vivre de cette vie inférieure. C'était, comme on sait, l'opinion du P. Bougeant. Quant aux hommes, ils auraient une âme à eux, l'âme raisonnable, qui n'aurait point à se mêler de ce qui se passe dans son corps : ces détails secondaires seraient aussi dévolus à des intelligences d'un autre ordre, mais célestes, sans toutefois que notre mécanisme organique, notre âme elle-même fût complétement à l'abri des invasions ou des influences du malin.

Voilà donc un certain nombre de systèmes suivant lesquels il n'y aurait pas à s'occuper du principe vital.

Ces systèmes, qui ne sont tels que parce qu'ils sont exclusifs, parce qu'ils tendent à réduire le tout à l'une de ses parties, sont : le matérialisme, le spiritualisme, l'occasionalisme, le panthéisme, l'idéalisme subjectif, l'idéalisme objectif, l'idéalisme absolu, le monadisme, le naturalisme et le démonisme.

II.

Il faut voir maintenant en peu de mots, et sans entrer dans l'examen approfondi de ces systèmes, jusqu'à quel point ils sont soutenables. Et d'abord le matérialisme exclusif.

Si la matière est définie : Une étendue résistante, douée de certaines forces mécaniques, physiques et chimiques, nous aurons bien, à ces conditions, tous les phénomènes qui s'observent dans le monde inorganique, mais pas un seul de ceux qui composent les merveilles de l'organisation, même au plus bas degré. Et puisque toute matière n'est pas organisée, il n'est pas de son essence, comme matière, de revêtir cette forme supérieure; sans quoi, matière et matière organisée seraient identiques.

Il faut donc que la matière, pour revêtir la forme de la vie, soit soumise à une force particulière qu'elle ne renferme point, qui n'est point de son essence. Un effet nouveau, extraordinaire, aussi profondément distinct des effets mécaniques purs que le mouvement spontané est distinct du mouvement mécanique, que l'ordre vivant, mobile, si varié et si complexe du végétal est distinct de l'ordre rigide, fixe, si borné et si simple du monde matériel pur; un pareil effet demande une cause propre. Aussi, les matérialistes qui n'ont pas voulu d'un principe de vie spirituel ont-ils été dans la nécessité ou d'adjoindre à l'âme un principe matériel encore, mais doué de propriétés vitales, ce qui n'est qu'une contradiction; ou d'accorder à certaines portions de matières, ou à certains agrégats ou combinaisons, des vertus toutes spéciales, ce qui n'est qu'un non sens; ou d'imaginer je ne sais quelle puissance abstraite, matérielle ou quasi-matérielle, une force cosmique et quasi-divine cependant, sous le nom de nature, ce qui est un non sens encore.

Le spiritualisme pur, plus profond que le matérialisme exclusif, et beaucoup plus soutenable, ne peut faire cependant qu'il n'y ait pas deux ordres de phénomènes très distincts dans l'homme : ceux qui s'observent dans le corps et qu'on appelle externes ou organiques, et ceux qui ne tombent sous aucun de nos sens, qui sont internes et spirituels. Or, à des faits si profondément divers, et qui sont si peu liés entre eux d'un lien invincible comme deux effets d'une même cause, ou comme cause l'un de l'autre, que l'ordre physiologique s'observe dans toute sa perfection encore, alors même que l'ordre psychique va décroissant et finit par disparaître, il faut, sinon des causes différentes, du moins des fonctions très diverses d'une même cause pour les expliquer. Là donc, à tout le moins, il y a un dualisme de fonction absolument nécessaire.

Il y a plus : tout le monde, en effet, ne partage point l'opinion de Berkeley, et la plupart des spiritualistes ne le sont pas au point de nier l'existence, la possibilité même de la matière. Il leur faut donc une cause étrangère à la matière, qui explique les formes, le mouvement, les effets constitutifs de la vie.

Le panthéisme, qui n'est ou qu'un matérialisme exagéré et aveugle, ou qu'un spiritualisme excessif encore et infidèle à l'expérience; le panthéisme, qui, sous une forme ou sous une autre, c'est-à-dire matérialiste ou spiritualiste, ne pèche pas moins contre la logique et la saine métaphysique que contre la physique et la psychologie, puisqu'il réalise et divinise une abstraction; le panthéisme, confondant tout, n'expliquant rien, ne pourra jamais satisfaire des esprits observateurs. Il y aura toujours des êtres divers, et parmi eux des êtres distincts quoique ressemblants; toujours il y aura deux ordres de phénomènes, ceux qui constituent l'ordre physique et ceux qui constituent l'ordre spirituel. Dans l'ordre physique, on distinguera toujours les phénomènes de l'ordre matériel pur, et les phénomènes de l'ordre physiologique. Toujours il faudra au sens commun réfléchi, le plus sainement réfléchi même, une raison propre à expliquer la différence qui sépare l'ordre physique organique de l'ordre physique mécanique. Et bien que celui-ci serve de base et comme de fond à celui-là, bien encore qu'il y ait entre l'un et l'autre des liens nécessaires, des analogies même, ils ne sont pas moins distincts d'une distinction frappante, essentielle. Le panthéisme lui-même est obligé, comme le matérialisme et le spiritualisme exclusifs, d'admettre au moins deux ordres de fonctions dans la nature physique, comme il y a deux ordres de fonctions et de phénomènes dans la nature organique et la nature psychique. Ce n'est point là une pétition de principe; c'est une observation d'abord, et ensuite l'application forcée du principe de la raison suffisante ou de causalité, qui est une loi de l'esprit humain.

Le panthéisme ne se passe donc d'un principe vital propre pour expliquer chaque individualité organique, que parce qu'il ne voit dans toutes ces individualités que des formes variées d'un principe vital supérieur et unique. Il ne peut donc pas, à la rigueur, se passer de principe vital, pas plus que le matérialisme et le spiritualisme exclusifs; seulement, il n'en veut qu'un seul. Et ce principe unique, non seulement explique la triple phénoménalité de la vie dans l'homme, mais en remplace les différents principes.

Cette fonction du principe suprême, qui ne consiste pas à créer des substances, mais seulement des phénomènes, fait disparaître toutes les causes secondes ; il n'y a plus, dans ce système, de création proprement dite, de réalités contingentes : il n'y a qu'une seule réalité véritable; tout le reste n'en est qu'une forme passagère.

C'est à cela que revient, qu'il le sache ou qu'il l'ignore, le principe cartésien, que les choses créées n'ont pas plus en soi leur raison de durer que leur raison de commencer, et que durer, pour elles, c'est être conservées par celui qui les a faites, et qu'être conservées, c'est être créées à chaque instant de leur durée.

Nous avons fait voir que l'occasionalisme aboutit logiquement par là au panthéisme ; que le monadisme lui-même ne peut y échapper, puisqu'il professe la même doctrine sur la durée des êtres, sur leur inexistence en soi ; que c'est dans le panthéisme encore, mais par une autre voie, que viennent s'abîmer les systèmes philosophiques de la moderne Allemagne. Nous sommes donc dispensé de faire voir les vices propres de chacun d'eux ; ce sont ceux-là mêmes du panthéisme, indépendamment des autres défauts, qui conduisent à celui-là, le plus vicieux de tous.

Quant au naturalisme, s'il n'est pas le théisme avec

exclusion de toute cause seconde dans le monde organique, ou le panthéisme encore, il n'est qu'une espèce de mysticisme matérialiste, qui pèche essentiellement en ce point, qu'il donne à une idée générale, la nature, une réalité correspondante qu'elle n'a pas. La nature! qu'est-ce donc autre chose que l'ensemble des forces qui se révèlent par leurs effets? Mais cet ensemble lui-même ne suppose-t-il pas nécessairement une pluralité, un nombre indéfini de centres ou de foyers d'où rayonnent ces forces? Et, s'il en est ainsi, ce n'est pas une nature, la nature qu'il faudrait admettre à titre de force ou de puissance, c'est un nombre innombrable de natures. Il y aurait donc autant de natures que d'êtres naturels. Sans doute c'est la nature, c'est-à-dire quelque force naturelle qui produit dans mon corps comme dans mon âme les phénomènes vitaux qui s'y remarquent; mais pourquoi cette force, cette nature n'aurait-elle pas son individualité, son foyer ou son centre individuel comme celle que j'appelle moi? Suis-je donc *pour moi,* aux yeux de la conscience que j'ai de mon être, autre chose que ce que je sais être, que ce que je suis avec conscience? Je serais donc alors ce que je suis et ce que je ne suis pas? C'est pourtant cette énormité qu'il faut soutenir si l'on veut faire du principe qui pense en moi, autre chose que le principe propre, individuel de mon être pensant: à savoir le principe de toute phénoménalité; le principe de la pensée de tous les hommes passés, présents et futurs, comme celui de ma pensée propre; le principe qui anime mon chien comme il animait celui de Tobie, qui fait pousser les légumes de mon jardin comme il faisait pousser jadis et maintenant encore ceux de l'Egypte, qui tient en rapport les molécules de la pierre de ma maison comme celles des colonnes renversées de l'antique Balbeck, la nature enfin !

Quoi ! parce qu'il y a effet et cause ici et là, parce que cette cause est naturelle, parce que son idée est une et unique, attendu qu'un agent n'est cause qu'à la condition de produire un effet, je n'admettrais qu'une seule cause, qu'un seul agent? Qui ne voit que c'est confondre l'idée avec son objet, et un objet abstrait, l'agent ou la cause en général avec les réalités !

C'est pourtant le sophisme qui se glisse dans l'esprit des partisans de la nature comme cause unique et universelle de tous les phénomènes : s'élevant d'abstraction en abstraction, ils finissent bientôt par ne plus voir dans tous les effets divers que la qualité commune d'être effet, dans tous les agents que la propriété commune d'être agent, et dans cette propriété même celle d'être cause. Et comme il n'y a pas deux manières d'être cause, quand on envisage l'activité à ce degré d'abstraction, on ne voit plus qu'une seule cause, qui est la cause unique, universelle, en d'autres termes, la nature.

Il n'y a pas plus, nous le répétons, de nature universelle qu'il n'y a de moi universel, d'organisation universelle, d'être universel. Ce qui est universel, ce n'est ni l'être, ni l'organisation, ni le moi, mais seulement l'idée d'être, d'organisation et de moi, deux choses essentiellement différentes.

Sans doute c'est la nature qui agit en moi; mais c'est la nature déterminée en *ma* nature; ce n'est pas du tout une nature abstraite, générale, qui me soit commune avec le reste du monde : c'est *ma* nature propre, individuelle, et non celle de mon voisin; c'est *mon* principe de vie, et non le sien; c'est ma volonté, et non la sienne, qui fait mouvoir mes membres dans le déplacement volontaire de mon corps.

Qui dit nature générale, universelle, dit par là même idée, et non réalité; qui dit réalité, exclut par là même universalité : rien n'est qui ne soit universellement déterminé, comme disaient les scolastiques; et rien de ce qui n'est pas universellement déterminé, rien de ce qui a un degré de généralité quelconque, n'existe.

Ce n'est pas à dire du tout qu'il n'y ait pas des réalités dont l'action s'étende par voie d'influence (sinon par voie d'essence ou de substance) à une multitude d'autres réalités; il faut reconnaître, au contraire, que l'action d'un être peut s'étendre à un plus ou moins grand nombre d'autres. Mais cette sorte de généralité dans l'action, ou plutôt cette pluralité des sujets qui la subissent, ne constitue pas du tout une généralité substantielle dans l'agent, pas plus que dans les sujets qui l'endurent. Il y a donc individualité ici et là, dans les patients comme dans l'agent.

La similitude d'action dans les agents, leur similitude de nature même, si entière qu'elle puisse être, n'empêche pas non plus leur pluralité : ainsi, deux hommes, deux esprits, deux corps seront aussi ressemblants deux à deux que possible; ils n'en seront pas moins aussi distincts réellement, substantiellement, que s'il y avait entre eux toute la différence que la nature des choses comporte.

Nous croyons donc pouvoir conclure en disant que la nature n'est rien, que les individualités naturelles sont tout, et qu'encore bien qu'il y ait des individualités supérieures qui étendent leur action à une multitude d'autres, celles-ci n'existent pas moins que celles-là, et que l'influence des premières sur les secondes serait contradictoire, impossible, si les secondes n'existaient pas au même titre que les premières.

Nous serons plus court dans l'examen du démonisme comme principe de la vie ; nous le rejetons purement et simplement comme une fiction mystique, fiction qui n'a certainement rien d'impossible en soi, mais qui n'est en aucune manière motivée par les faits, qui n'a par conséquent aucune vraisemblance en sa faveur, qui serait en tout cas une hypothèse oiseuse, puisqu'il en est une autre plus simple, plus autorisée par les faits et les noms de ceux qui l'ont professée.

Mais si le démonisme comme cause externe de l'organisme individuel est inadmissible, il a cependant un côté par lequel il touche à la vérité : c'est que l'organisation, comme effet d'une cause seconde, est due à un agent spirituel. Mais cet agent n'est autre que celui qui revêt l'organisme. C'est là le vrai démonisme organique. Y eût-il sur le monde vivant une action certaine de la part d'agents spirituels, mais différents de ceux qui sont destinés à revêtir des organisations déterminées, il n'en resterait pas moins vrai que ces organismes ont leur principe de vie à eux propre.

Toutefois, dans le système du démonisme comme dans tous les autres, il y a cela d'acquis à notre thèse, qu'il faut une cause propre à rendre raison des phénomènes de la vie. Or, nous appelons cette cause, dans tous les systèmes, principe de la vie.

Le principe vital est donc, dans tout système, qu'on le veuille ou non, qu'on l'appelle d'une façon ou d'une autre, soit même qu'on répugne à lui donner un nom quelconque ; le principe vital est donc nécessairement la cause immédiate de la vie organique, que cette cause, d'ailleurs, soit une force substantielle propre, ou qu'elle ne soit pas distincte de la force appelée âme, nature, Dieu. Mais ce qu'il y a de certain jusqu'ici, c'est qu'elle ne peut être matérielle, puisque les effets qui lui sont attribués sont inexplicables par les lois générales de la matière, par l'essence qui lui est propre.

La difficulté n'est donc plus de savoir s'il y a une force vitale, et si cette force est ou n'est pas distincte de la matière, mais bien si elle est distincte de l'âme pensante. Pour résoudre cette nouvelle question, il importe de se faire une juste idée de l'âme et de ses fonctions. Il est bien certain, en effet, que si l'on entend par âme le principe qui sent, pense et veut en nous, et qu'on ne lui reconnaisse pas d'autres fonctions, le principe vital doit être distinct de l'âme, puisque les phénomènes de la vie sont tout différents de ceux de la pensée, de la sensibilité et de la volonté, et que, d'ailleurs, ils s'accomplissent en nous sans que le moi en ait intelligence, sans qu'il le veuille, sans qu'il le sache. Mais si, d'un autre côté, les fonctions de l'âme ne se bornaient point à celles dont nous venons de parler ; si ce n'étaient là que les fonctions accompagnées de conscience, et qu'on pourrait, pour cette raison, appeler les fonctions du moi ; s'il y avait lieu, par conséquent, de distinguer dans l'âme des fonctions organico-psychiques, et des fonctions psychiques pures, ou psychiques par excellence tout au moins, la question ne serait pas aussi simple, d'une solution aussi facile qu'on l'imagine ordinairement.

Or, le lien qui rattache entre elles les deux parties de notre être humain est beaucoup plus fort et plus profond qu'on ne l'imagine en général, et la différence entre la matière et l'esprit bien moins tranchée. Nous ferons donc voir :

1° Que la matière n'a pas pour essence l'étendue, et qu'à l'égard de la simplicité elle ne diffère point de l'esprit, quoiqu'elle en diffère essentiellement sous d'autres rapports ;

2° Que le moi n'est qu'une manière de concevoir l'âme, le résultat d'une de ses fonctions, bien qu'il n'y ait pas de moi possible sans âme ;

3° Que l'âme et le principe vital ne sont substantiellement qu'une seule et même chose, mais que le mode d'action de l'âme dans l'organisme vivant n'est pas plus celui qui réalise la pensée que l'organisation n'est la pensée elle-même (1).

CHAPITRE II.

La matière, comme substance première des corps, est simple, et sous ce rapport ne diffère point de l'esprit.

Il ne faut pas confondre la matière et les corps ; la matière véritable, la matière déterminée (*materia signata*) est aux corps ce qu'est la réalité à l'apparence. Les

(1) Cf. Virey, *De la Puissance vitale*, Introduct. et p. 1-78.

corps sont visibles, tangibles, etc.; la matière ne l'est point. Il y a plusieurs sortes de corps, au moins suivant l'apparence et même suivant la chimie, tandis qu'il n'y a qu'une matière. Mais la matière ainsi entendue, comme on le fait habituellement, et comme nous allons le faire nous-même pour commencer, la matière indéterminée (*materia non signata*), qui n'est ni telle espèce de corps, ni telle autre, cette matière n'est qu'une abstraction et n'existe pas.

Avant tout donc comprenons bien ce qui vient d'être dit, le reste ira de soi.

Nous disons d'abord qu'il y a cette différence entre la matière et les corps, que la matière déterminée est la cause matérielle, objective, mais invisible, des corps visibles; que c'est la réalité de leur apparence.

Si nous avions dit que la matière est aux corps comme les composants aux composés, ou comme les parties aux touts, on aurait pu croire qu'il n'y a de différence entre la matière et les corps que celle du plus petit au plus grand, une différence de degrés, et nulle différence de nature. Il n'en est rien cependant. La division qui diminue un corps homogène (1), qui le réduit de plus en plus, qui peut le dissoudre et l'anéantir à nos yeux, ne porte aucune atteinte à ses éléments, quels qu'ils soient. Le composé homogène seul est décomposable; le divisé seul est divisible. Il faut, en effet, qu'une chose ne soit pas une, qu'elle soit formée de parties distinctes déjà divisées entre elles, distinctes ou les unes en dehors des

(1) Nous réduisons d'abord par la pensée tous les corps hétérogènes en leurs composants homogènes, et nous raisonnons ensuite uniquement sur ces derniers.

autres, pour qu'elles puissent être distinguées, pour que leur ensemble soit divisible, pour qu'elles puissent former un multiple. Le non composé en soi, l'un parfaitement un, n'a point de parties réelles, il n'a que des parties fictives ou purement intelligibles : tels sont l'espace, le temps et toute grandeur continue. Toute grandeur discontinue est donc nécessairement composée et divisible.

Mais il y a cette différence entre les grandeurs continues de l'ordre purement intelligible ou rationnel, tels que l'espace et le temps, et les grandeurs continues apparentes ou de l'ordre sensible, tels que les corps, que la discontinuité est inconcevable dans les premières, tandis qu'elle est réelle dans les secondes; que de plus les grandeurs purement intelligibles n'existent qu'en idées, tandis que les autres ont une existence réelle au moins apparente; et qu'enfin les éléments des quantités intelligibles pures sont nécessairement de même nature que le tout, tandis que les éléments des corps comme quantités ou grandeurs percevables, ne sont point de même nature qu'eux.

Il est clair, en effet, qu'une position de temps ou d'espace, un point ou un instant, pourvu que le point soit encore de l'espace et l'instant encore de la durée, n'est pas d'une autre nature que l'espace et le temps pris en masse, et que l'infinie petitesse des parties comme l'infinie grandeur du tout ne change absolument rien à leur nature parfaitement identique et simple. Mais il n'est pas aussi évident, tant s'en faut, que les éléments derniers des corps, leurs éléments véritables, ces éléments que la pensée poursuit encore après que les agents physiques et chimiques les plus puissants ont épuisé leur énergie ;

il n'est rien moins qu'évident, disons-nous, que ces éléments soient encore étendus. Il y aurait même contradiction à ce qu'ils le fussent, puisqu'ils seraient alors divisibles encore pour la raison ou absolument, et par conséquent ne seraient point les éléments que nous cherchons et qu'il nous faut aussi absolument, si l'étendue fait partie de l'essence des corps.

Dans l'hypothèse où l'étendue ferait partie de l'essence des corps, nous serions donc dans cette alternative : ou de ne pouvoir concevoir des parties premières à un tout, ou de concevoir un tout formé de parties qui n'ont rien de commun avec lui, bien que l'essence du tout et celle des parties fussent une même essence. C'est-à-dire que, suivant l'hypothèse qui fait de l'étendue l'essence ou une partie de l'essence des corps, les corps sont tout simplement impossibles, puisque, d'après la première alternative, ils ne peuvent avoir de parties dernières dans l'analyse, ni par conséquent de parties premières dans la synthèse ; et que, d'après la seconde alternative, il n'y aurait pas seulement une différence en degrés entre le tout et les parties, mais encore une différence essentielle, radicale, à tel point que l'essence du tout, d'un tout d'ailleurs parfaitement simple et homogène quant à son essence, n'aurait cependant rien, absolument rien de l'essence de ses parties, et qu'ainsi un tout qui n'a de réel que ses parties, d'essentiel que l'essence de ses parties, ne serait cependant rien de ce qu'il doit être, ne posséderait rien de ce qu'il doit posséder.

Il y a bien encore une autre raison pour que l'étendue ne puisse être regardée comme l'essence totale ou partielle des corps : c'est que l'étendue pure, l'étendue par excellence, l'étendue continue, l'espace en un mot, est parfaitement indépendante de la résistance et de toutes les autres qualités sensibles des corps; elle est purement intelligible, elle se conçoit où les corps ne sont point, aussi bien qu'où ils sont; elle se conçoit et se conçoit seule, immobile, indivisible dans les lieux qu'ils occupent, où ils se meuvent et se divisent. Qu'ils apparaissent ou disparaissent, qu'ils résistent ou qu'ils cèdent, qu'ils conservent leurs formes ou qu'ils en changent, qu'ils restent à la place qu'ils occupent ou qu'ils la quittent, cette place, ce lieu n'est point eux; il sera après eux comme il a été avant eux, et les trois dimensions du plein resteront après que le vide sera fait, comme elles existaient avant le plein. Et ces trois dimensions, qui sont celles du lieu pur, de l'espace pur, sont aussi les trois dimensions du corps qui occupe cet espace; il n'en a pas d'autres : il n'y a pas dans ce lieu six dimensions, dont trois appartiennent à l'espace pur, au lieu, et trois autres au corps qui occupe ce lieu, cet espace. Ces trois dimensions, c'est-à-dire l'étendue en tout sens, n'appartiennent donc qu'à l'espace pur, et nullement au corps; elles n'appartiennent pas davantage, bien moins encore s'il est possible, à la matière dont se compose le corps: elles ne sont donc ni l'essence du corps, ni l'essence de ses parties; l'étendue est donc parfaitement étrangère à l'essence des corps.

Il y a plus : si l'étendue était l'essence ou une partie de l'essence des corps, les corps n'existeraient pas d'une existence réelle, expérimentale, s'il est vrai que l'espace n'existe point de cette sorte. Or, si l'on fait attention que les existences réelles n'ont rien que de contingent;

si, d'autre part, on considère que les vérités de l'ordre géométrique sont toutes nécessaires, et qu'elles ont cependant l'espace pour condition ou pour matière ; si, d'un autre côté, il est reconnu que les vérités nécessaires sont purement rationnelles, ou n'ont d'existence que dans la raison humaine, dont elles sont des produits nécessaires ; si l'espace, tout extérieur qu'il paraît être, n'est saisissable à aucun de nos sens ; si notre corps, comme un autre, a pour forme apparente l'étendue, et si les mots *externe, interne, en dehors, en dedans,* n'ont qu'un sens relatif et subordonné à l'*extériorité* de l'espace, à son existence objective ; si cette extériorité n'est elle-même qu'un produit de la raison, une pure conception à l'occasion de l'exercice de nos sens, du tact en particulier ; si cette conception n'est qu'une donnée purement rationnelle ou intelligible du monde sensible ; si la prétendue éternité de l'espace, sa prétendue nécessité absolue, son indestructibilité, n'est autre chose que l'éternelle possibilité formelle (1) des corps, la nécessité qu'ils soient conçus, étendus ou qu'ils aient l'étendue pour forme dans notre esprit, l'indestructibilité de cette forme même ou la nécessité de la possibilité formelle des corps, alors même qu'il n'y en aurait jamais eu ou qu'ils seraient tous anéantis ; si tout cela est incontestable, il en résulte nécessairement que les corps n'existeraient pas si leur essence était l'étendue.

Cela étant, nous dirons donc que les corps sont *conçus*, étendus ou dans l'espace par notre raison ; que cette con-

(1) C'est-à-dire par rapport à notre intelligence, par opposition à leur possibilité intrinsèque ou logique, ou à leur possibilité externe ou dynamique, à l'égard de la toute-puissance.

ception est une loi de notre intelligeuce, que l'étendue elle-même n'a par conséquent qu'une réalité apparente, mais qu'elle n'est rien en dehors de son idée. Nous dirons, avec Leibniz, que des deux choses qui sont dans un corps, comme corps en général, à savoir, d'une part l'étendue et la composition, d'autre part l'inétendue et la réalité, ou la réalité simple, il n'y a vraiment de réel ou d'existant, de véritablement objectif, que ce qui est réel et simple, ou inétendue, incomposé et indivisible.

Tout le reste, c'est-à-dire la composition, la multiplicité, le rapport qui fait de cette multiplicité un tout, l'étendue apparente de ce tout, etc., tout cela n'est qu'une donnée rationnelle, intelligible, pure, subjective par conséquent, et sans existence véritable.

En d'autres termes : il n'y a de réel dans les corps que la matière déterminée qui est le fond de chacun d'eux. Et comme cette matière est inaccessible à nos sens, que le phénomène par lequel nous croyons la percevoir sous forme de corps n'est, en définitive, que les sensations et les perceptions qui sont en nous, mais pas en elle, plus cette foi nécessaire que toutes ces qualités sensibles dans leurs effets sont quelque chose d'insensible dans leur cause objective, dans la matière, quelque chose d'aussi différent des phénomènes qui leur correspondent et qu'elles ont la vertu secrète d'exciter en nous, que la matière elle-même et ses propriétés sont différentes de notre âme, de ses opérations et de ses états ; puisqu'il en est ainsi, disons-nous, il nous est impossible de concevoir autre chose dans la matière que la cause externe et conditionnelle, mais inconnue en soi, d'un certain nombre des états de notre âme.

La matière n'existe pour nous qu'à ce titre : car si on la dépouille de ses essences spécifiques, qui en font telle ou telle espèce de matière, dès qu'on la réduit à son essence générique, alors surtout qu'on fait résider cette essence dans l'étendue, la matière n'existe plus ni pour nous, ni en soi ; elle n'est plus qu'une vaine abstraction, qu'un sujet purement intelligible des qualités corporelles véritables.

Pour mieux nous faire entendre, reprenons un instant le langage ainsi que les idées ordinaires, et reconnaissons que la matière, conçue comme étendue impénétrable seulement, n'est qu'une idée générale formée des qualités communes à tous les corps (graves), et que, l'expérience donnant et devant donner toujours des qualités sensibles jointes à ces qualités intelligibles, et des qualités sensibles aussi variées que le sont les différentes espèces de corps, il est nécessaire que la matière réelle, véritable, possède, dans son essence spécifique, la raison de toutes ces qualités et propriétés.

L'impénétrabilité, d'ailleurs, n'est, aussi bien que l'étendue, qu'une pure conception produite par la raison. C'est l'idée toute rationnelle de l'antagonisme infini de deux forces de même nature, ou de l'impuissance où est l'une d'anéantir l'autre, quelle que soit la disproportion de leur intensité respective.

La vraie matière n'est donc pas seulement quelque chose de nécessairement simple, doué de force, c'est aussi quelque chose de tellement varié dans son essence, que toutes les qualités et propriétés des corps, connues ou inconnues, en dérivent. Il n'y a donc pas de matière en général, mais telle ou telle matière universellement déterminée en particulier. Seulement, toutes les matières individuelles douées des mêmes propriétés essentielles se ressemblent spécifiquement et forment une classe distincte, par exemple le plomb, le mercure, etc.

La matière étant une force, et une force qui a cela de commun avec l'esprit, d'être inétendue, simple ou non composée, l'extrême difficulté qu'on rencontrait à mettre en rapport l'âme et le corps, parce que l'une était inétendue et simple ou non composée, tandis qu'on croyait l'autre essentiellement étendue et composée; cette difficulté, disons-nous, n'existe plus. Ce qui ne veut point dire qu'il n'y en ait pas d'autres, et que des substances également simples et inétendues puissent visiblement agir les unes sur les autres. Les monades de Leibniz, qui toutes étaient simples et inétendues, étaient cependant considérées comme respectivement indépendantes par ce grand génie. Mais il faut convenir que cette indépendance n'est point démontrée, et que dans l'ignorance égale où nous sommes que des êtres de cette nature puissent agir ou n'agir pas immédiatement les uns sur les autres, il y a en faveur de cette action des faits au moins apparents, à savoir : la coordination des phénomènes de l'ordre physique entre eux, celle des phénomènes de l'ordre spirituel entre eux, celle enfin des phénomènes des deux ordres respectivement. Et ces différentes espèces de coordination existent non seulement dans le monde physique et dans le monde spirituel, d'un corps à un autre, d'un esprit à un autre, mais encore : dans le même corps, d'une partie à une autre; dans le même esprit, d'un état à un autre, et d'un corps à un esprit, d'un esprit à un corps. Voilà, du moins, les apparences. Or, ces apparences sont plutôt en faveur de l'influence mutuelle des essences de toute nature que contre elles.

Mais il faut pénétrer encore plus avant et faire voir que rien ne s'oppose à ce que l'âme soit le principe de la vie organique, comme elle est le principe de la vie spirituelle. S'il peut en être ainsi, la raison nous fait une loi de ne point recourir à l'hypothèse, dès lors inutile, d'un principe intermédiaire entre le corps et l'âme pour expliquer la vie organique.

On comprend donc la nécessité et la portée de la discussion qui précède.

CHAPITRE III.

Deux modes d'action de l'âme, suivant qu'elle agit sans conscience ni préméditation, ou bien avec conscience, intelligence et volonté.

I

D'après ce qu'on vient de dire, les corps ne sont que des ensembles d'éléments matériels, qui n'existent en réalité que dans ces éléments et par ces éléments, mais pas comme ensembles. Un ensemble n'est qu'une manière de concevoir des composants, formant entre eux une unité collective en vertu de propriétés particulières, ou peut-être d'une force distincte. Mais rien de réel dans les corps, si ce n'est la matière, les monades matérielles; et, quoi qu'en disent Descartes et ses partisans, l'étendue n'est point du tout l'essence des corps.

Or, si la matière est simple aussi bien que l'esprit, il

n'y a plus de raison, sous ce rapport du moins, d'imaginer je ne sais quel intermédiaire tout à la fois simple et composé, étendu et inétendu, une sorte de corps spirituel ou d'esprit corporel, une âme du corps, ou un corps tout particulier de l'âme, pour combler l'abîme creusé par une philosophie vulgaire d'apparence ou de grossier sens commun, entre le corps et l'âme. Voilà donc bien évidemment une raison ontologique de moins en faveur d'un principe vital qui ne serait ni l'âme ni le corps, mais un je ne sais quoi différent de l'un et de l'autre.

Cette difficulté n'est pas la seule qui ait fait imaginer ce principe distinct; il en est une autre bien plus spécieuse, bien plus forte : nous voulons parler de celle qui résulte de la fausse idée qu'on se fait de l'âme, en l'identifiant de tous points avec le *moi*.

Déjà dans la première partie de cet ouvrage, en parlant de la conscience et de la raison, nous avons mis en lumière la différence qui existe entre l'âme et le moi. Le moi, avons-nous dit, suppose toujours une âme, mais l'âme ne suppose pas toujours le moi. Le moi n'est qu'une manière de se concevoir de la part d'une âme douée de réflexion et de raison, par opposition à tout ce qui n'est pas elle. C'est une conception tout à la fois positive et négative, dont les éléments n'ont de valeur ou de sens que l'un par l'autre. Otez toute espèce de non-moi, comme tel; ôtez, c'est-à-dire, la conception de non-moi, que deviendra celle de moi? Quelle valeur pourrait-elle avoir par soi seule, toute positive qu'elle est? Aucune évidemment, puisqu'elle cesserait d'être la négation d'une négation, ou une position par opposition.

Mais si l'on ne peut douter, d'un autre côté, que les conceptions symétriques de moi et de non-moi sont des produits de la raison pure, produits qui n'ont point d'objet propre, substantiel, correspondant; si, d'ailleurs, on réfléchit que la conception moi est essentiellement universelle par son opposition à tout non-moi possible, comme Hegel l'a très judicieusement remarqué; qu'il y a là une vertu générale, exclusive de toute réalité; si, enfin, une réalité est nécessairement déterminée et universellement même, et si cependant la conception moi, le moi pur, exclut toute détermination : il restera bien évident que le moi, tel qu'il vient d'être défini, est un produit de la raison, et qu'il n'y a de moi que chez les sujets doués de la faculté de se concevoir par opposition à tout le reste, chez les êtres raisonnables en un mot.

Répétons-le donc : c'est la raison, et la raison seule, qui fait le moi en nous, puisque c'est elle seule qui nous donne cette conception.

L'animal, doué d'une âme sensitive et capable de certaines opérations intellectuelles inférieures, mais privé de la raison qui conçoit, n'a vraisemblablement pas de moi, n'existe pas nettement, d'une manière bien réfléchie à ses propres yeux, pas plus que le reste des choses n'existe pour lui, comme distinct de lui ou comme non-moi. Ces conceptions de rapport, d'opposition, ne sont pas dans le domaine de son intelligence, ou si, elles y sont, ce n'est qu'à un faible degré.

La plante a aussi son principe de vie; et si elle n'a pas, comme dit Muller (1), une idée qu'elle réalise sans

(1) *Manuel de Physiol.*, t. II, p. 491. « L'idée de telle ou telle plante est le thème que la vitalité poursuit incessamment dans chacune d'elles. »

réflexion, sans conscience, l'idée de sa propre forme, de la forme de ses parties, l'idée des opérations à exécuter pour réaliser cette forme multiple, l'idée des moyens à employer, elle agit du moins par son principe tout comme s'il en était ainsi. Il y a donc dans la plante même une force stimulée, c'est-à-dire un agent qui éprouve quelque chose d'analogue au besoin, à la peine, au plaisir, puisqu'il agit d'une manière régulière, comme s'il avait une fin à atteindre, et par tels moyens plutôt que par tels autres. Il y a de plus en elle quelque chose d'analogue à l'intelligence et à la volonté. Il y a l'analogue d'une âme, même d'une âme raisonnable. La plante est l'analogue de l'analogue de l'homme. Elle est donc l'analogue éloigné de l'homme, tandis que l'animal en est l'analogue prochain.

La plante n'a-t-elle pas, en effet, ses opérations instinctives comme l'animal, quoiqu'à un moindre degré? Comment expliquer d'une autre manière une foule de mouvements relatifs à la germination, à la nutrition, à la conservation des graines, à leur multiplication, à leur transport, etc.? La racine qui tourne les obstacles pour aller à son but, qui se trace un chemin sous les murs, sous les canaux; qui prend une autre direction si elle s'aperçoit pour ainsi dire qu'elle a fait fausse route; qui se convertit en rameaux et s'orne de feuillage si elle ne peut plus contribuer autrement à la nutrition du sujet; la branche qui se munit de suçoirs si elle est appelée par la violence à remplir les fonctions de la racine; la plumule de la graine qui tend toujours à monter, quelle que soit la disposition de cette graine dans la terre; la radicule qui tend toujours à descendre et à s'enfoncer;

les bourgeons des pommes de terre qui ne manquent jamais de se diriger dans nos caves vers les soupiraux pour jouir de l'air et de la lumière; les étamines de certaines fleurs qui s'inclinent en temps utile vers le pistil pour y déposer le pollen fécondant; l'enveloppe écailleuse qui recouvre pendant la froide saison un germe qu'autrement la rigueur du temps ferait périr; l'enveloppe protectrice des fruits contre les intempéries de l'air ou l'avidité des oiseaux : tout cela et une infinité d'autres précautions évidentes, n'accuse-t-il pas une action réglée dans la force vivifiante des végétaux? Qu'importe que l'âme de la plante n'ait point raisonné ces moyens et ces fins? Ces mouvements sont-ils moins réels, moins propres à ce foyer d'action, moins admirables? La cause seconde, pour agir en aveugle, est-elle moins certaine, ou faudra-t-il en nier l'existence parce qu'elle ne procède pas comme nous le faisons, quand nous agissons d'une manière analogue?

Il faut donc admettre cette cause seconde avec les caractères que nous lui donnons, ou soutenir que la vie végétative est l'effet des lois les plus générales de la matière, ou faire intervenir la Divinité ou quelque génie pour produire immédiatement la plante, pour la conserver, etc. La première de ces suppositions est démentie par les faits, et la seconde est contraire à l'analogie, qui est elle-même fondée sur la conscience de ce qui se passe en nous. Il est infiniment vraisemblable, en effet, qu'il y a dans l'animal quelque chose d'analogue à l'âme de l'homme, et dans la plante quelque chose d'analogue à l'âme de l'animal.

Il est, d'ailleurs, contraire à la saine philosophie

d'expliquer par l'action immédiate de la cause première tout ce qui peut l'être par une cause seconde. Pour repousser les analogies dont nous parlons, il faudrait donc des raisons positives et péremptoires. Elles sont d'autant plus fondées, ces analogies, qu'il est plus difficile de dire où finit l'animal et où commence la plante, et que l'un et l'autre se rencontrent parallèlement à un certain degré. La transition semble même avoir été ménagée au point de faire croire plutôt à une identité décroissante qu'à une analogie.

Qu'avons-nous besoin, d'ailleurs, de sortir de l'homme pour retrouver l'âme inconsciente ou sans le moi, une âme végétative d'abord, qui vraisemblablement n'a pas même de sensations? Plus tard elle en éprouve, mais à la façon de l'animal, c'est-à-dire sans qu'elle puisse d'abord s'en distinguer. Plus tard encore elle s'en distinguera obscurément; la conception de moi ne sera en elle qu'à l'état concret, jusqu'à ce qu'enfin la réflexion et l'abstraction la dégagent complétement.

Il y a bien d'autres faits qui prouvent que l'âme, en tant qu'elle se conçoit, n'est pas l'âme tout entière, et que si c'en est la partie la plus élevée et comme le couronnement, ce n'en est que la partie la moins considérable.

Mais avant d'entrer dans l'exposition de ces faits, il importe de revenir sur une distinction capitale, et de bien s'entendre sur les différentes acceptions des mots âme et moi.

Nous ne pouvons pas ignorer que, pour beaucoup de psychologues, l'âme et le moi sont tout un. Mais on ne peut nous contester cependant qu'il y a ici plusieurs points de vue qu'il est au moins possible de distinguer. C'est ainsi qu'on peut entendre par le mot âme :

1° Une substance simple, par opposition au corps qui est composé ;

2° Une substance simple, douée de facultés spéciales, et qui est unie à un corps ;

3° Une substance simple, unie à un corps qui n'a de vie qu'à cette condition, que l'âme soit la cause efficiente des phénomènes organiques, ou qu'elle n'en soit que la cause conditionnelle ;

4° Une substance simple, dont la destinée est sans doute d'être unie pendant un certain temps à un corps, mais qui a cependant sa vie propre, son principe d'action intrinsèque, et qui présente tout un ordre de phénomènes bien distincts de ceux qui s'observent dans les corps vivants. Cette dernière propriété permet de concevoir l'âme assez indépendante du corps pour pouvoir survivre à la ruine de celui-ci, et, suivant quelques-uns, pour l'avoir précédé comme principe pensant, ou tout au moins comme principe capable de penser ;

5° Enfin, on entend aussi par le mot âme tout ce qui précède, plus la faculté de se connaître ou d'être pour soi, d'exister à ses propres yeux, c'est-à-dire d'être moi.

Le moi, à son tour, s'entend :

1° De la conception moi pure et simple, et c'est ainsi que nous l'avons envisagé plus haut ;

2° Du sujet substantiel auquel la notion de moi se rapporte, qu'il suppose, sans toutefois être lui ;

3° Du moi substantiel ainsi conçu, mais déterminé de plus par des états divers dont il a conscience ;

4° Du moi substantiel, véritable sujet des états divers

dont il est revêtu, qui a conscience de ces états, qui sait, de plus, qu'il est une force ou cause, qu'il est doué d'une activité à lui propre, d'une volonté.

5° Enfin, de ce moi ainsi conçu, mais doué, en outre, d'une activité innée, spontanée, indélibérée, imprévue, fatale même, antérieure à tout fait de conscience, à toute idée, à toute sensation, cause originelle, fondamentale et inscrutable de tous les états subséquents dont on a conscience, et d'une foule d'autres que nous ignorons.

Evidemment c'est ici l'âme complète, l'âme avec toutes ses puissances, toutes ses énergies connues et inconnues, avec toutes ses vertus enfin. C'est bien autre chose que le moi, c'est-à-dire que l'âme en tant qu'elle est pour soi, et dans la mesure étroite de cette connaissance de soi-même. C'est bien autre chose, surtout, que ce moi abstrait, pur et simple, par opposition au non-moi seulement, et cependant moi pur quoique pure conception, moi ou conception sans quoi nous ne saurions absolument rien de nous-mêmes; sans quoi nous ne serions pas pour nous, à nos propres yeux; sans quoi nous ne serions pas une personne ni pour nous-mêmes ni pour autrui; sans quoi, enfin, nous ne serions qu'une simple chose, alors encore que nous pourrions être doués d'une certaine vie.

Tout cela, bien démêlé et bien compris, laisse assez voir combien il est facile de tomber dans le malentendu, l'équivoque, l'obscurité. Si tous ces points de vue divers sont parfois essentiels à distinguer, et si pourtant on les confond; si, par le mot âme, on n'entend que l'âme qui se conçoit, se connaît : il est évident qu'on refuse à l'âme toute vertu dont elle n'aurait pas la conscience, toute opération dont elle n'aurait pas la volonté, tout acte dont elle n'aurait pas le secret. Et alors, bien évidemment, l'âme ne peut être cause seconde de la vie; elle est même étrangère à toutes les opérations de l'organisme, ou n'y intervient qu'indirectement, médiatement, sans le savoir ni le vouloir le plus souvent; en un mot, elle a une influence, mais pas d'action. Il faut alors de toute nécessité, entre elle et le corps, un principe intermédiaire, qui ait action directe sur le corps, qui le connaisse mieux qu'elle, qui en comprenne le mécanisme, les besoins et les ressources, et qui le mette au service de l'âme, comme elle fait agir l'âme au profit du corps.

Mais remarquons ici deux choses : la première, c'est que l'âme, ainsi réduite au moi, pourrait bien n'être pas l'âme tout entière. Nous ne tarderons pas à le prouver par des faits nouveaux, et en rappelant ceux que nous avons déjà constatés plus d'une fois comme émanés fatalement de l'âme et à son insu. La seconde remarque à consigner ici, c'est que le principe vital, s'il fait tout ce qu'on lui attribue avec connaissance de cause et volonté, serait mille fois plus digne du nom et du rang d'âme que l'âme elle-même, puisque, par hypothèse, il aurait une connaissance et une puissance bien supérieures à celles de l'âme. Si, au contraire, il peut faire, sans le vouloir, sans le savoir, sans conscience et sans moi, tout ce qui se passe réellement en nous, sans que nous en ayons l'idée ni la volonté, ni la conscience, on ne voit pas bien pourquoi l'âme, dans la profondeur de son être, cette âme qui est au dessous du moi, qui en est la racine déjà vivante et agissante, quoique sans lumière et sans conscience; on ne voit pas, disons-nous, pour quelle raison cette âme ne pourrait pas aussi remplir le rôle attribué à un principe vital étranger. L'âme fait déjà trop de ces sortes d'opérations pour qu'elle puisse être jugée incapable d'en faire davantage; si elle ne fait pas tout, elle ne fait donc pas assez, puisqu'elle peut réellement tout faire. Lui donner un principe vital pour auxiliaire, c'est donc multiplier les êtres sans nécessité, c'est-à-dire contre toute raison, contre la vraisemblance même.

Revenons donc aux phénomènes qui ne s'expliquent point, ou s'expliquent mal, si l'on ne distingue pas l'âme d'avec le moi, c'est-à-dire l'âme sans conscience d'avec l'âme consciente; c'est-à-dire encore si l'on n'étend pas la sphère des opérations de l'âme au-delà, bien au-delà de celle des opérations accomplies avec intelligence, conscience et volonté.

Qu'on ne s'y trompe point, du reste; on abuserait de nos paroles, si l'on nous faisait dire en réalité ce que nous ne disons qu'en apparence et pour plus de brièveté dans le langage : quand nous opposons l'âme et le moi, il ne s'agit pas du tout de deux principes substantiels, mais bien de deux sphères d'action seulement du même principe, de la conscience des unes et de l'inconscience des autres, de la volonté dans les unes, de la non-volonté, quelquefois même de la fatalité dans les autres. Le moi n'accompagne et n'éclaire qu'une partie des opérations de l'âme; tout le reste s'accomplit par cette force vivante, suivant des lois qui lui sont propres, mais dont elle n'a pas l'intelligence. Le moi n'est donc opposé à l'âme que comme la conscience est opposée à l'inconscience. Le moi n'est donc, au point de vue ontologique, que l'âme elle-même se connaissant, et dans la mesure de cette connaissance ; tout ce qu'est l'âme, tout ce qu'elle fait sans le connaître, sans le savoir et sans le vouloir, n'est pas du moi, mais de l'âme pure et simple ; de l'âme en tant qu'essence inscrutable à elle-même, en tant que force primitive qui ne s'est point faite, qui ne s'appartient pas.

Mais voyons les faits.

II

I. Qui peut douter que notre âme, aujourd'hui capable de raison et de réflexion, n'ait été d'abord sans réflexion ni raison actuelle? En venant au monde, l'enfant est encore enveloppé profondément dans la chair. Il l'est bien davantage durant la vie fœtale et embryonnaire. Et pourtant son âme d'homme est déjà là ; elle possède virtuellement toutes les facultés qui doivent fonctionner un jour. Déjà quelques-unes, celles qui la rapprochent davantage de l'âme des plantes et de celle des animaux, sont en activité. Ce premier développement vital est nécessaire pour que les développements ultérieurs puissent un jour s'accomplir. Cette âme vivante est donc par là même agissante ; mais elle agit de l'action la plus humble pour une âme qui doit un jour raisonner, se connaître et vouloir d'une volonté délibérée.

II. Arrivé à la vie, l'enfant souffre, jouit, s'agite, pousse des vagissements. Mais qui oserait soutenir que ces souffrances et ces jouissances sont accompagnées, comme elles le seront plus tard, d'une foule de notions et de conceptions; que l'âme se démêle nettement de ses états; qu'elle se conçoit moi, par opposition à tout le reste; qu'elle a par conséquent les conceptions d'identité et d'unité, etc.; qu'elle s'applique aujourd'hui par opposition aux conceptions de diversité et de multiplicité qu'elle applique aux choses, à ses propres états d'abord? Comment prétendre que, dépourvue encore de toute expérience, elle se juge capable de volonté et d'action? Comment pourrait-elle se mouvoir volontairement, quand elle n'a encore ni le secret de sa volonté, ni celui de sa puissance sur ses membres? L'enfant veut donc spontanément, sans le savoir, avant de vouloir réflexivement ou en le sachant. Il se meut donc aussi tout d'abord sans volonté délibérée, sans qu'il sache même qu'il peut se mouvoir. Ces mouvements sont donc spontanés.

Parmi ces mouvements, il en est qui s'exécuteront plus tard volontairement et avec connaissance de cause, c'est-à-dire qui émaneront de l'âme-moi, de l'âme consciente. Pourquoi n'auraient-ils pas maintenant pour principe l'âme non-moi ou inconsciente?

La plupart des premiers mouvements de l'enfant semblent n'avoir aucun but; mais ils ont néanmoins cet utile résultat d'assouplir les muscles et de les fortifier, d'exercer les membres, de réveiller la conscience, d'initier l'âme au commerce volontaire qui doit exister entre elle et le corps, d'appeler peu à peu son attention sur le jeu possible des organes, sur l'initiative qu'elle peut y prendre. Il y en a d'autres qui sont admirablement appropriés à une fin, tel que le mouvement fort complexe de la succion, de la déglutition. Ces mouvements sont donc instinctifs, comme celui qui porte l'enfant à chercher de la tête, de la bouche et des mains le sein maternel, qu'il connaît à peine, et d'abord point du tout.

Or ces mouvements, qu'il exécutera plus tard avec connaissance et volonté ; ces mouvements, qui partiront un jour du moi, de l'âme se connaissant, partiraient-ils donc, à cet âge de l'initiation, d'un autre principe que de l'âme elle-même? Quelle nécessité y a-t-il de supposer qu'ils soient dans le principe l'effet d'une puissance différente de l'âme? Quelle nécessité n'y a-t-il pas, au contraire, de supposer que l'agent de la période de réflexion est aussi l'agent de la période de l'irréflexion? Comment, en effet, s'il y avait ici deux principes, l'un pour commencer la vie pratique, l'autre pour la continuer et la finir; l'un qui agirait par nature instinctivement, l'autre par raison : comment, disons-nous, l'instinct du premier pourrait-il profiter au second? Quelle nécessité y aurait-il pour celui-ci de remplacer un jour celui-là? Comment pourrait-il vouloir un jour tout à coup avec réflexion ce qu'il n'aurait jamais voulu spontanément? Comment même saurait-il qu'il possède la vertu de vouloir? Quelle communication, d'ailleurs, pourrait-il y avoir entre ces deux principes? Quelle instruction possible de l'un par l'autre? Quelle conscience des états et des actes de l'un dans l'autre encore?

Et pourtant il faut, pour l'instruction de l'âme consciente, pour la possibilité de sa formation à titre d'âme, qui doit savoir enfin de quoi elle est capable, qu'elle ait agi d'abord sans vouloir agir ainsi, afin qu'elle puisse faire un jour avec volonté et réflexion ce qu'elle aura fait tant de fois sans réflexion ni volonté. Tout nous porte donc à penser que le principe qui veut spontanément en nous d'abord, qui agit instinctivement, est le même que celui qui agit plus tard avec connaissance et délibération.

Cette vraisemblance est puissamment confirmée par un grand nombre de faits où l'intelligence et la volonté viennent se mêler aux faits instinctifs et organiques, en subir la loi ou la leur faire. C'est ainsi que l'idée, l'assurance de l'impossibilité de recevoir un coup de poing dans l'œil ne suffit pas à nous empêcher de fermer instinctivement la paupière à la seule apparence d'un coup possible. Toute la force d'âme du monde ne suffira peut-être pas pour faire marcher quiconque n'en aurait pas l'habitude, sans émotion et sans chute, sur une poutre transversale, élevée de quelques centaines de mètres au-dessus d'un abîme, ou pour empêcher d'exécuter certains mouvements destinés à ressaisir l'équilibre un instant perdu. C'est ainsi, d'autre part, que la volonté peut avoir un tel empire sur les mouvements d'ordinaire purement organiques, que l'éructation peut être à commande; qu'une autre fonction très analogue aurait été, au rapport de saint Augustin, remplie également à volonté par un homme de ce temps-là; qu'elle l'aurait été par un autre, de manière à produire une modulation tout à fait extraordinaire avec un pareil instrument. On commande jusqu'à un certain point au mouvement respiratoire, qu'on accélère, qu'on ralentit, qu'on suspend. Le mouvement des sphincters est instinctif et volontaire indistinctement, ou tout à la fois. Les battements du cœur sont accélérés ou ralentis volontairement chez quelques sujets. Il en est même, nous dit-on, qui auraient la vertu de les suspendre assez complétement et assez longtemps, ainsi que la sensibilité et toutes les autres marques de la vie, pour prendre et garder les apparences de la mort, moins la rigidité cadavérique des premiers moments, et la décomposition putride des instants suivants. Saint Augustin serait encore ici notre autorité. D'autres ont l'imagination assez puissante pour produire dans leurs membres une émotion, un tremblement, une transpiration extraordinaire, un exanthème. On sait que la pensée qui s'applique à l'idée de certains objets, de certaines sensations qu'ils sont propres à faire naître, peut déterminer dans les organes correspondants un mouvement particulier, faire venir, par exemple, l'eau à la bouche. Pourquoi donc l'idée et la cause du mouvement organique ne résideraient-elles pas dans le même principe?

III. Qu'y a-t-il en tout cela de si difficile à reconnaître, puisque, dans l'état de développement où nous sommes parvenus, nous nous surprenons si souvent à faire sans y penser, ou en n'y pensant qu'à demi, des choses que nous faisons d'autres fois en y pensant, et même en y pensant fortement? Quand je me décide à me promener, à me diriger sur un point plutôt que sur un autre, pensé-je donc à tous les pas que je fais? Y donné-je toute l'attention que l'enfant doit y mettre lorsqu'il s'exerce pour la première fois à mettre un pied devant l'autre? Que de mouvements appris avec peine, avec une attention soutenue, et où le moi n'avait pas trop de toute son application et de toute sa volonté pour atteindre très imparfaitement un but qu'il atteint aujourd'hui avec une précision rigoureuse? L'habitude de la parole, de la lecture, de la musique, de la danse, de la pratique d'un art quelconque, permet à l'agent, une fois le branle donné par l'âme consciente aux membres qui doivent traduire ses idées et ses volontés au dehors, de penser à toute autre chose qu'à ce qu'elle fait. Est-ce à dire que le principe vital se soit substitué au moi, à l'âme dans toutes ces opérations qui étaient si peu de sa compétence d'abord, où il était si mal habile, où l'âme consciente avait tout à faire?

Si le principe vital, au contraire, n'a rien fait en tout cela dans les commencements, pourquoi son intervention serait-elle plus tard devenue nécessaire? Pourquoi vouloir qu'il soit l'agent des actes et des mouvements habituels, lorsqu'ils sont assez familiers pour s'accomplir avec la même précision, la même facilité, la même inconscience à peu près que les actes instinctifs proprement dits? Cette supposition est d'autant moins raisonnable qu'on n'attribue au principe vital que les opérations de la vie organique, et, parmi les opérations de la vie de relation, celles qui appartiennent à l'instinct proprement dit.

Mais si nous avons, dans ces actes devenus tellement familiers par l'habitude, une sorte d'instinct acquis; si cependant l'âme en est capable, pourquoi cette même âme ne serait-elle pas capable de l'instinct inné? Quelle bonne raison y aurait-il de le lui refuser?

Combien d'autres faits ne pourrait-on pas citer à l'appui de cette même thèse! La tension volontaire de certains muscles est nécessaire pour rester debout, pour être à cheval; et cependant on sait que des hommes ont fini par pouvoir garder cette station droite, à cheval, en dormant, et l'on cite même des exemples de personnes qui ont pu se livrer au sommeil pendant la marche (1). C'est d'autant plus vraisemblable que le fait du somnambulisme présente un phénomène tout à fait analogue. Dira-t-on que le principe vital, qui était d'abord étranger à la station droite, qui ne pouvait pas du moins remplacer la volonté dans cette fonction, a fini par s'en acquitter? N'est-il pas infiniment plus vraisemblable que dans ce phénomène, comme dans celui du saltimbanque exercé, comme dans ceux de la parole, de la lecture, de l'écriture, de l'exécution musicale habituelles, la volonté de l'âme consciente finit par agir sans attention,

(1) On voit des hommes qui contractent assez facilement l'habitude de dormir à cheval, et chez lesquels, par conséquent, la volonté tient encore beaucoup de muscles du dos en action. D'autres dorment debout. Il paraît même que des voyageurs, sans avoir été jamais somnambules, ont pu parcourir à pied, dans un état de sommeil non équivoque, d'assez longs espaces de chemin. GALIEN (*De motu musculorum*, II, 4) dit que, après avoir rejeté longtemps tous les récits de ce genre, il avait éprouvé sur lui-même qu'ils pouvaient être fondés. Dans un voyage de nuit il s'endormit en marchant, parcourut environ l'espace d'une stade, plongé dans un profond sommeil, et ne s'éveilla qu'en heurtant contre un caillou. Ces cas rares ne sont pas les seuls où l'on observe, dans l'état de sommeil, des mouvements produits par un reste de volonté : car c'est en vertu de certaines sensations directes qu'un homme endormi remue le bras pour chasser les mouches qui courent sur son visage; qu'il tire à lui ses couvertures, s'en enveloppe soigneusement, ou qu'il se tourne et cherche une plus commode situation. C'est la volonté qui, pendant le sommeil, maintient la contraction du sphyncter de la vessie, malgré l'effort de l'urine qui tend à s'échapper; c'est elle qui dirige l'action du bras pour chercher le vase de nuit, qui sait le trouver, et fait qu'on peut s'en servir pendant plusieurs minutes et le remettre en place sans être éveillé. Enfin, ce n'est pas sans fondement que quelques physiologistes ont fait concourir la volonté à la contraction de plusieurs des muscles dont les mouvements entretiennent la respiration pendant le sommeil. (CABANIS, *Rapports*, etc., p. 381 et 382; édit. Thurot, 1824.)

sans idée, sans conscience même, en un mot sans les idées qui constituent le moi?

Mais que reste-t-il de l'âme, quand l'état de moi en disparaît ainsi? Précisément tout ce qui en existait déjà quand elle agissait avec toutes les idées constitutives du moi, c'est-à-dire l'âme tout entière, moins ces idées-là, moins le moi. C'est donc l'âme, l'âme seule, l'âme sans la notion du moi, sans le moi, qui fait tous les actes dont nous parlons, et où le moi n'intervient plus après les avoir faits maintes fois sous sa direction.

Ainsi, il est un grand nombre d'actes primitifs qui s'accomplissent d'abord sans délibération, et peut-être même sans conscience, mais qui finissent par s'accomplir avec intelligence, volonté et conscience; tels sont les premiers mouvements de l'enfant. Il en est, au contraire, une foule d'autres qui ne s'accomplissent d'abord qu'à la condition de les vouloir, de les étudier, de les apprendre, et qui finissent par s'exécuter machinalement, instinctivement; tels sont les mouvements très habituels : en telle sorte que le principe actif passe également du mouvement instinctif au mouvement volontaire, et du mouvement volontaire au mouvement instinctif. Ce n'est ni le mouvement ni l'agent qui diffèrent en ceci; c'est uniquement le mode psychique et organique de l'action.

IV. L'instinct primitif ou inné s'explique mieux encore par l'âme que par un principe vital qui lui serait étranger, soit que, comme Stahl, Cuvier et Muller, on suppose que, dans l'instinct, l'agent ait comme une idée fixe qui sert de modèle à son œuvre et qu'il réalise au dehors, sans le savoir et sans le vouloir, d'une intelligence et d'une volonté réfléchie du moins; soit qu'au contraire on suppose avec nous qu'il n'a aucune idée semblable, mais qu'il est porté à faire chaque acte, chaque mouvement comme il le fait, par un besoin du moment, sans qu'il y ait rien en lui qui ressemble à un plan à exécuter, à un modèle à réaliser. D'ailleurs, combien d'actes instinctifs où un modèle semblable ne peut être sous les yeux de l'imagination? Quel modèle peut déterminer la fuite de la brebis en présence du loup qu'elle voit pour la première fois? Quel autre peut porter le petit chat ou le petit chien encore privé de la vue, et qui vient de naître, à chercher la mamelle de sa mère et à la sucer! Quel autre encore porte la tortue à se diriger vers les rivages d'une mer éloignée, d'une mer qu'elle n'a pas connue? Par quelle idée modèle cherche-t-elle la mer? Ce n'est pas là un travail à réaliser, comme un nid à faire pour l'oiseau. D'ailleurs, si cette idée modèle était comme une idée fixe, un rêve, une monomanie dans l'âme de l'animal, par exemple l'idée-image du nid à faire pour l'oiseau, celle de la fourmilière à construire pour les insectes qui doivent l'habiter, celle du gâteau de cire où l'abeille doit déposer ses provisions et les espérances de sa race; comment expliquer les variétés qui se rencontrent dans ces constructions, suivant les lieux habités par ces animaux, suivant les matériaux qu'ils ont à leur disposition? Ont-ils aussi l'idée *à priori* du lieu où doivent être faites ces constructions diverses? S'ils l'ont, comment en changent-ils d'une année à l'autre, et souvent dans la même année ou en la même saison? S'ils ne l'ont pas, comment choisissent-ils si bien leur emplacement?

Il ne faudrait pas seulement au pinson ou à la fauvette l'idée *à priori* du nid qu'elle doit construire, mais encore l'idée de la branche et de l'arbre qui doivent recevoir cette construction. Eh quoi! les branches et les arbres seraient-ils aussi faits pour des idées innées, ou ces idées innées pour ces arbres et ces branches? De plus, les arbres tiennent au sol et ne se ressemblent qu'imparfaitement, quoique de même espèce. Il faudrait donc que l'animal eût encore l'idée innée de ce sol et de toutes les régions qui peuvent l'en séparer, afin qu'il pût s'y rendre : sans cela, ses idées innées, loin de lui servir, lui seraient on ne peut plus contraires. Et pourquoi cette diversité d'idées de lieux aussi variée que les individus? Pourquoi cette diversité non moins grande de construction, malgré l'apparente uniformité? Qu'on remarque bien, en effet, qu'un nid ne ressemble jamais de tout point à un autre de même espèce; que la forme et la disposition des matériaux servant à le construire ne sont point toujours les mêmes. Que de différences donc entre ces idées innées dans la même espèce animale!

Il est donc bien plus rationnel de ne supposer aucune idée de ce genre, encore qu'il y en eût pour les choses sensibles : ce qui n'est pas, du moins chez l'homme. Et comment, d'ailleurs, s'expliquer l'utilité de ces idées innées dans l'animal appelé à vivre en société avec ses semblables, avec l'homme, et qui, par conséquent, doit plier son instinct sur celui de ses pareils ou sur notre libre arbitre? Comment expliquer les modifications apportées aux opérations, suivant que les saisons doivent être froides ou chaudes, humides ou sèches, etc.?

Mais si l'on suppose vraie cette opinion de Stahl et

d'autres, opinion que nous ne combattons qu'en passant, il faut reconnaître qu'il est beaucoup plus naturel de supposer cette idée innée dans l'âme que dans un principe de vie qui lui serait étranger, et que cette même âme qui porte l'idée doit aussi être le principe de la perception des choses sensibles propres à donner à l'idée une sorte de réalité matérielle, le principe de l'action spontanée qui doit mettre en œuvre ces matériaux; autrement, le principe actif, dépourvu de l'idée et ne pouvant avoir la perception, ne saurait que faire; de même que le principe intelligent et percevant, mais dépourvu d'activité, ne pourrait réaliser son idée. Il faut donc admettre, dans cette hypothèse, que le même principe est tout à la fois celui qui pense, qui perçoit et qui agit spontanément dans l'instinct, et que ce principe est l'âme. Si ce principe n'était pas l'âme, cette âme qui sent, perçoit et agit spontanément chez l'animal; si c'était un principe de vie différent, mais encore capable de penser et d'agir, ce serait évidemment un double emploi parfaitement inutile.

Donc, dans l'hypothèse de Cuvier, hypothèse renouvelée de Stahl et admise par plusieurs autres physiologistes, le principe qui agit dans l'instinct ne peut être que l'âme, et nullement un principe vital différent d'elle.

Les raisons que nous en avons données auraient pu être fortifiées encore par cette considération, que le principe qui doit agir d'après une idée qu'il possède doit aussi être le même que celui qui est destiné à sentir ou à éprouver le besoin d'agir en conséquence de cette idée. Cette théorie de l'instinct est donc on ne peut plus favorable à notre thèse, que le principe vital et l'âme sont une seule et même chose. Bien d'autres raisons que nous donnerons plus tard confirment cette proposition.

L'identité substantielle de l'âme et du principe vital est moins sensible dans notre hypothèse, celle où l'acte instinctif n'est point éclairé par l'idée d'un but à atteindre non plus que par les idées de tous les moyens pour y parvenir. Toutes ces idées sont des conceptions de la raison, et tout nous persuade que les animaux n'en ont pas: Tout ce que nous pouvons reconnaître en eux, ce sont des sensations, des perceptions, des souvenirs, certaines imaginations toutes passives, résultant d'associations perceptives plus ou moins fidèles. Cela suffit pour éclairer l'instinct, qui a un but sans doute, mais un but qui n'est pas connu de l'agent, pas plus que les moyens propres à l'atteindre.

L'animal *perçoit* ces moyens comme matériaux ou conditions, mais il ne les *conçoit* pas comme moyens. De même, il perçoit ce qui, dans le but atteint, est de nature à frapper ses sens, mais il ne conçoit pas le rapport existant entre les moyens employés et la fin obtenue, pas plus que la destination de l'œuvre instinctive, destination qui fait de cette œuvre un second moyen, puisque la fin première conduit à une autre, qui est la véritable.

Mais il importe peu que l'agent n'ait dans l'acte instinctif aucune de ces conceptions pour que cet acte s'explique mieux encore par l'âme que par un principe différent d'elle, si d'ailleurs ce même acte doit être déterminé par des sensations et éclairé par des perceptions qui sont des états de l'âme. Et c'est en réalité ce qui a lieu, à moins d'admettre que ce qui sent et perçoit dans l'animal soit différent de ce qui agit; que l'âme possède les deux premiers attributs, et le principe vital le second; ou bien encore que le principe vital, lui aussi, soit doué de sensations et de perceptions. Dans le premier cas, on rend inconcevable le *consensus* entre l'action, la sensation et la perception; dans le second, on multiplie contre toute raison les principes spirituels dans l'agent.

Il faut donc dans notre hypothèse, comme dans celle de Stahl, reconnaître l'identité substantielle du principe vital et de l'âme.

V. Ce qu'on appelle dans l'homme les vocations, les prédispositions ou prédestinations, entendant tout cela naturellement et sans mysticisme, n'est-il pas une donnée tout à la fois instinctive et psychique? Tout cela ne suppose-t-il pas des goûts, des aptitudes, des facultés, des idées réelles ou possibles, une énergie de pensée, de caractère ou de volonté qui est le propre de l'âme, et dont le moi peut très bien avoir conscience, mais qu'il ne se donne pas, ou qu'il ne se donne et n'acquiert qu'en vertu de facultés innées, d'un degré inné ou naturel? L'étendue et la vivacité des sentiments pratiques de l'utile, du beau, du vrai, de l'honnête, du juste et du saint sont bien des états de l'âme, résultant du développement plus ou moins étendu de la raison; mais la raison, cette faculté psychique par excellence, pour être cultivée avec volonté et réflexion sans doute, doit être donnée naturellement et douée déjà d'une étendue ou d'une énergie primitive; autrement, elle ne pourrait recevoir par la culture un développement ultérieur.

VI. Comment expliquer, sans un travail intestin, indélibéré et involontaire dans l'âme, plus profond que les phénomènes de conscience, inaccessible au regard de l'intuition la plus attentive, ces invasions involontaires d'idées plus ou moins heureuses qui prennent dans les arts, dans les sciences, le nom d'inspiration, qui font les hommes de génie, qui ont leurs heures, qui répondent ou qui ne répondent pas aux sollicitations de l'esprit, ou qui n'y répondent que quand l'esprit ne les attend plus? Comment expliquer différemment ces autres idées dont on ne demande point l'apparition, qui seraient peut-être bonnes dans un autre temps ou un autre lieu, mais qui troublent d'une manière fâcheuse le cours de celles qu'on s'applique à suivre! Le moi n'en veut point; son attention est ailleurs; il lui en faut d'une autre nature pour le moment, et pourtant elles viennent le distraire, l'égarer, diviser ses forces, les affaiblir. D'où viennent-elles ainsi spontanément, si ce n'est du fond de l'âme pensante? Quelle en est la cause, sinon cette activité de l'âme qui s'accomplit sans la volonté, contrairement même à la volonté?

VII. D'où viennent encore, si ce n'est de la même source, et fatalement cette fois, d'autres idées fâcheuses, funestes, qui prennent le caractère de pressentiment, et qui acquièrent un tel empire sur le moi qu'elles l'obsèdent, le poursuivent, le dominent, le rendent incapable de toute autre pensée, s'emparent de la volonté, la brisent ou en disposent pour ainsi dire à plaisir? Ces sortes d'idées sont tellement étrangères au moi, si contraires au vouloir, qu'elles ont longtemps passé pour une suggestion d'un génie malfaisant, pour une possession de l'âme par une puissance de ténèbres, et dans lesquelles une science moins féconde en hypothèses est obligée de reconnaître une aliénation, la monomanie?

VIII. Est-ce du moi, de l'activité intelligentielle réfléchie, ou de l'âme, de son activité intime, antérieure à toute réflexion et indépendante de tout vouloir, du fond de l'âme inconsciente, que procèdent et s'élèvent les mille imaginations plus ou moins désordonnées qui s'observent chez les autres espèces d'aliénés, chez les fébricitants, les états divers qui accompagnent une foule de maladies, les états qui remplissent nos rêves, et laissent encore des traces dans la mémoire au réveil, ou qui n'en laissent aucune, comme dans le somnambulisme, l'extase, la catalepsie, l'épilepsie? Est-il si difficile de comprendre que l'âme inconsciente, fortement appliquée à produire instinctivement, sans le vouloir ni le savoir, certains états exceptionnels, maladifs pour la plupart, et tous marqués d'une extrême énergie, cesse en ce moment même de produire les conceptions qui constituent l'état de moi, la conscience et les actes de la mémoire, et, qu'une fois sortie de ces mouvements inaccoutumés et violents, elle reprenne le cours ordinaire de ses pensées et de ses actes raisonnables au point précis où elle a quitté les uns et les autres sans que l'état intermédiaire laisse en elle la moindre trace de souvenir? Un instant la conception de moi a disparu, a cessé d'être; l'âme seule a survécu; ou plutôt, et pour parler plus exactement, l'âme cesse un instant de produire par la raison la conception de moi, et par la mémoire le souvenir des états qui viennent de se passer.

Rien n'est plus propre, ce nous semble, que ces sortes de phénomènes, à établir la différence qui existe entre l'âme pure et simple ou inconsciente et l'âme consciente.

Le second de ces états cesse d'être par la suspension de l'acte de la raison qui le produit ou par une sorte de paralysie de la conscience. Dira-t-on que dans tous ces états l'âme elle-même est paralysée dans tous ses modes d'action? qu'elle est anéantie dans toutes ses facultés, et que ce n'est pas seulement la conception de moi comme un des effets de l'âme raisonnable qui disparaît, mais toutes les fonctions de l'âme, et que le principe vital seul agit? Mais c'est impossible, puisqu'on surprend dans ces sortes d'états une foule d'actes qui sont le partage ordinaire de l'âme, et qui ne pourraient être attribués à un autre principe qu'à la condition d'admettre en nous deux âmes sensitives, intelligentes et actives, ce qui est pour le moins inutile.

IX. La mémoire présente encore d'autres phénomènes qui confirment la distinction dont il s'agit, et qui jettent en même temps une nouvelle lumière sur cette fatale activité intestine et profonde de l'âme dont nous n'avons nulle conscience, parce qu'elle n'est point nôtre, en ce sens qu'elle n'est point volontaire, qu'elle n'est point consécutive à la conscience, mais qu'elle la précède. Tout le monde sait, en effet, que des idées qui ne sont pas de notre invention se présentent quelquefois à notre esprit sans que nous ayons conscience de les avoir jamais eues, mais en réalité sans doute parce que nous les avons eues déjà, comme le témoignent, par exemple, des notes écrites, ou le souvenir de personnes auxquelles nous en avons déjà fait part. Ces réminiscences sont le fait de l'âme inconsciente ou de la mémoire appelée passive, mais qui n'est telle que relativement; elles ne donnent que la matière du souvenir complet, puisque la forme du souvenir, la conception de la présence antérieure de la matière de ce souvenir dans notre esprit fait complétement défaut. Nous n'avons donc pas voulu produire ce souvenir à titre de souvenir, puisque nous ne croyons pas que pareille idée nous ait passé par l'esprit.

Mais ce qui prouve peut-être mieux que tout le reste le travail secret, involontaire et inconscient de l'âme, c'est l'effort, d'abord inutile, que nous faisons souvent pour évoquer un souvenir, et l'apparition subite de ce souvenir dans un moment où nous n'y pensons plus, quelquefois assez longtemps après, et lorsque l'âme consciente, de son activité volontaire, est occupée à toute autre chose, ou que le sommeil a passé sur la tentative infructueuse du rappel. Si rien ne s'était passé dans l'âme, à propos de ce souvenir, depuis l'abandon d'une tentative de rappel avortée, à coup sûr l'état de l'âme serait toujours à cet égard tel qu'il était à la fin de cet effort inutile de la mémoire. Il faut donc qu'un travail intime, exécuté au-dessous et en dehors de la conscience, au-dessous et en dehors du moi, sans le moi, quoique certainement dans l'âme et par l'âme; il faut, disons-nous, qu'un pareil travail ait eu lieu dans l'intervalle, et qu'il ait en quelque sorte exhumé des profondeurs les plus secrètes et les moins éclairées de l'âme, pour l'amener à sa surface éclairée par la conscience, par la raison, par le moi, le souvenir qu'il avait en vain demandé à la mémoire.

Mais que faut-il entendre par ce fond de l'âme, où la conscience ne pénètre jamais, où pourtant il s'exécute un travail qui n'est pas de son domaine, où les souvenirs sont pour ainsi dire gardés en dépôt pour être remis sous les yeux du moi lorsqu'il les évoque, mais par un acte qui ne dépend pas complétement de lui, qu'il sollicite plutôt qu'il ne l'exécute? Si l'on n'admet pas qu'il se passe dans l'âme une foule d'actes qui restent inconnus au moi, ou qu'elle revêt une multitude d'états, de déterminations qu'il ne connaît pas davantage, on ne peut plus comprendre la possibilité d'un souvenir quelconque dès qu'il a été un instant perdu de vue. En effet, on n'explique point le souvenir en disant que c'est un phénomène de conscience continué, fût-il affaibli. Dans la réalité des choses, je n'ai présent à l'esprit, à chaque instant de mon existence (existence accompagnée de conscience), qu'un très petit nombre d'états, un seul, complexe ou incomplexe; tout le reste, par conséquent tous mes états, ne sont pas plus dans mon âme consciente, ne sont pas plus présents à ma conscience que des états futurs que je n'ai jamais eus, et que je n'aurai peut-être jamais; mon âme consciente est donc à l'égard de ces états passés complétement vide, et s'ils sont encore quelque chose dans mon être, s'ils en ont encore une forme, il faut de toute nécessité que cette forme soit celle de mon âme inconsciente, de mon âme dans le sens le plus restreint et le plus exclusif du mot, c'est-à-dire du principe qui fait de moi purement et simplement un être doué de vie. Tout ce qui est passé pour l'âme consciente, tout ce dont elle a cessé d'avoir conscience, est donc pour elle retombé dans le néant.

Et pourtant, si les sensations, les perceptions, les intuitions, les notions, les conceptions, les sentiments, les volitions, en général les états du moi, cessaient absolument d'être aussi des états de l'âme inconsciente, comme elles cessent d'être absolument des états de l'âme consciente, du moment qu'elles ne donnent plus du tout conscience d'elles-mêmes, il n'y aurait aucune différence entre un état qu'on a éprouvé mille fois, et un état qu'on éprouve pour la première fois; le fait d'apprendre quoi que ce soit serait impossible; nous ne serions pas plus avancés dans la connaissance d'une langue positive, par exemple, après vingt ans de vie et d'efforts, que le premier jour où nous essayons de la bégayer; c'est-à-dire qu'il n'existerait pas de langue traditionnelle, conventionnelle ou positive. Il en serait de même de tout ce qui s'apprend; nous serions donc inférieurs aux animaux, qui possèdent la mémoire avec l'instinct.

Puis donc qu'en fait nous sommes capables d'apprendre, et que plus une idée nous est familière, plus elle se reproduit aisément à notre pensée; puisque, d'un autre côté, il est absolument faux de dire qu'un souvenir dont on n'a pas conscience soit un état de l'âme consciente, permanent mais affaibli, il faut de toute nécessité reconnaître que c'est un état de l'âme inconsciente, état dont on n'a pas conscience, mais qui n'est pas moins réel. La mémoire active ou plutôt volontaire et réfléchie n'est autre chose que l'effort fait pour rendre la conscience de cet état, pour donner un caractère assez net et assez vif, assez profond si l'on veut, pour que l'âme consciente s'y reconnaisse.

On ne peut pas dire, en effet, que les souvenirs soient autre chose que des états de l'âme; ce ne sont pas des entités hors d'elle, qu'elle dépose quelque part pour les retrouver au besoin; ce ne sont pas non plus des états de quelque principe différent d'elle, puisqu'alors elle ne pourrait pas plus les connaître qu'elle ne pourrait être ce qu'elle n'est pas, car les états d'un être ne sont que cet être lui-même ainsi modifié. Nous sommes donc sûrs par là de trois choses : la première, que les souvenirs momentanément ou à tout jamais oubliés par l'âme consciente ne sont pas des réalités en dehors de l'âme même; la seconde, que ce ne sont pas des états d'un principe étranger au moi, des états du corps, par exemple, ou d'un principe vital qui différerait tout à la fois du corps et de l'âme; la troisième, que l'âme, avec ou sans conscience, est identiquement la même âme substantielle, puisque les états de l'une passent à l'autre, et repassent de celle-ci à celle-là.

J'ajoute que ce passage n'est qu'apparent; qu'en réalité un mode ou un état ne peut se déplacer, mais que les choses semblent seulement se passer ainsi à cause des alternatives d'oubli et de souvenir. C'est dans ces alternatives qu'est tout le changement, comme toute la différence est dans la forme du moi et du non-moi de l'âme, et nullement dans la substance. Nouvelle preuve que le moi n'est qu'un mode de l'âme, et non une réalité; et que l'âme ne connaît pas plus son être, d'une connaissance intuitive ou immédiate, que quelque autre chose que ce soit dans la nature ou hors d'elle.

C'est donc une psychologie bien superficielle et bien fausse tout à la fois que celle qui a cours aujourd'hui; et qui croit saisir le moi dans son essence absolue, dans sa substance, dans son être le plus intime et le plus secret! Cette prétention est si ridicule que cette psychologie routinière, empirique, sans pénétration, sans force comme sans vie, ne soupçonne pas même qu'il se passe quelque chose dans l'âme en dehors de la sphère des faits de conscience.

Mais nous n'avons pas fini d'exposer les faits nombreux qui établissent tout à la fois l'identité substantielle ou entologique de l'âme consciente et de l'âme inconsciente, en même temps que leur différence formelle ou psychologique, et subsidiairement l'identité de l'âme et du principe de la vie.

X. Un acte qui tient encore de la mémoire, qui s'accomplit généralement dans les profondeurs de l'âme inconsciente, et dont les effets seuls arrivent à la conscience, c'est l'association des idées. Nous savons bien suivant quelle loi très générale le phénomène s'accomplit; mais le pourquoi du passage d'une série d'idées à une autre, et, dans chaque série, la raison de telle association plutôt que de telle autre, sont des faits originellement étrangers à la volonté que le moi connait une fois qu'ils sont accomplis, mais qu'il ne produit que très imparfaitement lorsqu'il s'en mêle, et plutôt en apparence qu'en réalité.

XI. Quelle influence directe, immédiate, avons-nous encore sur une foule d'idées nouvelles qui se présentent à notre esprit, et qui résultent de la combinaison imprévue, indélibérée, et obtenues sans méthode ou avec méthode, d'idées déjà connues? Et toutes nos idées aujourd'hui connues, toutes nos conceptions, toutes nos sensations, n'ont-elles pas un jour été nouvelles? Comment donc en expliquer l'origine ou la formation par un acte volontaire et réfléchi?

Nos conceptions sont toutes dans le même cas. Ce dernier phénomène mérite un instant d'attention.

XII. Toutes nos conceptions, primitives ou non, mais les primitives plus sensiblement encore que les consécutives, lorsqu'elles nous apparaissent pour la première fois, ne peuvent être en effet qu'un produit involontaire et spontané de l'âme; pour vouloir les avoir, il faudrait déjà les connaître au moins *quoad genus*. Pour vouloir efficacement ne les avoir pas lorsque nous sommes dans les circonstances propres à les faire naître, il faudrait déjà les avoir également, ce qui est contradictoire, ou bien posséder assez d'empire sur la raison pour l'empêcher de concevoir ce qu'il est de sa nature de concevoir, pour l'empêcher d'être, ce qui est aussi impossible que de ne pas penser du tout. Car, outre que la volonté n'a pas cet empire sur la raison, elle ne peut, au contraire, vouloir quoi que ce soit qu'à la condition de penser; de sorte que vouloir ne pas penser, c'est tout au moins penser à vouloir cela. La non-pensée volontaire est donc une contradiction. La pensée en général, et telle pensée plutôt que telle autre dans certaines circonstances, sont donc deux choses fatales. Ce qu'il y a de libre en tout ceci, c'est de changer l'objet de la pensée; et encore ce changement lui-même n'est-il pas complétement libre quant à son objet, en ce sens qu'il ne dépend pas de nous de substituer à l'objet actuel de notre pensée tout autre objet possible; nous ne substituerons jamais volontairement à l'un de ces objets qu'un autre objet qui se sera tout d'abord présenté spontanément à notre esprit. Et, encore bien que nous voulussions en changer constamment pour nous donner une preuve de notre liberté, tous les objets de méditation possibles ne se présenteraient cependant pas à notre intelligence.

Quant à la pensée volontaire en général, elle aussi est dominée par la pensée spontanée qui a dû la précéder; il est aussi impossible de ne penser que parce qu'on le veut, qu'il l'est de vouloir ne pas penser; il y a égale contradiction de part et d'autre, puisque pour vouloir ou ne vouloir pas penser, il faut avoir déjà la pensée de le vouloir ou de ne le vouloir pas. Il faut, de plus, savoir par expérience qu'on est capable de volonté. Or, nous l'avons dit, on ne pourrait jamais vouloir avec réflexion si l'on n'avait d'abord voulu sans réflexion.

XIII. Non seulement toutes les opérations fatales de l'esprit s'accomplissent tout d'abord dans ces profondeurs ténébreuses de l'âme dont nous parlons, mais encore toutes les opérations spontanées. Il n'y a d'autre différence entre celles-ci et celles-là, sinon que les spontanées procèdent d'une volonté irréfléchie, d'une volonté non éclairée, d'une volonté qui n'en est pas une à proprement parler, ou qui n'en est une que négativement, en ce sens qu'il n'y a pas volonté contraire, et que si une volonté pareille venait à se manifester, l'opération cesserait; tandis que les opérations fatales, non seulement n'ont pas besoin de la volonté pour exister, mais commencent et continuent malgré la volonté contraire.

XIV. La question si longtemps débattue des idées innées ne trouverait-elle pas aussi dans la distinction de l'âme consciente et de l'âme inconsciente une solution plus heureuse que celle qu'on a donnée jusqu'ici? Ce qu'il y a de certain, c'est que la nature de toutes nos idées n'est explicable ni par les phénomènes externes ni par les internes, c'est-à-dire ni par la perception ni par l'intuition. Elle ne l'est pas davantage par quelque opération de l'entendement, telle que l'attention, l'abstraction, le souvenir, l'imagination, l'association des idées, la comparaison, la généralisation, etc. La volonté, loin de pouvoir produire par elle-même des idées, en suppose nécessairement. Rien de tout cela donc n'explique dans l'âme consciente l'apparition des idées de l'ordre rationnel pur, qui n'ont aucune matière, et qui ne sont fournies à cet égard, au moins en apparence, par rien d'étranger à l'âme.

Et cependant, comme l'âme agissant librement et avec réflexion ne peut les produire, ni même en avoir la pensée, il faut de toute nécessité qu'elles le soient par l'âme agissant spontanément, sans parti pris, sans intelligence (1), par l'âme-raison, agissant alors sans volonté, suivant des lois qui lui sont naturelles et propres, mais que le moi ne lui impose point et ne saurait lui imposer, ce qui la met à cet égard complétement en dehors de l'action réflexive du moi, de l'action personnelle. C'est là sans doute ce qui a porté à penser que les conceptions de la raison étaient le produit d'une vertu étrangère à l'âme, puisqu'elles sont, quant à leur origine, étrangères au moi, c'est-à-dire à la volonté. De là donc l'origine mystique qu'on leur a cherchée et tout ce que l'on a débité sur la nature impersonnelle et divine de la raison.

Sans doute la raison humaine est divine, mais comme

(1) Il ne faut jamais oublier qu'il ne s'agit pas ici de deux âmes, mais seulement de *deux états* de la même âme.

tout le reste de notre nature, ni plus ni moins; c'est-à-dire qu'elle est divine en ce sens qu'à l'égal de tout le reste de notre être, elle est l'œuvre du créateur; mais elle est humaine, essentiellement et nécessairement humaine, en cet autre sens qu'elle est une faculté de notre âme, mais de notre âme inconsciente. C'est donc par elle que cette âme produit les conceptions. L'âme inconsciente est donc aussi la raison, dont les résultats seuls donnent conscience de leur présence dans l'esprit; mais la raison n'est pas cette âme inconsciente toute entière; elle n'en est qu'une faculté; ou plutôt les conceptions ne sont pas l'unique produit des fonctions de l'âme, elles ne sont que le produit de l'une de ces fonctions. La raison n'est donc qu'un nom donné à cette vertu de l'âme à laquelle sont dues comme à leurs causes immédiates les connaissances appelées conceptions.

XV. Pourquoi d'ailleurs la raison serait-elle étrangère à l'âme, et divine, sous prétexte que ses produits sont impersonnels ou involontaires? Est-ce que les sensations, les perceptions, les sentiments, les inclinations, les passions (dans leur côté passif) sont le fruit direct ou immédiat de la volonté! Ne sommes-nous pas passifs en tout cela, du moins quant à l'âme consciente?

Mais de ce que l'âme n'agit point volontairement, librement dans ces sortes de cas, de ce qu'elle pâtit, et souvent malgré elle, s'ensuit-il que l'âme, dans sa partie pour ainsi dire inconsciente, soit inerte, qu'elle aussi soit passive? N'a-t-elle pas ici, comme dans tous les cas analogues, son action propre, action fatale quant au moi, lequel souvent ne voudrait point de ces produits, et que l'âme inconsciente ne veut pas d'avantage d'une volonté positive, puisqu'elle n'a jamais l'idée de son action?

L'action de l'âme inconsciente dans tous les états sensibles, involontaires, et qu'on appelle passifs, parce que la volonté n'y est pour rien, et que le moi les subit bien plus qu'il ne les produit, cette action n'est pas plus du domaine de la conscience, puisque le vulgaire n'y voit que passion, que la raison même. Si donc on veut que la raison soit divine, il faut que le pâtir le soit également, et qu'à l'exemple d'un poète grec, on regarde les passions proprement dites, et surtout les plus coupables ou les plus fatales à celui qui les éprouve, comme l'action d'un Dieu en nous. Du reste, les croyances vulgaires n'y ont pas failli, puisqu'elles ont imaginé un esprit malin qui obséderait les âmes humaines et leur inculquerait la passion qui doit les aveugler et les perdre. La science ne peut rien affirmer de semblable; elle sait seulement les faits qu'elle constate, et la nécessité que ces faits aient une cause subjective seconde, comme aussi parfois une occasion objective.

XVI. Or, c'est un fait encore qu'il y a souvent en nous comme deux courants de pensées, l'un plus profond, spontané quant au mode, fatal quant au fait, et qui est le produit de l'âme agissant spontanément et sans réflexion ni volonté; l'autre moins profond, accompagné d'une conscience toujours claire, fruit de la volonté, et qui est ainsi le produit du moi. Mais ce qui prouve en même temps que ces deux effets appartiennent à la même cause, quoique les fonctions de cette cause soient en cela distinctes, c'est, d'une part, que nous avons déjà conscience de la pensée spontanée, une conscience obscure, imparfaite, il est vrai, mais qui suffit néanmoins pour être sûr que la pensée spontanée et la pensée réfléchie procèdent du même principe; c'est, d'autre part, que la pensée réfléchie elle-même est encore spontanée dans le premier moment de son apparition. Ces deux courants de pensée, dont l'un est presque latent, se remarquent surtout dans la rêverie occupée, par exemple, chez la femme qui tricote, qui coud, qui file, qui brode; chez le musicien qui exécute sans y penser des morceaux qui lui sont très familiers. Même phénomène dans la promenade, la marche, le chantonnement, la lecture machinale. Toutes ces opérations sont alors faites presque sans y penser; le moi, si je puis le dire, est ailleurs, l'âme seule est là. Mais ces opérations, qui s'exécutent alors sans attention, ou du moins sans une attention soutenue par une volonté constante, sont de même nature et partent du même principe que celles en tout matériellement semblables, qui sont d'autres fois accompagnées d'attention et de réflexion.

XVII. N'y a-t-il pas, plus visiblement encore, deux langages comme deux pensées, et qui se parlent tous deux au même instant, mais dont l'un, celui qui appartient à l'activité sans conscience, le langage naturel et spontané, le langage des gestes, n'est accompagné souvent d'aucune attention réfléchie, d'aucune volonté, et presque d'aucune conscience, tandis que l'autre, celui qui appartient à l'activité avec conscience (1), le langage

(1) Puisque l'âme inconsciente et l'âme consciente ne sont pas deux âmes mais deux fonctions, il serait souvent mieux dire *activité* que *âme* en pareil cas.

traditionnel et volontaire, le langage phonique, est soutenu de l'attention, de la réflexion et de la volonté, et presque toujours accompagné de conscience? Dans ces deux langages, le premier ou le naturel est d'abord parlé par l'âme instinctivement, sans but à elle connu, sans intention par conséquent. A cet état, qui remonte jusqu'à la naissance, le langage naturel de l'âme n'est pas proprement un langage pour l'enfant, qui le parle sans vouloir le parler; il n'en est un que pour la mère, qui comprend par là les besoins de son enfant. Celui-ci le parlera plus tard avec conscience et avec intention; alors seulement ses cris prendront le caractère d'une langue. Et cette langue encore si imparfaite, qui a commencé par être celle de l'activité inconsciente, inintelligente tout au moins, deviendra celle de l'activité inconsciente et consciente tout à la fois; c'est-à-dire qu'à la matière fournie par l'activité inconsciente, s'ajouteront la forme réfléchie, la volonté et la conscience, plus certaines conceptions de la raison. Le principe qui la parle n'aura pas changé; seulement il aura été illuminé par des conceptions qui ne s'étaient point fait jour jusque là. L'âme pure et simple et l'âme-moi ne diffèrent donc que par ces conceptions.

On aboutit à la même conclusion en observant deux autres sortes de langages, mais tous deux phoniques cette fois, celui qu'on parle et celui qu'on voudrait parler. Le fait est particulièrement sensible lorsque l'expression propre nous manque et que nous en avons le sentiment. Le moi n'a conscience que de l'expression qu'il emploie, et que la mémoire spontanée, l'activité indélibérée lui a fournie. Il sait en outre, mais plus vaguement, qu'il y aurait une meilleure expression à employer, mais il ne la possède pas : elle ne peut lui être fournie que par un travail profond de réminiscence que l'âme seule peut exécuter spontanément ; toute l'activité volontaire déployée pour arriver à ce résultat ne s'opère pour ainsi dire qu'à la surface de l'âme ; c'est un travail de sollicitation et non d'exécution. Ce dernier, qui répondra ou ne répondra pas à l'autre, qui répondra tôt ou qui répondra tard, n'est pas une opération émanant de l'autorité volontaire. Il en est de même de tout effort pour atteindre un but tenant de l'idéal : l'invocation nous appartient, l'inspiration n'est pas de nous.

XVIII. Comment expliquer encore les ravages de la tristesse dans l'organisme, les effets de ce poison lent, les morts subites qui frappent même quelquefois à l'idée d'un évènement très fâcheux auquel on ne s'attend point? Est-ce le moi qui voudrait ainsi la destruction lente ou subite de l'organisme qu'il revêt? N'est-ce pas là un effet de l'activité involontaire, qui est troublée ou paralysée dans ses fonctions vitales, qui cesse de les accomplir ou s'en acquitte de manière à ruiner l'existence physique? S'il existait, en dehors de l'âme, un principe de vie distinct, d'où vient que ce principe, qui devrait être exclusivement végétatif, serait si profondément atteint par une idée, par un sentiment que l'âme seule éprouve, puisqu'elle seule le revêt et en a conscience? Pourquoi, plutôt que de recourir à cette multiplicité d'agents ou de forces, multiplicité non seulement inutile, mais embarrassante, à je ne sais quelle influence fort peu concevable de l'âme sur je ne sais quel principe vital, pourquoi ne pas reconnaître, au contraire, l'unité du principe de la vie et de la pensée dans un être unique quoique complexe, son action immédiate sur le corps?

XIX. On éprouve le même embarras, on tombe dans la même invraisemblance et les mêmes fictions oiseuses quand on recourt à un principe vital, intermédiaire entre l'âme et le corps, pour expliquer les effets de l'imagination de la première sur le second, soit en bien, soit en mal. Pourquoi, plutôt, ne pas s'en tenir aux faits, sauf à renoncer à l'explication du passage de l'un à l'autre, si elle présente des obscurités impénétrables? Qu'explique-t-on, d'ailleurs, autrement qu'en assignant comme cause à un certain phénomène une force inséparable d'autres phénomènes qui précèdent invariablement, et qui, suivant qu'ils sont forts ou faibles, durables ou passagers, sont également suivis d'effets d'une intensité ou d'une durée proportionnée? Ai-je besoin de savoir ici ce que je ne puis pénétrer ailleurs, ce que je n'entreprends pas même de connaître, le pourquoi et le comment de la production de l'effet par la cause? Si, pour appliquer raisonnablement le principe de causalité, il fallait savoir ce comment et ce pourquoi, nous serions réduits à ne l'appliquer jamais, car il y a toujours un degré de profondeur où notre investigation est obligée de lâcher prise.

S'il n'y a rien là que de très vraisemblable, non seulement il n'y aura pas de raison suffisante pour ne pas attribuer à l'âme, à quelque fonction inférieure qui la met tout particulièrement en rapport avec le corps, l'effet de certaines imaginations; mais il y aura toute apparence, au contraire, que cet effet lui appartient en propre.

On a toujours reconnu l'effet de certaines idées sur le corps, on l'a même exagéré plus d'une fois; mais souvent aussi on a pu le méconnaître et l'attribuer à des agents invisibles, mystérieux, étrangers, tant il était subit et profond. Rien ne serait plus facile que d'en rapporter une foule d'exemples : nous en citerons seulement deux ou trois.

Kluge dit avoir vu des hommes doués d'assez d'énergie morale pour faire jaillir à volonté une exanthème roséolique sur une partie de leur corps désignée d'avance; d'autres qui faisaient mouvoir l'iris. — Il rapporte ce récit de saint Augustin : « Un phénomène sur lequel je pourrais invoquer le récent souvenir de la plupart de nos frères, c'est qu'un prêtre de l'église de Calamo, nommé Restitutus, toutes les fois qu'il le voulait (et la curiosité venait le solliciter souvent), aux accidents imités de certaines voix plaintives, se dépouillait de toute sensibilité et demeurait gisant : on l'eût cru mort. Aiguillonnement, piqûre, brûlure même, il ne sentait rien qu'au sortir de cette léthargie. Et la preuve que sans aucun effort son insensibilité seule le rendait immobile, c'est que la respiration lui manquait comme après la mort. Cependant, si l'on parlait sur un ton très élevé, il lui semblait, disait-il, entendre des voix lointaines. » (1)

Deux faits surtout prouvent d'une manière bien éclatante l'influence de l'imagination sur le corps. Les journaux de 1855 ont rapporté qu'un médecin allemand

(1) *Versuch einer Darstellung des Magnetismus;* Berlin, 1815. Ap. LASALLY, *Paris et Montpellier*, p. 27. On reconnaît là une partie des phénomènes de la catalepsie.

avait obtenu de l'autorité locale et d'un condamné à mort la faculté de faire coucher celui-ci dans un lit d'où le cadavre d'un cholérique venait d'être enlevé, avec promesse au patient que s'il en réchappait il recevrait sa grâce. Le sujet, déposé dans ce lit, est étudié par le médecin, qui décrit successivement à haute voix tous les symptômes de la maladie, toutes les phases, et qui demande au patient, à l'occasion de chacun de ces symptômes, de chacune de ces phases, s'il les éprouve, mais en laissant à son imagination le temps nécessaire pour les bien concevoir. Les symptômes se déclarent en effet, la maladie parcourt ses phases naturelles et aboutit à la mort. Et cependant le défunt n'avait été soumis qu'à l'influence de son imagination; il avait été couché dans un lit où personne n'était mort du choléra. Une expérience d'un autre genre, faite également sur un condamné à la peine capitale, a eu le même résultat. On bande les yeux au patient, décidé à mourir entre les bras d'un chirurgien qui doit lui ouvrir les veines plutôt que sur l'échafaud. Une plaie légère lui est faite au bras, mais point sur la veine; on imite le bruit du sang qui coule avec abondance; puis le jet s'affaiblit et s'arrête doucement. Le patient qui a tout son sang, mais qui croit l'avoir perdu rapidement, finit par s'éteindre comme s'il eût été réellement saigné jusqu'à extinction.

XX. Malgré l'identité on ne peut plus vraisemblable à certains égards de la force substantielle qui vivifie le corps, qui le conserve, ou qui parfois le mine, le ruine lentement ou le tue d'un seul coup, et de la force qui sent, pense, raisonne, se souvient, imagine et veut, il n'en est pas moins vrai qu'il y a une différence profonde entre les fonctions de l'âme considérée comme âme-non-moi, et les fonctions de cette même âme considérée comme âme-moi (1). Elle est peut-être plus frappante encore dans l'instinct que dans toutes les opérations dont nous avons déjà parlé, mais particulièrement dans l'instinct qui fait rechercher et reconnaître aux malades les substances propres à les guérir. Quoique cette espèce de divination soit plus sûre, plus générale chez les animaux, elle se remarque cependant chez l'homme, et plus particulièrement, dit-on, chez les somnambules. Or, cet instinct, quel qu'en soit le point de départ ou la cause excitante, s'éprouve dans l'âme; là en est le siége, comme celui de tous les phénomènes du même genre.

XXI. Il en est des inclinations, des mouvements habituels, des émotions, des passions, comme des mouvements instinctifs : ils sont involontaires en eux-mêmes et dans leur principe; ils sollicitent la volonté, mais n'en sont pas le fait. Ils partent des régions inférieures et obscures de l'âme, s'élèvent jusqu'à celles de la conscience, tendent à s'emparer de l'activité libre, et l'influencent plus ou moins sensiblement.

Ce sont là des faits qui ne peuvent échapper qu'à l'aveuglement systématique, ou que l'opiniâtreté seule peut empêcher de reconnaître.

XXII. Serait-ce s'écarter beaucoup du vrai que d'attribuer aussi à l'âme, comme à l'instinct d'une mort pro-

(1) Désormais, pour plus de simplicité ou de brièveté, il m'arrivera souvent d'appeler simplement *âme*, ou *âme non-moi*, l'état que jusqu'ici j'ai presque toujours appelé âme inconsciente; et *moi* simplement, ou *âme-moi*, l'état appelé jusqu'ici *âme consciente*. On pourrait aussi appeler le premier état : âme non personnelle ou impersonnelle, et le second : âme personnelle.

chaine, dont elle porte pour ainsi dire le deuil, cette mélancolie profonde qui s'observe chez les phthisiques, quand au contraire leur moi ne croit pas à cette fin précoce, visible cependant à tous les yeux, et arrive ainsi jusqu'au moment le plus solennel de la vie, celui de la mort, sans en éprouver les terreurs ordinaires? Ne serait-ce pas encore l'âme, agissant comme principe vital, qui, dans cette même espèce de maladie, pousserait si fort les sujets à se reproduire, par le pressentiment secret d'une fin prochaine, si tant est cependant que cette ardeur soit plus marquée chez le phthisique que chez d'autres!

XXIII. Comment expliquer encore autrement que par la distinction de l'âme et du moi, et par leur substantielle identité cependant, ces émotions instinctives de deux adolescents de différents sexes en présence l'un de l'autre, lorsque tous deux, encore pleins d'innocence, éprouvent dans les profondeurs les plus cachées de leur être, des mouvements qui s'élèvent jusqu'à la conscience, et dont la cause est néanmoins inconnue du moi?

XXIV. Et les hallucinations, ne sont-elles pas des états de l'âme, des faits passifs de conscience où le moi n'est pour rien comme cause, et dont l'activité involontaire et impersonnelle de l'âme rend seule raison? Comment le moi, s'il produisait volontairement ces images subjectives, dont la vivacité et la netteté le portent à leur croire un objet en dehors; comment, s'il en était ainsi, le moi serait-il dupe de ces phénomènes? Ce n'est donc pas à l'activité ordinaire, ni même à l'activité involontaire, qui donne conscience de ces opérations toutes subjectives, que sont dus les phénomènes de l'hallucination.

Il en est de même des illusions de ce genre qui laissent au moi la faculté de reconnaître que ces fantômes n'ont rien d'objectif, qu'ils sont dus à un jeu secret, spontané ou fatal des facultés psychiques fondamentales.

C'est de la même manière qu'il faut expliquer les fausses visions, les visions subjectives, les ravissements extatiques, et tous les phénomènes de ce genre que les physiologistes rapportent aux affections nerveuses. La véritable cause est bien autrement profonde, encore bien que l'état des nerfs en fût l'occasion ou l'effet.

XXV. Le somnambulisme naturel ou artificiel, où les actes du moi et ceux de l'âme sont tout à la fois si divers et si mêlés, ne peuvent s'expliquer également que par la distinction et par l'identité de l'âme et du moi, c'est-à-dire en admettant un principe unique à fonctions distinctes. N'est-ce pas l'âme du somnambule qui perçoit le chemin à suivre sur les poutres et les toits, mais qui dans cet état n'a pas l'imagination assez éveillée pour être frappée du danger? Dira-t-on que tous les mouvements du somnambule s'accomplissent sans perception, par tâtonnement? qu'on peut lire et écrire sans y voir? qu'on peut aller moissonner sans percevoir les javelles? qu'on peut se confesser endormi, sans penser et sans parler? Ou bien soutiendra-t-on que c'est aussi le principe vital, distinct de l'âme, qui, dans le somnambulisme, parle, pense, perçoit, agit, se souvient, etc.? C'est pour lors que nous aurions, non pas un principe vital et une âme, mais deux âmes en réalité. Qui ne voit, nous ne disons pas seulement l'inutilité, mais l'impossibilité de l'hypothèse? Et cependant, au réveil, l'âme personnelle ne sait rien de ce qu'elle a fait en état de somnambulisme, quoiqu'elle sût dans cet état ce qu'elle avait à faire et ce qu'elle avait fait dans l'état de veille. La communication entre ces deux états ne s'accomplit donc pas indifféremment dans un sens et dans l'autre; elle a lieu, à un certain degré du moins, du sommeil à la veille, mais pas réciproquement. Le somnambule peut confesser l'éveillé (nous tenons le fait du confesseur même); il le connaît, il en sait la vie; mais l'éveillé ne peut confesser le somnambule qu'il ignore; il ne sait pas même qu'il en a été confessé, car il retourne au confessionnal le lendemain à l'état de veille. Et pourtant, si l'identité substantielle de l'une et de l'autre est établie dans un cas, elle ne peut être douteuse dans le cas différent, malgré l'absence du souvenir et de la conscience.

L'état somnambulique et magnétique, la plupart des merveilles qu'on en débite, pourraient donc très bien n'être que le fruit de l'instinct, c'est-à-dire d'une fonction inférieure de l'âme, dont l'intensité serait très grande. Plus grande encore, elle suffirait sans doute pour expliquer plusieurs genres d'aliénation, comme elle explique les hallucinations. Par là, on fait voir du moins comment l'âme rendue à l'état de veille n'a pas conscience de ce qui se passe en elle dans l'état somnambulique, et comment néanmoins un très grand nombre des phénomènes qui appartiennent à cet état peuvent faire partie de la vie de relation, telle que la vue à distance, à travers les corps, la connaissance des lieux que l'esprit semble parcourir, celui où gît une plante médicinale cherchée.

On aurait donc, dans l'hypothèse d'un principe unique, mais à fonctions très diverses, une explication bien plus satisfaisante de ces sortes de faits, si d'ailleurs ils étaient bien avérés, que dans l'hypothèse de deux principes de vie en un même sujet.

XXVI. Le sommeil ordinaire lui-même, avec sa transition de la veille au sommeil, où le moi semble s'évanouir ou se transformer par l'affaiblissement de la conscience, par l'extinction graduelle et momentanée des sens, par l'engourdissement de la volonté, par l'effacement de la raison; le sommeil, avec ses songes accompagnés ou non de conscience, suivis ou non suivis de souvenir, pleins de bizarreries, d'extravagances et d'erreurs; le sommeil, avec sa transition à la veille, transition où le moi semble renaître et reprendre sa forme régulière en reprenant une conscience plus ferme, en ressaisissant peu à peu son empire sur des sens qu'il avait pour ainsi dire abandonnés, en reprenant possession de lui-même par une volonté plus forte, par une direction plus puissante et plus libre de l'activité de l'âme; le sommeil, disons-nous, n'est que l'engourdissement du moi, le repos de la surface de l'âme : son intérieur, son fond demeure agité; c'est comme un vaisseau emporté en tous sens par un courant capricieux. Ce courant, c'est l'activité obscure et continue de l'âme; le moi, le pilote, se trouve comme enchaîné, ou comme dans un tel état d'ivresse qu'il sait à peine ce qui se passe, que ses idées en sont affaiblies, confuses, mêlées d'erreurs étranges, sans empire sur une volonté qui est elle-même peu ferme, parce que encore la conscience et la raison conservent peu d'énergie. Pourtant il est là, il n'est point paralysé dans toutes ses facultés; il ne l'est du moins qu'à un certain degré et pour un temps; il veille même; il sortira de son ivresse et ressaisira le gouvernail aussitôt qu'il aura repris le complet usage de ses sens. Le pilote ivre, c'est l'âme; le pilote qui a repris ses sens et ses fonctions, c'est le moi. Si le moi s'affaisse et semble parfois succomber dans le sommeil, l'âme ne s'endort jamais complétement: elle veille encore pendant que le moi dort; elle agit encore, quoique avec assez peu de sens et de précision, pendant que le moi se repose; elle saura même l'éveiller au besoin à heure fixe, et plus tôt que plus tard, si elle en reçoit l'ordre.

Ne sait-on pas aussi que parfois l'activité de l'âme est si grande dans les rêves, qu'à l'occasion de certaines sensations internes ou externes nous éprouvons d'autres sensations qui nous semblent bien plus vives qu'elles ne le seraient en réalité si l'âme n'y venait pour ainsi dire ajouter? Si nous étions éveillés, et dans la même situation corporelle, éprouverions-nous ces angoisses, ces oppressions, ces cauchemars, simples résultats d'une digestion pénible, d'une circulation gênée, d'une position fatigante? Eprouverions-nous la sensation d'un froid glacial, comme si nous traversions en temps d'hiver une rivière à la nage, la pesanteur et la rigidité de membres rebelles à la volonté, la lassitude d'une marche ou d'une course forcée, ou la légèreté agréable, tant elle est aérienne, d'un corps qui échappe sensiblement aux lois de la pesanteur?

Dans un autre ordre de phénomènes, notre âme développe une vigueur incomparable : nous inventons, lisons, parlons, écrivons des langues dont nous ne savons que le nom d'ailleurs; nous faisons des discours suivis, pleins de force et de lucidité; nous improvisons des vers qui nous charment; nous résolvons des problèmes où toute notre attention s'était vainement épuisée à l'état de veille, et nous les résolvons si bien, qu'au réveil nous retrouvons sans peine, et comme par l'effet d'un souvenir, ce que nous croyions avoir trouvé déjà pendant le sommeil. C'est l'âme-moi et non-moi en même temps qui agit alors dans le sommeil avec l'ensemble de ses facultés, mais avec prépondérance tantôt des unes tantôt des autres.

C'est à peine si nous avons effleuré un sujet si fécond. Nous y reviendrons quelque jour d'une manière toute spéciale.

XXVII. — Dépasserait-on les bornes de la plus légitime ressemblance et d'une analogie bien marquée en disant que le phénomène de l'irritabilité musculaire, si peu expliqué jusqu'ici, phénomène que les uns ont regardé comme une sensibilité organique propre à chaque partie du corps ou à chaque tissu où elle se manifeste, et sans qu'il y ait communication de cet état au *sensorium commune,* phénomène que d'autres ont attribué à une sensibilité latente (ce qui revient à peu près au même), — est la sensibilité de l'âme sans conscience, de même que la contractilité est le mouvement de l'âme sans volonté? — Ou bien le phénomène de la contractilité spontanée est étranger à la sensibilité et à l'activité du principe de la vie, et alors il s'accomplit en vertu de forces purement mécaniques; — ou bien, au contraire, il est dû à une certaine sensibilité, à une certaine activité du principe de la vie, et alors cette activité et cette sensibilité sont celles de l'âme pure et simple, impersonnelle, de l'âme impressionnée sans conscience et réagissant sans volonté. Nous reviendrons sur cette question.

Ce qu'il y a de certain, d'après les faits nombreux que nous venons d'exposer, c'est, en général, qu'en dehors des actes réfléchis, libres, volontaires, et avant ces actes, est une action première, dont le moi connaît bien parfois les effets, mais dont la cause ne lui donne pas conscience d'elle-même; une action, par conséquent, qui n'est pas un produit du moi ou de la volonté; une action dont le moi lui-même, comme conception, n'est déjà qu'un effet, et qui, antérieure à toute réflexion, à tout acte délibéré, voulu, à toute liberté, est le principe spontané de toute liberté, de toute volonté, de toute réflexion, en général de tout acte appartenant à ces phénomènes qui sont comme au second plan du théâtre où se joue le drame entier de la vie. Plus loin, au premier plan, à une profondeur où l'œil de la conscience ne pénètre pas, est certainement, nécessairement, une activité essentielle, originelle, fondamentale, dont l'autre, l'activité volontaire, n'est qu'une simple détermination. Cette activité première, considérée comme faculté, est le principe d'une multitude d'opérations qui s'accomplissent à l'insu du moi, au nombre desquelles nous plaçons toutes celles qui constituent la vie organique.

XXVIII. Ce n'est pas tout. Expliquera-t-on par l'action d'un principe vital sur l'âme les appétences heureuses, les goûts instinctifs et salutaires des animaux ou des hommes dans les maladies? Le principe vital a-t-il donc des goûts, des jugements qu'il puisse transmettre? et comment pourrait-il le faire? Pourquoi l'harmonie primitivement établie entre le corps et l'âme ne suffirait-elle pas à faire naître dans l'âme ces goûts, ces idées, dont le moi a conscience, alors même qu'il n'en conçoit pas nettement le but final?

XXIX. N'est-ce pas reculer et multiplier sans raison les difficultés, que d'admettre un principe vital aveugle et sans volonté, pour expliquer l'action de l'âme intelligente et volontaire, non seulement dans l'usage ordinaire de nos membres, mais dans cette action plus rare du moral sur le physique qui rend insensible à la douleur ou la fait supporter avec plus de courage, qui soutient un frêle organisme par une énergie morale considérable (1), et qui semble parfois tenir en suspens le coup de la mort (2)?

XXX. Ne faut-il pas dire la même chose de ces joies ou de ces douleurs morales imprévues qui foudroient, ou qui, moins vives, favorisent les fonctions vitales, contribuent à la longévité comme une mixtion bienfaisante, ou abrègent l'existence comme un poison lent? A quoi bon, pour expliquer l'action de l'âme sur le corps, sur les différents organes, un principe vital, simple comme l'âme, de même nature qu'elle, sans rapport plus visible avec le corps, ou bien, au contraire, composé comme le corps et sans rapport plus concevable avec l'âme? A quoi bon ces intermédiaires qui n'en sont pas, quand on sait que la différence (quant à l'étendue seulement) entre le corps et l'âme n'existe pas, et que la matière n'est pas moins simple, au fond, que l'âme elle-même?

(1) M. Perrin, *De la Périodicité*, p. 71-73.
(2) V. un opuscule de Kant sur ce sujet.

XXXI. Nous ne comprenons donc pas mieux déjà l'action subite ou lente, ordinaire ou extraordinaire, de l'âme sur le corps : par exemple, une paralysie instantanée ou le mouvement rendu tout à coup à un organe longtemps condamné à l'impuissance, comme il arriva, dit-on, au fils de Crésus ; nous ne comprenons déjà pas mieux ces influences bonnes ou mauvaises de l'âme sur le corps avec un principe vital interposé, que sans cet inutile et embarrassant auxiliaire (1).

XXXII. Faudra-t-il donc aussi un principe vital pour expliquer nos humeurs sombres ou gaies, suivant les saisons ou les jours, suivant la clarté ou l'obscurité du ciel? Et qui ne sait cependant l'influence de l'extérieur sur notre âme? Et si cette influence ne s'exerce pas directement sur l'âme, sans passer par le corps, ne suffit-il pas de la sensation et de la perception, qui sont deux fonctions de l'âme et non du principe vital, pour expliquer le phénomène?

XXXIII. Bien plus, le rhythme musical, qui est essentiellement une affaire de rapports, de conception, de proportion, une affaire de raison en un mot, ce rhythme, qui a une si grande influence sur les dispositions de l'âme, qui a son retentissement heureux ou fâcheux dans notre organisme, s'expliquera-t-il par la raison, par l'âme, ou par un principe essentiellement dépourvu de raison? Pourquoi les animaux, les végétaux, qui ont aussi un principe vital, dit-on, mais auxquels il manque une âme douée de raison, ne guérissent-ils pas plus aisé-

(1) M. Perrin, op., cit., p. 69-70.

ment de certaines affections, sous l'influence du rhythme musical, ainsi qu'il arrive à l'homme (1)?

XXXIV. D'où vient qu'avec un principe vital ici et là, qui préside également à la vie organique chez les hommes et chez les animaux, les premiers sont seuls exposés aux fièvres intermittentes dans les mêmes circonstances extérieures où les animaux succombent à des maladies continues? D'où vient que la force morale de l'homme le préserve plus de l'adynamie que l'animal, qui n'a pas la même force, parce qu'il n'a pas la même âme (2)?

XXXV. D'où vient encore, sans sortir de l'homme, que les idiots manquent aussi de sensibilité physique à un très haut degré, et que leur principe vital, qui ne doit pas avoir perdu un esprit qu'il n'a jamais eu, ne sait même plus quand il faut boire ou manger, ni ce qui peut étancher la soif ou apaiser la faim, ni qu'il faut broyer les aliments pour en faciliter la déglutition et la digestion; en cela, pareils aux animaux qui semblent avoir perdu l'instinct par l'ablation des parties supérieures de l'encéphale? D'où vient que les idiots, auxquels il resterait encore le principe vital, ont également perdu jusqu'à l'instinct de s'abriter, de se chauffer, et celui de la propreté la plus ordinaire chez tous les animaux (3)? D'où vient enfin que la vie des idiots, malgré le prétendu principe vital substantiellement distinct de l'âme, est généralement très courte; que leur pouls est sans intelligence, comme celui des animaux (4), et que

(1) M. Perrin, op. cit., p. 70, 74; p. 23. On a remarqué aussi que le pouls de l'animal n'est pas symptômatique.

(2) Id., ibid., p. 39, 40-42, 45-49.

(3) Id., ibid., p. 30-31, 39, 45-49.

(4) Id., ibid., 49, 51, 53, 54, 58, 59, 81, 89.

les femmes qui sont dans ce cas accouchent avec la même facilité que les femelles des espèces inférieures (1)? N'est-il pas singulier que le principe vital soit lui-même comme aliéné, paralysé, quand l'âme est dans cet état, et qu'il ne puisse pas lui survivre?

L'inutilité de ce principe n'est-elle pas frappante dans tous ces cas, où, s'il existait, il suivrait si visiblement la destinée de l'âme raisonnable qu'il ne serait rien et ne pourrait rien sans elle; que sa force ou sa faiblesse marcherait tellement d'accord avec la force ou la faiblesse de l'âme, que ses fonctions seraient comme subordonnées à celles de l'âme même?

Il nous paraît donc, sinon démontré dans le sens le plus strict du mot, du moins extrêmement vraisemblable, que le principe vital n'est autre chose que l'âme elle-même.

Résumons-nous et concluons.

CHAPITRE IV.

Identité substantielle de l'âme et du principe de la vie.

L'âme, dans les premiers temps de l'existence, agissant sans réfléchir et sans raisonner, sans savoir ce qu'elle fait; des mouvements accomplis d'abord instinctivement, puis exécutés plus tard avec réflexion; la réflexion se formant sous la direction de l'instinct; des actes délibérés, voulus, péniblement appris, s'accomplissant ensuite comme par instinct; l'instinct des ani-

(1) M. Perrin, op. cit., p. 62-63.

maux mêlé de sensations et de perceptions, soit qu'on admette avec Cuvier que cet instinct suppose dans l'âme une image à réaliser au dehors, soit qu'on ne suppose rien de semblable; des instincts analogues, mais supérieurs dans l'homme, et qui déterminent ce qu'on appelle les vocations; les inspirations dans les sciences dans les arts mécaniques, dans les arts plastiques, dans les lettres, etc.; les pressentiments, les idées fixes ou obsessions; les idées folles, les monomanies, les délires, les ravissements extatiques, l'épilepsie avec ses intermittences de conscience, le somnambulisme; la mémoire en vain sollicitée d'abord, et qui reproduit, après un travail sourd et latent, le souvenir qu'on lui avait en vain demandé d'abord; les souvenirs eux-mêmes et de toute nature sans conscience, ou qui sont dans l'âme sans être dans le moi; les profondeurs aussi certaines que cachées de notre être; la loi secrète suivant laquelle nos idées s'enchaînent; l'impuissance où nous sommes d'associer d'abord ces idées avec réflexion; la spontanéité qui caractérise l'apparition dans l'esprit de toutes les conceptions, de tous les états de l'âme, dans les premiers temps du moins; la domination de la pensée volontaire par la pensée spontanée, de l'activité réfléchie par celle qui ne l'est pas, de la liberté par la spontanéité ou même par la fatalité, puisque nous ne sommes pas libres de n'être pas libres, et qu'ainsi nous sommes fatalement libres; l'activité certaine, quoique indélibérée et involontaire de l'âme, cette activité fatale qui ne peut pas plus ne pas être qu'il n'est en notre pouvoir de ne pas sentir, de ne pas penser et de ne pas agir; le double courant de pensées qui s'observe souvent en nous, surtout dans la rêverie, dans les états de transition, de la veille au sommeil, du sommeil à la veille; le langage d'action d'abord purement instinctif, puis intentionnel, d'abord très restreint, puis plus étendu, d'abord parlé seul, puis joint instinctivement ou intentionnellement à la parole; le langage qu'on voudrait parler et celui qu'on parle; l'influence profonde ou superficielle, rapide ou lente, salutaire ou nuisible des idées, de l'imagination, des sentiments et des passions sur l'organisme; la puissance même de la volonté sur certaines fonctions de la vie végétative pure; la spontanéité des inclinations, des mouvements habituels, des émotions, des passions; les mouvements spontanés, fatals même de l'instinct sexuel; les hallucinations, les illusions dans l'état de veille; les rêves avec leur mélange de vérité et de mensonge, avec leur lucidité et leur confusion; un état de l'âme analogue à la sensibilité du moi, état qui explique peut-être sa contractilité par la sensibilité ou l'irritabilité musculaire; l'action involontaire et incessante du physique sur le moral et du moral sur le physique, dans l'état de santé, et surtout dans l'état de maladie; les goûts instinctifs des malades, l'influence salutaire ou nuisible du courage ou de l'abattement dans les affections physiques; la prostration des forces corporelles, le trouble ou l'imperfection des fonctions de la vie organique par les passions perturbatrices; la différence extrême qui se remarque entre le physique de l'homme d'une saine intelligence moyenne et celui de l'idiot, par suite de l'action ou de la non action de l'âme sur le corps : tout cela, et une foule d'autres phénomènes du même genre, que chacun peut aisément remarquer ou se rappeler, tout cela prouve surabondamment les points suivants :

1° L'étroite liaison des phénomènes organiques et des phénomènes psychiques, leur corrélation fatale ;

2° Qu'il est en nous une multitude de faits dont l'âme est l'auteur, auxquels du moins elle participe, et qui ne sont point voulus par elle, dont souvent elle n'a pas même l'idée avant qu'ils soient accomplis ;

3° Que ces faits, souvent aussi, n'arrivent pas jusqu'au moi, ne donnent pas conscience d'eux-mêmes, bien qu'ils soient le fruit de l'activité de l'âme ;

4° Qu'ils sont cependant la plupart en parfaite harmonie avec la conservation du sujet ou de l'espèce ;

5° Qu'ils prennent ainsi rang parmi les faits instinctifs ;

6° Que les faits ou phénomènes de cet ordre s'expliquent incomparablement mieux par une action fondamentale de l'âme que par un principe particulier qui ne serait ni l'âme ni le corps ;

7° Qu'ainsi tout nous porte à croire à l'identité substantielle du principe de la vie et de celui de la pensée ;

8° Que c'est moins là une hypothèse qu'une conclusion légitime, motivée par une foule de faits ;

9° Que cette conclusion, considérée à son tour comme un principe, jette un nouveau jour sur tous les phénomènes de la vie en général, et s'en trouve par là même confirmée ;

10° Qu'en tous cas l'hypothèse d'un principe vital distinct du corps et de l'âme, sans même tenir compte de ce qu'elle présente d'obscurités et d'embarras, devient par le fait entièrement gratuite, invraisemblable, et qu'elle est dès lors condamnée par la saine méthode comme étant sans raison suffisante;

11° Que les deux grandes suppositions qui en avaient motivé la fiction, à savoir qu'il y aurait une différence essentielle (quant à l'étendue) entre l'esprit et la matière, et, d'autre part, que l'activité de l'âme serait toujours volontaire, que ses actes seraient toujours éclairés par l'intelligence et toujours accompagnés de conscience; que cette double supposition, disons-nous, ayant été démontrée fausse, il n'y a plus aucune raison d'imaginer un principe troisième pour remplir des fonctions dont l'âme peut être d'autant plus raisonnablement chargée qu'elle en accomplit déjà, et de science certaine, une foule d'autres analogues.

Puis donc que l'âme fait incontestablement tant de choses en nous sans intelligence et sans volonté antécédente, tant de choses dont souvent nous n'avons cependant pas conscience, il n'y a plus aucune raison pour distinguer l'âme d'avec le principe vital, puisqu'on a visiblement reculé devant l'idée d'attribuer à l'âme elle-même les fonctions de la vie, dont le *moi* n'a ni l'intelligence, ni la volonté, ni la conscience, que parce qu'on semblait ignorer, tranchons le mot, parce qu'on ignorait en réalité que l'âme fût douée d'une activité involontaire et inconsciente.

Maintenant donc qu'il est prouvé jusqu'à la plus entière évidence, nous le croyons du moins, que la sphère d'action du *moi* n'est qu'une partie de celle de l'âme, et que c'est une grande erreur de n'attribuer à l'âme que les opérations du *moi*, et une plus grande encore de ne lui attribuer que les opérations volontaires, nous ne voyons plus du tout pourquoi on répugnerait encore à lui assigner toutes les fonctions qui étaient jusqu'ici dévolues à un principe vital particulier qu'on imaginait dans l'homme.

Il n'y a donc aucune nécessité d'admettre en nous deux causes secondes, dont l'une présiderait à la vie végétative ou organique, et l'autre à la vie animale ou de relation. Et quand bien même ces deux espèces de vie seraient aussi distinctes que le prétend Bichat, elles n'en seraient pas moins liées entre elles d'une liaison intime et réciproque, et le dualisme ne serait visible que dans les effets, dans les phénomènes. Il n'y a donc là dualité manifeste que dans les effets de la vie, mais nullement dans le principe ou la cause de ces deux genres de vie. S'il fallait admettre un principe d'action substantiellement distinct pour toute espèce particulière de phénomène, ce n'est pas seulement un ou deux principes de vie qu'il nous faudrait, mais une infinité.

L'hypothèse erronée que nous combattons a été accréditée par deux grands faits, surtout par un fait physiologique et par un fait mixte ou somato-psychique.

Le premier de ces faits consiste dans l'existence de deux ordres de nerfs présidant, ou plutôt paraissant présider chacun à un ensemble très distinct de phénomènes : le grand sympathique qui semble exclusivement affecté aux phénomènes de la vie organique pure, et les nerfs encéphalo-rachidiens, qui appartiennent manifestement à la vie de relation, à la vie sensitive, perceptive et locomotive.

L'autre fait qui est venu corroborer le premier, et qui est de l'ordre mixte, c'est l'existence de deux espèces de mouvements en nous, dont les uns sont volontaires et les autres involontaires.

Mais il est reconnu aujourd'hui que le grand sympathique a de nombreuses anastomoses avec l'autre espèce de nerfs; que les parties qu'il anime deviennent sensibles dans certaines affections maladives; que les nerfs de la sensibilité sont aussi une condition de la vie organique, puisque les parties qui sont soustraites à leur influence tombent dans un état de colliquation qui entraîne la perte de l'organe. La vie organique et la vie animale ne sont donc pas aussi indépendantes qu'on l'avait imaginé d'abord, pas plus que les fonctions des deux ordres de nerfs dont nous parlons (1).

Non seulement il n'y a aucune raison suffisante de distinguer l'âme d'avec le principe vital, mais il y a des raisons positives de les identifier, et d'y rapporter toutes les fonctions de la vie, quelles qu'elles soient, et quelle que soit l'espèce de vie à laquelle elles appartiennent. C'est ainsi, pour rappeler brièvement quelques-uns des nombreux faits précédemment cités, que si le principe de vie agit d'abord sans idée dans le langage naturel, il fera plus tard la même chose avec connaissance de cause. C'est ainsi que les femelles des animaux font par instinct ou sans connaissance du rapport des moyens aux fins, ce que font les mères de nos enfants avec une parfaite intelligence : l'oiseau qui fait son nid atteint le même but que la future mère de famille qui prépare la layette pour son futur nouveau-né. Et cependant l'un agit si bien sans savoir ce qu'il

(1) V. Magendie, *Leçons sur le Système nerveux*, t. I, p. 15.

fait ou dans quel but, qu'il ne peut le savoir d'aucune manière, ni par voie d'expérience (encore qu'il eût déjà pondu, car il faudrait un raisonnement par induction), ni par voie de raisonnement *à priori*, et qu'il cède encore à cet instinct alors même qu'il ne pondra pas, comme il couve des œufs qui ne sont pas les siens, ou de la craie qu'il prend pour des œufs. L'autre, au contraire, bien qu'au début de la maternité, sait pleinement ce qu'elle fait et pourquoi elle le fait.

Voilà donc deux actes analogues, qui, dans deux genres différents, se font chez l'un par l'instinct, chez l'autre par l'intelligence. Pourquoi donc le principe d'action ne serait-il pas le même ici et là?

Et si l'on est arrêté par cette réflexion que l'animal n'a qu'un principe vital et point d'âme, nous demanderons avant tout si l'enfant qui pousse des cris instinctifs d'abord, et les mêmes cris volontairement ensuite, le fait aux deux époques de son existence en vertu de principes différents; si l'enfant qui commence par téter instinctivement, et qui le fait plus tard avec intention et volonté, le fait aussi en vertu de deux principes? Si c'est le principe vital qui tette et veut téter les premières fois, et le moi volontaire les autres fois; ou si plutôt l'enfant ne fait pas toujours la même chose en vertu du même principe, mais d'abord sans savoir ce qu'il fait, et ensuite en le sachant? Si c'est là toute la différence visible, de quel droit en vouloir une autre?

Nous demanderons ensuite si l'on est bien sûr que les animaux n'aient point d'âme, c'est-à-dire de principe capable de sentir, de percevoir, de se souvenir, d'associer des sensations et des perceptions, d'agir ensuite spontanément? Si tout cela est possible en vertu d'un principe distinct de l'âme, quelle différence y aura-t-il donc entre une âme et un principe vital, puisque nous avons nous-même conscience de sentir, de percevoir et de faire toutes les autres opérations dont nous venons de parler, par le même moi qui pense, raisonne et veut?

D'ailleurs, est-ce que, dans l'opinion que nous combattons, la locomotion, la succion par conséquent, la perception, la sensation elle-même appartiennent à la vie végétative ou organique pure? Si l'on consent à reconnaître une âme à l'animal, et qu'on veuille lui donner en outre un principe vital, nous demanderons enfin à quoi bon, puisque cette âme suffit à merveille pour expliquer les mouvements instinctifs? Si elle ne suffit pas, qu'on nous le prouve. Qu'on prouve en outre comment des habitudes actives, d'abord d'une exécution pour nous très difficile, et qui exigent toute notre attention, peuvent s'exécuter à la fin presque sans y penser, et comme nous exécuterions des mouvements instinctifs. Nous en avons cité un grand nombre d'exemples.

Quelle nécessité encore d'admettre deux principes, dont l'un agit sur l'autre, pour que ce dernier agisse ensuite sur le corps, par exemple, dans le fait connu sous le nom de démoralisation en pathologie? Quand nous disons que le courage, l'espoir, la gaîté, la bonne humeur, qui sont bien assurément des phénomènes psychiques, soutiennent le corps, aident à combattre la maladie, font autant ou plus que les médicaments, est-ce à dire qu'ils soutiennent et fortifient d'abord le principe vital, lequel agirait ensuite favorablement sur le corps? Mais, encore une fois, quelle nécessité y a-t-il à supposer cet intermédiaire et à multiplier ainsi les difficultés? Comment, en effet, si le principe vital n'est pas lui-même une âme intelligente, pourra-t-il partager la joie ou la tristesse de l'âme proprement dite? Quel moyen de communication concevable entre ces deux principes pour qu'ils participent de leurs états respectifs, de leurs sentiments? Si, d'un autre côté, le principe vital est une autre âme, sensible, intelligente, active, quelle nécessité encore de supposer cet intermédiaire pour faire ce qu'une âme unique pourrait faire elle-même? D'ailleurs, de semblables propriétés dans le principe vital sont contraires à la doctrine qui se professe, puis qu'on tient qu'un pareil principe ne pense pas. Mais alors reviennent toutes les difficultés résultant du commerce que cependant il devrait avoir avec l'âme pensante.

De deux choses l'une donc : ou le principe vital est une âme intelligente, ou elle ne l'est pas; si elle l'est, c'est un double emploi parfaitement superflu, outre qu'il est très difficile de comprendre comment ces deux âmes pourraient communiquer entre elles; si elle n'est pas intelligente, c'est un intermédiaire inutile encore, indépendamment de l'immense difficulté de comprendre l'action de l'âme sur ce principe.

Cette supposition est d'ailleurs complétement en dehors des faits qui nous sont attestés par l'expérience; elle a donc le double défaut extrêmement grave : de n'être point fondée sur des faits, de n'être point nécessaire à l'application d'autres faits. Elle n'a donc pour elle aucuns moyens de la connaissance, ni l'expérience, ni le raisonnement. Elle est donc à cet égard une fiction toute gratuite.

Il faut voir maintenant quelles sont les fonctions organiques de l'âme.

CHAPITRE V.

Des fonctions organiques de l'âme.

Parmi ces sortes de fonctions, il en est qui tiennent encore à celles de l'âme consciente, et qui ont ainsi un caractère mixte; les autres sont de plus en plus physiologiques. Il est naturel d'aller des premières aux dernières, puisque nous ne connaissons encore l'âme que par ses fonctions spirituelles; nous passerons ainsi du connu à l'inconnu.

Nous traiterons successivement : 1° des actes instinctifs en général; 2° de la transformation de certains animaux; 3° de leur conservation; 4° de la vertu curative et réparatrice qui se manifeste en eux; 5° de l'organisation du germe; 6° des principales opinions sur ce sujet; 7° de la génération dite spontanée; 8° des avantages propres à l'hypothèse de l'identité de l'âme et du principe de la vie; 9° des principales objections qu'elle semble provoquer; 10° de la contractilité involontaire des muscles.

§ I.

Des actes instinctifs en général comme effets de l'activité non volontaire de l'âme.

Le phénomène de l'instinct, dans le sens le plus complexe du mot, comprend : 1° toutes les incitations de l'âme, en tant surtout qu'elles semblent prendre naissance dans son sein, que le moi en ait ou n'en ait pas conscience ; 2° tous les actes qui, en conséquence de ces incitations, tendent à la conservation et à l'amélioration de l'individu ou de l'espèce, lors surtout que ces actes sont involontaires, et que leur but est inconnu de l'agent.

Mais il est de ces actes qui commencent ainsi dans l'homme, dans l'enfant, et qui à la fin sont éclairés par la raison et admis par la volonté, tandis que chez l'animal, et à plus forte raison dans le végétal, ils ne sont jamais voulus d'une volonté réfléchie, ni conçus dans leur rapport avec la fin qu'ils doivent atteindre. Il en est de plus qui n'appartiennent qu'à l'homme, et qui ne sont étrangers au moi que dans l'origine de l'incitation et dans la tendance secrète qui s'y rattache.

On peut distinguer trois grands ordres d'instincts, de moins en moins aveugles, et de moins en moins merveilleux : 1° l'instinct organisateur, qui crée la machine, qui la développe, la perfectionne, l'entretient ; c'est l'instinct qui préside à la vie végétative ou organique pure; 2° l'instinct qui préside à la vie du dehors, et auquel déjà se mêlent la sensation et la perception, auquel par conséquent est initié le moi humain. Cette espèce d'instinct, qui suppose le premier, n'a pas seulement pour fin la conservation de l'individu, mais encore celle de l'espèce ; 3° enfin l'instinct humain proprement dit, qui préside à la vie humaine par excellence, et qui suppose les deux autres espèces d'instincts. La raison stimule la sensibilité par les notions d'utilité, de vérité, de beauté, de piété. C'est à cette espèce d'instinct que sont dues les vocations industrielles et économiques, scientifiques, artistiques, politiques, morales et religieuses.

Mais les instincts humains par excellence sont très variés en qualité, et plus encore en intensité. On dirait qu'il y a des hommes qui n'en ont point, et d'autres qui les ont tous. Les premiers sont sans ardeur, parce qu'ils n'ont pas rencontré ce qui est le plus propre à exciter leur activité, qui d'ailleurs peut être fort engourdie. Les seconds, doués d'aptitudes diverses, n'ont pas su choisir ce qui leur convenait le mieux, ou ne l'ont pu, ou bien encore sont travaillés du besoin du changement. Il en est d'autres, au contraire, et ce sont en général les hommes de génie, qui sont comme emportés par une violente impulsion et qui surmontent les plus grands obstacles pour donner un libre essor à leur activité spéciale. Ce sont surtout les inventeurs, les Pythagore, les Archimède, les Descartes, les Pascal, les Vaucanson, les Watt, les Ampère, les Gay-Lussac, les Arago, etc., et, dans un autre ordre de choses, les Alexandre, les César, les Mahomet, les Sixte-Quint, les Napoléon, etc.

Chaque âge aussi a ses instincts particuliers. Dans la première période de l'union de l'âme et du corps, le principe de vie perfectionne et développe l'instrument de sa nouvelle existence. Parvenue à l'esquisse complète de son organisme, sortie de la phase embryonnaire, l'âme commence la vie fœtale, et avec elle la vie de relation. Elle exécute des mouvements de plus en plus prononcés, jusqu'à ce qu'elle entre dans un nouveau milieu. A cette époque commence la vie extra-utérine, et avec elle des mouvements nouveaux plus fréquents, plus prononcés, mais sans volonté ni connaissance encore, jusqu'à ce qu'enfin le moi s'éveille insensiblement, et que la vie de relation prenne un caractère intellectuel de plus en plus prononcé. L'enfant sera initié à la vie sociale et morale, à la tradition, à la parole, par ceux qui l'entourent; et ses progrès ne seront que des développements des mêmes sortes d'idées jusqu'à l'âge de puberté. Cet âge une fois atteint, une révolution s'achève dans son organisme, et avec elle une révolution intellectuelle dans son être moral. Les différences sexuelles, qui jusque là n'ont que des conséquences peu marquées, et qui commencent par établir une sorte de répulsion d'un sexe à l'autre, ont changé leur action; de répulsive qu'elle était, elle est devenue attractive. Ce ne sont plus des contradictoires qui s'excluent; ce sont des contraires qui tendent à se compléter et à s'harmoniser.

La paternité fait éclore d'autres sentiments, d'autres idées encore; la vie prend un caractère plus sérieux; des préoccupations nouvelles et d'une plus haute portée s'emparent de la pensée et règlent les actions; la charge de veiller à la perpétuation de l'espèce a été confiée par la nature à une force au-dessus du raisonnement et des caprices de la volonté des individus; la tendresse maternelle surtout, la vocation de la femme en général, est visiblement une affaire que la nature s'est réservée et qu'elle a implantée dans l'instinct, pour être plus sûre que ses intentions ne seront point trompées. Les exceptions, si peu nombreuses, si imparfaites, et la plupart accidentelles, sont une nouvelle preuve de cette grande loi de l'instinct, où la raison et le sentiment viennent se mêler à l'entraînement de l'organisme.

Une fois que ces vues supérieures de la nature sont satisfaites, que le but en est assuré ou a dû l'être, une nouvelle métamorphose se prépare et va s'accomplissant peu à peu : les préoccupations de famille s'affaiblissent, l'individu retombe sur lui-même, rentre dans un égoïsme plus apparent que réel, puisqu'il est la conséquence presque nécessaire de sa faiblesse; il s'y enfonce de plus en plus, jusqu'à ce que les infirmités de toutes sortes, le besoin d'un éternel repos, lui fassent désirer le seul asile inviolable aux misères de ce monde. Jupiter libérateur peut alors visiter l'homme; il le trouvera prêt à le recevoir.

Depuis longtemps affranchi de la tyrannie des sens, désenchanté des plaisirs de la vie, les comprenant à peine, en ayant conservé plus de souvenir encore que d'intelligence, impuissant pour le bien d'autrui et peu puissant pour son mal, ne pouvant guère plus pour son propre bien à lui, il ne reste à son âme attristée, accablée, lentement agonisante, que la langueur morne et tuante d'un désespoir chronique, ou les aspirations mélancoliques, mais consolantes dans leur douce tristesse, vers un avenir réservé par la foi religieuse aux hommes de bien. On sent alors tout le prix de la vertu et tous ses droits ; on travaille à réparer par une piété toujours possible, mais pas également sensible à tous les âges, un trop long oubli de vertus peut-être plus en harmonie encore avec les devoirs de la force de l'âge, et qui sont la vraie base de la piété de tous les temps, et surtout de l'espoir consolant que l'amertume extrême des dernières années de notre existence rend si nécessaire et si précieux.

Ces phases diverses de notre vie, marquées chacune de traits si distincts et si saillants, mais qui se nuancent au début de leur apparition comme à leur fin, qui se fondent à ces deux extrémités avec les dernières nuances des phases qui précèdent ou avec les premières de celles qui doivent suivre; ces phases de notre vie, disons-nous, sont comme autant de transformations qui aboutissent à la plus grande de toutes, la mort. Nous retrouvons une marche analogue de la nature vivante dans les animaux qui se transforment le plus visiblement sous nos yeux.

§ II.

De la métamorphose de certains animaux.

Chaque espèce, celle même dont la fin des individus est le plus rapprochée de son commencement, a ses âges, ses phases d'existence, ses transformations; tel est l'éphémère, qui ne semble vivre que pour l'espèce, et qui a pourtant deux âges très différents, deux genres d'existence même très prononcés, et qui subit une véritable métamorphose.

L'animal destiné à passer ainsi d'une vie à une autre semble ne vivre dans le présent que pour l'avenir; toutes ses opérations du jour sont admirablement appropriées aux nécessités du lendemain. Tout semble prévu pour les besoins d'une autre nature que l'animal du moment ne connaît pas encore. Il faut donc que les besoins de sa vie actuelle soient en parfaite harmonie avec ceux de sa vie à venir, quoi qu'il ne puisse concevoir le rapport qui doit relier les deux modes d'existence. Il ne peut les connaître ni par l'expérience, ni par le raisonnement, ni par la tradition. Il ne peut donc savoir ce qu'il fait. Et pourtant il fait bien. Ce qui dans son être sent, perçoit, se souvient et associe tous ses états divers, est bien son âme d'animal, l'âme qui agit spontanément en conséquence des besoins du moment. Cette âme, tout en vivant de la vie de la chenille, est déjà l'âme du papillon futur. Et quoiqu'une mort apparente doive séparer ces deux existences, la vie ne sera pas même un engourdissement complet; l'âme sommeillera, rêvera peut-être pendant ce sommeil les mœurs nouvelles, et préparera secrètement l'évolution d'organes futurs, enveloppés déjà, mais inertes encore, et comme plissés dans le système organique. Les inspirations secrètes de cette âme sont donc différentes suivant les états où elle se trouve par rapport au corps, ou plutôt par rapport à des événements qui ne sont pas encore accomplis. La raison de ces actes semble donc moins être dans le présent que dans l'avenir. Elle est donc dans l'avenir, et agit par l'influence du présent, avec lequel l'avenir se trouve coordonné. L'âme des animaux est donc aussi douée de facultés diverses qui se déploient suivant l'occurrence, mais sans volonté proprement dite ou éclairée, sans raison, quoique d'une manière parfaitement raisonnable. Il y aura donc là une autre volonté et une autre intelligence que la volonté et l'intelligence de l'animal, mais qui agit par cette cause seconde, par l'âme de cet organisme individuel, qui en fait un être vivant déterminé.

§ III.

De la conservation du sujet par les fonctions de la vie organique et par celles de la vie de relation réunies.

Puisque les instincts qui président à la vie organique ou physiologique doivent monter dans l'âme et la diriger dans tous les mouvements qui appartiennent à la vie de relation, sans quoi la vie organique serait à chaque instant compromise, non seulement on ne voit aucune raison suffisante pour admettre un principe distinct chargé de veiller aux mouvements de la vie organique, puis un autre chargé de présider au mouvement de la vie de relation; on croit voir, au contraire, qu'il y aurait économie de moyens avec un seul principe, et qu'il serait, d'ailleurs, fort difficile de comprendre l'harmonie de ces deux principes de vie. C'est alors qu'il faudrait peut-être recourir à une coordination préalable sans influence proprement dite d'un principe sur l'autre.

Il nous semble donc parfaitement rationnel d'admettre que l'âme préside aux mouvements intérieurs de la vie organique nécessaires à la conservation de l'individu et de l'espèce, c'est-à-dire aux fonctions respiratoire, circulatoire, digestive, etc., tout comme elle préside aux mouvements instinctifs de la vie de relation. Ces derniers mouvements ne sont pas moins nécessaires à l'existence que ceux de la vie purement organique. Ils ne sont ni mieux compris, ni plus voulus de l'agent les uns que les autres. Il y a entre les uns et les autres différence d'intelligence, de réflexion et de volonté. Mais ici et là une même spontanéité est possible, ainsi qu'une même harmonie entre les moyens employés et la fin à réaliser.

Si donc il nous faut, pour expliquer les fonctions de la vie organique, une force distincte de la force matérielle pure, et qui dispose de cette dernière, qui mette à contribution les lois mécaniques, physiques, chimiques, etc., telles qu'on les rencontre déjà dans les corps inorganiques, cette force est toute trouvée : c'est le principe qui fait en nous-mêmes tant de choses sans qu'il le sache et qu'il le veuille, mais qui en fait aussi tant d'autres avec sentiment, volonté et connaissance ; c'est le principe qui, chez les animaux, sans jamais vouloir ni comprendre, exécute cependant une foule d'actes merveilleux d'adresse et d'harmonie, actes qui dépassent l'industrie et l'intelligence humaines, mais qui sont accompagnés de sensation et de perception.

Or, presque tous les physiologistes de quelque poids ont reconnu que les lois de la nature inorganique ne peuvent expliquer les phénomènes physiologiques ; qu'il faut, par conséquent, reconnaître dans les êtres vivants un principe actif différent de la force matérielle pure, et qui se soumet cette dernière dans une certaine mesure.

Cette force immatérielle agit, dans chaque espèce vivante, suivant des lois propres, de manière à conserver l'organisme.

§ IV.

De la vertu curative et réparatrice de l'âme.

C'est en vertu des mêmes lois que cette force immatérielle, l'âme, travaille exceptionnellement, quand il le faut et qu'elle le peut, à réparer les désordres survenus dans son organisme, dans son œuvre, comme l'araignée répare sa toile brisée. C'est un fait reconnu dès l'origine de l'art médical, que c'est la nature qui guérit et non les médicaments. La médication la plus heureuse n'est qu'un moyen, elle ne peut être une cause. En tous cas, si elle est une cause, c'est une cause instrumentale ou auxiliaire seulement, mais point une cause efficiente.

On ne finirait point s'il fallait dire tout ce que le principe de la vie fait faire instinctivement pour corriger les accidents occasionnés dans l'organisme par les agents du dehors, ou par l'action des forces matérielles du dedans combinées ou non avec celles du dehors, mais souvent en conflit avec celles de la vie. C'est un équilibre qu'il s'agit de rétablir entre une fonction et une autre; c'est un appareil dont une partie se détraque, et dont il faut rétablir le jeu; c'est un organe qui fonctionne mal, et qu'il faut exciter ou ralentir; c'en est un autre dont les mouvements désordonnés doivent être corrigés et ramenés à leur rhythme naturel; c'est une sensibilité affaiblie ou exaltée à raviver ou à tempérer; ici l'activité s'éteint et doit être ranimée; là elle est excessive ou désordonnée, et veut être modérée ou réglée; en cet endroit la machine est brisée, et il faut en ressouder les pièces; à cet autre le tissu est déchiré, coupé, et il faut en réunir les lambeaux, leur rendre leur souplesse, leur jeu, leur vie; une fois c'est un liquide précieux qui a été soustrait et qu'il faut reproduire; une autre fois il s'agira d'en corriger la composition viciée par un principe étranger. Tantôt il faudra expulser un corps ennemi; tantôt absorber un aliment réparateur, une substance curative. Chez certains animaux des degrés inférieurs, ce n'est pas seulement une solution de continuité qui sera corrigée par le plus merveilleux artifice : c'est une partie tout entière, un organe, et un organe important qu'il faudra reproduire ; c'est une patte, une pince, une queue, une tête, une moitié de corps, que sais-je? (1)

Toutes ces opérations sont trop dans le sens de l'instinct ; elles émanent trop visiblement de la force qui, dans l'animal, agit sans intelligence ni volonté, quoique suivant les lois d'une parfaite intelligence et d'une volonté tout appliquée au salut du sujet, pour qu'il y ait là deux principes distincts.

§ V.

De l'organisation du germe, comme œuvre de l'âme.

Pourquoi, si l'âme est si manifestement mêlée à l'instinct conservateur de l'espèce et de l'individu ; si elle explique suffisamment par ses opérations secrètes, mais incontestables, la métamorphose, les fonctions physiologiques ordinaires, les guérisons, les reproductions partielles ; pourquoi n'expliquerait-elle pas également la formation primitive du germe organique qui se développe dans les périodes suivantes de la vie? Pourquoi serait-il plus difficile au principe vital, quel qu'il soit, de former un corps tout entier que d'en reproduire une partie? Pourquoi le principe de vie de l'escargot, de la tortue, du serpent, ne pourrait-il pas

(1) Cf. M. Perrin, op. cit., p. 83, 84, 87, 90, 92.

produire le corps même de ces animaux, comme il produit la coquille du premier, la carapace de la seconde, la peau du troisième, etc.? En vérité, on ne voit pas pour quelle bonne raison il en serait différemment, et l'on voit très bien au contraire pourquoi il en serait ainsi. Cet argument est bien autrement fort quand il est tiré de la reproduction des membres, de la tête, de la queue, ou de quelque partie du corps de certains animaux.

Il faut une origine aux germes organiques, et à moins d'admettre :

1° Ou qu'ils sont tout créés dans les parents, et qu'ils sont comme emboîtés à l'infini les uns dans les autres, que l'action de la vie ne consiste qu'à les déboîter, à les développer ;

2° Ou qu'ils sont créés immédiatement par la cause première dans le temps, suivant les circonstances ;

3° Ou qu'ils sont le produit des forces générales de la matière ;

4° Ou que les éléments qui les composent se mettent d'eux-mêmes en rapport, de manière à former un tout organique vivant, ce qui n'irait à rien de moins qu'à faire de ces éléments autant de principes de vie ;

5° Ou que ces germes sont le fruit d'un mouvement fortuit ;

6° Ou bien, enfin, qu'ils sont éternels : — Il ne reste plus qu'à les faire organiser par une force spéciale, qui soit un sujet distinct, ayant ses lois d'action, mais qui les suit sans les connaître ou le vouloir d'une volonté raisonnée, comme il arrive dans les actes instinctifs.

Cette hypothèse nous semble la plus naturelle, en ce sens qu'elle est la plus conforme à l'analogie, qu'elle est donnée par l'induction, en même temps qu'elle est la plus simple.

Il en est une autre pourtant qui ne manque pas d'un certain fondement naturel encore, mais qui est excessive et révolte bien autrement nos habitudes de pensée : c'est celle qui, partant de la propriété des végétaux et de certains animaux de se multiplier de bouture, et d'être, pour ainsi dire, des composés d'innombrables sujets capables de vivre chacun d'une vie propre, consisterait à étendre ce fait par la pensée au-delà de toute expérience réelle, de toute expérience possible même, et à supposer que tout être organisé visible n'est déjà, dans son germe le plus rudimentaire, qu'un agrégat d'êtres vivants, une sorte d'essaim dont les animalcules qui le composent se grouperaient suivant certaines lois, de manière à donner à leur ensemble une physionomie ou une autre, suivant les espèces. Ces êtres vivants, rudimentaires, seraient si petits qu'ils échapperaient à nos investigations. Toute formation organique à nous connue ne serait ainsi qu'une collection d'êtres vivants, invisibles, créés dès le commencement, inaccessibles à tous les agents de destruction, toujours en même nombre, mais formant ou ne formant pas des composés organiques suivant les circonstances; de sorte que la mort ne serait qu'une désagrégation, qu'une séparation pure et simple de ces monades vivantes, et qu'en réalité rien ne mourrait dans la nature, puisque le principe de vie qui présiderait à cette agrégation, déjà consommé par les monades, serait lui-même une monade d'un ordre supérieur et également impérissable.

Mais, nous le répétons, cette hypothèse est trop violente pour qu'on veuille l'admettre. Elle aurait, d'ailleurs, l'inconvénient de reculer la difficulté sans la résoudre. Pourquoi ces monades organiques, et par conséquent organisées, seraient-elles sorties dans cet état des mains du Créateur?

Pourquoi ne seraient-elles pas plutôt l'œuvre du principe de vie qui leur est propre? Et si elles n'ont pas chacune un principe de vie, pourquoi les ensembles qu'elles sont appelées à former dans le temps en auraient-ils besoin?

On consentirait bien moins encore à supposer que l'organisme n'est qu'un phénomène sans substance, produit par le principe vital; qu'il n'a, par conséquent, rien de matériel ni d'objectivement réel même; que l'âme produit ainsi son corps phénoménalement, par la pensée seule, et que la mort n'est que la cessation de ce phénomène; que l'âme sort de son corps comme d'un songe; que le corps lui-même n'a ni une autre origine ni plus de consistance réelle que le songe le plus fantastique; que la seule réalité incontestable, c'est celle de l'âme, et que c'est grâce à la conscience qui nous atteste l'existence d'un moi, d'une existence à part et close, que les âmes elles-mêmes ne peuvent pas être conçues à leur tour comme un rêve d'une âme supérieure, ainsi que les Indiens l'ont imaginé du monde, oubliant que si l'univers matériel peut n'être qu'un rêve de Brahma, une pensée de cette âme infinie, l'âme de l'homme, avec sa conscience, ne peut être enveloppée dans ce néant fantastique.

On le voit, notre hypothèse devient très rationnelle et surtout bien humblement expérimentale, en présence de conceptions aussi singulières. Ajoutons qu'elle est, en réalité, rendue très vraisemblable par les faits.

Il s'agit de la mettre en regard d'autres opinions moins décisives, moins radicales, afin de mieux faire comprendre encore la nécessité de l'intervention d'un principe organisateur dans les sujets vivants, principe qui ne peut être que celui de la vie, et dont les fonctions peuvent très bien être celles de l'âme inconsciente, ce qui réduit le principe vital à l'âme même. Nous verrons d'ailleurs, par ce qui va être dit, que les physiologistes se sont moins occupés de la cause efficiente de la vie que des causes conditionnelles ou occasionnelles et matérielles, et que plus d'une fois ils semblent avoir pris celles-ci pour celles-là, ou s'être contentés de la connaissance des premières, soit qu'ils n'aient pas senti le besoin de s'occuper de la seconde, ou qu'ils aient désespéré d'en rien savoir. C'est pourtant la cause véritable; et nous avons beau fermer les yeux pour n'en pas apercevoir la nécessité, la raison nous fait une loi de la reconnaître. On peut en ignorer bien des choses, assurément; mais son existence est ce qu'il y a de plus certain; elle est aussi certaine que le principe de la causalité, qui la donne invinciblement.

Nous ferons seulement remarquer auparavant que nous n'entendons pas nous prononcer d'une manière absolue sur la question de savoir quelle est l'âme qui forme le germe : nous nous bornerons à faire connaître les principales faces de la question et les solutions diverses dont elles seraient absolument susceptibles, mais sans nous prononcer exclusivement pour l'une d'elles.

1° Le germe peut être produit par l'âme de la mère,

mais sans qu'elle puisse le développer au-delà d'un certain degré avant d'avoir reçu des matériaux étrangers provenant d'un autre sexe. Alors l'âme de l'enfant prendrait seulement possession du germe fécondé et développé à un certain degré par l'âme de la mère. Cette hypothèse n'est contredite que jusqu'à un certain point par la fécondation extra-utérine des poissons et des baleines.

2° C'est l'âme de la mère encore qui forme le germe, l'œuf, mais elle ne fait rien de plus. Il faut l'intervention d'un principe vivifiant étranger à l'âme maternelle, d'un principe uni déjà à une matière organisée, qu'elle le soit par ce principe même ou par l'âme paternelle. Cette matière organisée, c'est le fluide spermatique vivant. C'est là le germe véritable; l'ovule ne serait que le premier aliment élaboré dont se servirait le principe vivifiant pour développer le germe auquel il se trouve uni. Cette hypothèse semble contredite par l'observation, puisqu'il y a toute apparence que c'est le germe maternel qui se développe et qui devient l'embryon.

3° L'âme de la mère prépare l'ovule, l'âme du père prépare la matière spermatique. Là s'arrête leur action. Il faut la mise en rapport de deux substances de cette nature ainsi préparées pour qu'un troisième principe organisateur, une troisième âme, celle du sujet futur, puisse, au moyen de l'une et de l'autre, se construire un corps de l'espèce à laquelle appartiennent ces matériaux ou d'espèces analogues, sauf, dans ce dernier cas, à voir la série des générations s'arrêter si les sujets qui en proviennent ne s'unissent qu'entre eux. Les âmes de toutes les espèces d'animaux remplissent l'univers comme des esprits peuvent remplir l'espace, c'est-à-dire sans se gêner en aucune manière, sans être gênées par les corps, qui seuls sont réciproquement impénétrables. De là la facilité des conceptions de toute espèce partout où des êtres déjà vivants et appartenant à ces espèces peuvent exister. De là aussi, c'est-à-dire à cause des matériaux fournis par le père et par la mère, et à cause de l'influence du physique sur le moral et de la réaction du moral sur le physique, les ressemblances de toute nature entre les enfants et les parents. Cette hypothèse nous paraîtrait déjà plus d'accord avec les faits que celle qui semblerait supposer la divisibilité des âmes.

§ VI.

Examen des principales opinions sur la formation du germe.

Des expériences de Spallanzani prouvent, dit Muller, que l'air atmosphérique est nécessaire au développement des infusoires, et qu'il ne s'en produit pas dans des infusions qu'on a tenues pendant une heure exposées à l'action de l'eau bouillante, après les avoir mises dans des vases hermétiquement clos. Nous verrons bientôt que cette assertion est peut-être démentie par d'autres expériences.

Des productions différentes se forment dans une même infusion, quand le hasard la soumet à des conditions diverses. Ainsi, l'infusion de feuilles d'iris développe des infusoires dans un long vase couvert de toile et exposé au soleil, et de la matière verte dans un second vase placé à une exposition différente ; une infusion de seigle dans de l'eau de puits donne également des produits divers, suivant qu'on y plonge ou non une baguette de fer.

Tréviranus en conclut qu'il existe dans toute la nature une matière constamment active, absolument indécomposable et indestructible, en vertu de laquelle tous les êtres vivants, depuis le byssus jusqu'au palmier, et depuis la monade jusqu'aux monstres marins, possèdent la vie dont ils jouissent; que cette matière invariable dans son essence, mais variable dans sa forme, change continuellement de configuration; qu'elle est amorphe par elle-même, mais susceptible de prendre toutes les formes de la vie; qu'elle n'obtient une forme déterminée que par l'influence de causes extérieures; qu'elle ne persévère sous cette forme qu'autant que les mêmes causes subsistent, et qu'elle en prend une autre dès que d'autres forces agissent sur elle.

Cette matière active de Tréviranus est-elle autre chose que de la matière organisée déjà, c'est-à-dire de la matière en forme de corps unie à un principe de vie ou mue par lui? Cet habile observateur n'aurait-il pas ici confondu deux choses fort distinctes, essentiellement distinctes selon nous : la matière organisée déjà, la matière vivante, et la matière purement organisable et sans vie encore? Nous serions porté à le croire. A coup sûr, ce n'est pas l'observation ou l'expérience qui peut dire s'il existe dans le monde une matière absolument indécomposable, amorphe, mais susceptible de prendre toutes les formes possibles sous l'action de forces étrangères.

Mais encore, quelles seraient ces forces? Sont-elles aussi matérielles, indécomposables, actives de leur nature? En quoi donc différeraient-elles de cette matière primitive, qui est elle-même active et absolument indivisible? Nous professons aussi l'existence des forces essentiellement actives, mais nous ne les croyons point matérielles; nous professons de même l'indivisibilité absolue, l'inétendue de la matière première, mais nous ne la croyons pas active. Ce n'est que par la réunion des principes actifs aux principes qui ne le sont pas, que ceux-ci s'unissent et forment corps, s'organisent et vivent.

On voit par là ce qui nous rapproche et ce qui nous éloigne de Tréviranus.

Ce savant ne s'explique pas assez sur la nature et l'action des forces extérieures qui donnent, suivant lui, une forme déterminée à la matière active première. Faudrait-il aller jusqu'à dire que ces forces peuvent produire des êtres organisés avec de la matière inorganique d'abord, et des organisations supérieures avec des matériaux organiques antérieurement formés? Serait-ce là une manière d'admettre et d'entendre la génération spontanée? Ou bien faudrait-il, en raisonnant suivant l'acception propre du mot, supposer que c'est la matière première elle-même qui s'organise? Telle ne semble pas être l'opinion de Tréviranus, et il faut convenir que la manière dont les expériences destinées à la prouver ont été faites ne garantit nullement qu'il ne se soit glissé aucune illusion. Mais les remarques qui ont pour objet d'établir la possibilité de cette illusion ne réfutent pas à leur tour la possibilité ni même la réalité de la génération spontanée; elles montrent seulement qu'il n'y a guère moyen de la prouver par l'observation directe.

Toutefois, Ehrenberg semble l'avoir rendue fort invraisemblable par ses recherches sur l'organisation des animaux et des végétaux qu'on dit naître de cette manière, si toutefois on peut ajouter pleine confiance à des observations d'une excessive délicatesse, et où l'illusion est aussi facile que la bonne foi peut être sincère.

D'abord, il aurait découvert la véritable germination des semences des champignons et des moisissures, et par là fixé le mode de propagation de ces végétaux. Il aurait fait voir comment on peut produire de nouvelles moisissures avec des graines de moisissures. Il a, par ce moyen, rendu probable le fait déjà présumé, que dans le cas où ces êtres apparaissent d'une manière inopinée, c'est tout simplement que leurs graines, disséminées par l'eau ou les vents, ont trouvé le sol nécessaire à leur développement.

Quant aux animalcules infusoires, Ehrenberg a reconnu qu'ils ont une structure compliquée; de sorte que, même la plus petite monade observée, celle de 1/2000 de ligne de diamètre, a encore un estomac composé et des organes locomoteurs qui consistent en des cils. Chez d'autres, il a observé les œufs et la propagation par des œufs. Ces particularités soulèvent les plus grands doutes contre l'exactitude des observations antérieures, dont les auteurs, sans connaître la structure complexe des animaux dont ils parlaient, prétendaient les avoir vus naître immédiatement de particules de substances mises en infusion.

Ehrenberg conclut d'observations diverses que tous les infusoires proviennent d'œufs, comme les autres animaux, et il laisse indécise la question de savoir si les œufs sont réellement en partie le produit d'une génération spontanée.

Wagner, de son côté, regarde comme un fait avéré la conversion d'infusoires en matière verte de Priestley, matière qui a été décrite par plusieurs savants. Mais pour lui, cette matière n'est autre chose qu'un assemblage de débris d'infusoires morts appartenant à l'*Euglena viridis*. Il révoque en doute la conversion de la matière de Priestley en conferves, en ulves, en tremelles ou même en mousses, dont quelques auteurs ont parlé.

Ehrenberg penche pour l'ancienne opinion, suivant laquelle les œufs des vers intestinaux, des entozoaires en général, sont disséminés, par la circulation, dans toutes les parties des animaux. Quant aux animalcules spermatiques, il admet qu'ils sont inoculés à chaque animal dans l'acte de la génération. Mais d'où seraient-ils venus primitivement, et comment en expliquer la multiplication croissante et indéfinie ? Il y a là des difficultés sérieuses que l'hypothèse de la transmission n'explique pas.

La formation des infusoires n'est point elle-même une production primitive de la matière organique, suivant le même naturaliste : elle suppose déjà l'existence d'êtres organisés, puisqu'aucune substance organique ne se développe jamais d'elle-même, et que les végétaux vivants paraissent seuls avoir la faculté de transformer des combinaisons binaires, comme l'eau et l'acide carbonique, en combinaisons ternaires organiques, en matière organique, tandis que les animaux vivent uniquement de matière organique déjà formée; qu'ils n'ont pas le pouvoir d'en créer eux-mêmes avec des éléments et des compositions binaires, et que, par conséquent, leur existence suppose celle du règne végétal.

Quant à savoir comment les êtres organisés se sont produits dans le principe, et comment la matière a acquis une force qui est absolument nécessaire à la formation et à la subsistance de la matière organique, mais qui, d'un autre côté, ne se manifeste non plus jamais que dans des matières organiques, c'est, nous dit-on, une question qui dépasse les limites de l'expérience. On reconnaît de plus l'impossibilité de trancher la difficulté en disant que la force organique est inhérente de toute éternité à la matière, comme si la force et la matière organiques n'étaient que des manières différentes d'envisager un seul et même objet! En effet, les phénomènes organiques ne se manifestent réellement que dans une certaine combinaison d'éléments, et la matière organique, susceptible de vivre, se résout elle-même en principes inorganiques dès que la cause des phénomènes organiques, c'est-à-dire la force vitale, vient à cesser. On reconnaît, enfin, que la solution du problème appartient à la philosophie, et non à la physiologie empirique (1).

Avant de reprendre nous-mêmes la parole sur la question de l'origine des germes, nous devons encore entendre un physiologiste célèbre, M. Flourens, qui oppose à la formation spontanée, à la préexistence des germes, ainsi qu'à la manière dont quelques naturalistes expliquent par des germes réparateurs la reproduction

(1) MULLER, ibid., t. I, p. 1-16, 1re édit., trad. franç.

partielle de la tête et de la queue des naïdes, des pattes et des queues des salamandres, les raisons suivantes :

« Si une génération d'une espèce donnée vient à manquer, l'espèce disparaît. La vie ne se perpétue que par les individus, par la continuité des générations. La prétendue transformation des individus en individus d'autres espèces, par exemple du ver en papillon, n'est qu'un dépouillement; le papillon se dépouille de la chrysalide, la chrysalide du ver, le ver de l'œuf; l'œuf, le germe actuel, du germe dans lequel il était contenu, et toujours ainsi jusqu'au premier germe. J'ai toujours vu dans mes expériences sur le croisement des espèces que le mâle avait une part égale à celle de la femelle dans la production du nouvel être. Le métis provenant de l'union de la chienne avec le chacal est un vrai métis : un animal mi-partie de chien et de chacal, un animal fait de deux moitiés, d'une moitié de chien, d'une moitié de chacal. Comment concilier ce résultat avec la préexistence du germe? Si le germe préexiste dans la chienne, il y est tout chien : il n'y est pas d'avance moitié chacal et moitié chien. Certainement la moitié chacal ne préexistait pas dans la chienne. Je prends ce métis, je suppose une femelle, et je l'unis avec un chacal; j'obtiens un second métis, qui n'a plus qu'un tiers de chien. Je continue encore, et en procédant toujours de même : à la troisième génération, le métis n'a plus qu'un quart de chien; à la quatrième, il n'a plus rien de chien. J'ai donc changé un germe de chien en un germe de chacal, car le germe primitif, le germe qui était dans la chienne, était un germe de chien. En substituant, dans mon expérience, la chacale à la chienne, et le chien au chacal, j'aurais pu changer de même un germe de chacal en un germe de chien... En réalité, je ne change rien, car rien n'était préformé encore, et il n'y a point de germe préexistant.

« Il n'y a pas plus de germes réparateurs que de germes préexistants... J'ai fait voir par mes expériences sur la formation des os que, tandis qu'un os se développe, il change, il se renouvelle, il se fait, il se défait, il se refait sans cesse. Quand un os croît en grosseur ou en longueur, il ne se gonfle pas pour devenir plus gros, il ne s'étend pas pour devenir plus long. L'os change continuellement de corps, de tête ; il change continuellement de matière pendant qu'il s'accroît... Ce n'est pas le même os qui s'accroît ; à un os d'une grosseur donnée succèdent des os de plus en plus gros, de même que pour la longueur. Où sont les germes de ces os successifs, de ces os constamment résorbés par le périoste interne, à mesure qu'ils sont constamment reproduits par le périoste externe ? » (1)

Nous avons entendu les maîtres ; essayons d'en résumer les leçons et d'en tirer des conséquences.

Il résulte des faits qui précèdent plusieurs propositions fort importantes, et que nous nous bornerons à énoncer, c'est que l'action de l'air n'est point indifférente à l'éclosion, si ce n'est à la formation des germes.

L'action vitale, et, dans notre manière de voir, l'action des principes vitaux d'espèce différente, ne s'exerce pas indistinctement dans toutes les circonstances extérieures.

(1) *Journal des Savants*, sept. 1853.

D'après Tréviranus, la matière posséderait une force organisatrice, en vertu de laquelle elle prendrait telle ou telle forme suivant les circonstances, ou plutôt sous l'action de forces étrangères, ce qui porte bien un peu atteinte à la formation spontanée des êtres organisés. Burdach croit aussi à une génération spontanée, mais il la croit soumise à l'action d'un principe supérieur. Ce principe serait donc la véritable cause organisatrice.

La génération spontanée est peu vraisemblable, soit; mais Ehrenberg, qui a le plus fait pour établir la génération par germes, par œuf, n'ose point nous dire que ces œufs ne sont pas dus, au moins partiellement, à une génération spontanée.

En admettant, avec cet auteur, que les œufs des vers intestinaux et des entozoaires soient disséminés par la circulation dans toutes les parties du corps, que les animalcules spermatiques soient inoculés par l'acte de la génération, il reste toujours à savoir d'où viennent ces œufs et ces animalcules.

Muller reconnaît que la force organisatrice ne fait point partie de la matière organique, bien que les corps organisés se résolvent en éléments matériels inorganiques.

Suivant M. Flourens, la génération seule explique l'origine des existences individuelles; et la préexistence des germes, aussi bien que leur formation spontanée, n'est pas soutenable : d'après son expérience, le mâle a une part égale à celle de la femelle dans la production du nouvel être. Il va sans dire qu'il n'y a pas plus de germes partiels dans la nature que de germes entiers. Suivant le même physiologiste, la transformation d'une espèce en une autre n'est qu'une chimère, quoi qu'en disent des expérimentateurs qui ont cru faire descendre des animaux dans l'échelle zoolique de plusieurs degrés. Les métamorphoses ne sont pas plus réelles ; elles se réduisent à de purs dépouillements.

Examinons un peu maintenant ces propositions diverses.

Quoique nous ne voyions pas ici l'hypothèse de la création primitive d'une infinité de germes de toutes espèces, qui écloraient au fur et à mesure qu'ils se trouveraient dans les circonstances propres à débander le ressort de la vie qui se trouve comprimé en eux, nous devons dire pourtant que cette hypothèse, qu'il ne faut pas confondre avec celle de la préexistence des germes par emboîtement, n'est pas plus impossible que cette dernière, qui a été admise par d'excellents esprits ; elle est même moins effrayante pour l'imagination et la raison, à l'endroit de la divisibilité à l'indéfini de la matière, de la ténuité excessive des derniers germes organisés. Car si le monde organique possédait en lui des raisons d'une existence sans fin pour l'avenir, il faudrait admettre des êtres organisés d'une petitesse infiniment décroissante dans le système de l'emboîtement des germes. Ce qui ne serait pas nécessaire dans le système de la préexistence sans emboîtement.

Ce dernier système serait donc beaucoup plus convenable que l'autre, puisque celui-ci, celui de l'emboîtement, peut se trouver compliqué de la question qui se résout dans le monadisme, c'est-à-dire dans la négation de l'étendue ou de la forme corporelle, en un mot, de la matière. Nous avons vu, en effet, avec Leibniz, qu'il n'y a de réel dans les composés que les composants, et que tant que les composants ne sont encore que des composés, il n'y a pas encore là d'éléments véritables; qu'il faut arriver par la raison d'un seul coup, *per saltum*, aux éléments proprement dits, c'est-à-dire à des substances simples, à des forces originelles, qui possèdent la propriété de n'être point détruites les unes par les autres, de pouvoir être opposées mutuellement dans le phénomène de leur résistance respective, et de porter ainsi des intelligences qui accompagnent quelques-unes d'entre elles à concevoir la résistance elle-même, et avec elle l'étendue.

Nous ne pouvons donc pas admettre un emboîtement des germes à l'infini ni même à l'indéfini.

Remarquons, en outre, que cet emboîtement ne rend pas raison du mouvement vital. Il nous faut, en effet, pour expliquer la vie, non seulement un germe, mais un germe vivant. Et tout en supposant que tous les germes ont été créés, dès le commencement, emboîtés ou non, il faut encore une force individuelle qui développe chacun d'eux à l'heure dite. Or ce principe, qu'il soit renfermé dans le germe par la main même du Créateur, et qu'il y reste engourdi pendant des siècles ou des milliers de siècles; ou bien, au contraire, qu'il agisse du dehors ou qu'il pénètre dans le germe pour lui donner l'impulsion, pour s'en revêtir, ce principe est une autre condition indispensable de la vie.

Nous n'avons pas à rechercher quelles sont les circonstances externes qui permettent à ce ressort vital de se déployer et d'exercer sur le germe une action visible : l'air, la chaleur, l'humidité, l'électricité peut-être, ne seraient, en tous cas, que des causes conditionnelles du développement vital, et nullement la cause seconde *efficiente* que nous cherchons.

Nous comprenons très bien, du reste, que toute espèce de principe de vie, précisément parce que chaque espèce a ses lois propres d'existence visible ou d'action, ne puisse pas se déployer également dans toutes les circonstances. Mais ce que nous ne comprenons pas du tout, c'est l'hypothèse de Tréviranus, qui donne à la matière primitive, générale, amorphe, la vertu d'agir spontanément, toujours, et de prendre ainsi, suivant les cas, toute espèce de formes vivantes.

Premièrement, il n'existe pas de matière générale, que l'on entende cette généralité comme on voudra, c'est-à-dire soit qu'il plaise de la concevoir comme une sorte d'étoffe où tous les êtres seraient, pour ainsi dire, taillés, soit qu'on l'imagine comme une substance qui ne posséderait que les qualités générales de la matière, les qualités qu'on a appelées premières, par exemple, mais point les qualités secondes. Il faut dire, au contraire, que la matière qui n'existe que dans les éléments matériels n'a rien d'universel numériquement, qu'elle ne peut pas plus être universelle, qu'une monade, un atôme, si l'on veut, ne peut être une autre monade, un autre atôme, toutes les monades, tous les autres atômes. On confond ici la matière avec les corps, et de plus on se figure tous les corps comme n'en formant qu'un seul qui comprendrait tout ce qu'ils ont de commun. Mais dépouiller ainsi les corps de ce qu'ils ont de propre comme espèces et comme masses individuelles, c'est tout simplement les convertir en idées générales, en abstractions ; c'est les détruire par la pensée et leur substituer des abstractions. En effet, il n'y a pas de corps véritable qui soit réduit aux qualités premières, à l'étendue impénétrable; tous possèdent, en outre, la raison de leurs qualités secondes, de leurs qualités spécifiques, et des modifications subies par ces qualités dans chacun de leurs agrégats. Voilà les corps véritables, en dehors desquels on n'a plus que des idées générales.

Deuxièmement, si la matière première est déjà une force, une force substantielle, véritable, comment pourrait-elle posséder une autre force? Ce langage même n'est-il pas aussi peu intelligible, aussi contradictoire plutôt, que si l'on disait qu'une substance possède une autre substance? Si par force possédée on entend ici, comme c'est probable, une fonction de la force matérielle, la difficulté ne disparaît pas encore, puisqu'alors la matière n'est pas la matière : elle est l'ouvrier, le principe de vie qui agit sur lui-même, qui dispose de soi, qui en dispose de concert avec d'autres principes semblables, de manière à former des agrégats vivants, analogues à des essaims d'abeilles, à des polypes peut-être, ainsi qu'on l'a dit déjà. Dans cette hypothèse, en effet, chaque force individuelle, constituant une monade ou un atôme matériel, agirait d'ensemble pour former de son être avec les autres atômes de son espèce, des touts organiques. Je demanderai alors comment ce concert est possible. Il me semble qu'il ne peut avoir lieu que de l'une de ces quatre manières :

Ou bien en vertu d'un agent supérieur qui dispose de ces atômes vivants;

Ou bien en vertu d'un principe de vie, cause seconde,

qui en dispose sans le savoir ni le vouloir, mais instinctivement;

Ou bien en vertu d'un principe analogue qui sait et veut ce qu'il fait;

Ou bien, enfin, en vertu d'une impulsion instinctive qui régit chacun d'eux.

La première supposition n'est pas scientifique et ne doit point nous arrêter, puisqu'elle est en dehors des causes secondes.

La deuxième et la troisième suppositions sont contraires à l'hypothèse de Tréviranus et conformes à la nôtre.

La quatrième, qui semble se rapprocher davantage de celle de l'illustre physiologiste, en diffère cependant en ce qu'elle implique une multiplicité qu'il semble exclure, en ce qu'elle laisse dans l'ombre la raison et la loi des mouvements divers de ces agents subalternes; ce qui implique une action étrangère, à moins de convertir tous les atômes matériels en autant d'âmes ou de principes de vie. Mais alors on fait disparaître la matière, et ce sont les principes vitaux qui en prennent la place. Si l'on veut conserver la matière comme matière, il faut, tout en lui conservant aussi ses fonctions, qui sont du domaine de sa force propre, la rendre passive à d'autres égards, la soumettre à un agent différent d'elle, qui en dispose comme de matériaux pour ses constructions organiques. C'est ainsi, du moins, que nous concevons la chose.

Et alors la matière, abandonnée à elle-même, ne peut réaliser aucune de ces constructions; en ce sens, il n'y a pas de formation organique spontanée. Mais si l'on conçoit un principe de vie distinct de la matière, une force dont une des fonctions soit de disposer la matière de façon à produire les phénomènes de la vie, en commençant par le germe lui-même, alors il y a des formations spontanées ; toutes même sont dans ce cas, tous les germes ont commencé de la sorte. Tous sont l'œuvre d'un principe de vie qui leur est antérieur et supérieur, qui n'a pas besoin d'eux pour agir de cette première action, pour s'en faire un moyen d'action dont il se servira plus tard en vue d'une fin plus éloignée. Mais sur quoi tombe ici la spontanéité? C'est sur la force vitale, et non sur la matière.

Il est donc vrai de dire avec M. Muller que la force organisatrice n'appartient pas à la matière; mais il ne faudrait pas douter, avec M. Ehrenberg, qu'elle appartînt à une force vitale distincte de la matière : autrement, il deviendrait impossible, je ne dis pas seulement d'expliquer, mais encore de concevoir l'organisation elle-même.

Supposons, en effet, avec ce dernier physiologiste, que les œufs des entozoaires soient portés dans toutes les parties du corps par la circulation ; que les animalcules spermatiques soient inoculés par la génération ; que tout ce qui est organisé procède de germes antérieurs, même les infusoires, ne faudra-t-il pas toujours, ou que ces germes aient été créés dès le principe, ou qu'ils soient créés dans le temps par la puissance divine, ou qu'un principe vivant, une cause seconde, qui aura été elle-même créée dès le principe, ou qui le sera dans le temps, organise ces germes? car point de germes organisés, point d'évolution possible.

Les mêmes observations s'adressent à M. Flourens : Vous ne voulez pas de la préexistence des germes, lui dirons-nous humblement; vous ne voulez pas davantage de leur formation spontanée; vous vous renfermez dans la formation des germes par voie de procréation. Mais, d'abord, d'où viennent les premiers germes? Si vous me répondez qu'ils viennent de là même d'où, suivant nous, procèdent les forces vitales organisatrices, nous serons satisfait jusque là. Mais nous cesserons de l'être si vous ne pouvez pas nous dire comment ces germes se forment dans les agents de la procréation à mesure que les générations s'écoulent.

Le tout, en effet, n'est pas, comme on semble le croire, d'avoir des mâles et des femelles pour rendre raison des produits organiques qui résultent de leur union; il faut dire, en outre, comment les matériaux organiques des deux sexes, destinés par leur union à donner naissance à un germe vivant de sa vie propre, se forment avant cette union; comment, à la suite de l'union sexuelle, le germe commence à vivre d'une autre vie, d'une vie à lui. Si tous ces phénomènes ne s'expliquent point par les lois générales de la matière; si l'on ne peut, sans pétition de principe, les expliquer par les lois de la vie organique, puisqu'il s'agit précisément de nous rendre compte de la force qui produit les phénomènes marqués de ces lois, et que d'ailleurs des lois ne sont pas des causes, mais des manières d'être ou des modes d'action; s'il en est ainsi, et si cependant la raison fait à chacun une nécessité d'admettre une cause organisatrice seconde, il faut qu'on reconnaisse avec nous un principe vital organisateur, ou qu'on refuse de suivre la raison jusqu'où elle conduit nécessairement.

S'attacher aux faits présents, aux lois qui les régissent, est fort bien ; c'est le commencement voulu par la saine méthode, mais ce n'est que le commencement. Et si là, toutefois, est toute la physiologie empirique, ou comme ensemble des phénomènes, ainsi que je le reconnais volontiers, là cependant n'est pas le terme de notre légitime curiosité, ni peut-être celui de notre puissance. En tous cas, si le physiologiste se refuse à franchir ces limites, il se refuse par là même le droit de nier une explication quelconque qui sort de l'observation, pourvu, néanmoins, qu'elle ne soit pas incompatible avec des faits connus.

M. Flourens ne pouvait donc nier logiquement l'action d'un principe particulier qui organise les premiers matériaux du germe dans les parents, qui préside à sa fécondation dans l'union des sexes, à son développement dans le sein de la mère et hors d'elle, qui explique ce que d'autres forces connues, plus matérielles pour ainsi dire, n'expliquent point, ce qui leur est, au contraire, opposé.

Il en est de même pour la reproduction de certaines parties organiques, comme aussi pour le dépouillement ou la métamorphose des animaux qui s'y trouvent le plus visiblement soumis.

Il est vrai que la supposition nécessaire d'un principe de vie, unique dans chaque être organisé, n'est pas exempte de difficultés ; mais l'essentiel est que ces difficultés ne soient pas des impossibilités, et qu'il y en ait moins, beaucoup moins dans cette hypothèse que dans toute autre (1).

En deux mots, si les germes ne préexistent pas de toute éternité, emboîtés ou non; si la matière inorganique n'est pas universellement douée d'une faculté organisatrice; en d'autres termes, si elle n'est pas de soi un sujet actif, agissant d'une action spontanée, et avec toute la perfection que suppose l'organisme; si les merveilles de l'organisation ne sont pas dans l'homme, en particulier, l'effet d'un principe matériel ou immatériel distinct de la matière et de l'âme, dont l'une des fonctions est de penser, il faut admettre :

Ou que l'organisation, le développement vital, la conservation de l'individu et celle de l'espèce, tous les phénomènes de la vie, enfin, sont des effets sans cause;

Ou que ces effets sont l'œuvre incessante et immédiate de je ne sais quelle âme de ce monde, de la nature entendue plus ou moins largement;

Ou bien, enfin, qu'ils sont un produit immédiat encore de l'action divine.

Or, nous ne pensons pas que M. Flourens admette des effets sans cause, ou qu'avec les stoïciens il fasse du monde ou de quelqu'une des grandes parties qui composent le système, un immense animal qui ait son âme, âme unique de ce monde, indivisible ou divisible, à laquelle, par conséquent, toutes les âmes individuelles, s'il y en a, seraient subordonnées, ou dont elles ne seraient que des fragments.

(1) Cf. VIREY, *De la Puissance vitale*, p. 301-392. On peut encore, à certains égards, ranger au nombre des effets physiologiques du principe vital la *longévité*. (V. VIREY, ibid., p. 392-403.)

Nous ne présumons pas davantage que l'illustre physiologiste fasse opérer immédiatement, par Dieu même, tous les mouvements, tous les phénomènes vitaux. Il faudrait, pour admettre cette hypothèse, pour rejeter ici l'intervention de toute cause seconde ou naturelle, qu'il fût démontré qu'une pareille cause est absolument impropre à expliquer la vie comme ensemble de phénomènes. Or, c'est ce que n'a pas même essayé M. Flourens.

Il faut donc, ou qu'il soit mystique avec les cartésiens, ou vitaliste-spiritualiste avec nous, ou qu'il refuse, en manquant à la logique, de se prononcer affirmativement sur la cause de la vie, après s'être prononcé négativement sur cette même cause, quoique l'expérience ne lui apprenne rien de plus pour la négation que pour l'affirmation.

§ VII.

De la génération dite spontanée.

Tout germe qui se développe provient-il d'êtres organisés pareils à celui qui résulte de ce germe développé? Peut-il provenir d'autres êtres organisés? Peut-il se former immédiatement, c'est-à-dire sans une matière organique et sans l'action d'agents déjà organisés?

La loi de la formation des êtres organisés, du moins pour les végétaux et les animaux les plus connus, c'est que les uns et les autres donnent naissance à des êtres qui leur ressemblent.

S'il était vrai, comme M. Gros prétend l'avoir observé (1), que les infusoires, particulièrement ceux qui sont connus sous le nom d'*eugléniens,* donnent indifféremment naissance à des végétaux et à des animalcules différents de l'euglène, et même à plusieurs espèces soit de végétaux, soit d'animaux, l'hétérogénéité serait prouvée. Ce serait là déjà une sorte de génération spontanée, puisque le semblable ne proviendrait pas du semblable. L'influence ou la privation de la lumière serait même pour beaucoup dans le plus grand écart de ces produits organiques, puisque l'obscurité serait plus favorable à la production animale, et la lumière à la production végétale.

Mais comme ces sortes de générations s'opèrent par la fissiparité, ne serait-il pas vrai de dire qu'il n'y a pas ici génération proprement dite, mais tout simplement décomposition d'un animal composé, en d'autres animaux qui en seraient les éléments constituants? Il n'y aurait assurément rien là que d'analogue à ce qui s'observe dans les végétaux, et même, jusqu'à un certain point, dans les animaux, et jusque dans l'homme. Qu'on se rappelle ce qui a été dit des polypes, des vers de terre, du ténia, des écrevisses, de la salamandre, des cils, etc.

Mais il y a dans le cas qui nous occupe ceci de particulier : c'est que des végétaux et des animaux proviendraient d'animaux seulement. Quant à la différence soit des végétaux, soit des animaux, elle pourrait peut-être s'expliquer par celle des parties qui leur donnent naissance. C'est ainsi que les entozoaires dans l'homme

(1) V. le *Bulletin de la Société des Naturalistes de Moscou* et les *Annales des Sciences naturelles.*

ou dans d'autres animaux supérieurs diffèrent d'autres animalcules qui se forment dans des milieux ou dans des parties différentes, par exemple dans le lait, dans le sang, dans le liquide spermatique, dans le cerveau chez le mouton ou le bœuf, etc.

Quoi qu'il en soit, les euglènes présentent une autre merveille, fort compréhensible d'ailleurs, si l'on admet que ces animalcules ne soient que des composés d'autres animalcules eux-mêmes, différents de ceux qu'ils constituent immédiatement : c'est que, suivant le degré de division ou de parifissure, les cellules donnent des animalcules différents, des navicules, des desmédiens, des zygnémiens, etc.

Il n'est pas douteux, en tous cas, que des animaux, tels que les tardigrades, peuvent résulter d'opérations naturelles fort différentes. C'est ainsi, par exemple, que ces derniers ont au moins trois modes différents de reproduction. Dans la production par semis, par bouture, par rejet, le règne végétal nous présente un phénomène analogue. Il y a plus, c'est que des espèces végétales qui sont infécondes entre elles, qui ne se croisent point, tels que l'*ægilops* et le *triticum*, peuvent sortir l'une de l'autre, en un sens au moins, sinon réciproquement. M. Esprit Fabre, jardinier à Agde, après cinq années de culture successive (1840-1845) de l'*ægilops ovata*, a obtenu de cette herbe des champs, en la faisant ainsi monter par une série de degrés de perfectionnements, du blé ordinaire, semé à pleine volée dans un champ entouré de vignes et fort éloigné des autres cultures de céréales; ce blé d'*ægilops* donna (1845-1849) des produits en tout semblables à ceux du froment, de six à huit fois la semence, selon les années. Et jamais, dit-on, la forme primitive n'a reparu.

Voilà donc un fait, s'il est bien avéré, fort remarquable : c'est, d'une part, la parenté incontestable entre l'*ægilops* et le *triticum,* puisque celui-ci provient de celui-là; c'est, d'autre part, l'impuissance de ces deux espèces à produire entre elles. Ce ne sont donc pas des variétés d'une même espèce. Ce ne sont même pas des espèces prochaines du même genre, comme le loup et le chien, le cheval et l'âne ; ce sont deux genres différents. D'où il faudrait conclure que le croisement n'est pas une conséquence nécessaire de la parenté, ni la parenté une condition du croisement.

Tout ce qu'on vient de dire se rapporte plutôt à l'hétérogénie qu'à la génération spontanée ; mais l'hétérogénie est déjà une forme de cette espèce de génération.

La génération spontanée ne doit pas s'entendre d'une formation organique sans cause, ni d'une formation d'un corps organisé par lui-même : c'est pourtant le sens que pourrait présenter le mot *spontané,* à quelques esprits ; sens impossible cependant, puisqu'un corps organisé ne peut rien produire, comme tel, avant d'être organisé, et que, considéré dans ses éléments inorganiques, ces éléments ne s'organiseront pas plus que d'autres éléments de même nature. Les corps qui s'organiseraient seraient des corps qui se donneraient des propriétés qu'il n'est pas de leur essence d'avoir, qu'au contraire ils ne doivent pas posséder; ce seraient des corps tout à la fois dépourvus et revêtus de propriétés organiques, ce qui est contradictoire.

Quelle idée se faire donc d'une génération spontanée?

Sera-ce l'éclosion de germes primitifs, sans que ces germes proviennent de végétaux ou d'animaux de leur espèce? Mais outre que ces germes primitifs sont une hypothèse, il s'agirait toujours de savoir d'où ils proviennent originairement. Il faut, ou soutenir qu'ils sont éternels, ou supposer qu'ils ont été créés dès le principe, ou qu'ils le sont dans le temps par la puissance divine, ou qu'ils sont l'effet immédiat de forces non corporelles, non encore revêtues d'un organisme, de forces spirituelles, d'âmes enfin. Dans ce dernier cas, que nous croyons le vrai, ce ne seraient pas les semences des êtres organisés qui existeraient d'abord en nombre infini, mais bien les forces organisatrices ou âmes.

Ces forces étant données, serait-il vrai qu'elles fussent entrées en action dès le principe, certaines espèces du moins; ou bien n'agiraient-elles que successivement dans la suite des temps? En d'autres termes, est-ce le panspermisme ou le panpneumisme qui est le vrai?

Remarquons tout d'abord que le panspermisme n'exclut pas le panpneumisme, puisque tout germe susceptible de développement peut porter en lui, avant tout développement réel, le principe qui le doit vivifier lorsque les circonstances le permettront. Il peut donc y avoir panspermisme et panpneumisme tout à la fois.

Si les partisans du panspermisme étaient en même temps persuadés que les germes des corps vivants renferment déjà le principe capable de les vivifier, et que les circonstances seules manquent au mouvement vital, ils seraient donc tout à la fois panspermistes et panpneumistes. Si, au contraire, ils sont persuadés que ces germes ne sont pas encore pourvus du principe qui doit les vivifier, ou s'ils n'admettent pas de principe semblable, il faut qu'ils cherchent une autre cause à cet effet, ou qu'ils restent en chemin dans la poursuite naturelle et logique des causes. C'est ce dernier parti que prennent beaucoup de physiologistes. Ils sont alors purement panspermistes, sans même qu'ils se préoccupent de la question de savoir si tous les germes existants sont le produit de corps déjà organisés, s'ils en sont comme les graines, ou s'ils leur sont antérieurs. Les plus attachés à l'expérience, aux faits susceptibles d'être constatés, inclinent à penser que les germes disséminés dans les airs ou dans les corps sont le produit de corps déjà vivants. C'est, à ce qu'il semble, la pensée d'Alexandre de Humboldt lorsqu'il dit : « Des infusoires ordinaires peuvent être enlevés passivement par les vapeurs ascendantes, jusque dans les hautes régions de l'air, de manière à flotter quelque temps dans l'atmosphère et à retomber ensuite sur le sol, comme le pollen annuel des pins. Cette considération est capitale pour l'antique querelle de la génération spontanée. » (1) C'est sans doute aussi l'opinion d'Ehrenberg, lorsqu'il explique l'une de ces plaies d'Egypte dont parle la Bible, et dans laquelle les eaux furent changées en sang, par la présence d'une infinité d'euglènes de l'espèce *euglena sanguinea*.

Ce qui a fait croire à la formation spontanée de certaines espèces d'animalcules, c'est la faculté qu'ils ont de reparaître vivants après avoir été desséchés et après avoir disparu ou avoir été tenus pour morts. On les avait

(1) *Cosmos*, t. I, p. 416, trad. franç.

perdus de vue pendant longtemps; ils reparaissent, on les prend volontiers pour d'autres provenant des restes de ceux qu'on croyait les avoir précédés. C'est ainsi, d'ailleurs, que l'antiquité pensait que la vie naît de la mort, que la génération naît de la corruption. Le moyen âge était dans les mêmes idées; il devait y tenir d'autant plus qu'elles se retrouvent dans les écrivains sacrés, par exemple, dans saint Jean (1).

Les naturalistes modernes sont persuadés que la dissolution seule provient de la corruption, et que s'il se forme des mousses, des vers, etc., à la suite de la fermentation putride, c'est parce que les germes qui se trouvaient déposés dans les corps qui se désorganisent, ou qui y ont été déposés depuis la mort de ces mêmes corps, s'y développent comme dans un milieu propre à favoriser cette opération de la nature.

Mais ces germes, la plupart invisibles, et qui seraient répandus dans l'air, dans les corps organisés, partout, seraient d'autant plus abondants, toutes choses égales d'ailleurs, qu'ils résistent avec plus de succès aux intempéries, au froid, au chaud. Bonnet avait déjà remarqué que certains œufs d'insectes résistent à l'action de l'eau bouillante; que des chrysalides peuvent être gelées, et donner au printemps le papillon qu'elles recèlent, tout comme si elles avaient été conservées dans un milieu plus tempéré. Des observations analogues ont été faites depuis. « Les anguilles du froment, infusoires roulés en cercle, ours d'eau, tardigrades, sont doués d'une étonnante vitalité. Après avoir été desséchés pendant

(1) Joan., XII, 24 et 25.

vingt-huit jours dans le vide, à l'aide du chlorure de chaux et de l'acide sulfurique; après avoir été chauffés à 120°, ces infusoires ont pu encore être rappelés à la vie, et sortir de leur engourdissement. » (1)

Cependant M. Pouchet soutient aujourd'hui qu'aucun être organisé ne peut résister à une température de 150 degrés. Et comme il croit avoir pris toutes les précautions nécessaires pour détruire tous les germes qui auraient pu exister dans un air et dans des corps soumis à cette température, en même temps qu'il aurait empêché non moins efficacement d'autres germes d'y pénétrer du dehors, il se croit tout naturellement autorisé à regarder comme des produits sans ancêtres organisés, comme des générations spontanées, les organismes qui finissent par repeupler ce théâtre de mort (2). D'où viennent alors ces organismes nouveaux? Plus d'explication possible par des œufs, par des spores ou graines répandues dans l'air extérieur, où d'ailleurs ils sont beaucoup moins abondants qu'on ne l'avait d'abord imaginé. Plus d'explication possible par des germes qui seraient restés intacts et susceptibles de développement dans les corps putrescibles. En effet, ces corps ont été soumis pendant deux heures à une température de 150 à 200 degrés, plongés dans une eau qui a subi l'ébullition, et en contact seulement avec un air calciné. Et pourtant, si l'expérience a lieu sur de l'urine, par exemple, après quatre mois, apparaît « une végétation cryptogamique tout à fait anormale, presque stagnante, et absolument diffé-

(1) *Cosmos*, t. I, p. 574.

(2) *Comptes-rendus de l'Académie des sciences*, t. L, 4 juin 1860, p. 1014-1018.

rente de celle qui vint au bout de quatre jours, et qui se succéda tout l'été, dans la même urine bouillie, mais laissée au contact de l'air libre. Si les spores eussent été apportés du dehors, les moisissures du ballon fermé n'auraient pas été absolument différentes de celles de l'urine exposée à l'air, et elles n'auraient pas apparu considérablement plus tard, pour rester après presque totalement en repos. »

Ce raisonnement est-il bien rigoureux? Il nous semble que tout ce qu'on peut conclure des expériences dont il s'agit, ce n'est pas que tout germe de vie a été détruit dans l'eau bouillie, dans le corps chauffé, dans l'air calciné ou à la surface interne des vaisseaux employés à l'expérience, mais ceux-là seulement qui n'ont pu résister à ces épreuves, et qui se montrent, par exemple, au bout de quatre jours dans l'une des expériences rapportées.

Comment prouver, soit par l'expérience, soit *à priori*, qu'il n'y a pas de germes si subtils ou si réfractaires qu'ils ne puissent résister aux moyens de destruction dont on nous parle? Est-ce que des physiologistes allemands n'ont pas prétendu, en se fondant même sur l'expérience, que certains de ces germes résistent à l'incinération même des corps qui les contiennent? Est-ce que Bonnet, raisonnant par analogie, et se fondant jusqu'à un certain point sur l'expérience encore, n'avait pas dit déjà que Fontenelle, dans sa *Pluralité des Mondes,* n'avait pas eu de raison suffisante pour ne pas donner des habitants au soleil, encore qu'il fût tout en feu, comme on le croyait alors? Pensons-nous donc connaître les limites de l'organisation? N'y aurait-il pas des germes si petits et tellement organisés qu'ils échappassent à l'action de la chaleur ou qu'ils pussent y résister? Je crains que, malgré la puissance des instruments dont nous armons nos yeux, nous ne soyons pour le moins aussi loin d'atteindre les limites de l'organisation, que nous étions loin d'atteindre les derniers animalcules microscopiques que nous pouvons saisir aujourd'hui. Que seraient alors les germes les plus élémentaires quand les animalcules appelés monades ont un 1/2000 de ligne de diamètre; quand les spores des macédinées sont renfermés par milliers dans de petites outres, dont plusieurs milliers tiendraient dans un espace égal à la dimension d'une tête d'épingle; quand la poussière qui voltige dans l'air contient de petits corps susceptibles de se renfler dans l'eau, et que Schultze regarde comme des monades desséchées et qui reviennent dès qu'elles sont humectées?

Mais tout en supposant que tous les germes qui pourraient être renfermés dans les appareils de M. Pouchet succombent, et qu'aucun de ceux du dehors ne puisse y pénétrer; que ceux qui s'y montrent au bout d'un temps plus ou moins long, et qui varient suivant la nature des substances putrescibles, soient le fruit d'une force organisatrice agissant cette fois comme puissance vitale originelle, c'est-à-dire qui organise des êtres de toutes pièces, mais cependant avec des débris d'êtres organisés, quelle sera cette force? C'est ce que M. Pouchet ne dit point; c'est ce qu'aucune expérience ne dira jamais, parce que l'expérience ne donne et ne peut donner que des phénomènes, des faits, des effets, jamais des causes, des agents véritables, des forces.

La question de la cause organisatrice reste donc tout entière dans l'hypothèse des générations spontanées, comme dans celle des générations par homonégie. Seulement, dans le premier cas, les forces organisatrices sont toujours en permanence, toujours en action, tandis que dans le second cas elles n'ont agi de la sorte que dans le principe; depuis lors, ou elles ont succombé, ou elles se reposent, ou elles s'exercent de préférence dans des conditions plus favorables, en ne faisant plus sortir les individus d'une espèce donnée que d'autres individus de cette même espèce. Mais dans un cas comme dans l'autre, il faut rendre raison de l'existence des germes qui ne proviendraient pas d'individus vivants de la même espèce.

Le fait de la génération spontanée, fût-il prouvé d'ailleurs, n'explique donc point du tout l'origine des êtres organisés, et ne dispense point de répondre à ces questions : Quelle est la cause de cette formation originelle des germes? Les propriétés générales de la matière ne peuvent expliquer l'organisation individuelle dans chaque espèce. Il faut donc recourir à autre chose, à des agents qui ne soient point matériels, à des agents qui ne soient pas non plus des êtres vivants ou organisés, c'est-à-dire à des agents spirituels, à des âmes.

Et comme les âmes sont des causes secondes, il n'y a pas, à proprement parler, de génération spontanée. Un être vivant, quand il n'est point le fruit d'êtres organisés de son espèce, n'est point non plus produit par lui-même; il est l'effet d'une cause étrangère qui, à son tour, réclame une cause supérieure différente d'elle.

Les générations spontanées, entendant par là la production d'un être vivant différant spécifiquement de ce dont il provient, et pouvant ou ne pouvant pas transmettre à ses descendants les traits caractéristiques de son organisation, n'a donc absolument rien d'alarmant pour les saines croyances religieuses. Que Dieu ait créé dès le principe ou qu'il crée dans le temps soit des germes capables de vie, soit des âmes capables d'organiser des germes et de les développer, peu importe; sa puissance et sa sagesse n'éclatent pas moins dans le second cas que dans le premier. Il y a plus, c'est que si la matière, douée des seules forces générales qu'on lui reconnaît, était capable d'organiser des germes, ce prodige serait la preuve la plus éclatante qu'en dehors et au-dessus de la matière il y a une cause assez puissante pour avoir mis dans cette matière un mouvement capable de produire les merveilles sans nombre de l'organisation. Mais il faut convenir que cette hypothèse est beaucoup plus incompréhensible que celle des âmes organisatrices, et que, loin de simplifier la question de l'origine de la vie individuelle dans le monde, elle la complique et l'embarrasse à un tel point qu'on ne fait plus alors de différence entre la matière et ce qui ne l'est pas.

Les adversaires de la génération spontanée n'expliquent rien non plus, puisqu'ils laissent sans solution la question de savoir quelle est la cause seconde organisatrice des germes dans les parents.

Il est clair qu'il faut une force vitale agissant instinctivement pour former le germe dans la mère, pour former les animalcules spermatiques dans le père, pour le féconder par l'imprégnation intra ou extra-utérine, et pour le développer, le conserver, le réparer, etc., normalement. Les corps, comme corps purs et simples, n'expliquent rien de tout cela. En résumé :

Toute génération est donc spontanée, en ce sens que la formation de tout germe est due à une force ou principe individuel de vie, cause organisatrice, vivifiante et conservatrice.

Mais aucune génération n'est spontanée, au contraire, en ce sens qu'aucune ne s'explique par les forces générales des corps.

D'un autre côté, la vertu organisatrice ne peut être attribuée à la matière organisée, puisqu'il s'agit précisément de savoir quelle est la cause de l'organisation; expliquer l'organisation par l'organisation serait un cercle vicieux sans fin.

On ne peut l'expliquer davantage par des vertus latentes de la matière en général : car, outre que c'est là une hypothèse entièrement arbitraire, c'est-à-dire sans une de ces raisons d'être dont les hypothèses ont elles-mêmes besoin pour n'être encore que des hypothèses possibles, on ne voit pas pourquoi, dans ce cas, toute matière ne serait pas organisée; pourquoi du moins toute matière ne serait pas organisable; pourquoi, par conséquent, nous ne pourrions pas nous nourrir de terre ou de pierre, comme nous le faisons de légumes et de viande.

L'organisation de la matière ne s'explique donc que par un agent immatériel déjà, même dans les végétaux les plus humbles. Cet agent immatériel, procédant instinctivement, est la dernière cause seconde à laquelle on arrive nécessairement en remontant des effets organiques à leur cause. Il faut admettre des causes secondes de cette espèce ou les nier toutes, pour mettre à leur place une cause unique, première, Dieu enfin.

Ne vouloir pas de causes secondes pour les êtres organisés, autant qu'il y a de ces êtres, autant même qu'il peut y en avoir, c'est contredire l'expérience et tomber dans un mysticisme bien voisin du naturalisme ou du panthéisme.

Vouloir, pour l'homme en particulier, une autre cause seconde que celle de l'âme, c'est tomber dans l'arbitraire; c'est multiplier les êtres sans nécessité; c'est mettre deux individus où il n'y en a qu'un seul; c'est, jusqu'à un certain point, donner dans le système modifié de l'harmonie préétablie, suivant lequel le corps, animé par son principe vital, pourrait fonctionner sans l'âme; c'est, enfin, créer sans nécessité une nouvelle série de difficultés, celles qui se rattachent à la nature et aux rapports de ce prétendu principe entre l'âme et le corps, sans résoudre aucune de celles qui s'attachent aux rapports mêmes de l'âme et du corps.

Nous clorons cette étude sur la question des générations spontanées, par quelques réflexions que nous suggère un bon article de M. Faivre sur ce sujet (1). Il y aurait un moyen décisif, ce semble, de vider le débat entre M. Pouchet et ses adversaires; ce serait d'introduire dans le vide : 1° de l'air formé de toutes pièces; 2° de l'eau ainsi formée encore ; 3° des éléments de corps inorganiques, de ceux qu'on croit propres à former des corps organisés, mais à l'état de décomposition, en tel

(1) *Revue européenne*, 11e vol., 15 sept. 1860.

nombre et telle proportion qu'on jugerait convenable, et préalablement soumis à une très haute température. Si ce mélange donnait lieu, avec le temps, à des êtres organisés, il serait difficile de ne pas admettre la spontanéité de leur génération.

Mais si l'on n'obtenait rien de semblable, et s'il était démontré, d'après les expériences de M. Pasteur, par exemple, que les expériences de M. Pouchet sont insuffisantes, puisqu'il serait prouvé, d'ailleurs, que des germes organiques échappent à l'action d'une chaleur bien plus intense que celle à laquelle les a soumis ce dernier chimiste, la question des générations spontanées ne serait pas encore vidée, selon nous. M. Faivre, qui s'est fait juge et rapporteur de ce duel scientifique, nous semble se contenter de trop peu. La question subsiste tout entière. D'où viennent les germes admis par M. Pasteur et niés par M. Pouchet? Il ne suffit pas de dire que rien d'organique ne procède de l'inorganique; il faut dire encore : 1° qu'est-ce que la force organisatrice dans l'organisme; 2° d'où vient le premier organisme.

Nous ne pouvons pas non plus admettre que dans l'hypothèse des générations spontanées il faille nécessairement se rendre au panthéisme, ou même à la transformation des espèces en histoire naturelle, et que dans cette question toute scientifique un préjugé religieux quelconque doive servir de règle de critique. Nous avons prouvé qu'il y a une autre alternative à prendre, et que la foi est parfaitement désintéressée dans la question prise de toute sa hauteur.

CHAPITRE VI.

Du chimisme, comme explication théorique de l'organisation et de la vie.

A la question de la génération spontanée, telle qu'on l'entend habituellement, c'est-à-dire d'une génération qui aurait lieu par les seules forces de la matière, se rattache étroitement l'hypothèse de l'organisation par les forces chimiques des différentes espèces de corps inorganiques.

S'il fallait en croire quelques chimistes, les phénomènes et les lois de la vie s'expliqueraient suffisamment par les phénomènes et les lois de la chimie; en sorte que chaque être organisé ne serait en quelque sorte qu'un laboratoire où s'exécuteraient les compositions et les décompositions chimiques les plus variées. Il est incontestable, en effet, que des phénomènes chimiques s'accomplissent dans les êtres organisés; que les lois de la matière à cet égard ne sont pas complétement suspendues; qu'elles peuvent même contribuer, sous l'action de la force vitale, à la double fin de l'organisme : la conservation pour un temps fini de l'individu, et la conservation indéfinie de l'espèce. Si les chimistes-physiologistes n'avançaient rien de plus, personne, assurément, n'y contredirait. Mais il en est qui vont beaucoup plus loin : ils prétendent supplanter le principe de la vie par la chimie. Suivant eux, la chimie suffit pour rendre compte de ce qu'il y a dans les êtres organisés d'inexplicable par les lois de la mécanique et de la physique, en sorte que c'est à la chimie qu'il faudrait désormais s'adresser pour avoir le dernier mot humainement possible du mystère de la vie; si elle n'explique pas tout, du moins tout ce qu'elle n'expliquera pas doit être réputé inexplicable.

Nous craignons fort qu'elle explique peu de chose, infiniment peu, tranchons le mot, rien du tout, en fait de phénomènes vitaux proprement dits, et qu'ainsi l'on ne soit dans la nécessité ou d'attribuer à la chimie ce qui n'est point de son ressort, ou de nier des faits aussi incontestables que le jour, ou de renoncer absolument à y rien comprendre : trois alternatives également fâcheuses. On ne peut nier les phénomènes de la vie, leur caractère propre; on ne peut davantage les expliquer par les lois de l'affinité, par les produits divers des combinaisons chimiques. Et pourtant, ces phénomènes, pas plus que d'autres, n'échappent au principe de causalité; pas plus que d'autres ils ne sont en dehors de la raison et de ses lois. Si donc ils se classent comme d'eux-mêmes sous l'action d'une force propre, je veux dire d'un agent immatériel qui procède avec une intelligence supérieure, encore bien que cette intelligence ne fût que dans ses œuvres, dans ses actes, et non dans sa conscience; il faudra bien, sous peine de manquer à la raison, sortir du corporel ou visible, pour l'expliquer par l'incorporel ou invisible. De quel droit, en effet, ne voudrions-nous pas nous élever jusque là, puisqu'autrement il faudrait ou nier que le principe de causalité fût applicable en tout ceci, ou rapporter à la matière comme à leur cause des phénomènes qu'elle ne peut expliquer? Ainsi, nous voilà placés entre un scepticisme impossible, un matérialisme qui ne l'est pas moins, et un spiritualisme nécessaire.

Mais comme ce spiritualisme doit surtout s'imposer par l'impossibilité de son contraire, nous ferons tout d'abord ressortir les immenses difficultés, disons plus et mieux, les impossibilités absolues d'expliquer chimiquement la vie dans ses phénomènes et dans sa cause.

Les propriétés chimiques des corps ne peuvent pas plus expliquer les phénomènes de la vie que les propriétés plus générales encore de la matière. En effet :

1° Entre les corps organisés et ceux qui ne le sont pas s'observe une première différence qui prouve l'existence d'une force particulière dans les premiers. Le nombre des éléments simples ou composés est généralement binaire dans les composés inorganiques, tandis qu'il est ternaire, quaternaire ou davantage dans les composés organiques. Aussi, quand la force vitale, qui semble embrasser et relier ainsi comme malgré eux un plus grand nombre d'éléments que n'en comportent les affinités purement chimiques, a lâché prise ou même a perdu un certain degré de son énergie, les affinités purement matérielles, qui n'avaient jamais cessé d'être, mais qui avaient un instant subi l'opposition d'une force supérieure étrangère, reprennent leur action et semblent se hâter de rompre un lien qui les assujétissait à une combinaison contraire à leur tendance, pour en former une autre plus exclusive et plus étroite. De là les dissolutions et les compositions qui s'opèrent en sens inverse, et qui sont comme la grande route par où la matière qui avait été organisée et vivante repasse à l'état de matière morte ou inorganique.

2° Les composés chimiques purs présentent un état d'adhérence qui forme une sorte de contiguité. Le terme de l'effort de cette force de cohésion ou d'affinité pure et simple, c'est de former une masse, un tout quelconque sans forme ou à forme purement géométrique, sans plan, sans terme, sans unité véritable; un tout où chaque partie ressemble à toutes les autres; un tout où ces parties sont elles-mêmes des touts indépendants; un tout qui n'est qu'un pur agrégat, sans développement comme sans terme assignable; un tout où il n'y a aucune conspiration des parties entre elles en vue d'une fin totale; un tout où les parties, par cela seul qu'elles sont similaires et indépendantes, ne sont point des appareils, n'ont point de fonctions à remplir; tout immobile dans ses parties, parce qu'il n'est qu'une simple masse sans destinée propre, sans moyens, sans mouvement.

Dans les êtres organisés, qui ont une toute autre idée à réaliser par la réalisation de leur être même, c'est bien différent : le tout a une forme prédéterminée à exprimer, une mesure de développement à atteindre; les parties y tendent d'ensemble; toutes ces parties essentielles sont entre elles dans une dépendance mutuelle, à cause même de leur diversité et de l'unité harmonique de leur ensemble. Le composé qui en résulte forme seul un individu merveilleux qui, tout en n'ayant d'existence substantielle que dans ses dernières parties moléculaires, est cependant le terme suprême de la synergie de tous les appareils, de tous les organes, de tous les tissus, de toutes les fibres, de toutes les cellules diverses qui composent ce mystérieux individu.

Mais si cet individu n'existe point matériellement, ce

qui est incontestable, n'est-il pas nécessaire qu'il existe substantiellement à un autre titre? Comment concevoir autrement cette action unitaire dans la formation de cet ensemble, dans les fonctions harmoniques d'appareils si divers, dans le développement régulier de ce composé si complexe? Qu'en reviendrait-il à une cause externe, étrangère, et que pourrait être cette cause? Toutes ces difficultés disparaissent dès qu'on admet un agent spirituel, principe et fin de tout cet organisme vivant. Il y a dès lors une cause efficiente et une cause finale assignables, un terme concevable à atteindre, un être véritable qui en est l'objet, une puissance réelle qui en est le principe.

Et comme ce terme ne peut être atteint sans mouvement, comme les parties visibles et invisibles de l'organisme doivent se comporter en conséquence, toute la machine organique doit être en jeu; les derniers rouages qui la composent n'ont pas d'autres limites que les limites mêmes de celles de la composition la plus rudimentaire de l'organisme. Le mouvement de la vie s'étend donc jusque là. Les éléments de l'organisme vivant doivent donc se relier entre eux dans un degré qui exclue la contiguité et l'immobilité; ils sont plutôt à l'état de composition mobile et passagère qu'à l'état de composition fixe et permanente; ils composent, comme en passant, un tout qui doit passer lui-même, qui a sa durée marquée par la nature propre de son être spécifique. De là ce mouvement de matière incessant dans une forme qui reste immuable, et par l'action certaine d'une force qui n'est ni cette forme ni cette matière, mais qui est aussi certaine comme agent que son effet est certain comme phénomène.

Aussi, lorsque cette force organisatrice semble perdre de son empire sur la matière, le mouvement des molécules organiques, et par là même celui des tissus, des organes et des appareils, perd insensiblement de son aisance; les tissus se durcissent et se concrètent; les liquides s'épaississent, les parties molles s'ossifient, l'agilité fait place à la lenteur, la raideur succède à la souplesse, la composition tend à devenir plus étroite et plus exclusive; le phénomène de la décomposition organique par celui de la composition chimique plus prononcée commence à se réaliser, et la vie s'en va déjà quand on croirait qu'elle est encore entière.

3° Mais il y a bien d'autres choses qui prouvent que les forces chimiques sont complétement insuffisantes pour expliquer la vie. Le chimiste a-t-il jamais formé avec des éléments divers, en même dose ou à doses variées, des produits aussi spécifiquement distincts par la forme, par les propriétés, que le sont les végétaux et les animaux, dont les éléments chimiques ou derniers sont en si petit nombre? Qu'on explique si l'on peut par l'expérience ou par le raisonnement de quelle manière des forces purement chimiques, inhérentes à l'oxygène, à l'hydrogène, au carbone, pourraient produire toutes les merveilles du règne végétal; comment en variant les proportions de ces éléments on obtiendrait la différence des espèces, c'est-à-dire la différence de leurs types, de leur mode de texture, de leurs constitutions anatomiques, de leur mode de vivre, de leurs propriétés enfin? Qu'on dise comment, par l'addition pure et simple de l'azote, on convertirait le végétal en animal; comment, par de simples variations dans les proportions de ces quatre éléments, on expliquerait l'innombrable diversité des animaux avec toutes les différences de formes extérieures, de formes intérieures, de caractères physiologiques de vie et de mœurs qui signalent cet autre règne du monde vivant!

Ce n'est pas tout : non seulement on ne peut rendre compte par les lois de la chimie de la différence des animaux entre eux, de la différence respective des animaux et des végétaux, de celle des végétaux entre eux, de celle des végétaux et des minéraux, mais on ne peut pas même expliquer par là la plus légère différence d'un tissu à un autre, d'un organe à un autre dans le même individu? Comment les mêmes matériaux, servant à la nutrition de toutes les parties d'un même sujet, pourraient-ils d'eux-mêmes avoir des destinations si diverses, affecter des formes si opposées? Comment des substances alibiles aussi différentes que celles qui constituent le régime de peuples situés dans des conditions extérieures très diverses produiraient-elles, au contraire, les mêmes organes, la même espèce d'êtres enfin? Que si l'on ne tient aucun compte de cette différence toute de résultat, pour ne s'attacher qu'aux éléments chimiques qui font partout la base des substances végétales ou animales, et qui sont partout identiquement les mêmes à cet état élémentaire, on retombera dans la difficulté qui précède, et, de plus, on ne pourra même expliquer par la différence du régime la différence caractéristique de races. Qu'explique-t-on donc dans le monde organique par les propriétés chimiques de la matière, par la différence des éléments, par celle de leurs combinaisons diverses et par les propriétés chimiques attachées à ces différents produits? Rien jusqu'ici. Et jusqu'ici, pourtant, nous avons considéré un assez bon nombre de phénomènes organiques.

4° Ce n'est pas seulement par l'indétermination ou la détermination du volume et de la forme dans l'ensemble des masses ou des sujets, par le mode d'union plus ou moins intime des éléments, par la forme polyédrique ou cellulaire des composés rudimentaires, par l'immobilité ou le mouvement des éléments et des parties que diffèrent les composés du règne minéral et ceux du double règne organique ; ils ne diffèrent pas moins par le mode d'accroissement : c'est une juxtaposition et un enveloppement pour les uns, une intussusception et un développement pour les autres. Même différence encore dans les conditions de conservation : dans un cas, le repos, l'immobilité, la préservation de toute action ennemie du dehors suffisent ; dans l'autre, au contraire, il faut le mouvement intestin combiné avec les influences extérieures, mais un mouvement, des influences et une combinaison toutes spéciales : car ces trois conditions abandonnées aux forces purement physiques ne tarderaient pas à produire l'immobilité de la mort. Tout mouvement purement mécanique tend au repos, et la combinaison des forces a une résultante qui en représente le rapport équilibré. Rien de semblable dans le mouvement vital ; il doit durer autant que la vie même dont il est la condition. Il y a bien dans les mouvements vitaux un jeu complexe de forces diverses ; ces forces combinées produisent bien une résultante, mais cette résultante n'est pas plus de l'ordre purement mécanique que les forces qui l'engendrent. Aussi, les forces et leur résultat ne sont pas appréciables mathématiquement ou *à priori*. Qu'on dise, par exemple, quelle sera la taille de l'homme fait, dans l'enfant dont toutes les forces vitales sont données, ainsi que les influences au sein desquelles ces forces sont appelées à s'exercer!

En résumé, et en indiquant quelques autres points de vue qu'il eût été trop long de développer, on peut figurer par le tableau suivant les principales différences qui distinguent le chimisme pur et l'organisme :

I. *Chimisme.*

1. Agrégat binaire (simple ou double).
2. Contiguïté et immobilité des parties, des éléments.
3. Composés de même nature avec les mêmes éléments.
4. Composés en volume indéterminé pour chaque espèce.
5. Composés amorphes, ou à forme cristalline, polyédriques.
6. Conservation par l'immobilité dans cette composition.
7. Pas de pertes par exclusion des parties, et pas de réparation par ces pertes par l'action d'une force assimilatrice et plastique de l'intérieur du tout.
8. Pas d'unité véritable dans la totalité; une masse et pas de sujet, pas d'individu.
9. Pas de fin ou de destination marquée dans la masse ou pour la masse.
10. Pas, donc, de capacités ni de facultés; mais de simples propriétés pour d'autres êtres et d'autres fins que celles de la masse.

11. Pas de vertu reproductrice, mais simplement divisibilité.
12. Pas de vertu expulsive, excrétive, nutritive.
13. Pas de désordre organique résultant de la perturbation des fonctions, des mouvements; pas de maladies. — Pas, donc, de vertu curative.
14. Pas de *parties* proprement dites, puisqu'il n'y a pas de *tout* proprement dit, de tout harmonique, mais simple masse, sans dépendance mutuelle des *portions* qui la constituent. — Pas de perte possible des *parties;* pas de vertu réparatrice de ces parties.
15. Pas de mouvement d'ensemble de toutes les portions dans un but marqué par la nature et la destinée de la masse, laquelle masse n'a pas de destinée propre.
16. Nul rapport, donc, de moyens et de fins dans les minéraux et dans les métalloïdes.
17. Forces mécaniques pures, capables de réaliser les masses inorganisées, celles-là même qui affectent des formes géométriques régulières.
18. La diversité de formes résulte ou du hasard ou de la combinaison de certaines forces mécaniques; il n'y a là aucun type, aucune idée à réaliser, aucune espèce à former.
19. Etc., etc.

II. *Organisme.*

1. Agrégat ternaire, quaternaire, etc.
2. Séparation plus sensible et mouvement.
3. Composés de nature et d'espèce différentes.

4. Composés en volume déterminé.
5. Composés à forme prédéterminée, globuleuse, cellulaire.
6. Conservation par un mouvement intestin constant.
7. Le contraire de tout ce qui précède. Donc, agent particulier qui produit tout cela.
8. Unité de l'ensemble, ou dépendance mutuelle et harmonique des parties; véritable sujet ou individu, malgré la distinction des parties.
9. Une fin ou destinée marquée dans l'individu et pour l'individu.
10. Donc, capacités et facultés, indépendamment des propriétés.
11. Vertu reproductrice, même par fissiparité, mais de concert avec la vertu assimilatrice et plastique.
12. Vertu expulsive, excrétive, sécrétive, contrebalancée par la vertu assimilatrice.
13. Perturbation possible des mouvements et des fonctions ; maladies. — Donc, vertu curative.
14. Parties proprement dites, et non simples portions. — Perte possible de ces parties. — Vertu réparatrice à des degrés divers, suivant les espèces.
15. Mouvement d'ensemble des parties dans un but commun, la destinée du tout comme individu, destinée qui est marquée par la nature même de cet individu.
16. Rapport manifeste de moyens et de fins dans les êtres organisés.
17. Insuffisance des forces purement mécaniques et

aveugles pour rendre raison de la formation et de la conservation des individus ou êtres vivants.

18. Diversité de forme inexplicable par le hasard, par la seule combinaison fortuite de forces purement mécaniques.

19. Etc., etc.

En voilà, certes, plus qu'il n'en faut pour mettre en évidence l'impossibilité absolue d'expliquer la vie par les vertus chimiques de la matière, et la nécessité non moins absolue de recourir à quelque autre cause, à une cause immatérielle, à un principe spirituel de vie, mais principe créé cependant, cause seconde encore. Or, la seule qui nous soit connue maintenant, la seule que nous puissions admettre avec certitude, c'est l'âme. Et comme tout ce qu'on en sait d'ailleurs, prête à penser qu'elle peut fort bien être cause encore des phénomènes organiques qu'elle ne produit pas aussi visiblement que d'autres, il n'y a plus aucune raison de les attribuer à un autre principe, principe qui, au surplus, serait sujet à une multitude innombrable de difficultés auxquelles l'âme échappe, outre qu'il n'en est aucune de celles qui atteignent l'hypothèse de l'animisme qui ne pèse encore d'un plus grand poids sur le vitalisme.

Nous ne pouvons oublier ici, pas plus qu'ailleurs, qu'il est une autre hypothèse, celle du théovitalisme. Mais, outre qu'elle n'explique rien parce qu'elle est par trop transcendante, elle est bien autrement mystique, antiscientifique, que celle de l'animisme; et si cette dernière répugne par cette raison à nos savants empiriques, ils se garderont bien, assurément, de se jeter dans le théovitalisme.

Et pourtant si leurs autres retranchements ont été forcés, comme nous le croyons, quelle sera leur dernière ressource? Nous attendons qu'ils nous l'apprennent.

Mais on nous fait à nous-même des objections qu'on estime insolubles, sinon péremptoires, contre l'animisme. Nous n'entendons en dissimuler ni en amoindrir aucune. Nous les verrons bientôt; montrons d'abord, en nous résumant, les avantages de l'animisme spiritualiste.

CHAPITRE VII.

Principaux avantages attachés au monodynamisme ou hypothèse d'un principe unique de vie dans l'homme.

Trois grandes hypothèses sont en présence, sans compter le panthéisme et le mysticisme, pour expliquer la vie par des causes secondes, à savoir : le matérialisme, le vitalisme proprement dit et le spiritualisme.

Le matérialisme prétend rendre compte de tous les faits organiques, psychiques même, par la matière seule. Ce serait déjà beaucoup s'il pouvait expliquer par là les simples phénomènes de l'ordre purement physique. Si, par matière, on entend l'étendue impénétrable, nous pouvons affirmer qu'il n'expliquera par ce moyen ni le mouvement général des corps, ni l'attraction universelle, ni les affinités électives, ni la cohésion, etc. Il expliquera bien moins encore les phénomènes de la vie organique pure, alors même qu'avec M. Bérard on définirait la vie comme effet : « La manière d'être des corps organisés. » Définition qui laisse beaucoup à désirer, et qui n'est guère qu'une substitution de mots, une transformation de signes, mais avec cette différence qu'on n'est guère plus avancé avant qu'après. En tous cas, cette définition, alors même qu'elle serait irréprochable de fond et de forme, ne porterait que sur l'effet; elle laisserait complétement dans l'ombre la cause même de cet effet. Or, c'est cette cause dont cependant on voudrait se faire quelque idée.

Les vitalistes définissent la vie considérée comme cause : « Un principe particulier distinct du corps et de l'âme, qui est cause des phénomènes vitaux, mais non de l'organisation, à laquelle il n'est ni antérieur ni postérieur. » Cette définition, qui résume assez bien, nous le pensons, l'opinion de M. Lordat, l'un des principaux vitalistes de notre temps, ne caractérise le principe vital que d'une manière négative : elle dit bien qu'il est cause d'un certain nombre de phénomènes; mais elle ne dit point si ce principe est matériel ou s'il ne l'est pas. Il est distinct de l'âme pensante, il est vrai, comme il est distinct du corps; mais il pourrait être un autre principe simple ou un autre principe étendu. Cette cause de la vie est donc un peu nébuleuse. Nous croyons, en outre, qu'elle n'a pas été suffisamment motivée, en ce sens qu'on n'a pas assez fait voir que la vie, comme effet, ne peut pas plus s'expliquer par l'âme que par le corps. Et pourtant cette démonstration était nécessaire pour ne point pécher contre le principe si sage d'Occam : « Entia non sunt multiplicanda præter necessitatem. » (1)

(1) Je trouve à ce sujet, dans un moraliste anglais, des réflexions qui m'ont paru mériter d'être ici rappelées.

« Les règles de la logique ne permettent pas de multiplier les causes sans nécessité. Ainsi, de deux théories qui expliquent les phénomènes d'une manière également satisfaisante, celle-là évidemment doit être

Mais une raison qui nous semblerait à elle seule décisive pour faire rejeter l'hypothèse du didynamisme vital, c'est qu'elle rend la morale inconcevable, parce qu'elle rend l'immoralité impossible. En effet, s'il y a plusieurs âmes ou principes de vie, et que l'une d'elles soit essentiellement et exclusivement raisonnable, ne faudra-t-il pas dire, avec Jean Philopon et grand nombre

préférée qui suppose le moins de principes irréductibles. Cette maxime, à la vérité, est soumise à trois conditions indispensables : 1° Il faut que les principes qui servent à l'explication soient reconnus comme existant réellement : c'est ce qui distingue principalement une théorie d'une hypothèse. La pesanteur est un principe dont l'existence est généralement reconnue; la substance éthérée et le fluide nerveux ne sont que des suppositions. 2° Il faut qu'il soit constaté que ces principes produisent des effets semblables à ceux que leur attribue la théorie. C'est un autre caractère qui sépare la théorie de l'hypothèse, car la similitude admet une infinité de degrés, depuis les faibles analogies qui ont fait imaginer à quelques physiologistes que les fonctions des nerfs dépendent de l'électricité, jusqu'à la coïncidence remarquable qu'on observe entre les phénomènes des projectiles sur la terre et les mouvements des corps célestes, et qui constitue le système de Newton : théorie maintenant parfaite, quoiqu'elle repose uniquement sur l'analogie et que l'une des classes de phénomènes qu'elle assimile ne soit pas l'objet direct de l'expérience. 3° La théorie doit répondre sinon à la totalité des faits qu'il s'agit d'expliquer, du moins à une pluralité suffisante pour qu'il soit très probable qu'avec le temps on trouvera le moyen de les y ramener tous. Tel fut le seul titre qui légitima le système de Newton pendant la longue période où un assez grand nombre de phénomènes célestes ne pouvaient y être ramenés, avant que les travaux d'un siècle et le génie de Laplace eussent enfin achevé la théorie en l'étendant à tous les faits : une théorie peut être vraie avant d'être complète. » (MACKINTOSH, *Histoire de la Philosophie morale*, p. 411-412.)

Notre théorie satisfait complétement à ces trois conditions : 1° Le principe auquel nous rapportons les phénomènes vitaux est certain, puisque c'est celui de la pensée même. 2° Ce principe agit incontestablement sur l'organisme, y détermine des mouvements volontaires et involontaires plus ou moins profonds. 3° Enfin, la théorie qui explique tous les phénomènes de la vie organique par le même principe ne fait qu'étendre par l'analogie l'action d'ailleurs certaine de l'âme sur l'organisme, action manifeste dans une foule de cas, et que rien ne contredit dans tous les autres où elle n'a pas cette évidence immédiate.

de mystiques de tous les temps, que le mal ne peut lui être imputé; que, loin de le faire, elle ne peut ni le désirer ni le vouloir; que, d'un autre côté, il ne peut y avoir de mal pour un principe appétitif non raisonnable, aveugle moralement; qu'en troisième lieu, le mal, qui n'est imputable à aucune de ces deux âmes en particulier, ne l'est pas davantage à toutes deux réunies, et que dès lors il n'est absolument pas imputable. S'il ne peut être imputé, il n'y a plus de responsabilité, et, partant, plus de moralité ni d'immoralité. Il nous semble que ces considérations ne laissent pas d'être très sérieuses.

Le vitalisme spiritualiste ne voyant pas de raison suffisante pour admettre deux principes de vie dans un même être, et reconnaissant d'ailleurs la distinction de l'âme et du corps, attribue à l'âme non seulement les fonctions de la vie organique, mais encore l'organisation elle-même. L'âme, dans cette hypothèse, est donc antérieure au corps, indépendante du corps quant à son existence essentielle et propre, quant à son action fondamentale même, et peut, par conséquent, lui survivre. C'est ainsi, du moins, que nous l'entendons. L'organisation n'est donc qu'une opération sans intelligence, sans volonté, sans conscience, à peu près comme toutes les opérations instinctives des animaux.

On n'a pas à se demander dans cette théorie, comme dans l'hypothèse du vitalisme pur, d'où vient que le principe de vie ne commence qu'avec l'organisation et finit avec elle? C'est là, en effet, une position un peu fantastique pour le principe vital. Est-il le produit de l'organisation, puisqu'il n'en est pas la cause, et qu'il l'accompagne? Mais si c'est une substance, comment pourrait-il être le produit d'une fonction organique? Si ce n'est pas une substance, si c'est un mode de l'organisation elle-même, quelle action ce mode peut-il avoir dans les phénomènes organiques dont il fait partie? Comment pourrait-il être un agent, une force, une cause? Si c'est un principe substantiel, d'où vient-il? Est-il éternel? A-t-il été créé? Quand l'a-t-il été? Ces questions sont les mêmes pour l'âme assurément; mais nous n'avons au moins à y répondre qu'une fois, tandis que les vitalistes ont à y répondre et pour l'âme et pour le principe vital. Pourquoi encore, si le principe vital est une substance, et une substance simple, de même nature que l'esprit, douée d'activité, d'une sorte de sensibilité et d'intelligence peut-être; pourquoi ce principe devrait-il succomber avec l'organisation? Quelle nécessité physique, métaphysique ou morale y a-t-il qu'il en soit ainsi? Si c'est un principe corporel, comment peut-il être actif, sensible, etc.? Comment, surtout, peut-il être nécessaire pour expliquer des phénomènes organiques, quand la matière même qui compose l'organisme peut alors suffire?

Ce principe vital distinct de l'âme, qui apparaît et disparaît, on ne sait comment ni pourquoi, avec l'organisation, suffit-il au moins pour expliquer en nous la vie végétative aussi bien et mieux même que la vie animale? S'il suffit, quels sont, encore une fois, ses rapports d'action et de réaction avec le corps et l'âme; quelle est, en un mot, sa nature? Est-il conçu comme une sorte de moyen terme, qui ne serait ni corps ni esprit, ni étendu ni non étendu, ni composé ni simple, et qui, précisément au moyen de cette nature mille fois plus inconcevable que tous les mystères du rapport direct entre l'âme et le corps, dispenserait de recourir aux causes occasionnelles de Descartes et de Malebranche, à l'harmonie préétablie de Leibniz, à l'archée de Van-Helmont, à l'influx physique d'Euler, ou au médiateur plastique de Cudworth? Quelle différence y aurait-il, d'ailleurs, entre ce même principe et l'archée de Van-Helmont? entre ce même principe encore et l'âme des bêtes?

Les bêtes ont-elles, indépendamment de leur âme qui sent, perçoit, etc., un principe vital? Si elles n'en ont pas, pourquoi l'âme humaine, toute spirituelle qu'elle est, mais qui ne peut l'être plus que celle des animaux, si toutefois celle des animaux possède ce caractère, puisqu'il n'y a pas de milieu entre l'étendue et l'inétendue; pourquoi, disons-nous, l'âme humaine aurait-elle besoin d'un pareil auxiliaire pour les fonctions organiques? Si les bêtes n'ont pas de principe vital, si leur âme unique peut être chargée et des fonctions de la vie végétative et de celles de la vie de relation, on ne voit pas, en effet, pourquoi celle de l'homme ne le pourrait pas. Si, au contraire, on croit que l'âme des bêtes est matérielle, pourquoi encore un principe vital, puisque la matière est capable de tant de choses étrangères à ses lois générales? Si, enfin, l'âme des bêtes, matérielle ou non, ne suffit pas dans la pensée des vitalistes pour expliquer les phénomènes de la vie organique, nous voilà donc revenus aux trois âmes de quelques anciens pour l'homme: l'âme végétative, l'âme sensitive et l'âme raisonnable. Nous voilà replongés dans les nombreuses et inextricables difficultés de cette trinité d'âmes, qui, toutes trois distinctes du corps auquel elles sont unies, forment avec lui un tout composé de quatre grandes pièces, dont les rapports sont féconds en difficultés de tous genres.

Bien plus : si ce principe vital était ou matériel pur ou quasi-matériel, il faudrait bien cette fois lui assigner un lieu ou un demi-lieu dans le corps. Mais alors comment se fait-il qu'il soit dans le même temps présent par tout le corps, s'il n'est pas aussi étendu que lui? S'il est aussi étendu et qu'il en soit distinct, comment peut-il occuper la même place que lui? C'en est donc fait de l'impénétrabilité du corps, et nous retombons du mystère dans l'impossibilité.

Suivant notre manière de voir, la plupart de ces difficultés cessent ou se trouvent singulièrement atténuées. Ainsi, en ce qui regarde les germes, nous sommes dispensé de les faire éternels, ou de les faire créer tous dès le commencement, ou de les faire créer en détail dans le temps, ou de rester en face de leur existence mystérieuse, sans oser nous demander d'où elle vient, ou d'expliquer cette existence par une raison qui est elle-même la question, c'est-à-dire par l'action de la vie organique individuelle et par l'union des sexes. C'est ne rien dire, en effet, que de supposer qu'ils n'ont été créés dès le principe que d'une matière virtuelle, en ce sens qu'ils devaient être le produit successif des générations, car il s'agit tout juste de savoir quel est le principe qui, dans chaque génération, en prépare une autre. On n'explique le fait ni par des lois générales de la matière ni par des agents physiques plus subtils, tels que le calorique, la lumière, l'électricité. On ne l'explique pas davantage par l'application de ces mêmes lois ou de ces mêmes agents à des éléments choisis, l'hydrogène, l'oxygène, le carbone, l'azote, etc.

Mais si j'admets des âmes spirituelles, créées dès le principe ou dans le temps, avec pouvoir d'agir instinctivement sur la matière, sur la matière première ou préparée déjà par l'action antérieure d'autres âmes; si ces âmes ont été créées dès le principe en autant d'espèces qu'il doit y avoir d'espèces d'animaux et de végétaux; si, de plus, chaque espèce animale a pu avoir au début de la série des générations deux âmes assez puissantes pour convertir directement la matière première inorganique en des corps d'un sexe et d'un autre, alors tout s'explique sans embarras, même le commencement. Ces âmes répandues dans toute la nature, comme peuvent l'être des âmes parmi des forces corporelles, y sommeilleraient jusqu'à ce que, éveillées au sein de certaines circonstances calculées à cet effet par la suprême sagesse, elles commençassent à faire instinctivement leur entrée dans la vie organique. Alors, mais alors seulement, elles travailleraient à la formation de leur corps, de leur premier vêtement, comme dit Swedemborg. Leur corps serait ainsi une première demeure construite par leur industrie propre. Parmi ces âmes, il en est qui n'auraient que l'énergie nécessaire pour produire des végétaux; d'autres, qui pourraient s'élever jusqu'à tel ou tel degré de l'échelle animale; d'autres, enfin, qui seraient destinées à revêtir la forme humaine.

Les âmes purement végétatives n'auraient que la faculté d'organiser les plantes sans intelligence, ni volonté, ni sensibilité, ni conscience. Toutes leurs fonctions reviendraient à une seule, l'instinct organisateur et conservateur.

Les âmes animales, douées encore d'une faculté végétative supérieure et à types spéciaux suivant les espèces, seraient douées, en outre, de la capacité de sentir, de percevoir, de se souvenir, etc., autant que tout cela est possible sans conscience, sans raison, sans volonté réfléchie.

Enfin, les âmes humaines, possédant toutes les puissances qui précèdent, et même à un degré supérieur, se distingueraient par un entendement plus étendu, par la volonté et surtout par la raison, qui explique toutes les autres prérogatives de notre espèce.

Les raisons à l'appui de cette conception ne manquent point. L'unité indivisible, et sans multiplicité du principe de vie en nous, se déduit principalement de l'unité très apparente de notre être, de l'harmonie des phénomènes physiques et des phénomènes spirituels, de l'action si marquée du physique sur le moral, et de celle plus prononcée encore du moral sur le physique, d'une foule de phénomènes qui ne s'expliquent bien que par l'identité du principe des trois ordres de vie, par le fait certain d'une action de l'âme dont le moi n'a nulle conscience, par la distinction de l'âme et du moi quant aux fonctions, par l'analogie des opérations de la vie organique avec celles de la vie instinctive en nous, par l'analogie plus prononcée encore entre la vie organique et la vie de relation chez les animaux.

Qui ne sait d'ailleurs que, si l'activité vitale se porte avec excès vers un ordre de vie, les deux autres sont d'autant plus faibles? N'est-il pas présumable que c'est parce que cette activité n'appartient qu'à un principe unique, et que, s'il s'adonne de préférence à l'une de ses trois grandes fonctions, il lui reste moins d'énergie pour les deux autres? S'il n'en était pas ainsi, pourquoi la vie végétative, si elle est rapide, exubérante, affaiblirait-elle l'animal en nous? Pourquoi surtout la pensée en souffrirait-elle si fort? Si le fait peut s'expliquer par l'association de trois principes, par leur dépendance mutuelle, ne s'explique-t-il pas mieux encore par l'*unicité* du principe de toute vie en nous? Qu'ai-je besoin de deux ou trois principes de ce genre pour concevoir la raison pour laquelle la pensée s'alourdit si l'estomac travaille plus que le cerveau, pourquoi l'estomac devient rétif ou paresseux si le cerveau est l'instrument favori du principe vivifiant? Il est on ne peut plus naturel dans notre théorie, je dirais volontiers qu'il est nécessaire (puisqu'un agent n'a qu'une dose de force déterminée) que les gros mangeurs, les voluptueux, les hommes de chair en général, ne soient pas les plus remarquables par la force de la pensée, et que les imbéciles se distinguent des hommes d'esprit par des instincts et une organisation qui ne jouent qu'un rôle secondaire dans la production de la pensée. C'est par la même raison, sans doute, que les hommes de génie ont si souvent des fils qui leur ressemblent si peu, et que les enfants de l'amour l'emportent généralement sur ceux qui sont le fruit de l'indifférence, du désœuvrement ou d'une sorte de complaisance ou d'obligation.

L'activité, considérée dans les différents âges, se comporte également comme si elle n'était due qu'à un principe unique. Dans l'enfance, elle est principalement consacrée au développement de l'individu; dans la jeunesse, elle tourne surtout à la propagation de l'espèce; dans la maturité, elle converge vers la production de la pensée ou des œuvres qui en sont l'expression; dans la vieillesse, elle semble s'éteindre ou rentrer en elle-même, en suivant le même ordre que dans sa manifestation. Si l'enfance et l'adolescence sont la période de la vie végétative, et si l'intelligence n'est encore que passive; si, dans la maturité, il n'y a plus de développement de la vie végétative, mais développement de l'intelligence réfléchie, du jugement, de la raison en général : dans la vieillesse, au contraire, la vie végétative s'affaiblit de plus en plus, quand l'intelligence se soutient et semble gagner encore, sinon en force, du moins en justesse et en clarté, jusqu'à ce qu'enfin la vie végétative, base des deux autres, soit tellement affaiblie, que la vie physique elle-même menace à chaque instant de s'éteindre.

Ne voyons-nous pas aussi la vie sensitive et de relation presque entièrement anéantie avec la vie végétative chez les animaux sujets à l'hibernation? Et, dans l'homme, le froid n'engourdit-il pas aussi la pensée avec les sens? Ne porte-il pas, lorsqu'il est excessif, à un sommeil funeste?

Comment expliquer mieux que par l'unicité de la force vitale l'absence de la pensée ou du souvenir, lorsque des mouvements ou des états organiques sont si violents que ce n'est pas trop de toutes les forces de l'âme pour les produire, comme chez les convulsionnaires, les épileptiques, les fébricitants, les furieux, les cataleptiques, les apoplectiques, les extatiques, etc.? Dans plusieurs de ces états, le corps est comme inanimé, la sensibilité physique est presque éteinte, les membres sont rigides, immobiles ; l'âme n'est presque plus là, parce qu'elle est surtout ailleurs, à sa pensée, à son idée fixe, à son ravissement, à son transport.

Dans d'autres de ces états nerveux, au contraire, l'âme pensante s'appartient si peu, la force vitale est si peu consacrée à la pensée, parce qu'elle est si absorbée par l'action organique, qu'elle n'existe pour ainsi dire plus, et que le souvenir ne semble faire défaut que parce que l'âme alors était vide de pensée. D'autres fois, comme dans la syncope, c'est l'activité tout entière qui semble s'éteindre; les trois ordres de vie paraissent un instant suspendus en même temps; il y a perte de connaissance, de sentiment et de mouvement; faiblesse extrême de la respiration, du pouls, du cœur; les extrémités sont froides; la face est pâle; toutes les fonctions sont suspendues; la mort, et une mort complète, l'extinction totale de la vie, du moi, semble s'être emparée du sujet. La léthargie, l'apoplexie offrent des apparences analogues. Et pourtant il y a vie encore; mais où donc s'est-elle réfugiée? Toutes ces manifestations ordinaires sont suspendues ou tellement affaiblies qu'elles sont imperceptibles aux sens et à la conscience. Le sujet n'a plus de moi; il n'existe plus pour soi, pas plus qu'il n'existe physiologiquement pour des regards étrangers. Et pourtant, si l'âme avait cessé d'être vivante, si la force propre qui la constitue n'était plus une force agissante, une force vive, véritable; si le ressort était brisé et non simplement comprimé et contenu, jamais il ne pourrait plus se débander de nouveau : c'en serait fait de toute vie s'il n'y avait plus d'action, plus d'activité vivante, plus de principe actif. Il faut donc qu'il y ait un foyer commun de vie, un centre de toutes les forces organiques, animales, intelligentielles, plus profond que l'organisme, que le moi lui-même, et où la vie veille encore quand le moi a cessé d'être. Et ce foyer, ce dernier retranchement de l'activité vitale, c'est l'âme, l'âme sans le moi, l'âme principe de toutes les forces qui se sont comme repliées dans ses dernières profondeurs, et qui en sortiront une seconde fois, en commençant par la vie organique, en continuant par la vie sensitive ou animale, en finissant par la vie intellectuelle et réfléchie ou de conscience, de la même manière qu'elles en sont sorties d'abord, mais avec plus de lenteur, lorsqu'elles ont fait leur apparition en ce monde.

De même donc que l'âme vit encore dans ces sortes d'états, lorsque le moi a cessé d'être; de même l'âme, avant de se former un corps, vivait déjà, mais d'une vie enveloppée et comme contenue dans son germe, d'une vie sans conscience, sans moi par conséquent.

On comprend donc parfaitement ce sommeil ou cet engourdissement des âmes qui ne se sont pas encore manifestées par le développement successif de la triple vie qu'elles portent en puissance dans leur sein. L'âme est donc une substance indépendante de la pensée ou de la réflexion constitutive du moi; elle existait avant la conscience et sans elle, avant que la notion du moi fût produite par un acte de la raison; elle n'a ainsi produit le moi qu'après avoir produit les phénomènes de la vie organique et ceux de la vie animale en nous, état où la conscience n'est encore que sous la forme spontanée.

Mais si les deux vies inférieures sont dans l'homme la base nécessaire de la vie supérieure, celle-ci est loin d'être inutile aux deux premières, et c'est là une nouvelle raison de leur reconnaître un principe unique et commun. En effet, la pensée, la pensée forte et réfléchie, est à certains égards un stimulant pour les autres fonctions. Aussi, quand l'homme a succombé dans l'idiot, l'animal et le végétal en lui ne tardent pas à le suivre. A la perte de la raison succède celle de l'entendement, de la perception, de la sensation même. La paralysie des nerfs de la sensibilité et de ceux du mouvement ne tardent pas à frapper le malade; et la vie organique elle-même succombe rapidement par défaut d'énergie dans le principe pensant, parce que le principe pensant est aussi le principe vital.

Ce n'est donc pas seulement une fonction de ce principe qui est atteinte dans ces sortes d'affections, c'est l'activité vitale tout entière. Si l'homme avait un principe vital organique distinct de l'âme pensante, pourquoi ce principe serait-il si fortement atteint dans les affections mentales? Pourquoi l'énergie de ce principe ne resterait-elle pas tout entière? Les végétaux ne vivent-ils pas sans penser? Pourquoi, si dans l'animal même la sensibilité appartenait à un principe distinct de celui qui préside aux phénomènes de la vie, pourquoi un organe succomberait-il lorsqu'on coupe la branche du nerf sensitif dont les rameaux s'y distribuent, quoique d'autres nerfs, mais insensibles, s'y trouvent encore répandus et jouissent de toute leur intégrité?

Nous venons de constater un fait qu'il faut rapprocher d'un autre qu'il semble contredire. Nous venons de voir que l'anéantissement de l'une des trois grandes fonctions de l'âme, de la raison, entraînait la perte des deux autres. Nous avons dit précédemment que si l'une de ces fonctions est faible, c'est souvent parce que l'activité vitale se porte de préférence à d'autres, qui sont d'autant plus énergiques qu'il y a moins d'activité déployée dans celle qui semble sommeiller. D'où il suivrait que l'équilibre des fonctions ne peut être rompu qu'à la condition que ce qui est en moins dans une fonction se retrouve en plus dans une autre, et qu'en somme il n'y ait aucune déperdition de la force vitale. Il en serait donc de la force vitale dans un sujet, dans l'homme par exemple, à peu près comme de la force universelle suivant les cartésiens. Ils soutenaient que la quantité de cette force est toujours la même, qu'il ne s'en perd point et ne s'en forme point. Cet état de choses n'existe dans les individus qu'autant que le principe de vie n'est point atteint lui-même ou que l'équilibre de ses fonctions n'est pas rompu ; il peut y avoir oscillation[1], balancement entre elles, du plus d'un côté, du moins de l'autre, sans pourtant que la prépondérance qui existe d'un côté entraîne une ruine complète de l'autre. Je m'explique : il faut distinguer deux sortes de prépondérances dans les fonctions : l'une maladive et qui entraîne la perte de ce qui lui fait équilibre, sauf à la fonction qui absorbe ainsi toute l'activité à succomber à son tour quand le jeu complexe de la machine aura cessé; l'autre qui n'est nullement incompatible avec le jeu dont nous parlons, et qui est dès lors mesurée encore dans son excès, proportionnée encore dans sa disproportion, en un mot, qui n'est pas exclusive d'un certain ordre.

La maladie du principe vital consiste donc, soit dans l'anéantissement d'une fonction sans profit pour les autres, soit dans la disproportion tellement excessive d'une fonction que les autres en soient comme anéanties, soit dans la perturbation plus ou moins étendue et plus ou moins profonde des fonctions d'une espèce ou d'une autre. Dans le premier cas, la fonction est comme paralysée dans l'agent, dans le principe vital; et cette affection est des plus incurables, parce qu'elle est des plus profondes. Dans le second cas, il y a distribution vicieuse de la force vitale, et si ce désordre est accidentel, il n'est pas sans remède possible. Dans le troisième cas, la distribution, sans être mauvaise quant à la dose ou à la quantité départie à chaque fonction, peut l'être mal; les lois qui la règlent peuvent être vicieuses. Si le vice n'est pas constitutionnel, il y a également possibilité absolue de guérison. Mais le danger, dans les désordres mêmes qui ne sont qu'accidentels, c'est que la cause de l'accident ne persévère, et que la perturbation ne s'aggrave. C'est ainsi que l'épilepsie et la catalepsie devenues habituelles amènent la folie, et que la folie conduit à l'idiotie, et l'idiotie à la mort.

En résumé, tout s'explique avec la plus grande facilité dans la théorie du monodynamisme ou d'un principe unique de vie en nous : la santé comme la maladie, la santé et la maladie du corps comme la santé et la maladie de l'âme, et les affections du corps par celles de l'âme ou réciproquement. Une seule cause seconde dans l'homme rend ainsi raison des trois formes de notre vie, de l'ordre de leur apparition, de leur développement et de leur déclin. Elle rend inutiles les hypothèses, si difficilement admissibles d'ailleurs, soit de l'éternité des germes, soit de leur création dans le temps. Elle explique mieux qu'aucune autre leur formation. Elle rend facilement raison du rapport des trois sortes de vies, de leur balancement, de l'unité harmonique qui les relie, de la manière dont elles se pénètrent réciproquement, ou de leur dépendance mutuelle. La diversité des règnes, des ordres, des genres, des espèces, des variétés, des sujets, l'invariabilité des types enfin, deviennent alors une nécessité. Les cas de tératologie inexplicables par des causes physiques y trouvent souvent une raison suffisante par l'action du moral sur le physique. Les phénomènes si étonnants du sommeil, du somnambulisme, en recevraient une solution qui serait plus vraisemblable qu'aucune autre. La foi raisonnée en l'immortalité de l'âme y puise une nouvelle force, puisqu'alors le principe de la vie est indépendant du corps, antérieur même au corps. Enfin, cette hypothèse remplit toutes les conditions voulues pour être une bonne hypothèse, pour prendre rang parmi les doctrines, puisqu'elle est fondée sur des faits nombreux, qu'elle a pour elle l'analogie et l'induction, qu'elle est simple, la plus simple de toutes celles qui ont le même but, qu'elle explique mieux et plus complétement qu'aucune autre tous les phénomènes de la vie, qu'elle simplifie l'action de Dieu dans ce monde et la création elle-même, qu'elle pénètre, enfin, d'un degré plus avant dans les causes secondes, en même temps qu'elle éloigne du matérialisme, du naturalisme, du panthéisme et du mysticisme, auxquels inclinent plus ou moins les autres systèmes sur le principe de la vie. C'est là un point qui mérite un développement particulier. Nous le donnerons dans la partie historique, où il trouvera naturellement sa place.

En parcourant l'histoire des théories sur le principe de la vie, nous rencontrerons une nouvelle occasion de confirmer nos aperçus, de compléter notre pensée, et de nous assurer que si elle n'a pas été plus généralement admise, c'est surtout parce qu'on se faisait une fausse idée de l'âme, parce qu'on la confondait avec le moi, et qu'on n'avait pas assez remarqué l'activité fatale ou spontanée qui lui est propre, et dont souvent la conscience ne sait rien.

Nous n'irons cependant pas plus loin avant de répondre à quelques objections, celles qui s'offrent le plus naturellement à l'esprit.

CHAPITRE VIII.

Objections contre l'animisme.

§ I.

De l'irritation musculaire.

Y a-t-il une irritabilité musculaire? Si oui, quelle différence y a-t-il entre l'irritabilité et la sensibilité? S non, d'où vient la contractilité?

Mais encore qu'il n'y eût pas sensibilité musculaire, et que l'irritabilité ne fût qu'une fiction, serait-il possible de regarder la contractilité involontaire comme un des phénomènes de la vie? Et si on le peut, si on le doit, comment l'expliquer par l'âme, puisqu'elle s'observe dans des parties entièrement détachées du reste du corps?

Question difficile, j'en conviens; mais il faut reconnaître que cette difficulté n'est pas moindre dans le système du vitalisme ou dans celui du matérialisme pur.

Comme nous avons particulièrement affaire aux vitalistes, nous leur demanderons donc comment leur principe vital, qui n'est pas le corps, sera-t-il lui-même multiple, car la difficulté est là? Et s'il est multiple, combien donc faudra-t-il en admettre? Si, au contraire, il est unique, incorporel, inétendu par conséquent, le fera-t-on divisible, et comment s'y prendra-t-on? Nous pourrions nous borner à cette rétorsion et rester tranquille jusqu'à ce qu'on eût satisfait à notre légitime curiosité; mais ce n'est pas seulement une polémique que nous faisons, c'est aussi une recherche. Il s'agit donc aussi de savoir si et comment nous pouvons concilier l'irritabilité de Haller ou la contractilité de Bichat avec notre doctrine sur le principe de la vie. Mais comme la difficulté existe dans toutes les hypothèses, nul n'aura le droit de se prévaloir de notre impuissance à résoudre une difficulté qui existe pour tous.

Cela posé, nous nous demanderons tout d'abord s'il est bien démontré que le mouvement d'irritabilité soit un mouvement organique ou vital? Le mot d'*irritabilité* ne ferait-il pas supposer à tort qu'il y a là une sensibilité quelconque, si obtuse et si réduite qu'elle puisse être? Ne serait-il pas ainsi une pétition de principe? Le mot *contractilité*, sans être aussi mal choisi, n'aurait-il pas le tort également d'insinuer quelque préjugé par rapport à la cause de ce mouvement, c'est-à-dire une sorte d'action volontaire dont l'effet serait de ramener vers le foyer de la force les parties organiques soumises à son influence? Ce qu'il y a de certain, c'est que dans les mouvements musculaires où la sensibilité et la volonté sont étrangères, où les nerfs ne jouent aucun rôle, c'est le mouvement lui-même; la cause en est inconnue. On ne peut donc pas dire que ce mouvement soit un mouvement vital, bien qu'il ne se manifeste que dans les êtres organisés.

Il serait fort possible, au contraire, que ce mouvement fût dû à l'action d'une force physique, par exemple à celle de l'électricité animale ou de quelque autre agent cosmique en rapport avec des fluides du même genre dans l'organisme vivant ou mort depuis peu; ce rapport déterminerait dans la partie le mouvement appelé d'irritabilité.

Ce n'est pas là une pure possibilité; ce n'est pas même une pure hypothèse : c'est une vraisemblance portée au plus haut degré par les expériences de M. Calliburcès, qui a constaté que des portions d'intestin, même entièrement excisées, demeuraient assez sensibles (ce mot ne doit pas être pris au propre ou à la lettre) longtemps encore après leur complète séparation du corps, à l'action d'un certain degré de chaleur, pour qu'un mouvement péristaltique s'y manifestât visiblement. Le même phénomène s'observe dans l'estomac et dans l'utérus (1). N'est-il pas présumable que c'est à une cause analogue qu'il faut rapporter le mouvement des chairs fraîchement écorchées dans l'animal qu'on vient de tuer, mouvement qui fait dire au peuple que les *chairs se meurent?* Il y voit comme une sorte d'agonie des chairs

(1) Communication faite à l'Académie des sciences; séance du 25 janvier 1858. (*Revue médicale*, p. 164-166)

mêmes, comme une dernière lutte de la vie contre la mort, dans les parties mêmes où il ne suppose plus aucune âme.

Nous avons insinué précédemment que si la contractilité supposait l'irritabilité et l'irritabilité la sensibilité, il serait possible que cette sensibilité, localisée par les uns dans les parties mêmes, rapportée sans doute au foyer commun par les autres, mais appelée latente parce qu'elle ne s'y révèle pas comme les affections ordinaires; il serait possible, disons-nous, que cette sensibilité n'arrivât pas jusqu'au moi. Elle pourrait donc être un état de l'*âme* analogue à ce que nous appelons un état sensible dans le *moi*, état qui pourrait dès lors exciter l'âme à mouvoir le tissu musculeux. Cet état et cette opération, par cela seul que le premier n'est pas senti, que la seconde n'est pas voulue, sont étrangers au moi.

La seule impossibilité apparente qu'il en soit ainsi, ce n'est pas que ces mouvements se manifestent après la mort du sujet, car la mort comme phénomène est divisible, les organes meurent les uns après les autres, et rien ne s'oppose à ce que la contractilité musculaire soit la dernière expression de la vie organique; mais c'est qu'ils s'observent jusque dans des parties entièrement isolées du reste du corps, qui est considéré comme le siège de l'âme, et que l'âme n'est cependant pas divisible, et que nous n'avons pas plusieurs âmes.

Voilà la difficulté dans toute sa sincérité et dans toute sa force.

Nous répondons :

1° Assurément l'âme, en elle-même, n'est ni étendue ni divisible; mais il n'en est pas de même de son action, puisque toutes les parties d'un corps vivant sont également animées en même temps. Peu importe que nous ne puissions comprendre comment l'action d'un principe simple peut être non pas étendue, mais manifestée dans une étendue, ce qui est tout différent; l'essentiel, c'est que le fait soit indubitable. Or, cela étant, il n'y a plus aucune impossibilité visible à ce qu'une partie quelconque d'un corps naguère vivant tienne encore de l'action du principe de la vie. Le projectile continue encore son mouvement quand la force impulsive est rentrée dans le repos.

2° Ce qui doit nous confirmer dans le sentiment de cette possibilité, c'est que la notion d'étendue n'a de rapport positif qu'avec les corps, mais aucun rapport de ce genre avec les substances simples. Il n'y a donc aucune incompatibilité positive à établir entre ces deux choses, et l'on peut à bon droit dédaigner toute objection qui se fonde là-dessus.

3° On le peut d'autant mieux que la notion d'étendue elle-même n'est point l'essence des corps, et moins encore, s'il est possible, l'essence de la matière. C'est une pure conception de la raison humaine, c'est-à-dire une loi de notre intelligence, loi qui résulte de la nature de notre esprit servi par des organes corporels, et par là mis en rapport avec le monde matériel. C'est donc une idée essentiellement relative, un pur néant au point de vue ontologique. C'est ce que nous croyons avoir établi ailleurs péremptoirement contre Newton, Clarke, Royer-Collard et d'autres (1).

(1) Telle semble aussi avoir été l'idée que se faisait Descartes du rap-

Cette réponse, qui s'applique à toutes les difficultés du même genre, mérite d'être pesée et retenue. La nécessité de se la rappeler se fera sentir plus tard. Nous dirons alors ce qu'on peut répliquer à l'objection subsidiaire, que si l'action de l'âme se manifeste dans toute l'étendue du corps vivant, c'est à la condition qu'il n'y ait pas solution de continuité dans les véhicules de cette action, dans les nerfs en particulier. Mais n'oublions pas, en attendant, que si ces objections pouvaient porter contre l'animisme, elles seraient pour le moins aussi puissantes contre le vitalisme, qui, d'autre part, ne présente pas les avantages que nous avons brièvement exposés plus haut.

Continuons.

port substantiel de l'âme et du corps, malgré le vice de certaines expressions, et l'hypothèse du siége de l'âme dans la glande pinéale : « L'âme est véritablement jointe à tout le corps, et on ne peut pas proprement dire qu'elle soit en quelqu'une de ses parties à l'exclusion des autres, à cause qu'il est en quelque façon indivisible, à raison de la disposition de ses organes, qui se rapportent tellement tous l'un à l'autre, que lorsque quelqu'un d'eux est ôté, cela rend tout le corps défectueux, et à cause qu'elle est d'une nature qui n'a aucun rapport à l'étendue, ni aux dimensions, ni aux autres propriétés de la matière dont le corps est composé, mais seulement à tout l'assemblage de ses organes. » (*Les Passions de l'âme*, art. XXX.)

Nous ferons deux remarques sur ce passage : 1° Le mot *joindre* ne peut convenir qu'à des choses corporelles; on l'a remplacé, même chez les cartésiens, par celui d'*être présent*, qui exprime une idée moins sensible, moins physique. 2° L'unité collective ou d'ensemble, l'unité harmonique du corps, n'est pas une unité substantielle qui comble pour ainsi dire l'abîme creusé par Descartes entre la substance corporelle et la substance spirituelle; ce n'est qu'une unité de conception ou d'idée, et Descartes semble être ici un peu dupe d'une fiction et tomber dans le paralogisme.

§ II.

Autres difficultés.

Comment, nous dit-on, si votre principe vital existe, s'il fait tout ce que vous lui attribuez, s'il organise même son germe, comment l'organise-t-il parfois si mal? Comment expliquer alors les monstruosités? Comment d'ailleurs pourrait-il, sans organes, agir sur la matière? D'où viendraient les maladies, les goûts pervertis et funestes des malades? Comment expliquer la vieillesse, la mort, — l'existence de plusieurs principes de vie dans un même être organisé; — et ce dualisme si frappant qui existe dans l'homme, l'*homo duplex* de saint Paul? Comment, enfin, rendre compte de l'irritabilité musculaire, surtout dans des parties complétement détachées du tronc?

Remarquons d'abord, et en général, que toutes ou presque toutes ces difficultés peuvent être également soulevées dans l'hypothèse d'un principe vital distinct du principe pensant, et une foule d'autres encore que nous avons vues ou fait entrevoir dans le cours de cette dissertation.

Remarquons, de plus, qu'en dehors de l'hypothèse d'un principe vital, unique ou non, c'est-à-dire avec la supposition de la matière inorganique pure et de ses lois, ce ne sont pas seulement des difficultés qu'on rencontre en face des phénomènes de la vie organique ou spirituelle, mais des impossibilités.

L'hypothèse du principe de vie est donc bien moins une hypothèse servant à déduire des conséquences plus ou moins heureuses, qu'une nécessité logique imposée par les faits qu'elle est destinée à expliquer. Mieux que cela : c'est une cause affirmée nécessairement en face de faits qui la réclament.

Nous pourrions donc nous dispenser de répondre à des difficultés qui ne peuvent plus être que des obscurités, mais qui ne sont pas des objections capables d'ébranler l'existence du principe de la vie. Nous essaierons cependant de le faire.

I.

Pour comprendre comment les monstruosités sont possibles avec un principe qui organise son propre corps, il suffit de savoir que toutes les âmes ne sont pas également habiles dans cette œuvre, puisqu'elles n'ont pas toutes la même puissance, puisqu'elles ont dû être créées diverses dans leurs ressemblances mêmes. En tous cas, ce ne sont pas elles qui créent les premiers matériaux dont elles disposent, et ces matériaux ne sont pas également bons, également favorables. Cette substance matérielle première est plus ou moins réfractaire. Elle a ses lois propres. De plus, des agents étrangers viennent compliquer le phénomène, et parfois l'entravent, le suspendent ou le troublent, et occasionnent ainsi un résultat qui s'éloigne plus ou moins du type de l'espèce.

II.

De ce que le principe de vie n'a pas d'organes encore lorsqu'il traite la matière pour la première fois, ce n'est pas une raison de rejeter cette action : d'abord, parce que cette matière première est une force inétendue comme lui ; ensuite, parce que sa puissance sur la matière ne lui vient pas de la matière ; enfin, parce que, sans rien perdre de sa nature après avoir organisé le germe du corps qu'elle doit habiter, l'âme agit sur son corps pendant la vie. Nous le supposons du moins, puisque nous voyons des effets organiques, des mouvements, survenir immédiatement après des effets psychiques qui semblent bien en être cause, les volitions. Il n'y a donc pas plus de difficultés, pour le moins, à concevoir l'action de l'âme sur la matière organisable que son action sur la matière organisée. Nier la possibilité de l'une, c'est nier la possibilité de l'autre.

III.

Si l'âme faisait la matière de son corps, au lieu de faire son corps avec cette matière donnée ; si cette matière n'avait pas ses lois à elle, lois qui peuvent se trouver en opposition avec celles de l'ordre physiologique, par exemple celle de la gravitation avec celle de la conservation organique d'un corps vivant qui tombe de haut ; si, de plus, le corps vivant ne se trouvait pas soumis à une foule d'agents extérieurs capables de l'altérer ou de le détruire ; si, enfin, l'âme était toute-puissante, on pourrait avec raison se demander comment elle n'empêche pas les maladies, la mort même. Mais puisqu'il n'en est pas ainsi, l'objection tombe par le fait.

IV.

Il est facile de comprendre également pourquoi les malades ont parfois des goûts en désaccord avec les indications médicales : il suffit d'abord de savoir que ces goûts ont leur fondement dans la nature de l'organisme, et qu'ils ne sont pas plus qu'autre chose un effet sans cause.

Mais on peut dire encore que notre machine est si compliquée, que ce qui lui conviendrait pour une certaine fonction, par exemple pour satisfaire le goût, l'appétit, ou pour faciliter la digestion, est contraire à une maladie accidentelle en vue de laquelle le palais et l'estomac n'ont pas été formés; et que s'il n'y a pas ici une réforme apportée par le principe de vie à la loi du goût et de l'appétit, c'est que ce principe a aussi ses lois générales d'action, et que les miracles ne sont pas ici plus communs qu'en tout autre ordre de choses.

D'ailleurs, il y a des perturbations salutaires, des accès, des efforts maladifs héroïques, des crises, des douleurs qui ne sont un mal que comme moyens, mais qui tendent à la santé comme à leur fin (1).

V.

La vieillesse et la mort tiennent à des lois plus puissantes que celles qui régissent l'action conservatrice du principe vital. Il faut dire que c'est peut-être une des lois de ce principe, que de laisser décliner l'organisme, de l'abandonner enfin aux agents extérieurs, et de favoriser ainsi sa propre transformation, son avènement à une vie nouvelle, de la même manière que la chenille prépare, sans le savoir, la régénération qu'elle doit subir, son entrée dans une nouvelle existence.

(1) PERRIN, op. cit., p. 94-95.

VI.

La difficulté la plus sérieuse résulte d'une division apparente du principe de la vie chez les animaux qui se partagent en deux, trois, etc., par une section naturelle ou artificielle; ou qui, sans être entièrement séparés par le tronc, prennent deux têtes, ayant chacune leur volonté propre; ou bien encore qui, coupés en deux, poussent l'une des deux moitiés, une tête ou une queue, suivant la partie manquante à cette moitié. Y a-t-il dans le polype, dans les naïdes, dans le ténia, des âmes en nombre indéfini, subordonnées et comme en réserve, de même qu'il y aurait, dans les arbres, autant de principes végétatifs qu'il y a de parties propres à fournir un sujet nouveau? — Pourquoi pas, puisque le principe végétatif peut sommeiller dans un germe pendant des milliers d'années, par exemple dans le grain de blé enseveli avec la momie égyptienne? Pourquoi pas, s'il est vrai qu'un arbre ne soit qu'un assemblage de germes et de principes de vie subordonnés ou coordonnés (ou plutôt l'un et l'autre à la fois) à un principe dominant de même espèce? Pourquoi pas, s'il peut en être ainsi dans les infusoires, dans le polype, dans les naïdes (1), dans les insectes (2),

(1) Un ver coupé en deux montre encore, dans les deux bouts de son cordon nerveux, des mouvements qui ressemblent à ceux qu'excite la volonté.

(2) Les insectes aussi exécutent fréquemment des mouvements spontanés après qu'on leur a enlevé la tête. Un *carabus granulatus* court, après la décapitation, comme auparavant; un bourdon renversé sur le dos fait des efforts pour se remettre sur ses pattes. Un insecte de la famille de ceux qui font la guerre aux abeilles, la *cerceris ornata,* eut la tête coupée et n'en exécuta pas moins ses mouvements; seulement, il se retourna pour chercher à pénétrer à reculons.

dans le ténia (1), dans la sangsue (2), les pyrosomes (3), etc.?

Qui sait, d'ailleurs, si la manière dont l'âme est présente au corps, dont elle exerce ses fonctions, ne comporte pas la possibilité que des mouvements spontanés soient encore exécutés pendant quelques instants dans le tronc séparé subitement de la tête, et dans la tête séparée du tronc? C'est ainsi que nous expliquerions tous les mouvements de ce genre, c'est-à-dire tous ceux qui ne pourraient pas l'être par la simple irritabilité, si d'ailleurs ils étaient bien constatés.

Le docteur Sue rapporte qu'ayant décapité vivement un dindon, la tête conserva tous ses mouvements pendant une minute et demie. Le corps, qui, depuis une minute, était sans mouvement, se releva, se tint sur ses pattes pendant une minute et demie, marcha, agita les ailes, porta l'une de ses pattes au cou, et mourut au bout de six minutes. Plusieurs faits de ce genre sont racontés d'un certain nombre d'animaux de l'ordre supérieur, le canard, le coq, l'autruche, le lapin, le mouton, le veau et même l'homme (4). « Léon l'Africain a vu

(1) On sait que chaque anneau du ténia, détaché à point, peut donner naissance à un ténia nouveau.

(2) « Les sangsues qu'on coupe en deux marchent encore de même que quand elles étaient entières. Il est clair, d'après cela, que des mouvements *coordonnés de muscles* sont possibles après la décapitation, tant chez les animaux vertébrés que chez les invertébrés; l'influence de la volonté ne paraît même point être abolie chez ces derniers par la perte de la tête. » Le même auteur fait remarquer que la tête d'un petit chat, détachée du corps, suce encore le doigt qu'on lui introduit dans la bouche. (MULLER, *Manuel de Physiologie*, t. II, p. 101)

(3) Les pyrosomes sont des mollusques composés, réunis en un cylindre creux, ouvert à l'une de ses extrémités; ils sont libres dans la mer, et l'on dit que le cylindre marche par l'effet des contractions simultanées de tous ces animaux. (MULLER, ibid., p. 102-103)

(4) Ces faits, l'assertion de Muller dans l'avant-dernière note, si tout

au Caire des hommes coupés en deux vers le diaphragme. Le tronc supérieur vivait encore pendant un quart d'heure ; ils pouvaient se plaindre, parler, se mouvoir, et la tête conservait quelques idées. Chalcondyle, en racontant que le sultan Mechmed infligeait souvent le même supplice, assure que le tronc inférieur était aussi agité par la douleur. » (1) Virey, en rapportant ce fait, ajoute qu'il est vraisemblable que le tronc supérieur ressentait seul la souffrance, et que le patient ne mourait pas de deux morts à la fois, comme l'historien le présume, parce que les parties séparées du centre cérébral cessent de lui communiquer le sentiment. Mais une douleur complexe ne forme pas deux douleurs.

VII.

Quant au dualisme de saint Paul, dualisme, qu'on le remarque bien, qui est réfléchi par un sujet unique, par le moi, et qui dès lors suppose l'unité d'un prin-

cela est bien avéré, semblent contredire deux des points capitaux de la physiologie de M. Flourens : celui qui place la coordination des mouvements dans le cervelet, et celui qui assigne comme siège de la vie un point déterminé dans la moelle allongée. — Voir aussi dans notre *Anthropologie*, t. II, p. 23-32, une discussion de Julia de Fontenelle sur ce sujet. On en conclut que les guillotinés peuvent souffrir encore après la décollation. Cabanis a combattu cette opinion dans un écrit *ex professo*. Il donne cette raison : c'est qu'il est reconnu que dans les plaies subites la douleur ne se déclare qu'un peu après, et qu'au bout de ce temps le sang, qui stimule le cerveau à l'état de vie, a cessé de remplir cette fonction chez les guillotinés... On trouve, du reste, dans le mémoire de Julia de Fontenelle d'autres exemples très remarquables de mouvements spontanés chez les insectes. Les physiologistes appellent à tort ces mouvements *volontaires ;* il n'y a pas de volonté où il n'y a pas de moi.

(1) VIREY, l'*Art de perfect. l'Homme*, t. I, p. 366. — Voy. dans Lucrèce, *De nat. rer.*, III, p. 643, un fait analogue dans les batailles où les anciens faisaient usage de chars armés de faux.

cipe, — il s'explique à merveille par les deux fonctions de l'âme, par les deux destinées de l'homme, l'animale et la rationnelle. Dans le système de ceux qui admettent une âme sensitive distincte de l'âme raisonnable, la difficulté est plus grande, puisque ceux-là sont dans la nécessité, ou de nier que l'âme raisonnable éprouve des sensations, des suggestions instinctives, ce qui est contraire aux faits; ou de reconnaître que si l'âme raisonnable est aussi une âme sensible, leur dualisme ne sert absolument de rien pour épargner à l'âme raisonnable une dualité d'états et de fonctions, que cette dualité lui soit naturelle, ou que les états affectifs lui soient transmis par l'âme sensitive, ce qui est, d'ailleurs, incontestable.

Il y a un autre dualisme dans l'homme; c'est celui de l'activité inconsciente ou consciente de l'âme, dont nous avons déjà tant parlé. Mais ce n'est là qu'une dualité d'états, de phénomènes et de fonctions, et non une dualité de substances. Et ceux-là mêmes qui admettent deux ou trois âmes substantielles sont obligés de reconnaître la dualité phénoménale dans l'âme raisonnable ou supérieure, ce qui devrait les mettre sur la voie pour ne reconnaître que des diversités de fonctions dans une nature unique.

Boerhaave avait encore appelé dualisme dans l'homme la vie animale et la vie intelligentielle. Il croyait donc qu'à cet égard l'animal n'a qu'une seule vie, tandis que l'homme en aurait deux : *Homo duplex in humanitate, simplex in vitalitate.* (*De Morbis nervorum*) La vérité est que l'animal en a au moins deux et l'homme au moins trois, et que dans l'homme comme dans l'animal les ordres divers de phénomènes peuvent s'expliquer par un seul principe substantiel.

Nous avons, enfin, une autre réponse à donner aux objections VI et VII. En supposant qu'il n'y ait qu'une seule âme par sujet vivant, végétal, animal ou homme, les signes de la vie organique manifestés dans plusieurs parties séparées d'un même corps vivant, pendant un certain temps après la mort apparente du sujet, s'expliquent suffisamment encore par l'action de l'âme se manifestant dans l'étendue. Et si, dans l'espèce, il y a solution de continuité dans les nerfs d'une partie à une autre, rien ne prouve que cet instrument soit absolument nécessaire à l'âme pour continuer quelque temps encore son action, ou qu'il ne puisse être, jusqu'à un certain point, suppléé par un fluide électrique ou autre, comme l'a dit quelque part un physiologiste estimable, M. Blaud. Cette possibilité nous suffit, puisque l'objection qui nous était faite avait précisément pour objet la prétendue impossibilité contraire. Qu'on n'oublie pas, du reste, que toutes ces difficultés s'adressent pour le moins autant au didynamisme vital qu'au monodynamisme.

On voit donc que les difficultés qui semblent résulter de l'hypothèse d'un principe unique de vie dans l'homme sont loin d'être insolubles, et qu'en tous cas elles sont moindres que celles qui s'attachent à l'hypothèse contraire. C'est ce qui paraîtra plus manifeste encore par l'esquisse historique qui clora cet ouvrage.

LIVRE II.

NATURE, CONDITION PRÉSENTE, FORME, ORIGINE ET DESTINÉE FUTURE DE L'AME.

CHAPITRE PREMIER.

Immatérialité du principe de la vie.

§ I.

Véritable point de vue de la question. — Solution qui s'ensuit.

La question de la nature de l'âme est toute relative; il n'y a pas de nature absolue : il n'y a que telle ou telle nature par opposition à telle ou telle autre.

Quand donc nous nous demandons quelle peut être la nature de l'âme, c'est comme si nous disions : L'âme est-elle de même nature que le corps, ou d'une nature différente?

Cette question elle-même demande à être posée d'une façon plus précise, car, dans le corps même, il y a nature et nature; il y a nature générique et nature spécifique. Et si par la nature générique du corps on entend l'étendue, il se présente aussitôt cette question subsidiaire : Qu'est-ce que l'étendue dans les corps? Est-ce une qualité essentielle, une forme substantielle, comme auraient dit les scolastiques? ou n'est-ce qu'un phénomène, une forme accidentelle, relative, une manière de les concevoir propre à l'esprit humain, une qualité subjective, une simple idée qui surgit dans notre intelligence à leur occasion, mais en vertu des lois qui régissent notre intelligence dans ses rapports avec les substances que nous appelons corporelles?

Graves questions, dont la solution appartient à une autre partie de la philosophie, mais que nous avons suffisamment touchée cependant pour qu'ici nous puissions la supposer résolue.

Les corps, avons-nous dit, doivent être distingués de la matière; la matière déterminée seule possède une existence substantielle, mais elle est nécessairement inétendue. Les individualités qui la constituent, et qui, dans leur réunion, forment les corps, sont des réalités douées de forces; et ces forces sont la cause de toutes les propriétés générales et particulières que nous observons dans les corps, que d'ailleurs notre intelligence ou notre sensibilité soit pour quelque chose ou pour rien dans la production du phénomène observé.

Cela posé, il suit que les corps, en tant qu'ils sont perçus, ne sont que de simples phénomènes, et que le problème de l'union substantielle de l'âme et du corps revient à celui de l'union de l'âme et de la matière qui constitue le corps.

Or, l'âme ne nous apparaissant pas sous les traits du corps, étant, au contraire, conçue par nous comme une force qui sent, pense et veut, pour sentir et penser encore, toutes choses qui n'ont rien à démêler avec l'étendue, nous n'avons aucune raison tirée des phénomènes de l'âme pour la concevoir corporelle ou composée de cette matière simple qui suscite en nous le phénomène ou la conception d'étendue.

Il y a plus, toute réalité substantielle se concevant nécessairement indivise, inétendue, simple, le principe pensant ne peut être conçu différemment; la matière elle-même n'échappe pas à cette loi de l'esprit humain.

L'âme est donc inétendue, sans composition, sans division possible, même par la pensée; elle est donc une force substantielle ou un agent qui produit les phénomènes de la vie organique, sensitive et intellectuelle.

Son union avec la matière du corps ne doit donc pas être conçue dans l'espace, à la façon de celle de deux corps. Ce n'est donc pas une union dans le sens propre du mot : c'est un rapport de deux forces également inétendues, simples et indivisibles, tous attributs négatifs de l'étendue. Mais ces forces, qui se ressemblent jusque là ou par ce côté négatif, ont chacune leur essence propre, c'est-à-dire qu'elles possèdent chacune les propriétés, à nous parfaitement inconnues en elles-mêmes, de produire des effets que nous connaissons, effets aussi divers, d'ailleurs, que le sont les phénomènes corporels et les phénomènes spirituels. Il y a donc quelque chose de *sui generis* ou de propre qui produit, d'une part la phénoménalité externe, d'autre part la phénoménalité interne; et c'est ce quelque chose qui s'appelle matière d'une part, esprit d'autre part. Ce sont là deux essences différentes, aussi différentes que les effets qu'elles expliquent.

Une seule difficulté se présente. De même que la force-matière produit plusieurs effets corporels, témoin la prodigieuse diversité des qualités et des propriétés des corps, ne pourrait-elle pas aussi produire, dans de certaines circonstances que nous ne connaissons pas, cette autre espèce de phénomènes que nous appelons spirituels, en telle sorte qu'il n'y eût dans l'univers qu'une seule espèce de force, mais douée de deux grandes fonctions, l'une qui donne naissance aux phénomènes internes, l'autre aux phénomènes externes?

L'impossibilité absolue qu'il en soit ainsi n'est assurément pas démontrée; mais le contraire est beaucoup plus vraisemblable, par la raison : 1° que toute matière ne pense pas; il serait pour le moins fort téméraire de l'affirmer; 2° parce que les circonstances propres à faire penser la matière ne sont que fictives, possibles d'une possibilité négative, en ce sens qu'on ne voit pas tout simplement pourquoi elles n'existeraient pas, ce qui n'est qu'une possibilité *ab ignorantia;* 3° parce qu'il y a une si grande différence entre les phénomènes externes et les internes qu'elle paraît essentielle et de nature à ne pouvoir s'expliquer que par des causes elles-mêmes spécifiquement, positivement, essentiellement diverses, malgré leur ressemblance négative au point de vue de la simplicité, de la non-composition ou de l'inétendue.

Au reste, cette différence profonde s'efface un peu lorsqu'on vient à penser que les phénomènes externes eux-mêmes ont un côté interne; que l'objectif a lui-même sa face subjective; que les qualités dites premières des corps ne sont elles-mêmes que des conceptions de la raison, et que, tout comme le monde extérieur s'explique en grande partie par l'action de l'âme, de même le monde intérieur s'explique en grande partie également par l'action de la matière. Si les phénomènes de la substance externe sont un produit partiel de la puissance interne, ceux de la substance interne sont donc aussi un produit partiel de la substance externe. C'est-à-dire que ces deux forces agissent concurremment dans la production des deux ordres de *phénomènes,* bien qu'elles aient sans doute des effets propres qu'elles ne doivent chacune qu'à elles seules; mais ces effets ne sont pas des phénomènes, ils ne sont pas connus de nous, ils ne sont rien pour nous, et nous n'en devons point parler, au moins en ce qui regarde les propriétés inconnues de la matière ou de la force externe.

Cette communauté d'action phénoménale de la part de la force du dehors et de celle du dedans implique un concours, un concert entre substances multiples sans doute, diverses sans doute encore, mais d'une diversité qui n'est pas démontrée telle, que le rôle de l'une ne puisse absolument pas être rempli par l'autre. Et alors il serait peut-être absolument possible que chacune de ces forces produisît les deux éléments du phénomène total, c'est-à-dire que la force du dehors fût capable de produire la pensée, et celle du dedans de produire les phénomènes de l'étendue. Il serait donc absolument possible que chacune de ces forces produisît les deux ordres de phénomènes, et qu'il y eût ainsi deux grandes fonctions d'une seule et même espèce de force créée.

Quoi qu'il en soit, ces deux fonctions sont aussi incontestables que les deux espèces de phénomènes qu'elles produisent. Et comme ces deux modes d'action ne peuvent s'expliquer eux-mêmes que par des différences essentielles dans les agents, que ces agents soient ou non de nature identique à d'autres égards, cela nous suffit pour établir une distinction profonde entre la cause immédiate des phénomènes d'un ordre et ceux d'un autre. Seulement, si l'agent causateur des uns pouvait aussi produire les autres, ce qu'on regarde comme substantiellement divers et multiple ne différerait que par des modes d'action, par des causes intrinsèques de la différence de ces modes. En d'autres termes, l'âme et le corps ne seraient plus des substances différentes dans l'homme, dans les animaux, dans les végétaux; il n'y aurait dans chaque espèce d'êtres qu'une seule espèce de substance, mais qui produirait tantôt des phénomènes d'un certain ordre, tantôt des phénomènes d'un ordre différent, ou plutôt qui produirait en même temps les deux sortes de phénomènes. Et alors il ne serait plus question de l'union de deux substances, mais uniquement de la compatibilité de deux modes d'action très divers dans une même force. Il n'y aurait même plus de matière ni d'esprit, mais simplement une force sans nom qui serait capable de produire des phénomènes corporels et des phénomènes spirituels.

Mais encore bien que la cause des deux sortes de phénomènes ne soit pas la même substantiellement, encore qu'il y ait une force spéciale qui cause les phénomènes corporels et une autre qui produise les spirituels, toujours est-il que ces deux forces également inétendues ne sont pas unies dans le sens physique du mot; elles soutiennent seulement des rapports mutuels dont nous ignorons la nature et la cause.

Je dis d'abord la *nature*, puisqu'en réalité nous ne

connaissons pas le mode d'influence de l'une sur l'autre. Je dis ensuite la *cause*, puisque, ignorant la nature intime de ces forces, nous n'avons pas le secret de leur affinité. Pourquoi se recherchent-elles? pourquoi ne se rencontrent-elles pas plus tôt? pourquoi ne restent-elles pas unies plus longtemps? pourquoi, après s'être recherchées, semblent-elles se fuir? pourquoi leur action simultanée est-elle régie par certaines lois plutôt que par d'autres? pourquoi telle mesure d'énergie plutôt que telle autre? Nous ne savons rien, nous ne pouvons rien savoir de tout cela, parce que la raison de tout cela est dans la nature la plus intime de ces choses, nature qui nous est irrévocablement cachée : nous ne connaissons que des effets, que nous rapportons invinciblement à des causes capables de les produire, et de les produire ainsi; mais nous ne savons plus rien de ces causes dès qu'elles ne sont plus, à leur tour, des effets auxquels nous puissions assigner d'autres causes secondes.

Cette manière d'envisager la nature du principe pensant de l'âme diffère un peu du point de vue ordinaire, d'après lequel, confondant l'âme et le moi, résolvant l'âme dans le moi, on donne à la première les attributs du second. Ces attributs peuvent lui convenir sans doute, mais ils ne peuvent lui être appliqués au nom de l'expérience ou de l'observation, mais bien *à priori* ou par voie de raisonnement. Il n'en est pas de même du moi : quand je le conçois *un* par opposition à *multiple*, *identique* par opposition à successivement *divers*; quand je distingue son *fond* de sa *forme*, et que j'affirme l'*invariabilité* de l'un et la *variabilité* de l'autre, j'applique immédiatement la première série de ses attributs au moi; je conçois ainsi le moi immédiatement et sans raisonnement. Je n'ai pas besoin, pour faire l'application de ces attributs au moi, de m'élever à des considérations ontologiques, comme je le fais lorsqu'il s'agit de l'âme envisagée comme substance.

L'âme et le moi différant profondément, comme on l'a vu ailleurs, on ne peut conclure de l'unité et de l'identité de celui-ci, qui n'est qu'une conception, à l'unité et à l'identité de l'âme; il n'y a entre ces deux choses aucune liaison nécessaire. C'est donc abusivement qu'on prétend d'ordinaire prouver l'une par l'autre. Si donc ces attributs ne conviennent pas moins à l'âme qu'au moi, si nous le savons même, si nous ne pouvons pas concevoir la chose autrement, c'est par d'autres raisons que celles qu'on a coutume de donner; c'est par des raisons ontologiques également applicables dans les deux cas, mais pas en passant de l'un à l'autre, et pas non plus de la même manière, puisque dans un cas l'application est raisonnée, et que dans l'autre elle est immédiate.

Après avoir envisagé l'âme et le corps au point de vue fondamental de l'ontologie, et après avoir reconnu l'identité négative de la nature de ces deux choses, c'est-à-dire en ce qui regarde l'inétendue des forces substantielles qui composent l'une et l'autre, il serait bien superflu de soumettre à un nouvel examen la question de la spiritualité ou de la matérialité de l'âme, en confondant, comme on le fait d'habitude, les phénomènes avec les substances, et en raisonnant sur les premiers, tout en croyant raisonner sur les secondes. Nous pouvons cependant rapporter quelques opinions d'anciens philosophes sur ce sujet, ne fût-ce que pour faire ressortir la faiblesse du matérialisme. Mais nous ferons remarquer plus tard que le matérialisme des anciens était bien moins grossier, bien moins matériel, si nous pouvons le dire, que celui des modernes : il ne faut jamais oublier, en effet, que la matière est plus ou moins spirituelle aux yeux de l'antiquité, que l'esprit y domine encore, qu'un dynamisme caché se trouve au fond même de l'atomisme, et qu'ainsi la matière n'est guère qu'une forme revêtue par l'esprit par une force invisible, un pur phénomène, de même qu'un esprit n'est encore qu'un corps.

Cela posé comme une réserve qui nous est également dictée par la justice et la vérité, nous comprendrons mieux ce qu'il peut y avoir de vrai et de faux, de superficiel et de profond dans cette opinion attribuée à Pythagore : que l'âme et le corps proviennent de la vapeur séminale de l'agent mâle de la génération, et que le sperme est à son tour un produit du cerveau ; que c'est par l'acte de la respiration que le νοῦς s'unit au corps déjà bien formé ; que les âmes se répandent dans les airs à leur sortie du corps, et y circulent comme de vaines ombres en attendant leur introduction dans des corps nouveaux.

Anaxagore, le plus spiritualiste des Ioniens, faisait sortir les âmes des animaux et des hommes d'une autre âme, d'une âme mère et universelle, de l'âme du monde. La différence qu'il observait entre ces deux espèces d'âmes dérivées, était due, suivant lui, à la différence des matériaux dont les corps des animaux et des hommes sont formés. Cette différence n'était donc pas propre aux âmes, ne tenait point à une différence spécifique de leur nature, mais à une différence instrumentale ou d'influence, à une différence extrinsèque, en un mot. Du reste, il croyait à l'éternité des âmes individuelles, comme à celle de l'âme du monde.

D'autres Ioniens, plus matérialistes en apparence qu'Anaxagore, ne l'étaient pourtant pas absolument. Si Thalès, Anaximandre, Archélaüs, Héraclite, Empédocle, Leucippe et Démocrite dérivaient l'âme d'une matière première, cette matière renfermait, suivant eux, une vertu plastique toute divine et répandue partout dans l'univers.

Ce qu'on a appelé le matérialisme d'Aristote est peut-être le spiritualisme le plus quintessencié, et qui se rapproche le plus du spiritualisme universel de Leibniz. Nous pourrons nous en apercevoir lorsque nous exposerons sa doctrine sur la question de l'animisme.

Epicure lui-même, animant ses atomes, est par le fait plus spiritualiste qu'on ne le pense ordinairement. Ces atomes une fois animés, il peut s'en servir pour expliquer la pensée. Il est vrai que cette explication est plus mécanique que dynamique ; mais, enfin, les atomes ont une âme, et leurs propriétés mécaniques elles-mêmes pourraient bien s'en ressentir. En tous cas, le mouvement de *clinamen* est spontané, et dès lors appartient à l'âme de l'atome, à la force propre dont elle est douée. Laissons dire maintenant à Epicure que la faculté de penser est l'attribut des atomes les plus subtils, les plus mobiles ; que la sensibilité est la propriété des atomes les plus grossiers ; que le sentir et le penser sont le résultat de la composition plus encore que des effets produits par les qualités propres aux atomes isolément pris. Laissons-le se fonder en cela sur je ne sais quelle analogie tirée de ce fait, que des êtres vivants sortent de la vase, et que la nourriture, composée de matières non vivantes, devient vivante dans le corps auquel elle s'assimile. Tout cela ne serait sans doute pas possible dans le système des atomes, si ces atomes n'étaient pas animés : et cela nous suffit.

Cette âme des atomes, ce spiritualisme du plus matérialiste des philosophes de l'antiquité, tant le matérialisme pur est impossible, tant il répugne à la raison humaine! cette âme des atomes d'Epicure, disons-nous, ne serait-elle pas proche parente de cette « matière répandue dans la nature » dont parle Buffon? « matière qui favorise le développement et la nutrition des plantes et des animaux, d'où naissent les êtres organiques » Comment, en effet, les êtres organiques naissent-ils des plantes et des animaux? D'où viennent ces animaux et ces plantes qui sont déjà des êtres organisés? D'où vient cette organisation primitive dont le développement est favorisé par cette matière inconnue? Cette matière, qui favorise la nutrition et le développement, est-elle le principal agent du mouvement vital, ou n'en est-elle que l'auxiliaire, l'instrument? Dans le premier cas, quelle est cette matière active, agissant suivant des lois admirables d'intelligence et de puissance? Dans le second, ne faudrait-il pas recourir à un principe essentiellement actif et se comportant, sans le savoir ou avec conscience, suivant des lois de la plus haute sagesse?

On fait pourtant plusieurs objections contre la spiritualité de l'âme. Voici les plus captieuses : 1° D'où vient, si l'âme n'est pas étendue, qu'elle est présente à toutes les parties du corps en même temps? — 2° Comment pourrait-elle, si elle n'était pas étendue, être divisée dans les plantes qui se multiplient de bouture, ou par voie de génération dans les animaux qui se propagent de cette double manière, ou qui sont capables de repousser des têtes, d'en avoir plusieurs, et plusieurs volontés différentes en même temps? Comment expliquer, en dehors de cette hypothèse, l'identité de sentiment, d'idée, de volonté chez les monstres à un seul corps ou à plusieurs réunis, mais à plusieurs têtes, ou même chez des jumeaux qui vivent éloignés l'un de l'autre? Comment expliquer autrement la propriété que possède un grand nombre de végétaux de pouvoir donner naissance, par toutes les parties de leur corps, à des sujets de même nature qu'eux? Comment, enfin, expliquer sans cela le développement et la décadence de l'âme chez les animaux avec l'accroissement et le dépérissement du corps?

Toutes ces objections ont le tort commun, d'abord, de confondre les corps et la matière, de raisonner sur les premiers quand il faudrait raisonner sur la seconde, et, enfin, de faire de l'étendue une propriété objective soit de la matière, soit des corps. Ces erreurs et ces confusions une fois dissipées, comme elles l'ont été par nous plus d'une fois, les objections n'ont plus de sens. Mais elles sont encore insoutenables, alors même qu'on ne procède pas d'une manière aussi radicale.

La première, suivant laquelle l'âme devrait être étendue pour être présente à toutes les parties du corps en même temps, suppose évidemment que l'âme, si elle était étendue, ne serait présente nulle part en son entier, et qu'il n'y aurait nulle part dans le corps une action complète de l'âme. En effet, l'âme ne pourrait pas plus sentir ou se mouvoir tout entière par les pieds, en même temps qu'elle regarderait ou écouterait tout entière par la tête, qu'elle penserait tout entière par le cerveau; que les pieds, les yeux, les oreilles et le cerveau ne sont une seule et même partie du corps. En fait, cependant, sommes-nous ainsi fragmentés spirituellement? Que l'attention se donne exclusivement à un état ou à un acte de l'âme, passe encore; mais que cette attention soit un état constant, ou qu'elle soit exclusive de tout autre état, de tout autre acte, même spontané, c'est ce qui n'est pas. Cette multiplicité simultanée d'états, d'actes, cette omni-présence de l'âme à toutes les parties du corps serait donc impossible, inconcevable, si l'âme était étendue. L'âme, par cela qu'elle est simple, n'ayant pas de rapports avec le lieu, l'espace ou l'étendue, peut manifester sa présence et son action en plusieurs points à la fois, parce qu'en réalité elle peut être partout en un sens, et en un autre sens nulle part. L'étendue des corps, n'étant rien pour elle, ne lui est ni un secours ni un obstacle. Chose merveilleuse et pourtant véritable, il n'y a que des êtres simples, qui n'occupent point de lieu, qui soient capables d'agir en même temps dans plusieurs lieux! Celui-là seul, qui ne peut être présent nulle part substantiellement, peut être présent par son action en plusieurs lieux dans le même instant!

Quant à la multiplication des âmes dans les plantes et les animaux, soit de bouture, soit par voie de génération, la division des âmes n'est ici qu'apparente. Rien n'empêche d'en supposer dans toutes les parties du corps de la plante ou de l'animal, qui n'attendent que le moment d'agir spontanément, de devenir âmes principales, d'âmes subordonnées et partiellement engourdies qu'elles étaient. Rien n'empêche également d'admettre que des âmes sont toujours prêtes à s'emparer d'un germe préparé par l'âme du sujet sur lequel il se développe, et à travailler, de concert avec cette âme, à détacher insensiblement le germe du sujet qui l'a produit, afin d'en faire un autre sujet indépendant, qui produira, le temps venu, d'autres germes, et toujours ainsi. Que si des circonstances heureuses ou violentes favorisent ou contrarient ce travail, l'âme est là pour profiter des unes ou remédier au mauvais effet des autres. Beaucoup d'autres objections se résolvent d'une manière analogue.

Pour ce qui est de l'identité des sentiments, des idées, des désirs, des volontés chez les monstres à un corps et à plusieurs têtes, à plusieurs corps réunis et à plusieurs têtes séparées ou réciproquement, et même chez des jumeaux qui vivent éloignés l'un de l'autre et qui semblent cependant n'être animés que d'une seule âme, il faut dire : 1° que cette identité demande à être bien constatée; 2° qu'elle s'expliquerait par l'influence d'un même corps sur plusieurs cerveaux ; 3° qu'elle s'expliquerait encore par l'union et l'influence naturelle soit des corps, soit des têtes ; 4° que, d'ailleurs, cette identité n'est pas sans diversités profondes, ce qui prouverait l'existence de deux âmes en pareil cas ; 5° que cette dualité est l'état de choses le plus ordinaire ; 6° qu'alors même que l'identité serait aussi complète et aussi ordinaire qu'on veut bien le dire, il faudrait l'expliquer autrement que par l'étendue des âmes, puisque, d'une part, les âmes sont entières dans chaque tête et par conséquent multiples; et que, d'ailleurs, des sujets qui seraient éloignés l'un de l'autre, et qui sentiraient et penseraient l'un comme l'autre, ayant chacun leur âme, sont distincts corporellement, et qu'il est bien plus naturel de leur supposer des corps et des âmes semblables que de leur supposer une seule âme pour tous les deux, laquelle occuperait non seulement le corps de l'un à Paris et le corps de l'autre à Constantinople, mais encore tout l'espace intermédiaire; 7° qu'enfin, le fait fût-il aussi certain qu'il l'est peu, il n'y aurait, au contraire, que la simplicité de l'âme, la non existence de l'espace et de l'étendue pour elle, qui pût expliquer la présence simultanée des états et des actes d'une âme unique en plusieurs corps éloignés l'un de l'autre. Une âme étendue ne peut pas plus être tout entière en plusieurs lieux à la fois que ce qui est à droite ne peut être en même temps à gauche, que ce qui est devant ne peut être en même temps derrière, que le haut ne peut être le bas, et le bas le haut (1).

§ II.

Autre manière d'établir l'immatérialité de l'âme; — et, incidemment, du siège de l'âme dans le corps.

On prouve encore l'immatérialité de l'âme, et c'est la manière la plus usitée, en démontrant l'impossibilité des

(1) V. notre *Anthropologie*, t. II, p. 343-367.

états de l'âme, tels que nous les constatons en nous, si l'âme était corporelle : en effet, ces états seraient alors ou fractionnés ou multipliés à l'infini. Mais alors on considère la matière et le corps comme une seule et même chose : c'est-à-dire qu'à ce point de vue la notion de matière se résout dans celle de corps. Nous n'admettons pas cette identité, mais nous raisonnerons un instant en conséquence.

Et d'abord, qu'entend-on par immatérialité ? Ce n'est là qu'une expression et une idée négative. Si par matière on entend l'étendue divisible, et qu'il y ait incompatibilité entre cette étendue et la pensée comme l'un de ses modes, la matière ne pourra pas penser; et il sera prouvé que ce qui pense en nous n'est pas matériel. Mais si la matière pouvait être étendue sans être divisible, il ne serait plus prouvé que la pensée est incompatible avec la matière; en serait-il de même à plus forte raison si la matière était inétendue.

Examinons ces trois hypothèses.

1° La matière est l'étendue divisible. Mais comment l'est-elle? l'est-elle essentiellement, comme le veulent les cartésiens, ou ne l'est-elle qu'accidentellement? En d'autres termes : l'étendue est-elle l'essence des corps, entendant par essence d'une chose ce sans quoi cette chose ne peut être, ni être conçue; — ou l'étendue n'est-elle qu'une qualité seconde de la matière? Cette question est toute résolue pour nous. Nous examinons l'opinion des cartésiens. Or, pour eux, l'étendue est l'essence de la matière, comme l'essence des corps, car ils ne distinguent pas entre ces deux choses ; ce qui leur a fait dire qu'il n'y a pas plus d'étendue sans matière ou sans corps, que de corps ou de matière sans étendue.

Cela étant, ils se demandent si la pensée, comme mode hypothétique d'un corps, si petit que soit ce corps, ne devrait pas être étendue comme le corps même qu'elle modifierait. A quoi ils répondent affirmativement. Et comme en réalité, disent-ils, la pensée n'est pas étendue d'une étendue extensive, — et ils entendent par pensée toutes les déterminations du moi, — ils en concluent que la pensée ne peut être le mode d'un sujet étendu; que ce qui pense en nous n'est pas étendu, mais qu'il est inétendu, incorporel, spirituel enfin (1).

Cet argument a été développé souvent, notamment par le P. Lami, dans son traité *de la Connaissance de soi-même*, et par Bayle, art. *Leucippe,* note E. D'autres l'ont développé encore en se servant d'une comparaison analogue à celle du globe animé de Bayle, celle d'un miroir dont chaque partie aurait conscience de la portion de l'image totale qu'elle contribue à former. On arrive ainsi à conclure que le simple seul, l'inétendu, chose singulière! peut percevoir le composé, l'étendu.

(1) Nous ne distinguons pas plus qu'on ne le fait communément entre la simplicité absolue ou l'inétendue indivisible et la spiritualité. Il serait cependant mieux de le faire, puisque ce qui pense et ce qui ne pense pas peuvent être également simples ou inétendus. Le spirituel serait le simple capable de penser, que, du reste, il pense ou ne pense pas nécessairement. Cette confusion entre le simple et le spirituel est encore une des fâcheuses conséquences du cartésianisme, suivant lequel toute substance étendue est corporelle, et toute substance non étendue spirituelle ou pensante : deux propositions entièrement arbitraires. Pour nous, dans cet ouvrage, et en nous conformant au langage généralement admis, la spiritualité n'est que la simplicité, la non composition, la qualité purement négative d'incorporel. Nous examinerons bientôt si la simplicité emporte la pensée, si l'âme pense nécessairement, et si, comme le soutenaient les cartésiens, la pensée est l'essence de l'âme.

2° Mais cet argument n'aurait pas la même valeur si l'étendue n'était réellement pas divisible. Et c'est ce qui a lieu en effet. Les cartésiens ne prétendent pas que l'étendue constitutive des corps et l'étendue pure ou l'espace soient deux sortes d'étendues, dont l'une serait divisible et l'autre pas, puisqu'ils n'admettent pas de vide et qu'ils conçoivent des corps, le plein, partout où d'autres conçoivent le vide. Et comme ils sont obligés de reconnaître que l'espace est indivisible en soi, qu'on n'y peut faire que des coupes imaginaires par l'abstraction, qu'un lieu qu'on y circonscrit ne peut être réellement séparé de tout le reste de l'espace, il faut bien qu'ils reconnaissent également qu'une portion quelconque d'étendue est indivisible. Malgré l'apparente division des corps et de la matière, l'étendue, qui est leur essence, est donc indivisible. Donc, cette essence peut penser.

Nous supposons, en effet, que l'incompatibilité de la pensée et de l'étendue ne tient, dans la pensée des cartésiens, qu'à la divisibilité de l'étendue. Pour nous, alors même que nous ferions de l'étendue l'essence des corps, et l'essence indivisible en soi, nous reconnaîtrions encore qu'il y a des essences indivisibles dont la vertu est de penser, et d'autres dont la vertu est de nous offrir les phénomènes de l'ordre purement matériel; si bien qu'en dehors de l'étendue indivisible comme essence des corps, il y aurait encore dans les substances indivisibles qui pensent une essence propre à les faire penser.

3° Mais si l'indivisible dans les corps, dans la matière, ne l'était réellement que parce qu'il serait inétendu; si tout élément dernier des corps, comme composant véritable, est nécessairement simple, comme nous le croyons, l'étendue n'est plus l'essence de la matière, et il n'y a plus de différence à cet égard entre les substances pensantes et celles qui ne pensent pas : tout être véritable est nécessairement simple; l'étendue n'est l'essence d'aucune espèce d'êtres ; seulement, il est des êtres simples dont l'essence est de penser, comme il en est d'autres dont l'essence est de nous apparaître étendus, etc.

On a beau subtiliser la matière : tant qu'elle reste étendue, divisible ou composée, elle est incompatible avec la pensée comme mode ou comme produit, surtout avec la conscience une, indivisible de tous ces modes et de tous ces produits simultanés.

On explique bien moins encore la pensée en disant qu'elle est un produit de l'organisation, de la vie physique, du mouvement vital, d'une sorte d'électricité animale; qu'elle résulte d'un consensus vital ou du jeu harmonique de tous nos organes, etc. Ce sont là des mots ou vides de sens, ou dont le sens aboutit à une impossibilité, à une contradiction. Ainsi, par exemple, l'organisation, la vie organique, le mouvement vital n'étant déjà que des effets et des phénomènes de la force productrice de la vie, n'étant point une force par conséquent, la pensée ne peut en être l'effet.

On n'a tant de peine à concevoir l'âme spirituelle ou inétendue que parce qu'on veut toujours l'*imaginer*. Il faut, au contraire, imposer silence à l'imagination comme aux sens, et laisser la raison seule *concevoir* l'âme à titre unique de force productrice de la pensée.

C'est pour avoir voulu imaginer l'âme, pour l'avoir faite étendue, contrairement à leur propre opinion et à leur insu, que les cartésiens ont parlé du siège de l'âme dans le corps, de son déplacement dans l'espace, de ses migrations ici ou là. Ce qui est inétendu n'a pas de rapports positifs avec l'étendue, matérielle ou non. L'âme ne peut donc occuper un lieu quelconque dans le corps. Seulement, son action peut être plus manifeste en un point qu'en un autre.

Mais ce n'est pas ainsi que l'entendent ceux qui prétendent lui assigner un centre d'opérations. Ce centre, suivant Pythagore, Platon, Cicéron, Galien, serait l'encéphale. Erasistrate veut que ce soient les méninges. Hérophile le conçoit dans ce qu'il appelle le grand ventricule du cerveau. C'est, au contraire, l'aqueduc de Sylvius qui est le siège de l'âme aux yeux de Servet. Auranti veut que ce soit le troisième ventricule (le ventricule moyen?) du cerveau. Descartes donne la préférence à la glande pinéale; Sœmmering, au liquide renfermé dans l'encéphale; Warthon et Schelhammer, à la naissance de la moelle épinière; Bentekoë, Lancisi, Lapeyronnie, aux corps calleux; Willis, aux corps striés; Vieussens, au centre ovale de la substance médullaire; Ackermann, aux tubercules des sens, aux couches optiques et aux corps striés; Longet, à la protubérance annulaire, mésocéphale, au point d'intersection de la huitième paire des nerfs pneumo-gastriques. On peut, dit-il, vider le crâne, à l'exception de cette partie, sans tuer le sujet. M. Flourens reconnaît quelque partie analogue à la précédente et l'appelle le nœud vital. Cette partie serait également située dans la moelle allongée; mais, en supposant que la protubérance annulaire ou telle autre partie de la moelle allongée ne pussent être lésées, comprimées même pendant un certain temps sans faire mourir le sujet, le raisonnement n'autoriserait encore à regarder ces parties du corps que comme les conditions organiques les plus essentielles à la vie, et non comme le siège de l'âme.

Magendie, sans chasser l'âme de l'encéphale, a bien un peu l'air de douter qu'elle y ait une résidence bien fixe, lorsqu'il écrit ces lignes : « Cette soustraction (de l'encéphale) sur certains animaux, tels que les reptiles, ne produit presque aucun changement dans leurs allures habituelles; il serait difficile de les distinguer des animaux intacts. » Il est vrai que ce sont des serpents. Mais Straton, parlant de l'homme, prétend que l'âme, si âme il y a pour Straton, réside plus volontiers entre les deux sourcils que partout ailleurs. D'autres, comme Parménide, lui font faire élection de domicile dans toute la poitrine; et comme cette demeure serait un peu vaste pour un atome, Epicure confine l'âme-atome au milieu de la poitrine.

Pythagore, qui a donné le nom d'âmes aux principales fonctions de l'âme unique, ainsi qu'Hippocrate, Platon, Galien et beaucoup d'autres, loge la plus raisonnable dans le cerveau, celle qui l'est le moins dans le bas-ventre et les parties avoisinantes, et celle qui tient le milieu dans la poitrine, partie intermédiaire entre ces deux extrêmes. Aristote trouve que l'âme est mieux placée dans le cœur. Empédocle préférerait la faire circuler avec le sang. Il en est enfin qui, pour ne pas se tromper par des préférences qui pourraient bien n'être pas du goût de l'âme, lui font habiter tout le corps. C'était déjà le sentiment de Xénocrate. Il est aujourd'hui professé par

M. Ennemoser en ces termes : « L'âme est partout dans le corps, dans les solides, dans les liquides. Et comme le sang est la propre fluidité de la vie, l'âme est aussi dans le sang, ou plutôt elle soutient un *rapport* primitif et *universel* avec le sang. C'est un esprit qui réalise partout la vie, mais qui est doué de toutes sortes de facultés, pour la manifestation desquelles il faut des organes divers. » (1)

§ III.

Argument plus généralement admis en faveur de l'immatérialité de l'âme.

La spiritualité de l'âme ne peut pas se prouver directement ; ce n'est d'ailleurs là qu'une conception relative, négative même, la contradiction de celle d'étendue. Il faut donc, pour établir que l'âme doit être conçue spirituelle, faire voir qu'elle ne peut être conçue matérielle. Or, le fait n'est possible qu'en partant des phénomènes animiques, qui sont la seule chose de notre âme que nous connaissions intuitivement ou directement. Pour arriver à ce résultat, voici, mais avec un peu plus de rigueur peut-être, comme on raisonne dans le système atomistique ou moléculaire. C'est assez dire que le raisonnement n'a de valeur que dans cette hypothèse.

(1) *Der Geist des Menschen in der Natur*, p. 651.

V. sur l'immatérialité de l'âme et son prétendu siège dans le corps : Muller, op. cit., t. II, p. 350-351 ; Virey, op. cit., t. I, p. 12 ; marq. D'Argens, *Philos. du bon sens*, t. II, p. 184-246 ; *Mém. secrets*, t. II, p. 272-378 et suiv. ; Kant, *Ueber das Organ der Seele*, 1796, *zu Sœmmering* ; Gioja, op. cit., t. I, p. 141 ; notre *Anthrop.*, t. II, p. 345-357, 388-399.

Toutefois, il conclurait encore dans le système dynamique, si l'on conçoit autant de forces ou de foyers de forces partielles que de fragments derniers dans les corps.

Si ce qui sent en nous était étendu, il arriverait que chacune des parties de cette étendue déterminée éprouverait la sensation entière, ce qui donnerait autant de fois la même sensation qu'il y aurait de molécules matérielles. Il y aurait aussi un nombre de *moi* égal au nombre de ces sensations, puisqu'elles ne pourraient être numériquement distinctes, et cependant de nature identique, qu'à la condition d'être des déterminations de sujets divers. En effet, ces *moi* différents auraient ou n'auraient pas conscience les uns des autres. Dans le premier cas, il y aurait autant de *moi* que de molécules, sans quoi la conscience du multiple serait égale à la conscience de l'un; ce qui n'implique pas moins que d'affirmer que le multiple et l'un sont une même chose, une même idée. Dans le deuxième cas, c'est-à-dire si, malgré la multiplicité des sensations identiques, il n'y avait pas pour chaque molécule conscience de cette multiplicité, ou tout au moins de la multiplicité des sujets, la multiplicité n'en existerait pas moins, mais sans unité qui la ralliât autant de fois qu'il y aurait de molécules. Et alors il n'y aurait pour chaque molécule que sa sensation et sa conscience propres; ce qui, d'une part, n'empêcherait pas la multiplicité indéfinie du moi, en même temps qu'on ne s'expliquerait plus, d'autre part, pourquoi nous n'avons conscience que d'un seul, et pourquoi par conséquent tous ces moi n'en feraient qu'un, ou pourquoi, étant égaux, comme ils le sont par hypothèse, un seul dominerait tous les autres, et les absorberait pour ainsi dire.

Suppose-t-on, au contraire, que chaque molécule n'éprouve qu'une partie de la sensation totale? Mais, outre qu'il est difficile, pour ne pas dire impossible, de se faire une idée de ce que pourrait être une fraction de sensation, cette hypothèse donne naissance à six autres hypothèses secondaires qui la précisent et qu'il faut examiner.

1° Ou *chaque molécule retient passivement sa portion de sensation*, et alors pas de sensation complète, — incompréhensibilité d'une sensation ainsi fractionnée à l'infini.

2° Ou *chaque partie transmet sa portion de sensation à une autre partie sans la garder ou sans en garder le souvenir;* et alors cette transmission, d'ailleurs absolument inconcevable, s'opère de deux manières : ou régulièrement et complétement, ou irrégulièrement et incomplétement. Si elle s'opère régulièrement, de deux à deux, et suivant un ordre déterminé, de manière que chaque partie moléculaire fasse un échange (ce qui ne peut avoir lieu qu'autant que les molécules sont en nombre pair, car si le nombre en est impair, une molécule reste nécessairement avec sa modification primitive), cet échange fait, s'opérât-il pendant des siècles, la sensation ne serait pas plus avancée à la fin qu'au commencement.

Si, au contraire, l'échange ne se fait pas régulièrement, s'il n'est ni mutuel ni complet, il arrivera que des molécules auront un plus grand nombre de parties de la sensation totale que d'autres; que quelques-unes pourront en manquer totalement; enfin qu'une seule pourra les avoir toutes. A l'exception de ce dernier cas, qui se représentera tout à l'heure, il n'y aurait jamais que des sensations imparfaites, incomplètes.

3° Ou *chaque molécule, en transmettant sa portion de sensation à une autre seulement, la garde encore ou en garde le souvenir;* et alors, — et sans nous arrêter à la difficulté de concevoir la possibilité de transmettre un état, et surtout de le conserver identiquement le même tout en le transmettant, — on peut reprendre les différentes positions du n° 2, et dire qu'en ce cas une molécule n'aura jamais ou que deux parties de sensation, ou deux souvenirs de chacune de ces parties, ou une partie et le souvenir d'une autre partie.

Encore supposons-nous que le nombre des molécules est pair et que l'échange est régulier, car si le nombre des molécules était impair, et que l'échange de deux à deux fût régulier, l'une d'elles ne pourrait rien donner ni rien recevoir.

Si, d'un autre côté, l'échange s'opérait irrégulièrement, alors quelques molécules pourraient n'avoir ni une partie d'une sensation, ni le souvenir d'aucune de ces parties, quand d'autres pourraient avoir plusieurs parties de cette sensation ou plusieurs souvenirs de ces parties, mais sans qu'il pût arriver que plus d'une seule eût la sensation entière, quoiqu'elle ne pût l'avoir ainsi, c'est-à-dire entière, que médiatement, au moins pour un certain nombre de parties, puisqu'on suppose que la sensation est originellement plus ou moins éparpillée.

4° Ou *chaque molécule, en transmettant sa portion primitive de sensation,* non plus à une autre, mais *à plusieurs autres, la conserve ou en conserve le souvenir, — ou elle ne la conserve pas, non plus que le souvenir.*

Dans le premier cas, si l'échange est régulier et que les molécules soient en nombre pair, il y aura dans chaque molécule une parcelle de sensation *primitive* ou le souvenir de cette parcelle, plus autant de parcelles de sensations *communiquées* qu'il y aura de molécules qui échangent ainsi leurs états : ce qui ne donnera jamais une sensation complète ni naturelle, puisque, d'une part, on suppose que l'échange n'a lieu qu'entre un plus ou moins grand nombre de molécules affectées, mais pas entre toutes, et que, d'une autre part, on suppose que chacune d'elles n'a qu'une parcelle de sensation directe, que toutes les autres lui sont transmises.

On vient de supposer un échange régulier et le nombre des molécules en nombre pair. Mais si cet échange n'est pas régulier, ou si le nombre des molécules est impair, une ou plusieurs de ces molécules restera sans sensation ; les autres pourront en avoir plus ou moins de parties, mais une seule pourrait avoir toutes les parties qui se communiquent, sans, du reste, qu'aucune pût les avoir toutes, puisque cette communication est restreinte à un certain nombre.

Dans le second cas de l'hypothèse examinée sous ce numéro, c'est-à-dire si chaque molécule, en transmettant sa part de sensation, ne la conserve pas ou n'en conserve pas au moins le souvenir, que l'échange soit régulier ou non, il manquerait toujours à celle qui recevrait le plus grand nombre de parcelles échangées, celle de ces parcelles de sensation qu'elle avait reçue primitivement, ou même le souvenir de cette partie.

5° Ou *chaque molécule, en transmettant sa portion originelle et immédiate de sensation*, non plus à quelques autres molécules, mais *à toutes, la conserve ou en conserve le souvenir, — ou bien elle n'en conserve rien, pas même le souvenir*. Dans le premier cas, si le nombre des molécules est pair, il y aura autant de sensations complètes que de molécules; seulement, si chaque molécule ne conserve que le souvenir de sa parcelle propre et immédiate de sensation, aucune sensation ne sera complète : il manquera à toutes la parcelle de sensation représentée en elles par le souvenir; car le souvenir d'une sensation n'est pas cette sensation. Dans le second cas, ce souvenir même fera défaut, et la sensation sera encore plus incomplète que dans le premier.

6° Ou bien, enfin, *toutes les molécules communiquent chacune leur parcelle de sensation à une seule d'entre elles*, en sorte que ces parcelles réunies à celle q'uavait déjà la molécule privilégiée et que j'appellerai centrale, forment la sensation entière. Mais alors, pour qu'il n'y ait qu'une seule sensation, — mais aussi effacée que le souvenir de la sensation en comparaison de la sensation elle-même, — il faut supposer que toutes les molécules communiquantes ne conservent pas la parcelle de sensation qu'elles transmettent, ni le souvenirde cette parcelle : autrement, il y aurait une sensation entière, plus une multitude de fragments ou de souvenirs de fragments de cette sensation.

Prenant l'hypothèse la plus simple, la première, celle où les molécules communiquantes ne conservent aucune trace de l'état partiel communiqué, on se demande qu'est-ce que cette molécule centrale privilégiée? Est-elle encore étendue, ou ne l'est-elle pas? Si elle est étendue, la difficulté est la même qu'au début de ces hypothèses; et il faut les répéter toutes, et toujours, à l'infini, si l'on admet la divisibilité de la matièreà l'infini; si l'on ne veut pas l'admettre, il faut donner de bonnes raisons de ce refus.

Mais supposons que cette molécule n'est pas étendue. Nous sortons alors du matérialisme tel qu'on l'entend ordinairement. Il y a plus, on entre à pleines voiles dans le spiritualisme.

Si nous reportons maintenant nos regards sur toutes ces hypothèses, que d'absurdes suppositions engendrées par une seule, celle du matérialisme! Des parties de sensations! une sensation divisée à l'infini! des états qui se communiquent en passant identiquement d'un sujet à un autre! Et encore bien qu'on crût pouvoir raisonner ici par analogie avec ce qu'il est convenu d'appeler la communication du mouvement entre les corps, que de *pourquoi*, que de *comment* auxquels il serait encore impossible de répondre! — Et cependant nous n'avons parlé que de la sensation! Or on peut raisonner d'une manière entièrement analogue relativement à l'intelligence et à tous les autres états de l'âme, passifs ou actifs, que ces derniers soient fatals, spontanés ou réfléchis.

Le matérialisme, cependant, ne se rend pas encore; il se subtilise, s'évapore pour ainsi dire, afin d'échapper plus sûrement aux étreintes de la dialectique. Suivant lui donc, on peut rendre raison de la sensation, de la pensée même, par l'irritation, l'innervation, le mouvement ou le fluide nerveux, par l'état électrique ou magnétique de cette partie du corps, etc., etc. Mais tout cela se réduit à des phénomènes purement physiques et qui n'ont pas le moindre rapport essentiel avec la pensée, quoiqu'ils puissent en être une condition plus ou moins éloignée dans l'état actuel de l'homme.

Mais autre chose est la *condition*, autre chose est la *cause* et surtout l'effet lui-même; avec de la matière, du mouvement, des fluides, etc., on n'obtiendra jamais la pensée : ces deux espèces de notions sont à une distance infinie l'une de l'autre, et ne peuvent être prises l'une pour l'autre.

Serait-on plus heureux en disant que la pensée résulte de l'organisation, c'est-à-dire, si nous comprenons quelque chose à ce mot, d'une certaine disposition des parties d'un corps? Non, évidemment. Jamais une combinaison quelconque ne fera la pensée. Au surplus, qu'on définisse l'organisation et la vie, qu'on s'entende d'abord sur cette prétendue cause de la pensée, et nous verrons mieux ensuite ce qu'elle représente en réalité.

Ce qu'il y a de bon dans cette question, c'est que la religion et la morale y sont complétement désintéressées. L'immortalité de l'âme n'est point une conséquence nécessaire de sa spiritualité; et, d'un autre côté, la matière n'est pas plus sujette à périr que le principe pensant. La division n'est point la destruction, et nous savons d'ailleurs que, dans l'hypothèse du matérialisme vulgaire, la pensée est impossible, l'étendue n'existant pas. Et quand même elle existerait et que la pensée serait le résultat de l'organisation, la désorganisation peut ne point atteindre la partie essentielle à la pensée, ou l'organisation peut être rétablie. Ainsi, la garantie de l'immortalité se trouve bien plus dans la justice et la bonté divines que dans la nature du principe pensant, simple ou non. S'il doit être anéanti, il le sera; s'il doit perdre sa personnalité seule en perdant la pensée, il périra comme âme, tout en continuant d'être comme substance. Si, au contraire, il doit vivre toujours, il vivra. Il n'y a pas de contradiction à supposer que ce qui a commencé d'être une personne, puisse cesser d'être au même titre, pas plus qu'il n'y en a à penser que ce qui est puisse être encore et toujours. L'argument en faveur de l'immortalité de l'âme, tiré de nos tendances vers l'infini, ne prouve point par lui seul : 1° parce que ces tendances sont naturellement dans tout être destiné à se développer et à se conserver, même à un degré et pour un temps déterminé ; 2° parce qu'elles seraient encore utiles et fondées en raison quand même il n'y aurait pas d'autre vie que la vie présente ; 3° parce qu'enfin[1], parce que surtout, elles n'ont de sens et de force que dans l'hypothèse d'un Dieu sage et provident. Nulle garantie encore de la vie future, à cet égard, que sous la condition des attributs divins.

N'oublions donc pas, en finissant, ces simples réflexions :

1° On ne raisonne, en tout ceci, que sur des hypothèses. Posé, par exemple, que la matière soit telle chose et ne soit que cela, elle ne peut penser, dit l'un ; posé qu'elle soit telle chose, elle peut penser, dit l'autre ; et ni l'un ni l'autre ne savent ce que c'est que la matière en soi. Ils s'en feraient les idées les plus nettes possibles, qu'ils n'en sauraient pas davantage au fond ; jamais la connaissance ne sera adéquate aux choses, le subjectif à l'objectif. Jamais on ne connaîtra l'essence de la matière ; jamais on ne saura ce dont elle est ou n'est pas susceptible entre les mains du Créateur.

2° On connaîtrait la matière, on établirait que ce qui pense en nous n'est point matériel, qu'on n'aurait encore qu'une idée négative et relative de la nature du principe pensant, et non point une idée positive et absolue.

3° On démontrerait la possibilité de la pensée dans la matière, qu'il ne s'ensuivrait pas encore que la matière pense.

4° Des esprits très pieux et des plus autorisés, nous ne parlerons pas des modernes, ont été partisans de la matérialité ou de la composition du principe pensant. C'est Tatien (1), c'est S. Irénée (2), c'est Tertullien (3), c'est Origène (4), c'est Lactance (5), c'est S. Hilaire (6), c'est S. Clément d'Alexandrie (7). « S. Grégoire de « Nysse parlait d'une sorte de transmigration, inconce- « vable sans matérialité; S. Ambroise divisait l'âme en « deux parties, division qui la dépouillait de son es- « sence en la privant de sa simplicité; Cassien pensait « et s'expliquait presque de même; Jean de Thessalo- « nique, au septième concile, avança, comme un article « de tradition attesté par S. Athanase, par S. Basile, par « S. Méthode, que ni les anges, ni les démons, ni les « âmes humaines ne sont dégagés de la matière. » (8)

On n'a pas oublié que Leibniz et Ch. Bonnet, entre autres, sans faire l'âme matérielle, n'admettaient pas non plus qu'elle pût vivre séparée de tout corps.

(1) *Serm. ad Græc.*, p. 153.
(2) FEUARD. et MASSUET., *in Iren.*
(3) *De Anima*, XXIV; *adv. Prax.*, VII et VIII.
(4) *De Principiis*, in procem.; Vid. HUET, *Quæst. alnet.*, I, 5, p. 58.
(5) *De Opific. Dei, ad Demetr.*, XVIII.
(6) HIL., *in Matth.*, can. 5.
(7) *Strom.*, V.
(8) HOUTTEVILLE, *La Religion chrétienne prouvée par les Faits*, t. II. p. 777. Nouv. éd.; Amst., 1744.

Il ne suffit pas de savoir que l'âme est immatérielle pour savoir s'il est de son essence de penser; il faut, de plus, s'assurer de la nature du rapport de la pensée avec un principe simple.

CHAPITRE II.

De la forme de l'âme. — Si la pensée est l'essence de l'âme. — Si l'âme pense toujours, et nécessairement.

Les cartésiens, qui faisaient de l'étendue l'essence des corps, croyaient être conséquents en disant que la pensée est l'essence de l'âme, et qu'il serait aussi contradictoire qu'une âme fût sans pensée qu'un corps sans étendue; que l'âme étant un principe pensant, elle ne peut pas plus être sans pensée qu'elle ne peut être sans son essence, sans son être propre.

Cette doctrine n'est pas sans difficultés. Nous en trouvons même plusieurs.

1° Si l'étendue n'est pas l'essence des corps, la comparaison pèche.

2° L'étendue fût-elle l'essence des corps, la comparaison pourrait bien n'être pas juste encore, puisqu'il serait peut-être plus vrai alors de comparer la pensée au mouvement qu'à l'étendue. Et alors, de même qu'un corps peut être conçu en repos comme en mouvement, l'âme pourrait être conçue pensante ou non pensante.

3° On a confondu l'âme avec le moi : c'est le moi qui ne peut pas être sans pensée, puisqu'il est le produit d'une conception; mais l'âme peut très bien exister sans le moi. Elle est alors le moi virtuel ou possible, de même que le corps en repos est un corps mobile encore.

4° Comment, d'ailleurs, la pensée serait-elle l'essence de l'âme, si d'une part l'essence d'une chose est ce sans quoi cette chose ne peut être ni être conçue, et que d'autre part, ni la pensée en général, ni la pensée en particulier, telle ou telle pensée déterminée, n'est une forme nécessaire de l'âme, puisque la pensée en général n'est qu'une abstraction, et que de toutes les pensées déterminées il n'en est pas une seule qui soit nécessaire à l'âme, qui n'ait son moment d'apparition et de disparition?

5° Ne suffit-il pas, d'ailleurs, de comprendre que la pensée étant un mode et un produit de l'âme, il est aussi impossible qu'elle en soit l'essence qu'il est impossible que l'âme se produise elle-même?

6° Ce qu'il y a de vrai, et ce que voulaient sans doute dire les cartésiens, mais ce qu'ils n'ont pas dit cependant, c'est qu'il est de l'essence de l'âme de *pouvoir* penser, ou que la *faculté* de penser fait partie de cette essence : ce qui est bien différent de la pensée actuelle. Mais alors nous ne savons pas positivement en quoi consiste cette essence de l'âme qui comprend la faculté de penser. Nous ne savons même pas si cette faculté fait réellement partie de l'essence de l'âme, ou si elle n'en est que la conséquence. Ce dernier point nous semble d'autant plus vrai, qu'une faculté, comme telle, n'indique que la causation possible de la part du sujet, mais point du tout la raison intime, essentielle, de cette vertu causatrice. Or, cependant, c'est cette raison, considérée ontologiquement, qui constitue l'essence réelle d'une chose telle que l'âme.

C'est donc encore assez mal définir l'essence d'une

chose réelle, naturelle, que de dire qu'elle est ce sans quoi cette chose ne peut être ni être conçue. *Ne peut être,* soit. Et encore dirions-nous : Ne peut être ce qu'elle est, de l'espèce à laquelle elle appartient. Mais : *Ne peut être conçue,* c'est autre chose. Nous concevons bien l'âme comme une force capable de penser, il est vrai, mais nous ne savons pas davantage en quoi consiste ce qui est cause de cette capacité. Nous ne concevons donc de l'essence de l'âme, de l'âme par conséquent, que le rapport très vague, très général, de son essence, quelle que soit cette essence, avec la pensée possible. Ce n'est donc pas là concevoir l'âme dans son essence, mais bien dans le rapport de cette essence avec son produit *possible.* Je dis possible, parce que, ne connaissant pas l'essence de l'âme, nous ne pouvons pas affirmer qu'il y ait un lien nécessaire entre cette essence et la pensée considérée comme son produit. Ce rapport est donc purement contingent. En sorte que nous restons à cet égard dans l'incertitude sur la question de savoir si l'âme pense ou ne pense pas nécessairement.

Ce qui a induit en erreur sur la définition à donner de l'essence des choses, ce sont les idées mathématiques, ou *à priori* en général. Comme elles n'ont pas d'objet réel, comme elles consistent exclusivement dans l'idée même qu'on s'en fait, par exemple le cercle ou toute autre figure de géométrie, elles sont tout entières dans la conception de leur essence. Leur essence est donc bien *ce* sans quoi elles ne peuvent être conçues, c'est-à-dire l'*idée,* la conception sans laquelle elles seraient inconcevables dans leur essence même. On pénètre donc ici l'essence, on la constitue par l'idée même.

Il en est tout différemment lorsqu'on a affaire aux réalités; on ne connaît l'essence d'aucune d'elles.

La question de la permanence de la pensée ne peut donc être résolue *à priori*, si surtout l'on entend par pensée les déterminations du moi. Reste l'observation ou l'expérience. Or, il est certain que le moi est postérieur à l'âme ; qu'il n'apparaît que plus tard; qu'il a ses défaillances, son sommeil, ses absences régulières, ses aliénations, et que, malgré la permanence d'autres fonctions dans l'âme, celle du moi peut y faire défaut.

Mais si l'on entend par pensée un acte quelconque de l'âme, il est assez présumable que toujours il y a action; mais encore faut-il reconnaître que nous ne voyons pas d'impossibilité à ce qu'il en soit autrement : d'abord, en ce sens que la pensée peut absolument s'éteindre dans l'âme comme elle a pu y naître; en ce sens, en d'autres termes, que l'âme pensante n'est pas nécessaire, et qu'elle peut être anéantie. L'action peut défaillir encore dans l'âme en cet autre sens que l'activité de ce principe peut y être comprimée, paralysée par une force étrangère, sans pourtant y être étouffée; de sorte que l'âme peut reprendre ensuite son essor, et déployer des forces qui n'étaient que contenues ou qui sommeillaient.

Qui d'ailleurs pourrait démontrer que l'âme, quoiqu'il fût de son essence de penser, ne serait pas soumise, quant à la pensée même, quant à la pensée actuelle, à quelque condition étrangère, à celle de l'organisme, par exemple?

Nous dirons donc, en résumé, que la pensée peut bien être appelée la forme de l'âme, mais que cette forme n'est point l'essence de l'âme; que dès lors nous ne pouvons dire que l'âme pense nécessairement ; qu'il y a lieu de penser, au contraire, que la pensée, c'est-à-dire l'action ou la passion accompagnée de conscience, n'est pas nécessaire, bien qu'elle soit sans doute l'état de beaucoup le plus ordinaire de l'âme depuis l'avènement à la vie (1).

Il faut voir maintenant en quoi consiste l'état de l'âme par rapport au corps, ou ce qu'on appelle l'union de l'âme et du corps.

CHAPITRE III.

De l'union de l'âme et du corps.

On a peine à comprendre l'état de la question posée dans les termes qui précèdent. Qu'entend-on par union de l'âme et du corps? Entend-on une sorte de juxtaposition dans l'espace? L'âme n'étant pas étendue ne peut être ainsi conçue en rapport avec le corps. Entend-on un commerce d'action et de réaction? Il n'est pas moins visible que quoi que ce soit dans le monde comme phénomène, et ne peut être mis en question. Entend-on le mode d'action de l'une de ces substances sur l'autre, et ce mode pris en dehors du phénomène? Il n'y a pas lieu non plus à poser cette question, pas plus, du moins, que pour quelque autre mode secret d'action des forces de la nature.

De même donc qu'on ne se demande pas comment la force vitale procède pour faire une plante de telle espèce, pour faire circuler les sucs vivifiants dans les

(1) Cf. VIREY, op. cit., t. I, p. 35-47 ; t. II, p. 163-179, et notre *Anthropologie*, t. II, p. 357-382.

innombrables canaux des corps organisés; comment une autre espèce de force opère dans l'attraction universelle, ou dans toute autre opération, en tant que son procédé ne peut tomber sous le sens : de même il eût été sage, ce nous semble, de s'en tenir aux faits, à la manière sensible dont ils s'accomplissent, et de se dire qu'ici, comme ailleurs, nous ne pouvons savoir le *dernier comment* de rien.

N'apercevant pas ce comment, et voulant néanmoins répondre quelque chose à la question, les uns ont répondu par la question même, en disant qu'il y a action du corps sur l'âme et de l'âme sur le corps, une véritable action, une action naturelle : c'est ce qu'ils ont appelé l'*influx physique;* ce qui ne signifie pas autre chose que le fait lui-même qu'il s'agit d'expliquer, je veux dire l'apparence d'un commerce d'action et de réaction entre le corps et l'âme.

D'autres, plus hardis encore, ont pensé que ce commerce est impossible, vu la différence, suivant eux essentielle, des deux natures, et ont déclaré qu'elle n'existe pas.

Mais arrivés là, ils se partagent en sectes nombreuses. Les uns prétendent avec Leibniz qu'il y a entre les deux substances une harmonie préétablie, de telle sorte qu'ayant été faites l'une pour l'autre, elles sont montées chacune de manière à fonctionner avec le plus parfait ensemble, sans cependant qu'il y ait la moindre action de l'une à l'autre. Chacune se débande suivant ses propres lois; ce qui suit se trouve déterminé par ce qui précède, bien que le contraire fût peut-être plus rationnel et plus concevable : de telle façon que le corps déroulerait encore tous ses mouvements, lors même qu'il n'y aurait pas d'âme, tout comme l'âme éprouverait tout ce qu'elle éprouve, voudrait tout ce qu'elle veut, ferait tout ce qu'elle fait, encore bien qu'il n'y eût pas de corps. La raison suffisante d'une détermination ou d'un état à venir, soit dans l'âme, soit dans le corps, est dans le passé de cette âme ou de ce corps.

Quelle est, dans ce système, la raison suffisante du corps ou de l'âme? Celle de l'harmonie entre l'un et l'autre? Que devient, dans ce même système, la liberté de l'âme? Comment, malgré la simplicité parfaite des monades spirituelles ou corporelles, un changement si considérable d'états est-il possible? Comment le passé, en tant que passé, ou le présent même peut-il déterminer l'avenir, c'est-à-dire comment un état qui est peut-il être cause d'un état qui n'est pas encore? etc., etc. C'est ce qu'on ne voit pas très clairement, et ce dont Bayle demandait dejà un compte rigoureux à Leibniz.

Tout en reconnaissant qu'il n'y a pas communication possible entre le corps et l'âme, des cartésiens, restant plus fidèles aux apparences, imaginent que Dieu exerce sur l'un d'eux, à point nommé, l'action qui semble provenir de l'autre, mais qu'elle ne peut point exercer en réalité. C'est donc Dieu qui fait tout ici et là, dans le corps et dans l'âme; ce qui semble être une cause n'est jamais qu'une occasion.

On se demande d'où vient alors la première occasion; et puisque le commencement de ce branle universel est très important, il y a là une responsabilité d'initiative qui pèse d'autant plus sur Dieu qu'elle pèse moins sur l'homme. On va beaucoup plus loin : on prétend que l'âme elle-même ne peut agir, penser, vouloir, de son propre fond, par elle-même ; que c'est Dieu qui fait tout en elle. Et, comble d'étonnement ! on soutient l'existence du libre arbitre. Il faut voir Bossuet sur ce sujet. Il faut voir aussi le livre de Boursier, *de l'Action de Dieu sur les créatures*, et la réfutation de Mallebranche, intitulée : *Réflexions sur la Prémotion physique*. Mais il faut voir surtout un article fort peu connu de *Fontenelle,* qui est, à notre sens, la meilleure réfutation de l'occasionalisme.

Au lieu de faire intervenir Dieu pour tenir lieu de soudure entre les corps et l'âme, des métaphysiciens ont imaginé de lui faire créer à cet effet quelque substance intermédiaire, qui ne serait ni tout corps ni tout esprit, mais qui participerait de la double nature du corps et de l'esprit ; qui ferait dans le corps tout ce que l'âme n'y peut faire, et dans l'âme tout ce que le corps semble y faire, mais qu'il n'y fait pas réellement. Qu'on appelle ce principe hybride une *âme plastique* avec Cudwort, ou un *archée* avec Van-Helmont, ou des *esprits animaux* avec Descartes lui-même, ou un *principe vital* avec quelques modernes, ou bien l'*âme du corps* avec d'autres plus modernes encore ; qu'on varie un peu sur les fonctions remplies par cet intermédiaire, et que, suivant une opinion, il serve surtout à agir sur le corps, et suivant une autre sur l'âme : toutes ces divergences n'ont rien de bien essentiel. Ce qu'il y a d'essentiel, c'est la raison qui a fait imaginer cet intermédiaire, à savoir, la différence prétendue radicale entre le corps et l'esprit, et l'impossibilité d'une action mutuelle de l'un sur l'autre, l'impossibilité présumée, surtout, d'expliquer le jeu de l'organisme, sa formation principalement, soit par le corps, soit par l'âme (1).

En résumé, et pour conclure sur la grande question de l'union de l'âme et du corps ou du rapport entre le physique et le moral, l'idée d'union, dans le sens propre ou physique du mot, implique celle de juxtaposition, celle, par conséquent, de deux choses qui occupent un lieu dans l'espace, et qui y sont conçues de telle façon que l'intervalle qui les séparait ou pouvait les séparer d'abord est réduit à une quantité aussi minime que possible. Je ne dis pas qu'il est réduit à rien, parce que, s'il en était ainsi, il y aurait continuité rigoureuse, absolue, entre les deux choses unies, ce qui les rendrait identiques au point de vue de l'étendue.

Mais l'union dont il s'agit ici, c'est-à-dire celle du corps et de l'âme, n'est point cela; c'est un rapport d'action et de réaction, une influence mutuelle. Et comme la matière et l'esprit sont également des forces substantielles, mais dont l'une est à beaucoup d'égards subordonnée à l'autre et doit lui servir d'instrument, il est naturel qu'elle en soit façonnée en conséquence. La force-âme travaille donc la force-matière, la dispose comme elle peut, de son mieux, pour l'approprier à ses usages. Ce premier travail accompli, l'instrument une fois formé, l'âme s'en sert, mais en s'en servant elle subit une réaction. C'est ainsi que l'ouvrier est modifié lui-même par l'usage de son instrument; qu'il subit le frottement et la résistance du vêtement qu'il s'est taillé; qu'il est influencé par la demeure qu'il s'est bâtie, et ainsi du reste. L'âme a bien

(1) Voir notre *Anthropologie*, t. II, p. 383-388.

pu se former au corps, tout indépendante qu'elle était d'abord de ce corps, et en vertu de ses forces propres; mais comme ce n'est pas elle qui a créé la matière qu'elle travaille, elle ne s'est pas plutôt mise en rapport avec cette matière qu'elle en subit fatalement l'influence. De là les rapports phénoménaux du physique et du moral; de là la limite de l'action de l'âme sur la matière dont elle forme son corps. Et dans la supposition, assez peu vraisemblable d'ailleurs, où toutes les âmes seraient également puissantes et habiles, où leur instinct serait également le même en toutes, la différence que nous remarquons entre elles, une fois qu'elles sont revêtues d'un corps, s'expliquerait encore par la différence de la matière première dont elles ont formé ce corps, par les influences très variées du dehors, qui ont favorisé ou contrarié leur travail. Tout cela suffit donc pour expliquer la différence qui se remarque entre les sujets divers d'une même espèce (1). Mais qu'était l'âme avant son union avec le corps, et que sera-t-elle après la mort du corps?

CHAPITRE IV.

De l'origine de l'âme. — Quand et comment elle prend possession d'un corps et devient âme vivifiante.

§ I.

D'où vient l'âme? Est-elle une émanation directe ou indirecte de la Divinité? — Est-elle une substance qui soit essentiellement distincte de Dieu, mais éternelle

(1) V. notre *Anthropologie*, t. II, p. 382-399.

comme lui, ou a-t-elle eu un commencement? — Ce commencement est-il celui du monde, ou chaque âme est-elle produite en son temps? — Quand cette production a-t-elle lieu? Est-ce au moment de la conception ou après? au moment de la naissance ou plus tard encore? — Y a-t-il autant d'âmes que d'individus vivants? ou l'âme de l'un peut-elle devenir l'âme de l'autre, suivant les temps?

Ces questions et mille autres du même genre sont aussi faciles à poser que difficiles à résoudre. Mais si la certitude est souvent impossible à obtenir en ces sortes de sujets, la vraisemblance n'est pas toujours inaccessible. Jetons d'abord un coup d'œil sur ce qui a été dit et pensé avant nous.

Les panthéistes, les unitaires absolus, tels que les brahmanes, les prêtres égyptiens, les éléates et beaucoup d'autres philosophes grecs, plusieurs métaphysiciens des temps modernes, tous ceux qui ne croient pas à la multiplicité des substances et des réalités, ne peuvent admettre des âmes individuelles en tant que substances; il n'y a de distinct en fait d'âmes que la phénoménalité, c'est-à-dire les effets, mais point les causes. Tous ces effets divers ont une cause unique, immédiate, la cause première et dernière, la cause absolue.

Ou bien, par une inconséquence difficile à concevoir, la substance causatrice absolue, unique, indivisible, se multiplierait néanmoins de mille et mille manières, prendrait mille et mille formes, se décomposerait en une infinité de forces substantielles, agissant chacune suivant des lois propres à son espèce. C'est là le système de l'émanation directe.

Mais comme il y a dans le monde une hiérarchie, une subordination ou une coordination graduée des êtres, des philosophes, tels que les alexandrins, ont pensé que les âmes inférieures procèdent des supérieures, et que l'effet va s'affaiblissant à mesure qu'il s'éloigne de la cause primitive. On peut, à cet égard, multiplier à volonté les degrés des existences, les espèces d'âmes, tout en faisant produire à une puissance secondaire des âmes d'espèces différentes. C'est le système de l'émanation indirecte. Il amoindrit la puissance ou l'essence divine, en même temps qu'il exagère l'essence ou la puissance des créatures.

Un autre système, celui de la séparation de l'âme d'avec Dieu, tient à celui de l'émanation, en ce qu'il suppose une vie propre à l'âme, une vie qui s'éloigne de plus en plus de la vie divine, suivant la distance de plus en plus grande où l'âme est de Dieu. Mais il en diffère en ce que, dans le système de l'émanation, l'âme a fait primitivement partie de Dieu, et qu'elle en est détachée par l'effet des lois physiologiques qui régissent la nature divine. Dans le système de la séparation, au contraire, l'âme, quoique unie à Dieu d'une union d'intelligence et de sentiment, n'a jamais fait partie de la substance divine, et ne s'en est séparée que par un effet de sa volonté, par le péché. De là une chute. Comment une âme, connaissant et aimant Dieu d'une connaissance et d'un amour supérieurs, peut-elle concevoir la pensée, le désir, la résolution de s'en séparer? C'est là le côté incompréhensible, moralement contradictoire et impossible de ce système.

Il n'y a pas plus de raison, d'un autre côté, d'admettre

l'éternité d'âmes distinctes de Dieu, que l'éternité de toute autre substance faisant partie de ce monde. On rencontre donc ici la grande question de la contingence ou de la non contingence des substances, sinon des choses, la question de l'éternité de tout ce qui est fondamental, ou celle de la création. Cette question appartient plus à l'ontologie ou à la théologie rationnelle qu'à la physiologie ; mais la solution en est applicable à cette dernière science. En tous cas l'âme, comme principe qui vivifie le corps, et même comme principe pensant et conscient de la pensée, commence un jour ou un autre ce double rôle. Elle a donc un commencement comme principe vivifiant et pensant. Cela nous suffit pour le moment.

Supposons-lui donc aussi un commencement comme substance. Il faudra dès lors admettre qu'elle a été créée. Mais quand et comment? Est-ce au commencement des temps et par un acte immédiat de la Divinité, ou dans le temps et par l'intervention de causes secondes?

Quelle nécessité y a-t-il d'abord de supposer que Dieu, en créant le monde, ses lois, les conditions de sa vie et de son développement, ait laissé les âmes dans le néant? Mais, dira-t-on aussi, quelle nécessité à ce qu'il les ait créées pour les laisser engourdies pendant des siècles, soit qu'il les ait unies tout d'abord aux germes qu'elles devaient vivifier dans le temps, soit qu'il les ait tenues séparées? Sans doute il n'y a là, d'un côté ou d'un autre, aucune nécessité ; mais l'analogie semble plus favorable au développement dans le temps et à la création au début du temps.

Et comme les germes sont déjà une formation, puisqu'ils sont composés, une organisation, ils s'expliquent par l'action d'une cause seconde, d'un principe de vie propre à chaque espèce.

Ainsi, l'organisation et son développement s'opèreraient dans le temps; ils seraient l'effet de l'action vitale; le principe de vie serait seul créé dès le commencement. A cet égard le panspermisme devrait être remplacé par le panpneumisme : ce ne seraient pas les germes qui seraient partout, ce seraient les âmes; partout des âmes de toute espèce seraient prêtes à former les germes qui devraient leur être assortis si les circonstances leur étaient favorables. Et comme les âmes ne tiennent point de place, on comprend aisément qu'il peut s'en trouver de toutes sortes en tout lieu.

Le panspermisme n'admet pas, d'ailleurs, que les germes des êtres vivants se trouvent ainsi partout sans âmes; ces germes sont, au contraire, pourvus d'une âme, et cette âme n'attend que l'occasion ou des circonstances favorables pour agir sur le germe auquel elle est unie et le développer. Le panspermisme ou la théorie de la dissémination des germes n'admet donc ni la préexistence des germes par rapport aux âmes, ni celle des âmes par rapport aux germes. Il n'admet donc pas davantage la formation des germes par les âmes, ni la formation des âmes par les germes vivants. Toutes les âmes sont données avec la matière organisée et ne se développent qu'au sein de circonstances favorables.

Quelques partisans de ce système admettent cependant que les âmes pénètrent dans les corps déjà formés et vivants, par les voies respiratoires ou digestives (1).

(1) Des expériences récentes de M. Pouchet tendraient à prouver que

Mais Leibniz, plus profond et plus vrai, croyons-nous, que la plupart des autres métaphysiciens, ne voyant partout que des âmes, n'a pas à s'occuper de l'union des âmes et des corps, mais de l'union des âmes avec d'autres âmes d'un ordre différent. Tout est âme, suivant ce grand homme, et la plus petite partie de la matière renferme un monde de créatures vivantes. Chaque corps vivant (et quel est le corps qui ne vit pas!) possède une entéléchie dominante ou une monade, qui est l'âme de cet animal. Les membres du corps d'un animal se composent à leur tour de créatures vivantes, plantes et animaux, dont chacun a son entéléchie dominante. Le corps organique existe avant la conception, et l'âme dans ce corps. La conception fait seulement passer le corps à une autre forme, ce qui fait un animal d'une autre espèce. Avant la conception, les âmes sont déjà dans une certaine semence; mais elles ne sont alors que des âmes sensitives qui, par le moyen de la conception, parviennent à une nature humaine supérieure, et sont ainsi élevées au rang des esprits raisonnables (1).

Mais si l'on revient aux apparences, et qu'on distingue l'âme dominante ou proprement dite de l'agrégat des âmes dominées ou du germe, et qu'on appelle corps ce germe vivant ou tout au moins capable de vie, on distinguera trois positions possibles, suivant que l'âme a été créée pour le corps et avec le corps, ou qu'ayant été créée avant le corps, elle y est unie pour agir par lui

la diffusion des germes dans l'espace est beaucoup moins grande qu'on ne l'imagine. (V. *Compte-rendu de l'Acad. des sciences*, 18 juin 1860, p. 1121-1127.) Cf. les expériences contradictoires de M. Pasteur.

(1) *Théodicée*, § 91 et 396. Cf. Perrault, Fabry, Vollaston, Hartmann, Malebranche, Logan, Sturm, etc., dans l'histoire qui va suivre.

et avec lui, sans qu'elle puisse agir autrement, ou qu'elle y est unie pour agir de concert avec lui, quoiqu'elle puisse être et agir sans lui, mais comme âme pure et simple, bien qu'il ne puisse pas agir comme corps vivant ou composé sans elle.

Dans tous ces cas, on se demande naturellement que signifie pour l'âme l'acte physiologique de la procréation, de la conception? N'est-il que la condition de l'union de l'âme et du corps? ou bien est-ce quelque chose de plus, et quoi de plus?

On ne peut admettre que l'âme soit le produit de l'union des sexes. Cette union ne peut donner naissance à une substance nouvelle; elle ne peut que stimuler des forces existantes, les mettre en rapport; mais les créer, jamais. L'âme du fruit de la procréation doit donc être antérieure ou du moins en dehors de cet acte, soit qu'elle passe des parents à l'enfant, soit qu'elle parte d'ailleurs, soit que Dieu lui donne l'être immédiatement.

Ceux qui présument que l'âme de l'enfant provient des parents se divisent sur la part de ces derniers dans la production apparente de cette âme, suivant que le père et la mère y auraient une action commune, ou que l'âme procéderait tout entière soit du père, soit de la mère.

Il est difficile de méconnaître l'influence commune des parents sur l'âme de l'enfant, soit qu'il y ait égalité de part et d'autre, soit que la prépondérance se montre d'un côté ou de l'autre; mais il n'est pas moins difficile d'admettre que cette influence résulte d'une matière mixte, dans des proportions égales ou diverses, puisque l'âme n'est point un composé matériel. Il serait déjà plus simple d'admettre l'influence du corps sur l'âme, et par le corps celle des matériaux fournis par le père et la mère dans la formation ou le développement de ce corps. Ce qu'il y a de certain, c'est la participation apparente des deux parents dans la formation de l'âme.

Les stoïciens disaient cependant que la vie, l'animation du fœtus, provient exclusivement de la semence mâle : la mère ne serait, suivant eux, que le fond dans lequel s'opère le développement de l'âme, comme la terre est le récipient où le grain, stimulé par la chaleur, la lumière et l'humidité, pousse ses racines, sa tige, sa fleur et son fruit. Suivant cette comparaison, la mère, pareille à la terre, fournirait au moins des sucs au germe qui se développe en elle.

Suivant d'autres, au contraire, l'action du mâle se réduirait à une stimulation comparable à celle de l'humidité, de la chaleur ou de la lumière ; elle ne fournirait aucune matière au germe, ou du moins cette matière serait tellement subtile qu'elle échapperait à toutes nos investigations. Elle n'en serait pas moins nécessaire cependant à la production de la vie. Au surplus, quand on parle de mâle et de femelle, il s'agit beaucoup moins d'individus distincts que d'organes spéciaux, puisque ces organes peuvent se rencontrer chez le même individu, dans les végétaux et les animaux.

Ce système, du reste, se rapprocherait de la théorie des animalcules spermatiques, suivant laquelle des âmes, unies déjà, on ne sait comment, à des corps, à des germes, et formant ainsi de petits corps déjà vivants dans le principe mâle, forment, par l'union des sexes, un autre être vivant, un autre animal. Ces animalcules déjà doués de vie dans le fluide séminal du mâle, en pénétrant dans l'ovule de la femelle, qu'ils sont destinés à vivifier et à développer, donnent naissance à un animal nouveau, celui de l'espèce à laquelle appartiennent les deux animaux capables de se reproduire par la copulation. La théorie des animalcules spermatiques, que Hartsoeker prétend avoir conçue trois ans avant que L. Hamme la fît connaître à Leuwenhoeck, ne ferait en tous cas que reculer la difficulté relative à l'origine de l'âme, si elle n'admettait pas que toutes les âmes humaines auraient été créées avec et dans Adam, et qu'elles étaient destinées à être propagées par la génération. Reste à comprendre comment des âmes, plusieurs âmes, une infinité, peuvent être créées dans une autre âme ou dans un corps qu'elles n'animent cependant pas; comment chacune de ces âmes, ou chacun des corps animés qui provient de l'union de deux autres corps semblables, mais de sexes différents, peuvent à leur tour renfermer une infinité d'âmes, et toujours ainsi. Ce n'est pas là une petite affaire, et malgré l'autorité de Boerhaave, de Keel, de Cheyne, de Burygrof, de Volf, de Lancisius, de Geoffroy, de Louis, de P. Meyer, etc., je conçois l'opposition de Valisnieri, de Malpighi, de Swammerdam, de Graaf, de Hennings, de Crusius, de Spallanzani, de Bonnet et de Haller, qui sont pour l'emboîtement des germes.

Ce dernier système ne diffère cependant pas tellement de l'autre qu'il n'ait aussi ses difficultés insurmontables, et des difficultés de même nature. Qu'importe, en effet, que le germe qui se développe soit dans l'homme, comme le veulent les partisans des animalcules spermatiques, ou dans la femme, comme le soutiennent leurs adversaires, si de part et d'autre l'origine de l'âme n'est pas explicable par là, et si, dans ce dernier système, on aboutit en outre à la division à l'infini de la matière ou plutôt des corps, et des corps organisés ?

Une variété des partisans de l'emboîtement des germes se compose de ceux qui, non contents des difficultés dont nous parlons, mais se fondant toutefois sur une certaine analogie, font en outre passer les animaux supérieurs par tous les degrés inférieurs de l'échelle; tels sont : Valisnieri, Ray, Woodward, Lyonnet, Shelhammer, Duverney, Hamberger, Senac, Plouquet, etc. Suivant eux, de l'œuf naît un ver; du ver un insecte, qui donne naissance à un poisson, dont sort un amphibie, et enfin un mammifère.

Plusieurs anciens, tels que : Hippocrate, Aristote, Parménide, Empédocle, Alcméon, Epicure, Galien, suivis en cela par un grand nombre de modernes, au nombre desquels on peut citer Diemerbrock, Verheyen, Alberti, Bartholin, sont persuadés, en ce qui regarde le germe, qu'il résulte du mélange du fluide séminal des deux agents de la procréation, et que le plus fort de ces deux facteurs dans l'œuvre commune donne au produit le cachet de son sexe. Mais cette hypothèse, assez répandue encore, et que l'observation semble confirmer, avait déjà été repoussée par Vésal et Harvey.

Sans aller aussi loin peut-être que les anciens dont nous venons de parler, Descartes et Vieussens conjecturent que le mélange des semences des deux sexes produit une fermentation qui donne naissance aux fœtus. Il y a loin de la fermentation à l'organisation. Buffon incline cependant à cette opinion, puisqu'il est d'avis que le germe est un extrait des parties du corps vivant, et un assemblage de molécules organiques qui prennent la forme des parents. Mais il ne dit pas d'après quelles lois, sous l'influence de quel principe actif se forme cet assemblage. C'est pourtant là une affaire essentielle.

Est-ce avancer davantage que de soutenir, avec Maupertuis, que chaque semence contient un germe non développé, qui est : ou l'homme tout entier, ou l'animal tout entier, ou une partie de l'un et de l'autre, et qu'alors ces parties s'attirent et se réunissent ? On se demande, en effet, d'où vient ce germe, ou ces parties de germe, cette attraction, et le reste.

Needham est-il plus heureux en donnant aux semences des énergies spécifiques capables de produire un animal d'une espèce ou d'une autre ? N'y a-t-il pas là d'abord une tendance matérialiste, qui a de plus le défaut de laisser à savoir pourquoi les semences diverses auraient cette vertu, d'où elle leur viendrait, si elles renferment déjà quelque organisation, ou si, n'en renfermant aucune, elles possèdent la propriété de la former, et comment ? Faudra-t-il dire avec Van-Helmont et Georgi que l'esprit mâle donne la forme à la matière séminale de la femme ? Mais qu'est-ce que cet esprit mâle ? Est-ce encore de la matière, du sperme ? ou est-ce autre chose, et quelle chose ?

Cette action vague et quasi-spirituelle, attribuée au fluide séminal, remonte fort loin ; elle tient à celle de la formation spontanée, dont on retrouve le germe dans Moïse ; « Que les eaux produisent des reptiles à âme vivante » (*Genès.*, I, 20). Suivant Tertullien et Arnobe, les âmes elles-mêmes se multiplient par la semence humaine, à la façon des corps et avec eux. C'est-à-dire, sans doute, qu'une âme procède d'une autre comme un corps semble procéder d'un autre corps. Mais ce n'est là qu'une apparence sujette aux plus insurmontables difficultés : une substance créée ne peut produire une autre substance.

Cette opinion est pourtant reproduite par saint Thomas. Il attribue au sang générateur des animaux une vertu organisatrice analogue à celle de la fermentation putride, qu'il croit capable de donner naissance à des animaux, corps et âmes, d'après le texte biblique que nous venons de citer. D'où il conclut que les âmes des animaux qui proviennent d'une semence sont produites par cette semence même (1). Cela est vrai surtout, suivant saint Thomas, de l'âme sensitive, qui n'étant pas créée de Dieu, puisqu'elle n'est pas une substance (*eo quod non sit res subsistens*), doit être produite par les agents de la génération, par le moyen du fluide séminal. C'est en ce sens, ajoute saint Thomas, que l'âme sensitive se transmet avec le sperme (2).

Dans ce même article, le saint docteur soutient que l'âme sensitive est corruptible, sujette à périr comme le corps, qu'elle n'a ni existence ni action propre.

Il en est tout différemment de l'âme raisonnable : comme elle est substantielle, immatérielle, elle ne peut être produite par une cause seconde, corporelle ou spirituelle; et saint Thomas déclare hérétique l'opinion contraire (3).

(1) *Summ. th.*, Ire part., quest. 118, art. 1.
(2) Ibid., *Conclusio*.
(3) Ibid., art. 2, *Concl.* Cependant les Pères grecs et quelques Pères la-

Loin donc que l'âme soit le produit du fluide séminal, la vertu de ce fluide provient au contraire de l'âme, en ce sens, du moins, que c'est l'âme qui met en mouvement le corps de l'agent reproducteur. Ne faut-il pas, d'ailleurs, que l'âme préside aux fonctions vitales de l'embryon? Elle existe donc avant l'embryon : au début, elle est nutritive, puis elle devient sensitive, et enfin raisonnable (1).

Ici, saint Thomas reconnaît le développement successif de trois grandes fonctions dans l'âme, et repousse formellement comme fausse l'opinion de ceux qui soutiennent l'apparition successive de trois âmes dans un même corps, ou leur présence simultanée.

Il repousse également l'opinion d'Aristote, telle qu'il l'entendait du moins, lorsqu'il supposait que si l'âme raisonnable n'est pas différente des deux autres substantiellement, elle reçoit du moins du dehors, de Dieu, une raison qu'il ne serait pas de sa nature d'avoir spontanément. Saint Thomas dit très bien que cette opinion est insoutenable, par la raison qu'aucune forme substantielle n'est susceptible de plus ou de moins. Du moment, en effet, qu'on y ajoute une perfection supérieure, on en change l'espèce, comme on change l'espèce (paire ou impaire) d'un nombre en y ajoutant une unité (2). Il donne en-

tins sont généralement d'avis que l'âme est transmise par la génération. Voir, indépendamment de ceux qui ont été cités par un traducteur de saint Thomas, M. Drioux, t. III, p. 723, Tertullien et Arnobe. Cette opinion est encore soutenue. Toutes les âmes, dit-on, sont sorties d'une seule âme sans préexistence. L'âme des enfants vient de l'âme des parents, comme une flamme lumineuse provient d'une autre. (Vilh. TISSOT, *Von der Erzengung des Menschen*, I, Th. Biel, 1780.)

(1) *Summ. th.*, art. 2, *Conclusio.*

(2) Ibid.

core d'autres raisons, mais qui nous semblent moins décisives que la précédente.

Quant à l'époque de la création des âmes par Dieu, saint Thomas est très explicite : elles sont créées en même temps que les corps auxquels elles sont unies (1). D'où il faudrait conclure, contrairement à une autre opinion du Docteur angélique sur la formation du corps par l'âme, ou que le corps est déjà formé quand l'âme y est unie, à moins qu'on n'entende ici par corps une matière que l'âme est destinée à organiser; ou, ce qui nous semble plus conforme à la pensée de saint Thomas, que c'est l'âme sensitive qui forme le corps, et que l'âme intellectuelle n'en prend possession que plus tard. Nous reviendrons sur ce point dans l'histoire de l'animisme.

Du reste, l'opinion qui fait créer les âmes au moment où elles doivent animer les corps est celle de Théophile d'Antioche, d'Athénagore, de saint Hilaire, de saint Cyrille d'Alexandrie, de saint Jérôme, de Théodoret, etc.

Les origénistes et les priscillianistes pensaient, au contraire, que toutes les âmes ont été créées dès le commencement; mais cette opinion a été condamnée par deux conciles, l'un de Constantinople, l'autre de Braga (563).

Saint Thomas va si loin à l'occasion de l'union du corps et de l'âme, qu'il la regarde comme essentielle, non seulement pour constituer l'homme, mais encore pour que l'âme soit âme. Sans cette union, il ne concevrait pas dans l'âme la vertu sensitive; la nature de

(2) *Summ. th.*, art. 3, *Concl.*

l'âme est d'être unie au corps; l'âme n'est parfaite qu'à cette condition (1).

Il resterait à savoir, dans l'hypothèse de la coexistence originelle des âmes et des corps, si l'animation précède ou suit la conception. Suivant un grand nombre d'anciens, d'après ceux-là surtout qui distinguaient plusieurs âmes, l'âme raisonnable ne prenait possession du corps qu'assez longtemps après que l'âme nutritive avait formé ce domicile de chair pour un hôte plus noble. Le corps est donc déjà plein de vie, il est tout organisé et en voie de développement, quand l'âme raisonnable y est introduite au moment de sa création. Suivant Marsile Ficin, platonicien de la renaissance, cette union n'a lieu que cinquante-quatre jours après la conception. D'après Mélanchthon, ce serait quarante-cinq jours après le même évènement. Il en est qui distinguent suivant que l'embryon est mâle ou femelle. D'autres veulent que l'animation n'ait lieu qu'après la naissance de l'enfant. Ils se fondent même sur un texte de Moïse (*Exod.*, XXI, 22, 23) (2).

§ II.

Déjà nous avons parlé maintes fois d'une autre manière de voir. L'âme, créée dès le commencement, ne serait unie à un corps que dans le temps ; à une époque

(1) *Summ. th.*, art. 3.

(2) Des cabbalistes vont jusqu'à dire que l'âme peut se montrer pour la première fois dans un corps d'homme déjà grand. Ce corps est alors comme gros de cette âme, de même qu'une femme est grosse d'un embryon. D'autres cabbalistes font entrer l'âme dans le corps, au moment où le fœtus sort du sein de la mère. (BRUCK, *Hist. phil.*, t. II, p. 97)

et dans des circonstances marquées par le Créateur et l'ordonnateur universel des choses, elle travaillerait instinctivement une matière animale dont elle formerait l'embryon auquel elle doit s'unir, qu'elle doit développer, et dont elle doit se servir, comme aussi subir l'influence. Elle ne serait donc point déposée dès le principe, ni au moment de sa création, dans un corps tout formé, que cette introduction eût lieu par un acte immédiat de la Divinité ou par le ministère de quelque intelligence supérieure et invisible, comme le croyait Origène, ou naturellement et par suite d'une préordination, comme le pensait Rcbinet. Elle porterait en elle des instincts mâles ou femelles, et c'est par suite de ces instincts qu'elle se formerait un corps marqué de tel ou tel sexe. C'est donc l'âme qui serait d'abord mâle ou femelle, le corps ne prendrait ce caractère que d'une manière consécutive. Dans cette hypothèse, elle se forme son domicile de chair, que ce soit par la simple pensée, comme le disait Plotin, ou de quelque autre manière. Si elle sommeille jusque là, ce n'est point dans un germe; elle ne sort donc point de ce sommeil par un mouvement vital et d'évolution physiologique qui serait imprimé à ce germe; elle en sort par un acte instinctif, qui est lui-même déterminé par des circonstances qu'on peut imaginer, mais pas savoir. Etait-elle jusque là dans d'autres régions? habitait-elle, comme le veut Platon, le royaume de la lumière divine, où elle jouissait librement de la vérité, de la beauté et de l'amour, et ne serait-elle dans ce monde que par suite d'une mesure disciplinaire que Dieu devrait exercer sur elle à la suite d'une faute antérieure? C'est ce qui est plus concevable en poésie qu'en physiologie, en psychologie et même en morale (1).

Mais une chose tout à fait indépendante de cette fiction, c'est la possibilité très vraisemblable de la formation instinctive du germe par l'âme elle-même qui doit le développer et l'habiter, comme le pensaient les péripatéticiens, Cudworth, Harvey, Grew, Ray, Wepfer, Robinson, etc. Mais il est impossible de prétendre que cette opération s'accomplisse de la part de l'âme avec intelligence et de propos délibéré; et s'il est vrai que Thémistius, Daniel Sennert, Faber, Alberti, Bohn, Krasenstein et Stahl lui-même aient été dans cette idée, on conçoit sans peine que leur vitalisme ait rencontré une vive opposition.

Mais l'opinion contraire, qui fait agir l'âme d'une manière instinctive, n'a pas non plus passé sans difficulté. Ainsi Bayle, à l'article *Sennert*, dit que « ceux qui prétendent que les âmes sont la cause de leurs corps, quoiqu'elles ne sachent pas l'artifice de cet ouvrage, sont mille fois plus absurdes que ceux qui diraient que l'homme peut faire une horloge sans y songer, sans en avoir jamais eu l'idée, sans savoir ce qu'il fait ni ce qu'il cherche. »

On peut dire cependant que si cette objection avait quelque valeur, elle prouverait jusqu'à l'impossibilité des actes instinctifs chez les animaux, et celle des phénomènes analogues dans les végétaux. Elle est donc sans portée. Bayle sent si bien la nécessité d'une cause organisatrice spirituelle, qu'au lieu d'attribuer directe-

(1) On peut voir à ce sujet, entre autres dialogues, le *Phédon*, le *Timée*, le *Philèbe* et le *Sophiste*.

ment cet effet à la Divinité, il imagine, seulement pour expliquer « l'accroissement du fœtus, organisé si l'on veut depuis le commencement du monde (de la main de Dieu par conséquent), que cet accroissement est dirigé par une cause particulière qui a l'idée de cet ouvrage et des moyens de l'agrandir, comme un architecte a l'idée d'un édifice et des moyens, quand il exécute un plan qu'il trouve tout fait et qu'il pose sur sa table...... Disons la même chose, ajoute-t-il, à l'égard de la machine des arbres et de celle des animaux : elle dépend de la direction particulière de quelque cause seconde, qui a reçu de Dieu les lumières et l'industrie qu'il faut employer à cet ouvrage. »

Il reste à dire un mot de l'hypothèse connue sous le nom de métempsychose, hypothèse d'après laquelle des âmes, une fois créées, passeraient d'un corps à un autre de même espèce, ou d'espèce différente. Cet abandon d'un corps par une âme qui va dans un autre constituerait la mort et la vie, ou tout au moins serait la conséquence de l'une et la condition de l'autre. La vie cesse-t-elle dans un corps animé, l'âme s'en retire. Commence-t-elle dans un germe vivant, mais qui attend la présence d'une âme pour se développer, l'âme y arrive. Il n'y aurait, de cette manière, qu'un nombre restreint d'âmes de chaque espèce vivante, et chacune de ces âmes serait destinée à parcourir un certain nombre de carrières analogues, ou même semblables (au bout d'une grande révolution cosmique).

Ce système, qui a souri à un grand nombre de bons esprits de l'antiquité, mais plus faits cependant pour la poésie que pour les sciences, souffre des difficultés très sérieuses, mais surtout au point de vue moral et providentiel. Il n'en est pas exempt non plus au point de vue psychologique. Pourquoi, par exemple, cet oubli absolu du passé? Que devient la différence spécifique des âmes, si celles d'une espèce peuvent animer des corps spécifiquement différents de ceux qu'elles avaient animés d'abord? L'influence du physique sur le moral serait-elle de nature à pouvoir faire de l'âme d'un sage celle de l'animal le plus stupide, celle même d'une plante? Que devient, dans ce système, la rétribution que la vie future tient en réserve pour chacun de nous? Est-elle moralement suffisante sans le souvenir du bien et du mal dont nous avons été les auteurs? Et si la métempsychose n'a qu'un fondement moral, quelle sera la destinée des âmes des enfants morts avant d'avoir fait ni bien ni mal? Quelle sera celle des fous de naissance, celle des hommes qui peuvent avoir reçu en ce monde tout ce qui leur revient? Comment s'expliquer la chute des personnages dont la moralité a brillé du plus vif éclat dans le monde? Que sont devenus les Confucius, les Socrate, les Régulus, les Vincent de Paul? Ces âmes auraient-elles donc essuyé une chute? auraient-elles recommencé une carrière où elles aient dû rester plus bas que dans le cours d'une vie antérieure, et pourquoi? Pourquoi, au contraire, n'ont-elles pas brillé, dans une seconde vie, d'un éclat de vertu plus vif encore que celui qui avait illustré la première? Ou bien n'auraient-elles pas recommencé une existence nouvelle? Et alors pourquoi ces âmes d'élite, si bien faites pour embellir le monde, seraient-elles retenues dans les limbes d'une destinée indéfiniment expectante et fausse?

Qui croira, d'ailleurs, que les âmes feraient défaut dans chaque espèce, si les moyens de subsistance permettaient la multiplication indéfinie des individus? Et quelle serait dès lors la destinée de toutes ces âmes condamnées à ne trouver jamais le moment de leur évolution? Quel sens pourrait avoir la destinée de toutes ces âmes sans distinction, si cette évolution est bornée à la vie présente, si elle est renfermée dans une spirale dont le terme puisse aussi bien aboutir à l'immobilité et au néant d'un point qu'au déroulement de spires de plus en plus vastes?

On est bien autrement choqué si les âmes qui ne recommenceront pas la vie humaine sont anéanties, et que ce lot soit précisément celui qui est réservé aux plus pures. Faudrait-il admettre un système mixte, l'anéantissement des âmes incurablement méchantes, l'absorption en Dieu, ou du moins l'union des meilleures avec la Divinité, et la migration de celles-là seulement qui seraient susceptibles de purification? Mais, outre les difficultés morales auxquelles un pareil système serait sujet, on ne voit plus comment le monde humain serait encore existant; depuis longtemps l'humanité devrait avoir disparu du globe, ou du moins le nombre des humains devrait avoir singulièrement baissé.

Est-on bien satisfait aussi de cette hypothèse qui nous est rapportée par Hérodote (1) à propos de la croyance des Egyptiens à la métempsychose, à savoir qu'une vie d'homme étant insuffisante pour expier les fautes d'une vie antérieure, plusieurs vies cosmiques, passées dans des corps d'hommes, d'animaux ou de plantes, sont nécessaires à cet effet? que trois mille ans de pérégrina-

(1) II, 123.

tions de ce genre forment un cycle au bout duquel tout recommence identiquement de la même manière? A quoi bon alors des expiations qui aboutissent aux rechutes, et des rechutes suivies d'expiations? Quel est le but moral d'un cercle où le bien et le mal se font équilibre, où le progrès ne garantit pas de la décadence, où l'on ne se relève après être tombé que pour retomber de nouveau?

Ne serait-il pas présumable que des hommes d'un génie aussi élevé que Pythagore et Platon ne prenaient point à la lettre ces doctrines égyptiennes, et que les inventeurs de ces dogmes entendaient par là autre chose que le sens littéral qui nous en est parvenu?

En tout cas, l'origine des âmes soumises à ces migrations incessantes ne serait point suffisamment expliquée par la métempsychose; on aurait bien ainsi un commencement relatif, celui de l'homme individuel, mais non pas un commencement absolu de l'âme. Si ce n'est pas là un commencement pour l'âme, ce n'est pas non plus une fin; la métempsychose était donc une manière de concevoir l'immortalité de l'âme plutôt que son origine (1). Mais on peut faire, sur cette manière de concevoir l'immortalité, les mêmes objections que nous avons déjà soulevées sur le fondement psychologique et moral du dogme de la métempsychose en général. Il faut donc voir si l'âme n'aurait pas une autre destinée à venir un peu plus certaine.

(1) Morte carent animæ, semperque priore relicta
Sede, novis domibus, vivunt, habitantque receptæ.
(OVID, *Métam.*, XV, 158.)

CHAPITRE V..

De la destinée future de l'âme.

Que devient le principe vital, l'âme, à la dissolution du corps?

Cette question peut embarrasser ceux qui ne conçoivent l'âme dans la plénitude de son essence et dans la jouissance entière de ses facultés qu'autant qu'elle est unie à un corps. Et cet embarras augmente encore lorsqu'on suppose avec le vulgaire que le corps tout entier entre en dissolution, que les éléments qui le composaient redeviennent ce qu'ils semblent avoir été dans le principe, c'est-à-dire une partie des éléments destinés à reformer de la terre, des gaz, des végétaux, et le reste.

La croyance à l'immortalité du principe vital en nous semble aussi naturelle que celle qui nous fait animer tout le reste de la nature. Ce n'est pas la vie qui est inconcevable pour l'enfant, pour le sauvage, pour l'humanité en général, c'est la mort.

Les Indiens et les Egyptiens concevaient un changement de vie, une transformation, une métempsychose, et repoussaient la mort comme une idée aussi fausse que peu poétique. Seulement, ils ne concevaient d'autre vie que la vie actuelle ou terrestre. Et si des sectes orientales, indiennes ou autres, résolvaient l'existence individuelle dans celle de la Divinité, c'était encore à leurs yeux une transformation plutôt qu'un anéantissement; c'était moins la mort de l'individu que sa vie propre marquée du rhythme de la vie universelle et transformée en elle.

Les Juifs, dont le législateur est si sobre de tout enseignement sur ce dogme si intéressant et si répandu, les Juifs, au moins depuis leurs rapports avec les Perses, chez lesquels cette croyance était très répandue, avaient conçu une métempsychose à leur manière, c'est-à-dire une vie future qui devait être une vie du corps et de l'âme encore, mais embellie par le triple don de l'impassibilité physique, de la beauté et de l'immortalité. C'est la résurrection de la chair, mais d'une chair transformée, épurée. Cette foi partielle, enseignée dans l'ancien Testament (1), est devenue générale sous l'empire du nouveau.

Platon, parmi les Grecs, est le premier qui ait proclamé la vie future de la manière la plus formelle, et par des arguments qui ont fait autorité jusqu'ici. Le *Phédon* est encore l'un des plus solides morceaux qu'on puisse lire sur ce sujet tant rebattu. Aristote est moins ferme; mais il est peu douteux, cependant, qu'il n'admette l'immortalité de l'âme raisonnable. Quant aux autres âmes, il paraît bien n'en avoir fait que des formes accidentelles et périssables. Toute la difficulté est de bien comprendre si, d'après le prince des philosophes, comme l'appelaient les scolastiques, l'âme raisonnable n'est pas une simple faculté, une fonction d'un principe particulier, et si la vie divine qui lui est réservée lui est propre, ou si, au contraire, la personnalité ne disparaît pas par le retour de la raison à sa source première.

Les philosophes latins sont moins décisifs à l'endroit de l'immortalité que Platon, et moins obscurs qu'Aris-

(1) Job, XIX, 25-27; Daniel, XII, 2; Ezéchiel, XXXVII, 5-10; Joann., V, 29; XI, 23-26; Luc, XIV, 14; Petr.; I Cor., XV.

tote. Il plane cependant un tel nuage de doute sur leurs sentiments à cet égard, qu'on croirait plutôt voir en eux un besoin, une espérance, une croyance plus ou moins chère, qu'une conviction profonde et bien arrêtée. Mais l'idée qu'ils se faisaient de la vie future est peut-être moins déterminée encore et plus incertaine que l'existence même de cette vie. Le trait le plus saillant de leur croyance en ce point semble la rapprocher des opinions panthéistes de l'Orient (1), opinions dont Platon lui-même est loin d'être exempt.

C'est surtout le christianisme qui a popularisé la foi à l'immortalité de l'âme; il en a fait un dogme, et lui a donné une force et une précision qu'il n'avait pas eues jusque là. C'est pour ainsi dire le dogme central de cette religion; tous les autres y aboutissent. La création, la chute, la rédemption, la sanctification y arrivent ou en partent. Un dogme de cette importance a dû occuper beaucoup les philosophes. Aussi ont-ils cherché, les uns à l'établir, les autres à le ruiner, par toutes les raisons imaginables : raisons physiques, métaphysiques, psychologiques, morales, religieuses, tout a été mis en œuvre. On est parti des analogies de la nature, de la métamorphose de certains insectes, du développement des plantes et des animaux, de la perfection relative qu'ils acquièrent en ce monde, et de l'imperfection marquée où les hommes restent, au contraire, ici-bas; de la convenance esthétique et morale de leur complet dé-

(1) Animos hominum esse divinos, iisque, quum e corpore excessissent, reditum in cœlum patere, optimoque et justissimo cuique expeditissimum. (CICER.) — Animus vera divina origine haustus, cui nec senectus ulla, nec mors, onerosi corporis vinculis exsolutus, ad sedes suas et cognata sidera recurret. (SENEC.)

veloppement; de la simplicité du principe pensant, et de l'impossibilité de son anéantissement par voie de dissolution; de la permanence naturelle des substances simples; du désir inné et universel de l'immortalité; de la convenance qu'il en soit ainsi chez un être capable d'en concevoir l'idée; de la convenance plus grande encore, de la nécessité morale même, d'une vie ultérieure où la rétribution plus complète du bien et du mal mérité en cette vie aura lieu; de l'opinion universelle à cet égard, ce qui prouverait que cette idée est une de celles que la nature nous a données, un de ces jugements qui sont moins de nous que de l'auteur de notre être, une idée vraie par conséquent.

D'un autre côté, les matérialistes et les panthéistes soutiennent : les uns, que tout périt en nous avec le corps; les autres, que nous ne sommes qu'une forme de Dieu, et que cette forme disparaît avec la vie. Les émanationistes, de leur côté, veulent que l'âme, en quittant le corps, rentre dans le sein de la Divinité, d'où elle avait un instant rayonné, et s'y absorbe de nouveau, sans conscience et sans personnalité. Ceux qui nient la loi morale, ou qui, sans la nier, croient à une rétribution suffisante en ce monde, ne voient plus de raison théologique d'admettre une vie future, oubliant ainsi que la bonté divine peut n'être pas encore satisfaite quand la stricte justice n'a plus rien à réclamer. D'autres, sous l'influence du même oubli, veulent bien que la vie présente ne suffise pas toujours à la rétribution méritée; mais ils se demandent si l'éternité est nécessaire pour récompenser ou punir un être dont le mérite et le démérite sont finis, comme lui; ils se demandent quelle raison il y aurait, dans l'hypothèse où la vie future n'aurait d'autre fondement que cette rétribution morale, d'admettre l'immortalité des âmes des enfants, des imbécilles de naissance, des hommes qui auraient reçu en ce monde tout ce qui peut leur être dû, en bien comme en mal. Ceux qui se piquent de métaphysique accordent bien que l'âme, pas plus que la matière, que tout ce qui est simple, en un mot, ne périt point par la décomposition; mais ils soutiennent que la vie et l'existence sont deux choses très différentes, et que la matière, par exemple, continue d'être, sera peut-être éternellement conservée, sans pour cela qu'elle ait eu un seul instant de vie; que la conservation de la vie dans l'homme serait la conservation de la pensée, de la conscience, de la personnalité, et que la permanence du sujet pensant comme substance, comme âme, ne prouve point du tout la permanence du phénomène de la pensée, de la pensée réfléchie, ou du moi. Si on leur répond par la nature essentiellement active, essentiellement pensante de l'âme, ils répliquent en niant la nécessité absolue et par conséquent la démonstration de cette activité incessante : ce qui nous laisserait dans le doute, ou tout au plus avec une probabilité plus ou moins grande seulement, alors même qu'en réalité la pensée serait une suite nécessaire de l'essence de l'âme. Les partisans de la métempsychose admettent bien une sorte de vie future; mais, outre que cette série de vies n'a rien de nécessaire, la continuité en est brisée à chaque existence nouvelle, en sorte qu'il y aurait là plutôt vies successives qu'une vie continue, et que ces vies, dussent-elles se succéder à l'infini, ne formeraient point l'immortalité dans leur ensemble : ce serait la vie succédant à la mort, la mort succédant à la vie, une vie après une autre, et non une vie unique, alors encore que l'âme serait substantiellement la même.

Selon nous, la principale raison de croire à l'immortalité de l'âme se tire des attributs moraux de Dieu : matière ou non, si l'âme est capable de penser et de vivre sous cette forme, et les matérialistes sont bien obligés d'en convenir, puisque c'est leur hypothèse, elle vivra encore, si telle est la volonté divine. Emanée ou non de Dieu, la même destinée lui est réservée après la mort, par les mêmes raisons. Qu'elle pense nécessairement ou non, cette pensée ne cessera point si, par des raisons morales qu'il appartient à Dieu d'apprécier, elle doit penser encore, elle doit penser toujours. Et quand la justice divine n'aurait plus rien à réclamer, elle ne s'opposerait en aucune manière, par le fait, à la conservation éternelle d'une âme qui serait à ses yeux comme si elle n'avait jamais été, comme elle était en réalité avant d'être. La même bonté qui la tira du néant quand elle n'avait encore ni mérité ni démérité, peut donc lui conserver l'existence après qu'elle aurait reçu sa récompense ou son châtiment, sans compter, d'ailleurs, qu'une peine ou une jouissance, même finies, peuvent être distribuées dans une durée infinie, par l'infinie division de leur intensité, qui est une quantité continue. C'est bien autre chose si la vie future est encore une vie d'expiations, de perfections et de progrès sans mesure et sans fin!

En comparant l'âme humaine avec les esprits purs, on peut dire qu'elle aussi peut vivre d'une vie propre, indépendante du corps, et qu'elle est cet esprit pur une fois qu'elle a quitté son habitation corporelle. Mais on peut se demander si l'âme, de même qu'elle n'a pas vécu de la vie de la pensée avant d'être unie au corps, ne devrait pas être naturellement dans l'impuissance de penser une fois qu'elle sera séparée du corps. Suivant Leibniz et quelques autres, cette séparation ne sera jamais absolue. Si elle doit l'être, rien ne nous force à penser que l'âme ne puisse pas vivre de la vie spirituelle pure après que sa dépouille mortelle est tombée ; l'analogie prise de la métamorphose des animaux, notre transformation propre dans cette vie suivant les âges, nous portent à penser, au contraire, que notre âme, parvenue au degré de développement nécessaire pour vivre de la vie humaine, peut vivre ensuite de la vie spirituelle, d'autant plus qu'il n'est pas démontré que dans cette vie même toutes nos pensées, toutes nos opérations intellectuelles, tous nos sentiments, toutes nos passions exigent l'intervention du corps.

D'ailleurs, des facultés inconnues peuvent être en réserve dans l'âme et appropriées à une situation toute nouvelle, la séparation d'avec le corps. De même donc que l'âme séparée du corps perdra ses facultés organiques de sentir et de percevoir, de même elle pourra naître à une vie sensitive et intellectuelle d'un autre ordre, à une vie dont celle d'ici-bas n'est que l'analogue.

Tout ce qu'on peut dire de plus précis sur l'état de l'âme dans cette existence nouvelle, et où, selon toute apparence, elle ne sera plus unie au corps, du moins à un corps tel que celui qu'elle anime ici-bas, c'est qu'il sera très différent de ce qu'il est aujourd'hui; si elle est entièrement dépouillée de tout corps, toutes les influences corporelles auront disparu. Le monde matériel tout entier aura tellement changé de face qu'il aura disparu comme une immense illusion; l'âme ne verra plus de corps; elle n'apercevra en eux que ce qui s'y trouve véritablement, c'est-à-dire des forces. Elle les connaîtra comme des composés de substances simples; une force en peut connaître immédiatement une autre, et tout le reste semblablement. On pourrait à cet égard entrer dans des détails aussi nouveaux qu'intéressants; mais on comprend qu'ils seraient infinis. Qu'il suffise d'entr'ouvrir cette perspective aux esprits pénétrants; il y a là matière à toute une nouvelle Apocalypse (1).

(1) Voir notre *Anthropologie*, t. II, p. 402 et suiv. Le lecteur français connaît sans doute les meilleurs traités de l'immortalité de l'âme écrits en notre langue. Nous lui rendrons peut-être service en appelant son attention sur quelques ouvrages étrangers où la question est traitée à des points de vue divers. En anglais, nous citerons : S. CLARKE, *On the being and attributs of God*; JACKSON, *On Matter and Mind*; WARBURTON'S *Divine legation*; DREW'S *Essays on the Immortality of the soul*; RAMSAY'S *Principles*, etc. — En allemand : C.-H. WEISS, *Philos. Geheimlehre von der Unsterblichkeit des Measchlich. Individ.*, Dresde, 1843; FLUGGE, *Geschichte des Glaubens an Unsterblichkeit und auf Erstehung*, 3. B, Leipz., 1794-1799; BECKER, *Mittheilungen an den Merkurwürdigsten Schriften der verfloss. Jahrund. uber Zustand der Seele nach dem Tode*, 1835; J.-H. FICHTE, *Die Idee der Persounlichkeit un der indiv. Fortdauer*, 1834; GOESCHEL, *Von dem Beweisen für die Unsterblichkeit im Lichte der speculativ. Philos.* Berlin, 1835; FR.-CH. OETTINGER, *Von der Unsterblichkeit der Seele in dem biblisch. Worterbuche*; DROSBACH, *Wiedergeburt oder die Loesung der Unsterblichkeit Frage auf empirischem Wege nach den bekannten Naturgesetzen*, Olmütz, 1849; GUST. WIDENMANN, *Gedanken über die Unsterblichkeit als Widerholung des Erdenlebens.* Vien., 1851.

CHAPITRE VI.

De l'âme des animaux et de l'âme des plantes.

Il serait assez difficile de dire pourquoi il règne parmi les philosophes modernes un préjugé si violent et si général contre l'existence d'une âme spirituelle et naturellement immortelle chez les animaux. En quoi l'immatérialité et l'immortalité de ces pauvres âmes seraient-elles indignes de la sagesse et de la bonté divines? En quoi seraient-elles nuisibles aux mêmes prérogatives des âmes humaines? En amoindriraient-elles la supériorité, les destinées immortelles? N'y a-t-il donc pas place dans l'infini pour des âmes de toute espèce et de tout degré?

Qu'on y prenne garde. Si l'on peut expliquer mécaniquement, comme l'a tenté Descartes, toutes les fonctions de nutrition, de sensation, de perception, et une foule d'opérations intellectuelles que nous avons eu soin de faire connaître, on ne voit pas trop comment on n'expliquerait pas celles de la raison par les mêmes moyens. C'est ainsi qu'un spiritualisme outré donne beau jeu au matérialisme. Les cartésiens ont été en cela trop fidèlement suivis par ceux-là mêmes qui avaient le plus de raisons de penser autrement, par les théologiens.

Les anciens avaient peut-être trop accordé à l'âme des bêtes; mais Descartes aurait dû laisser à Gomez Pereira l'idée que les animaux ne sont que de pures machines. Il y a toutefois cette excuse en sa faveur d'avoir eu pour antécédents bien moins les cyniques, les stoïciens, les péripatéticiens, les épicuriens, comme le veulent le P. Pardies et Huet, que S. Augustin (1) et beaucoup d'autres théologiens des plus autorisés. C'est ainsi, par exemple, qu'Albert, S. Thomas et une foule d'autres avant eux et depuis, ont enseigné que les opérations sensitives, les sensations, les perceptions, la mémoire, l'imagination, et même une sorte de jugement (*æstimatio*) s'expliquent par des facultés périssables, et que ce qui en est capable dans la bête périt naturellement avec le corps; que dès lors les organes du corps sont le principe de ces capacités et facultés (2).

Mais Descartes a contre lui, dans l'antiquité, Anaxagore, Pythagore, Démocrite, Empédocle, Parménide, Diogène, Platon, Aristote, Straton, Galien, etc., et plus tard : Lactance, Arnobe, Philon, Maimonides, etc. Des modernes, tels que Valla, Etienne Pasquier, Rorarius, Raymond de Sébonde, Montaigne, Charron, de La Chambre, Vossius, Saumaise, Leibniz, Sennert, le P. Daniel, ont bien aussi quelque autorité, et ne partagent point l'avis de Descartes, bien qu'ils n'aient pas toujours le courage de leur opinion, ou qu'ils n'en voient pas les dernières conséquences.

Déjà cependant des scolastiques, tels que Jean Scot Erigène, avaient soutenu, non seulement l'immatérialité de l'âme des bêtes, mais aussi son immortalité. Cette doctrine fut défendue plus tard par Jean Lippius, professeur à Strasbourg, et par Henri More, théologien de

(1) Vita brutorum est spiritus vitalis constans de aere et sanguine animalis, sed sensibilis memoriam habens, intellectu carens, cum carne moriens, in aera evanescens. (*De la connaissance de la Véritable Vie*, c. IV.— V. aussi *De Spiritu et Anima*, c. 23.)

(2) V. *Summ. theol.*, Ire part., quest. 9, 75-81, 84, et surtout 118 et 119; *Summ. contr. Gent.*, lib. II, c. 66-72, 79-82, 86, 90.

Cambridge. Bien peu ont osé aller jusque là. Si Leibniz soutient la permanence de l'âme des bêtes, c'est qu'il ne sépare pas l'âme d'avec le corps; il est vrai qu'il ne pense pas autrement de celle de l'homme. Ch. Bonnet, dans sa *Palingénésie philosophique*, professe des sentiments analogues. Mais cette renaissance des animaux et des hommes ne doit pas être confondue avec la résurrection, dont une secte mahométane gratifie les animaux eux-mêmes (1).

L'adversaire le plus opiniâtre de l'immortalité de l'âme des bêtes est Freitag, médecin et professeur de philosophie à Groningue ; il accusa Sennert de blasphème et d'hérésie pour avoir osé avancer que les âmes des animaux ne sont pas matérielles, quoiqu'il eût eu la précaution de dire que malgré cette immatérialité elles n'étaient pas impérissables. Il est vrai que cette restriction avait sa gravité, d'autant plus qu'aux yeux de Freitag toutes les âmes étaient naturellement périssables, et que ce ne serait que par une faveur spéciale de la Divinité que les âmes humaines échapperaient à cette condition. Rien de créé, suivant lui, n'est immortel de soi. Qu'aurait dit Freitag si l'on avait soutenu que l'âme des plantes aussi est immatérielle et impérissable; que les corps eux-mêmes sont composés d'une matière simple, indivisible; que tout dans le monde n'est que force substantielle, inétendue ou spirituelle; que la matière inétendue, visible, est purement phénoménale, etc. (2)? Mais les assertions de ce genre n'étaient pas mûres à cette époque.

(1) J. Cyprianus, *Hist. Anim. continuat.*, p. 24.
(2) V. notre *Anthropologie*, t. I, p. 379-418.

Dans le cours de l'étude des phénomènes de la pensée qui a été faite au début de cet ouvage, nous avons eu soin de nous demander pour chacun d'eux la ressemblance ou la différence qui peut exister à cet égard entre l'âme humaine et l'âme de l'animal, des animaux supérieurs surtout; il ne nous restait donc, pour compléter cette étude comparative, qu'à nous demander si l'âme de l'animal, comme celle de l'homme, est spirituelle, et si elle peut être immortelle. Ce que nous avons dit de l'instinct et de la nature du principe de la vie chez les animaux, nous avons pu le dire, au moins par analogie, de la force causatrice des phénomènes de la vie végétative, du principe vital des plantes. Une analogie d'un degré inférieur, bien inférieur sans doute, mais incontestable cependant, établit une certaine parenté encore entre le monde organique et l'inorganique. Nous avons reconnu dans cette parenté éloignée des forces qui constituent le monde, l'unité cosmique supérieure, unité qui s'explique à son tour par celle, plus élevée encore, qui relie les mondes divers entre eux d'abord, puis leur ensemble avec la cause suprême et dernière.

Il nous reste à montrer dans l'histoire de l'esprit humain les destinées de l'animisme.

TROISIÈME PARTIE

HISTOIRE DE L'ANIMISME

OU DU

MONODYNAMISME SPIRITUALISTE.

LIVRE PREMIER.

DE L'ANIMISME DANS L'ANTIQUITÉ.

CHAPITRE PREMIER.

De l'animisme en Orient, et en Grèce avant Aristote.

I. Le réalisme ontologique consiste à donner un objet réel aux notions générales et aux conceptions universelles qui ne correspondent à rien de semblable en dehors d'elles. C'est une illusion d'optique intellectuelle d'autant plus fréquente et plus incurable chez des peuples ou chez des individus, que ces individus ou ces peuples ont plus d'imagination et moins de raison, qu'ils sont plus poètes et moins savants, qu'ils sont plus familiarisés avec la synthèse et moins avec l'analyse, qu'ils ont l'esprit plus porté au concret et moins à l'abstrait, qu'ils sont plus près de la nature et moins avancés en civilisation.

Il ne faut donc pas s'étonner que les Orientaux en général, l'Hindou en particulier, aient fait de la nature une force universelle, qui se manifesterait dans les individus sans doute, mais qui aurait une existence distincte dans la réalité, comme l'idée générale qui la représente en possède une dans notre pensée. En vain on dit aux esprits ainsi faits qu'une force universelle est une contradiction dans les termes, puisqu'elle est une par le sujet, et qu'elle est plusieurs par l'attribut; en vain on leur représente que les individus seuls peuvent exister, puisque seuls ils n'impliquent pas contradiction; en vain encore fait-on observer à ces mêmes esprits que l'universel n'est qu'un aperçu de l'intelligence, qui détache des individus ce qu'ils ont de commun pour en faire un tout idéal : n'importe; ils verront dans la nature toute autre chose que des individus qui se ressemblent à des degrés divers, qui se hiérarchisent par conséquent, et qui s'harmonisent de genres à genres, d'espèces à espèces, d'individus à individus; tout cela est loin de leur suffire : il leur faut plus que de l'harmonie entre les divers sujets réels, plus qu'une communauté de qualités diverses de plus en plus vaste à mesure qu'on s'élève davantage par la pensée à des qualités de plus en plus communes, à des propriétés individuelles similaires qui expliquent cette communauté; il leur faut, à ces intelligences, une réalité universelle qu'ils croient concevoir une, indivisible, et cependant tout entière dans chaque individu qui en participe ou dont elle est le fond. C'est le *naturalisme*.

Généralisez encore, et considérez que la nature elle-même semble bien agir et penser comme chacun de nous, beaucoup mieux même que nous ne pouvons le faire; que nous ne sommes, ainsi que tout le reste, qu'une faible partie de ses ouvrages; que la vraie nature est donc la raison intelligente et active de tout ce qui ne porte pas en soi sa raison d'être, de tout ce qui n'a qu'une apparence d'existence indépendante, et qui ne subsiste en réalité que par l'action incessante de l'unique et véritable réalité. Réfléchissez à tout cela, et vous comprendrez comment le *panthéisme* a pu naître dans l'esprit de l'homme, de l'homme de l'Orient surtout, dont la pensée, plus ardente comme son climat, plus gigantesque comme les produits de son sol, a pu enfanter cette monstruosité.

Aussi, dans la pensée de l'Hindou le plus modéré, l'homme est-il un produit de la nature et de l'âme ou du génie. La nature (*pracriti*) a fait le corps, et le génie (*paruscha*), l'âme, donne naissance au moi.

Mais ce n'est là qu'un résultat apparent, un jeu de l'imagination (*maya*). Dans la réalité, l'homme, comme tout ce qui l'environne, n'est qu'un phénomène divin : « Brahma ne ressemble point au monde, et hormis Brahma il n'y a rien; tout ce qui semble exister en dehors de lui est une illusion, comme l'apparence de l'eau (le mirage) dans le désert de Maroû. » (1)

Pour le philosophe hindou, pénétré de l'esprit des Védas, le corps, le principe vital, l'âme elle-même, ne sont que de vaines apparences.

(1) *Essai sur la Philosophie des Hindous*, par COLEBROOCKE, trad. par M. PAUTHIER, p. 276.

Il ne peut donc pas être question, dans ce système, de l'existence sérieuse d'un principe de vie spécial.

II. Les Grecs, d'un esprit moins généralisateur, plus portés vers le beau que vers le sublime, plus dominés par l'idée du fini que par celle de l'infini, furent moins panthéistes que les Orientaux. L'âme, pour certains d'entre eux, se confond aisément avec le corps, ou n'en est qu'un résultat, une sorte d'efflorescence, l'harmonie de ses parties. Ainsi, le corps, loin d'être fait par l'âme, l'aurait plutôt produite, mais comme une chose en peut produire une autre, comme la lyre produit des sons. L'âme, à ce compte, dépourvue d'existence véritable, ne serait nulle part dans le corps (1), et n'aurait évidemment sur lui aucune influence. C'était, dit-on, l'opinion d'Hésiode. On sait avec quelle force Platon réfuta ce matérialisme déguisé (2).

Une autre espèce de matérialisme, mais qui est pourtant un acheminement au spiritualisme, ce sont ces corps subtils, légers comme des ombres, qui vivaient néanmoins d'une vie analogue à la vie terrestre, mais dans la région des morts (3). Ces spectres, dans la pensée de ceux qui les avaient imaginés, tenaient une sorte de milieu entre le corps et l'âme, quoique corporels encore. Cette nature équivoque, ce matérialisme qui s'é-

(1) Sensum animi certa non esse in parte locatum,
Verum habitum quemdam vitalem corporis esse,
Harmoniam Graii quam dicunt, etc. (LUCRÈCE, III, 98.)

(2) V. le *Phédon*.

(3) Τὸν δὲ μετ' εἰσενόησα βίην Ἡρακληείην,
Εἴδωλον· αὐτός δὲ μετ' ἀθανάτοισι θεοῖσιν
Τέρπεται ἐν θαλίῃς καὶ ἔχει καλλίσφυρον Ἥβην.
(HOMÈRE, *Odyss.*, XI, 600-603.)

vanouit, fut longtemps tout le spiritualisme dont les intelligences les plus avancées furent capables. Et quand la nature spirituelle fut plus nettement conçue, on retint encore ce corps subtil pour en faire un intermédiaire entre le corps et l'âme, sous le nom d'âme végétative ou sensitive, ou pour servir d'instrument à l'âme après la dissolution du corps visible et grossier, sous prétexte qu'il est de la nature de l'âme de ne pouvoir sentir et penser sans corps. Leibniz lui-même ne croyait pas à l'indépendance absolue de l'âme humaine à l'égard du corps dans une vie future, quelque inutile en apparence que puisse être le corps à l'âme et l'âme au corps dans le système de l'harmonie préétablie. Cette opinion sur la nécessité pour l'âme d'être unie constamment, ou dans cette vie du moins, à un premier corps sur lequel elle a plus d'action que sur le corps visible qu'elle revêt, et qui lui sert d'instrument immédiat pour agir sur l'autre, a été professée par un grand nombre de philosophes des temps modernes (1). On pourrait en suivre la trace au moins depuis Henri de Gand jusqu'à Maine de Biran (2), dont nous ferons plus tard connaître la doctrine sur ce point.

Un aperçu fort vague sur l'âme par rapport au corps, mais un aperçu en même temps fort juste et très profond à d'autres égards, c'est celui de Thalès, qui voit la propriété essentielle de l'âme dans ce que nous appel-

(1) V. ANTON. GENOVESI, *Metaph.*, p. 136, qui cite HENRI DE GAND; ZABARELLA, *Physica*, quest. VII, 8; PARACELSE, *de Creat. hom.*, p. 757; VAN-HELMONT, *de Sede anim.*, nº 17, *archeon;* J. COMENIUS, *Phys.*, XI; FLUDD, ap. GASSEND., *in Exercitat.* 19; CAMPANELLA, *de Sensu rerum;* H. MORUS, *de Mortalitate anim.*, II, 10. On pourrait en citer bien d'autres.

(2) MAINE DE BIRAN inclinait à ce qu'on appelle faussement les trois âmes de Platon.

lerions aujourd'hui l'activité, puisqu'il la définit : Ce qui meut, qui est toujours en mouvement, et d'un mouvement spontané (1). Ce n'est pas à dire, toutefois, que Thalès distinguât bien nettement l'âme d'avec le corps; et c'est en cela que cette doctrine péchait le plus. Thalès voyait donc une âme partout où il trouvait ou croyait trouver une force propre. C'est pour cette raison qu'il en accordait une à l'aimant. Et comme il rencontrait de la force partout, partout aussi à ses yeux se trouvait une âme; la matière était animée, inséparable d'un principe vivant : elle n'était même que la manifestation de ce principe, surtout dans les corps organisés. Et ce qu'il y a de plus remarquable dans cette doctrine de Thalès, c'est que le corps ne serait que la manifestation ou la phénoménalité de l'âme : « L'âme s'est convertie en corps par ses vertus propres » ce qui veut dire, évidemment, qu'elle s'est donné un corps, qu'elle l'a fait. L'âme est donc antérieure et supérieure au corps dans la pensée du père de la philosophie grecque. Si cette pensée n'allait pas jusqu'à convertir par le fait la matière en esprit, jusqu'à la faire disparaître, puisqu'elle n'est plus que l'œuvre de l'âme, Thalès aurait été aussi avancé que les dualistes les plus sages de notre temps. Mais comme il est pour l'unité de principe, et comme ce principe est au fond spirituel, il se trouve à cet égard au niveau de ceux de nos spiritualistes unitaires les plus hardis. C'est donc bien à tort qu'on a voulu faire passer Thalès pour le chef de l'école matérialiste; et si son théisme même a passé pour douteux, c'est sans doute

(1) ARISTOTE, *de Anim.*, 1, 2 et 5; DIOG. LAERT., 1, 24 et 27; STOBÉE, *Ecl. phys.*; Pseud. PLUT., *Opin. des Phil.*, IV, 2.

parce qu'il était la conséquence nécessaire de sa doctrine sur les âmes ou esprits. Ce qui frappait cet homme supérieur, ce n'est pas ce qui se voit, c'est ce qui ne se voit pas; ce ne sont pas les effets, ce sont les causes, les forces, les génies dont le monde est plein : ψυχῶν ἔμπλεον. En général, et c'est une observation qu'il ne faut pas perdre de vue, les anciens étaient beaucoup moins matérialistes qu'on ne le pense d'ordinaire; ils spiritualisaient peut-être plus la matière qu'ils ne matérialisaient l'esprit.

Au début de la philosophie grecque, nous voyons proclamées la supériorité et l'antériorité de l'esprit par rapport au corps; voilà le corps déjà reconnu comme une certaine œuvre de l'âme.

Pythagore, qui passe pour chef de l'école spiritualiste en Grèce, nous semble l'avoir été beaucoup moins à certains égards que Thalès, puisque, d'une part, il distingue deux âmes, ou plutôt deux parties dans l'âme, la partie raisonnable et celle qui ne l'est pas (1), et que, d'un autre côté, il fait de l'âme (raisonnable) une harmonie particulière qui réfléchit l'harmonie générale du monde. De plus, l'âme humaine émane, suivant lui, de l'âme universelle; c'est une parcelle de l'éther, qui s'en est détachée (2); c'est un nombre qui se meut (3), etc.

(1) Pythagoras primum, deinde Plato animam in duas partes dividunt, alteram rationis participem, alteram expertem; in participe rationis ponunt tranquillitatem, id est placidam quietamque constantiam, in illa altera motus turbidos, tunc iræ, tunc cupiditatis, contrarios inimicosque rationis. (Cic., Q. *Tusc.*, IV, 5.)

(2) Ἀπόσπασμα αἰθέρος.

(3) Plut., *de Placit. phil.* — Stob. — Xénophane trouva cette idée assez heureuse pour l'adopter, car on lui attribue aussi l'ἀριθμὸς αὐτοκίνητος

Quoique Pythagore fasse mourir la partie irraisonnable de l'âme, on peut penser qu'il s'agit moins là de parties proprement dites que de fonctions d'un même principe. Mais on peut voir aussi une multiplicité d'âmes véritables dans la pensée de Pythagore, à moins qu'on ne préfère y trouver une abstraction réalisée, en faisant de l'âme un nombre. Mais alors encore comment dériver ce nombre de l'éther, de l'âme universelle? Reconnaissons, toutefois, qu'à part ces difficultés qu'on pourrait multiplier, l'âme-harmonie de Pythagore, qui réfléchit celle du monde, rappelle l'âme-monade, représentative de l'univers, telle que l'a conçue Leibniz.

Des disciples de Pythagore, tel qu'Archytas, semblent avoir repris l'idée de Thalès, qui fait dépendre le corps de l'action de l'âme, au moins pour ce qui est de la nutrition et de la reproduction (φύσις). Et si l'âme ne forme pas le corps, il y a du moins entre l'une et l'autre, au début de la vie, une sorte d'harmonie préétablie. La pensée du maître relativement à la réflexion du monde dans l'homme devient plus précise chez les disciples, en ce que l'homme est représenté comme réunissant dans son être les quatre degrés de la vie, depuis celle qui est commune à toutes choses visibles, au monde inorganique, jusqu'à celle qui est propre à l'homme. Ils remarquèrent la liaison de la vie avec la présence du sang, et, tout en distinguant l'âme d'avec ce liquide vivifiant, ils le lui donnèrent pour aliment : l'âme se nourrit de sang. Et comme les âmes une fois séparées de leurs corps cherchent à pénétrer dans d'autres corps, voltigeant soucieuses dans les airs, pareilles à des ombres, il n'est pas impossible que cette idée ait fait imaginer celle des vampires, dont l'origine remonterait ainsi beaucoup plus haut qu'on ne le croit communément.

Empédocle, en possession de traditions orientales qui le conduisirent à un panthéisme mystique, ne faisait pas repaître l'âme du sang, mais il le lui donnait comme siège, comme son corps immédiat (1). Elle possédait une vertu divine, puisqu'elle était une émanation du Sphéros ou Tout divin, d'où les corps, ainsi que les âmes, le monde entier en général, tirent leur origine.

Cette idée, comme on voit, nous ouvre une échappée sur le panthéisme : il n'est plus seulement question de l'âme du monde, mais du principe qui est la raison même du monde, du Σφαῖρος ou du tout coordonné dans ses parties, lesquelles ne seraient autrement qu'un μῖγμα, comme l'appelle Aristote, c'est-à-dire un chaos.

Héraclite professait sur la nature de l'âme une opinion qui semble tenir de celle de Thalès et de celle de Pythagore : c'est un feu, mais un feu céleste, toujours en mouvement. Ce feu constitue l'âme du monde, dont celle de l'homme n'est qu'une parcelle.

Le naturalisme, déjà sensible dans Pythagore, devient plus manifeste dans Héraclite. L'homme, dans sa partie la plus éminente, est moins un sujet distinct qu'une partie d'autre chose : l'âme du monde, sans cesser d'être l'âme universelle, devient celle de chaque être vivant, de chaque homme en particulier, en pénétrant dans l'intérieur du corps par les sens; elle acquiert une sorte d'individualité en entrant dans le corps, dont elle prend la forme (2).

(1) PLUT., *de Placit. phil.*, IV, 5.

(2) PLUT., *de Placit. phil.*, I, 23; STOB., *Ecl. phys.*, 23; DIOG. LAERT., IX, 8; PLAT., *Cratyl.*; ARIST., *ad Nic.*, VIII, 2.

Ici l'âme se trouve subordonnée au corps, sans qu'on sache, du reste, l'origine de ce corps.

Anaxagore, qui passe pour le philosophe le plus spiritualiste avant Socrate, subordonnait aussi l'âme au corps, puisqu'il dérivait la supériorité de l'homme à l'égard des plantes et des animaux, de la supériorité même de sa forme corporelle, faisant dépendre l'industrie humaine de la main, qui n'est que l'instrument de l'âme, de l'intelligence, loin d'en être la cause (1). Mais il suit de là qu'Anaxagore concevait les âmes identiques non seulement dans chaque espèce, mais encore entre toutes les espèces, et que toute la différence entre elles d'une espèce à une autre proviendrait de l'espèce de corps auquel elle est unie. C'est là encore une autre manière de subordonner l'âme au corps. Une âme, dans ce système, n'a donc par elle-même aucune forme qui lui soit propre ; elle n'est, jusqu'au moment où un corps l'achèvera pour ainsi dire, qu'une âme virtuelle, une certaine espèce d'âme possible. Le νοῦς d'Anaxagore, conçu en lui-même, ressemble donc à l'ὕλη ou matière première des choses, qui n'est qu'une abstraction, une possibilité, la même pour toutes les espèces d'êtres vivants (2), mais qui doit ultérieurement revêtir des facultés supérieures ou inférieures, suivant les circonstances. Du reste, Anaxagore semble avoir déjà distingué l'âme sensitive (ψυχή)

(1) Il faut dire que Bayle suspecte l'authenticité du passage où cette opinion se trouve consignée. En tous cas, Helvétius ne peut avoir les honneurs de l'invention ; car on a dit avant lui que l'homme n'est le plus intelligent des animaux, φρονιμότατον τῶν ζώων, que parce qu'il a des mains.

(2) Νοῦς δὲ πᾶς ὅμοιός ἐστι καὶ ὁ μείζων καὶ ὁ ἐλάσσων. (SIMPLIC., *in Phys. Arist.*, p. 236.)

de l'âme raisonnable (νοῦς). Ainsi, les animaux auraient aussi deux âmes au moins, la ψυχή et le νοῦς; seulement le νοῦς, uni à un corps d'animal, serait par là même condamné à l'infériorité vis-à-vis du νοῦς renfermé dans un corps d'homme.

Les homœoméries d'Anaxagore sont déjà une espèce d'atômes organisés, qui ont pu en faire concevoir d'autres plus élémentaires, ceux de Leucippe et de Démocrite, repris plus tard par Epicure et son école. Cette théorie de l'atomisme n'est pas aussi opposée à celle du dynamisme qu'on le croit généralement, car les atomes sont animés d'une double force, l'une qui les porte en ligne droite dans les espaces infinis, l'autre qui les en détourne. Et alors même que cette seconde force serait de l'invention d'Epicure, toujours est-il que les atomes sphériques de nos deux philosophes étaient animés d'un mouvement propre, qui les portait en particulier à sortir du corps qu'ils animaient. Ces âmes-atomes de nature ignée, et qui sont la cause de la chaleur dans les hommes, dans les animaux et les plantes, n'ont rien de plus ni de moins matériel au fond que le feu élémentaire d'Héraclite.

Au surplus, ces atomes vivifiants, s'ils étaient simples pour Leucippe et Démocrite, ne l'étaient pas pour Epicure : l'âme n'est pas un atome unique; c'est un composé d'un certain nombre de principes très déliés, de chaleur, d'air, de vent, et d'une matière sans nom d'où résulte la sensibilité. Cette dernière partie a son siège dans la poitrine; les autres sont répandues dans tout le corps (1). Cette matière sans nom qui est la cause de la

(1). Diog. Laert., x, 63 sq.; Lucrèce, iii, 31 sq., 95 sq., 138, 188, 204 sq.; Sext. Emp., *Hyp. pyrrh.*, iii, 187, 229.

sensibilité, est encore de la matière, suivant Epicure ; et si l'âme diffère du corps, il faut se garder de croire que ce soit parce que l'âme serait spirituelle : non, Epicure ne veut pas entendre parler d'esprit ; c'est chez lui une idée systématique arrêtée. Il représente déjà une réaction matérialiste, vraisemblablement contre les platoniciens. Il ne souffrira même pas qu'on distingue entre une âme et une autre dans l'homme, entre la ψυχή et le νοῦς, entre le principe vital et l'âme raisonnable, comme on l'avait fait plus ou moins explicitement depuis Anaxagore (1) ; seulement, il distinguera peut-être entre le principe végétatif de l'âme et le principe animal ou sensitif. C'est le premier de ces principes qu'il répandra dans tout le corps, y compris le milieu de la poitrine, tandis qu'il fera de ce point central le siège invariable du principe sensitif, qui est aussi le principe connaissant, puisque toute connaissance revient au sentir.

Nous avons vu la théorie de l'âme se rattacher au naturalisme et au panthéisme ; la voici maintenant liée par principe au matérialisme : trois systèmes qui n'ont été possibles que parce qu'on n'avait envisagé l'âme que du point de vue ontologique, objectif, externe pour ainsi dire, en se plaçant hors d'elle, en se faisant spectateur étranger, au lieu de rester en elle, dans l'âme ayant conscience de ses états, dans le moi. En restant ferme-

(1) Nunc *animum* atque *animam* dico conjuncta teneri
Inter se, atque unam naturam conficere ex se;
Sed caput esse quasi et dominari in corpore toto
Consilium, quod nos animum mentemque vocamus,
Idque situm media regione in pectoris hæret.
. . . . Hic ergo mens animusque est.
(LUCRÈCE, *de Rer. Nat.*, III, 137 sq.)

ment attaché à ce point de vue, qui est le véritable, il est aussi impossible de résoudre l'âme de l'homme dans l'âme du monde, d'en faire une partie de quoi que ce soit, de l'abîmer dans la Divinité même, ou de l'anéantir en la matérialisant, c'est-à-dire en la rendant divisible, qu'il est impossible que le moi soit autre chose que ce qu'il est, Dieu ou monde, et que l'unité et l'identité du moi soient la multiplicité et la diversité des choses corporelles. La psychologie expérimentale, mais une saine et forte psychologie, est donc le meilleur, l'unique préservatif scientifique contre le matérialisme, le naturalisme et le panthéisme; j'ajoute: et contre le mysticisme, qui a tant d'affinité avec le panthéisme. J'entends ici par mysticisme la persuasion que Dieu ou quelque nature invisible, supérieure, produit immédiatement en nous toutes nos déterminations, les actives aussi bien que les passives, l'agir comme le pâtir, le vouloir et le penser comme le sentir; système non moins dangereux que les précédents, puisqu'il réduit l'homme à n'être que le jouet de puissances invisibles, amies ou ennemies, et lui ôte, avec la liberté et la responsabilité de ses actes, la volonté même du bien. L'homme n'est alors à ses propres yeux qu'un fantôme sans destinée à lui connue ou dont il soit chargé; il ne naît que pour mourir, après avoir vécu d'une vie plus apparente que réelle, et sans qu'il puisse ou doive faire autre chose en ce monde que se résigner à son rôle passif. Il ne se croit pas même capable de former des vœux; vœux qui resteraient en tous cas stériles au fond de son âme, si la puissance qui le domine ne les rendait efficaces. De là au fatalisme, qui paralyse, décourage et démoralise; au quiétisme, qui endort et corrompt, il n'y a que l'intervalle imperceptible et bientôt franchi d'un raisonnement dont la conclusion est aussi nécessaire qu'elle est évidente.

Ces réflexions, que nous faisons ici une fois pour toutes, se représenteront souvent à notre esprit dans le cours de cette esquisse historique; nous avons saisi la première, sinon la plus opportune occasion de les faire, pensant qu'il suffirait d'appeler l'attention sur ce point pour que, d'elle-même, elle les rappelât quand il serait à propos.

Nous reprenons donc le fil de notre exposition.

Platon, profondément initié à la connaissance de l'âme par Socrate, qui eut pour maître Anaxagore et son propre génie, la distingue nettement du corps; elle y préside, suivant lui, comme le nautonnier au navire, et s'en sert comme d'un instrument (1). C'est dans son école que cette noble définition de l'homme, gâtée par un moderne, Bonald, a pris naissance : une intelligence qui se sert d'organes. Non seulement l'âme est distincte du corps, non seulement elle s'en sert et le domine, mais elle lui est antérieure et lui donne même la forme (2); elle lui est unie par le cerveau (3). Mais toutes les âmes ne se ressemblent pas, et cette différence ne provient pas uniquement du corps (4). Et dans chaque homme il faut distinguer encore, suivant Platon, trois parties dans l'âme totale ou plutôt trois fonctions de l'âme : la sensitive (ἐπιθυμία), l'appétitive (θῦμος), et la raisonnable

(1) *Phédon; Premier Alcibiade; Républ.*, VII.
(2) *Phédon, des Lois*, X. — PLUTARCH., *Qœst. plat.*, III.
(3) *Républ.*, VII.
(4) *Phédon.*

(λόγος) (1). Les deux premières ne sont que des fonctions organiques périssables; la troisième seule est inorganique et immortelle. La conscience est le commun lien d'elles toutes; elle rattache à l'âme raisonnable les fonctions qui ne le sont pas. Les plantes et les animaux ne sont capables que des fonctions organiques et passagères (2). Mais il faut reconnaître que Platon, pris à la lettre, semble plutôt parler de trois âmes que de trois fonctions, et considérer les deux âmes inférieures comme matérielles et périssables.

Ces idées, qui ont eu la plus grande vogue (3), et qui ne sont pas encore entièrement abandonnées, tant s'en faut, ont pourtant l'inconvénient très grave de porter à croire que la matière puisse sentir, désirer, agir; que tous ces états puissent se passer au dehors de l'âme raisonnable, et cependant être connus d'elle au moyen d'un quatrième terme, la conscience, qui serait tout à la fois dans l'âme raisonnable et dans les deux âmes corporelles, puisqu'elle est une lumière qui éclaire l'une, et l'état réfléchi ou conscient des autres. Il y a là plus d'une impossibilité ontologique et psychologique, alors même qu'il n'y aurait pas le danger très prochain de porter au matérialisme, ou de confondre ce que Platon

(1) Cf. TENNEMANN, *Grundriss der Gesch. d. Phil.*, p. 129. — Il est plus conforme à l'esprit et à l'ensemble de la doctrine de Platon d'entendre par les parties de l'âme ses facultés. Nous le verrons.

(2) *Phed.; Phileb. Sophiste; Premier Alcib.; Timée; Républ.*, VIII et IX.

(3) Voy. CICÉR., *Tuscul.*, I, 9, 10; THÉODORET, *Thérap.*, V; HIPPOCR., ap. *Soran. Hipp. vita*, 10; D. AUG., *de Civit. Dei*, XXI, 10; GRÉG. DE NYSS., *de Hom. opif.*, 12; AUSONE, *Ephem.*, 10; LACTANCE, *de Opif.*, VIII, 16; CASSIODOR., *de Anima*, 8; ÆNEE DE GAZA et ZACHARIAS, *de Immort. animæ*, édit. Boissonade, p. 32, et la note p. 253.

avait voulu distinguer. Aussi verrons-nous que cette manière d'entendre Platon n'est pas la véritable.

CHAPITRE II.

De l'animisme depuis Aristote jusqu'au moyen âge.

Un autre esprit de premier ordre, supérieur à Platon de toute la supériorité de la réflexion, ou de la science sur l'inspiration et la poésie, bien que la poésie et l'inspiration aient aussi leur genre de supériorité sur la science et la réflexion, Aristote, disciple de Platon, mais disciple d'une indépendance qui allait peut-être jusqu'au système, Aristote, enfin, dans son traité de l'âme, commence par faire l'historique substantiel des opinions de ses prédécesseurs. C'est une habitude également recommandée par la prudence, par le progrès de la science, par la méthode et l'équité, à laquelle le Stagirite est généralement très fidèle. La postérité lui en doit de la reconnaissance.

Dans cette partie historique de sa psychologie, il range les opinions des philosophes qui l'ont précédé, sur l'âme, en trois classes, suivant que l'âme y est conçue, ou comme principe du mouvement (Pythagore, Anaxagore, Leucippe, Démocrite); — ou comme principe du sentiment perceptif (Thalès, Héraclite, Anaxagore, Diogène d'Apollonie, Empédocle, Alcméon, Hippon, Critias); — ou comme principe de mouvement et de perception tout à la fois. Dans le premier cas, l'âme est corporelle; — dans le second, sa spiritualité n'est pas encore bien évidente, puisque ceux qui professent cette opinion conviennent qu'il n'y a que le semblable qui puisse percevoir le semblable, ce qui porterait à croire que l'âme est de même nature que les choses à percevoir ; — la troisième opinion ne peut différer des deux premières. Jusqu'ici donc l'immatérialité de l'âme n'est pas très visiblement professée pour Aristote. Nous n'avons pas le droit d'être moins difficiles que lui (1). Et pourtant il nous dit que tous les philosophes sont d'accord pour faire l'âme immatérielle (2). Il y a donc une immatérialité absolue, celle dont nous parlait d'abord Aristote, et une immatérialité relative, qui pourrait bien n'être que l'absence de la solidité visible, résistante, solidité que les autres philosophes repoussent comme étrangère à l'âme, tandis qu'il ne leur répugne pas assez de concevoir l'âme à la façon des corps fluides.

Aristote modifiera profondément les idées reçues à cet égard jusqu'à lui. Il reconnaîtra d'abord dans l'homme quatre degrés de vie de plus en plus élevés : la nutrition, le toucher, le mouvement et la pensée.

Et comme il n'y a pas de corps organisés qui ne se développe et ne s'entretienne par la nutrition, il reconnaîtra dans toutes les espèces d'âmes la fonction nutritive. D'où nous concluons deux choses : la première, que, suivant Aristote, les végétaux même ont une âme ; la seconde, que, dans les êtres d'un ordre plus élevé, la vie organique n'est pas due à un principe spécial, mais qu'elle est un effet d'une âme unique.

Aristote semble même aller jusqu'à faire du corps un effet de l'âme, lorsqu'il dit qu'elle en est cause à plusieurs

(1) *De Anim.*, I, 2, § 1-8.
(2) Ibid., § 20 ; cf. c. V, § 4.

titres : comme principe du mouvement vital, comme essence et comme fin du corps (1). Il résulterait effectivement de là que si le mouvement vital a commencé avec l'organisation, comme il est juste de le penser, et que ce mouvement soit dû à l'âme comme à son principe, l'âme est cause efficiente de l'organisation elle-même (2). Elle en est une cause finale encore si le corps est fait pour l'âme, comme il le paraît bien (3). Elle en serait en quelque sorte la cause matérielle, enfin, si elle en était l'essence, c'est-à-dire ce qui fait qu'un corps vivant est corps vivant, et telle espèce de corps vivant plutôt que telle autre, et dans cette espèce tel individu plutôt que tel autre encore. Nous allons voir, en effet, que c'est bien là, suivant toute apparence, ce qu'Aristote appelle la forme du corps, forme qui en constitue l'essence, comme elle constitue l'essence de toutes choses : *forma dat esse rei,* disaient les péripatéticiens du moyen âge.

Le stahlisme est donc tout entier déjà dans le péripatétisme ; et je ne sais s'il n'y est pas même plus profondément.

Mais il faut tâcher de pénétrer plus avant dans la pensée d'Aristote, en nous rendant un compte rigoureux de ce qu'il entend par corps en général, par corps vivant, par âme, par forme, par l'union de la forme au corps, par le tout indivisible qui en résulte : nous saurons mieux alors si l'âme, considérée indépendamment

(1) *De Anima*, II, 4.

(2) Εστι δὲ ἡ ψυχὴ τοῦ ζῶντος σώματος αἰτία καὶ ἀρχή. (ARIST., *de Anima*, II, 4, 5.)

(3) En effet, c'est là ce que signifie l'ἐντελέχεια du corps, c'est-à-dire son but dernier, sa fin la plus intime.

du corps, n'est qu'une abstraction dans la pensée d'Aristote, ou si elle est un principe substantiel et distinct. Dans le premier cas, l'âme ne serait qu'un point de vue du corps vivant, et n'aurait pas plus de durée que lui. Dans le second, l'âme existerait bien d'une existence propre, mais il ne serait pas encore dit par là qu'elle pense lorsqu'elle n'est pas unie à un corps.

Déjà nous avons vu Aristote insinuer une différence entre la solidité et la non solidité des corps; ce second état, lors surtout, nous le présumons du moins, que la matière qui le revêt ne frappe ni le sens de la vue ni celui du toucher, peut passer pour une sorte d'immatérialité. A ce compte, les corps solides, visibles ou tangibles, seraient seuls matériels dans le sens propre du mot. Mais dans les corps les plus matériels en apparence, dans les corps solides, se trouve déjà, suivant Aristote, une vie, c'est-à-dire une force (1) : « Sans la vie qui fait le solide dans l'espace, plus rien que des grandeurs mathématiques, abstraites, isolées et sans lien; rien qu'une division et une dissolution infinies. » (2) C'est bien là distinguer avec la dernière rigueur, et beaucoup mieux que ne l'ont fait la plupart des modernes, tels que Descartes et Locke, les deux choses les plus fondamentales que nous connaissions dans les corps : la résistance ou l'impénétrabilité, comme force ou donnée sensible; l'étendue pure ou géométrique, comme donnée intelligible ou rationnelle pure. On voit suffisamment par là que la

(1) C'est une chose très remarquable, et qui prouve la justesse et la profondeur du génie grec, que la même racine signifie, dans la langue de ce peuple étonnant, *force* et *vie*, βία, βίος!

(2) *Métaphys.*, XIII, p. 162, édit. Brandis.

matière d'Aristote est très proche parente des monades de Pythagore et de Leibniz, très proche parente du dynamisme universel, qui, chez les physiciens et les naturalistes de nos jours, particulièrement en Allemagne, a pris définitivement la place de l'atomisme.

En quoi donc diffère un corps vivant proprement dit d'un corps inorganique, puisque déjà les corps de cette dernière espèce sont doués d'un premier degré de vie? — C'est par un mouvement propre ou spontané : « Tout corps qui change de soi-même est vivant. Le principe intérieur du changement, la nature, c'est le principe de la chaleur et de la vie, l'âme. Le corps que la nature anime est l'instrument de l'âme. » (1) Ici l'âme semble bien être distincte du corps; elle serait alors une force *sui generis,* qui aurait dans le corps même des effets propres, ceux qu'on remarque dans les corps vivants, et pas ailleurs.

On voit encore par là que l'âme est une force qui se sert d'une autre force, de la force corporelle, comme d'instrument. Mais Aristote s'explique sur ce point et restreint sa pensée première : « L'âme ne commande pas au corps comme une puissance indépendante qui peut se séparer de l'instrument qu'elle emploie; elle n'y est pas comme dans une demeure qu'elle puisse abandonner. » (2) L'âme, quoique force distincte de celle du corps, n'en est pas séparable.

Mais alors est-elle bien une substance distincte même? et ne faut-il pas rapporter aux seules apparences ce qu'Aristote nous a dit d'abord de l'âme comme force

(1) *Phys.*, VIII, 4; *de Partib. anim.*, I, 5; *de Anim.*, II, 4.
(2) *Polit.*, I, 2; *de Anim.*, I, 3.

spéciale unie à la force corporelle? Cela paraît bien être : « L'âme n'est pas, nous dit-il, une substance, un sujet, mais une forme; la forme d'un seul et unique corps dont elle fait la vie propre et l'individualité. Elle n'est pas le corps; mais sans le corps elle ne peut pas être. Elle est quelque chose du corps; et ce quelque chose n'est ni la figure, ni le mouvement, ni un accident quelconque, mais la forme même de la vie, l'activité spécifique, qui détermine l'essence et tous ses accidents. » (1)

Voilà le point précis de la difficulté, et comme l'idée fondamentale de la psychologie rationnelle d'Aristote; si nous savions au juste ce qu'il a voulu dire par là, nous saurions aussi ce qu'il n'a pas voulu dire. Et comme le côté positif de sa pensée peut être plus facilement saisi à mesure qu'on éliminera un plus grand nombre de fausses interprétations possibles, nous écarterons d'abord celle-ci, à savoir : que si l'âme n'est pas une substance, un sujet propre; que si elle est inséparable du corps, sans être cependant le corps lui-même, elle pourrait bien être son ensemble, son unité. Non : « elle n'est pas non plus l'harmonie des parties du corps, ni la résultante de ses mouvements divers; elle est ce qui y produit l'accord et l'harmonie, la cause qui y détermine, y dirige, y règle le mouvement. Ce n'est pas une unité de mélange et de composition, un nombre; mais une unité simple, l'unité de la forme et de l'acte. Ce n'est donc pas une puissance dont le corps serait la réalisation; mais la réalité dernière d'un corps. » (2)

(1) *De Anima,* I, 3; I, 2.
(2) *De Anima,* I, 4; II, 1, 2.

Cette réalité dernière du corps vivant ne peut donc être le corps en puissance; c'est plutôt le corps vivant en acte, le fait même d'être vivant. C'est ce que semblent confirmer les paroles suivantes : « L'âme est donc l'acte d'un corps naturel, organisé, qui a la vie en puissance. » (1) Et encore : « L'âme en elle-même n'est que la première forme, le premier acte de l'organisme. La forme dernière, la fin suprême, est l'action même de l'âme, l'action indivisible, supérieure au mouvement et au repos. » (2)

Huit points paraissent certains d'après ce qui précède :

1° L'âme est distincte du corps; 2° elle en est inséparable cependant; 3° elle n'en est pourtant pas l'unité; 4° elle en est la forme; 5° cette forme ne doit pas être confondue avec la figure; 6° c'est l'acte de vie; 7° enfin, cet acte n'est ni substance ni sujet; 8° et toutefois il est cause et principe, αἰτία καὶ ἀρχή.

Le seul moyen de concilier tout cela, c'est, à notre sens, de reconnaître que l'âme n'est point une substance ou un sujet immobile et mort, comme paraît l'être la matière qui compose les corps inorganiques, mais bien un principe essentiellement actif, produisant infailliblement son effet, la vie; un principe qui n'est âme ou cause de vie qu'à la condition d'agir, d'informer un

(1) Ἀναγκαῖον ἄρα τὴν ψυχὴν οὐσίαν εἶναι ὡς εἶδος σώματος φυσικοῦ δυνάμει ζωὴν ἔχοντος· ἡ δ' οὐσία ἐντελέχεια· τοιούτου ἄρα σώματος ἐντελέχεια. (*De Anim.*, II, 1.)

(2) *De Anima*, II, 1. L'interprétation de ce passage et des précédents est empruntée à M. Ravaisson. Cf. le *de Anima* traduit par M. Barthélemy Saint-Hilaire, surtout p. 169-170.

corps, et qui cesse d'être tel, c'est-à-dire d'être un principe vivant, du moment où son effet, la vie actuelle d'un corps, la forme vivante de ce corps, cesse d'être. Antérieurement à cet acte et après cet acte, c'est-à-dire d'une manière plus générale et en un mot, *indépendamment* de cet acte, l'âme n'est pas un principe de vie, n'est pas une âme, puisqu'elle n'anime rien. En ce sens elle n'est pas; ou si elle est déjà avant d'informer un corps, si elle est encore après l'avoir informé, ce n'est que comme forme de vie en puissance et non en acte; c'est une âme virtuellement vivante, ou plutôt virtuellement vivifiante, par opposition à ce qu'elle est lorsqu'elle anime un corps, lorsqu'elle en est l'acte ou la forme de vie.

Si c'est là l'interprétation véritable de la pensée d'Aristote, il s'ensuit : 1° que l'âme, sans être matérielle, ni la même chose que le corps qu'elle anime, est cependant inséparable de ce corps, comme la lumière est inséparable du jour, la cause de son effet ; 2° que l'âme, comme âme vivante, ou vivifiant un corps, qui en est le produit nécessaire, n'est pas même une substance, un sujet distinct de ce corps, puisque en effet le corps, comme corps vivant, est le sujet de l'âme, qui en est la forme; 3° que l'âme n'existe pas comme âme réelle avant l'animation ou après, mais bien comme âme possible, comme substance capable d'informer un corps ou d'en devenir la forme; 4° que la substance dernière d'un corps vivant, la force vivante dans un corps, ne diffère en rien, à son tour, de l'âme, et qu'il serait pour le moins aussi vrai de dire que les corps vivants ne sont que des âmes à formes corporelles, que de dire qu'ils sont des corps à formes vivantes (1); 5° que les corps vivants constituent une espèce particulière de corps, et ne se forment pas de corps sans vie; 6° que l'âme est tout à la fois le principe et la fin des corps vivants, c'est-à-dire leur cause et leur réalité ou leur *acte,* leur *entéléchie* ou leur essence; 7° qu'Aristote est bien plutôt spiritualiste que matérialiste exclusif; 8° qu'en tout cas, s'il n'y a pas pour lui d'âme vivante et véritable sans corps vivant, il y a moins encore de corps vivant sans âme; 9° qu'on ne pourrait cependant conclure de là que l'âme périt avec le corps visible, suivant Aristote, qu'autant qu'il aurait supposé qu'à la mort du corps visible c'en est fait de toute forme corporelle vivante pour l'âme qui a vivifié ce corps.

Nous n'oserions cependant nous flatter d'avoir parfaitement saisi la pensée d'Aristote; et si l'on croyait même entrevoir quelques contradictions dans les passages que nous en avons cités, ce ne serait pas la première fois qu'un lecteur se serait trouvé dans cet embarras en cherchant dans des écrits que le temps et les hommes semblent avoir maltraités à l'envi, la pensée vraie de cet incomparable génie (2).

Malgré le dynamisme d'Aristote, mais à cause de l'indissoluble union qu'il avait établie entre l'âme et le corps, et de l'affirmation si formelle que l'âme est la forme du corps vivant, la vie en acte, l'acte même de

(1) Ceci est encore en faveur du spiritualisme, ou plutôt du dynamisme universel d'Aristote. On peut voir sur ce point une dissertation fort étendue de Plessing, où il établit qu'Aristote n'admettait pas l'existence des corps comme on les conçoit ordinairement : *Versuch zur Aufklærung der Philosophie des æltesten Alterthums,* II B., S. 259-273.

(2). V. idem, ibid., p. 385-391.

la vie, on put aisément penser que l'âme n'était qu'un mode du corps vivant, un simple fait, celui de la vie. Aussi Dicéarque la confond-il avec la vie animale, et ne voit-il même dans l'âme raisonnable de l'homme que le résultat de l'organisme, de l'heureuse harmonie des parties du corps.

Le matérialisme des stoïciens n'est pas moins certain. En vain ils distinguent une matière corporelle et une matière spirituelle, qui se pénètrent réciproquement dans toutes leurs parties; en vain ils placent l'âme raisonnable, le λογιστικόν dans le cœur : ce principe n'en est pas moins matériel. C'est une espèce de feu, d'air, de calorique.

Mais il est vrai de dire que Dieu lui-même est corporel aux yeux des stoïciens, et que notre âme participe de la nature divine; que si c'est un feu corporel, elle possède néanmoins des vertus qui lui sont propres; c'est un feu actif, intelligent sans doute, et qui est doué d'une vertu plastique ou formatrice. Toutefois, cette vertu reste assoupie dans l'âme, au moins pendant les premiers temps de l'existence, puisque cette âme passe des parents aux enfants, qu'elle est un produit de leurs facultés, et qu'elle ne commence à vivre qu'après la naissance. Elle n'agit donc comme âme plastique que dans la formation des germes chez les adolescents (1).

Les philosophes romains, qui se partageaient généralement entre l'épicurisme et le stoïcisme, devaient être par cette raison, à cause du tour assez peu métaphysique de leur esprit, passablement portés au matérialisme. Il faut excepter Cicéron, qui est platonicien en

(1) PLUT., *de Placit. phil.*, IV, 5.

cela (1). Il paraîtrait même, d'après un fragment de l'Hortensius, qu'il serait allé jusqu'à faire procéder le corps de l'âme : *Appendix animi corpus*. Mais il était moins avancé sur la question de l'immortalité du principe pensant (2), ainsi que Sénèque (3). Nous ne parlons pas du doux et tendre Virgile : sa philosophie devait avoir une teinte de naturalisme ou de panthéisme, comme celle de la plupart des poètes (4).

Parmi les néoplatoniciens, il faut distinguer ceux qui rapprochés de l'expérience par leur profession, comme Galien, tiennent toujours un grand compte de l'apparence ou des faits; et ceux qui, spéculant d'une manière plus libre, ne craignent pas de donner essor à leur imagination, autant au moins qu'au raisonnement : tels sont les Alexandrins.

Galien admettait un esprit de la vie pour rendre raison des phénomènes physiologiques, et un esprit de l'âme pour expliquer les phénomènes de l'intelligence (5), c'est-à-dire deux âmes, ou une âme proprement dite et un principe vital. Suivant Némésius, Galien aurait fait consister l'âme, le principe vital sans doute, dans le tempérament (κρᾶσις) (6). Il n'y a pas là de contradiction

(1) Humani animi ea pars quæ sensum, quæ motum, quæ appetitum habet, non est ab actione corporis sejuncta; quæ autem pars animi, rationis atque intelligentiæ est particeps, ea tantum maxime viget quum plurimum abest a corpore. (*De Divinat.*, I, 32.)

(2) *Tuscul*, q. I. Me vero delectat, idque primum ita esse, deinde, etiamsi non sit, mihi tamen persuaderi velim.

(3) *Epist.* 102, 117.

(4) Spiritus intus alit, totamque infusa per artus
Mens agitat molem, et se magno corpore miscet. (*Æn.*, VII, 729.)
Purpuream vomit ille animam... (*Æneid.*, IX, 349.)

(5) THEONIS *Smyrnæi Platonici*, etc. — M. DAREMBERG, *Galien considéré comme philosophe*, p. 12.

(6) *De la Nature de l'Homme*, trad. fr., p. 40.

avec ce que nous apprend Théon de Smyrne; seulement, l'idée du principe vital, de l'âme animale (πνεῦμα ζωϊκόν), devient un peu plus précise, mais sans gagner en justesse : car le tempérament doit être, au contraire, un effet de l'âme, à moins que Galien, comme Dicéarque, n'entende par âme animale un produit de l'organisation.

C'est à lui, du reste, qu'on doit l'invention de ces esprits, qui ont joué un si grand rôle dans les hypothèses physiologiques. Il en avait imaginé de trois sortes : les naturels, qui se formaient dans le foie; les vitaux, qui se formaient dans le cœur, dans le ventricule gauche, et les animaux ou cérébraux, qui se formaient dans le cerveau. « Les esprits animaux ont été le mystérieux ressort de toute la physiologie moderne, depuis Descartes jusqu'à Bordeu. Bordeu s'en étant moqué avec succès, on en fit moins usage. Enfin, dans les dernières années du dernier siècle, on substitua à un mot usé un mot nouveau. Les esprits animaux devinrent le *fluide nerveux*. Cuvier écrivait encore en 1817 : Il nous paraît qu'on peut se rendre compte de tous les phénomènes de la vie physique par la seule admission d'un fluide tel que nous venons de le définir, c'est-à-dire du fluide nerveux » (1).

On trouve aussi les Alexandrins sur les traces du platonisme, mais d'un platonisme transformé, exagéré, mystique. Ainsi, ce n'est plus trois âmes seulement qu'ils sembleraient admettre, il leur en faudrait quatre, et même cinq. La première, corporelle, ou plutôt qui n'est que le corps même (τό σῶμα), est le principe de la

(1) M. FLOURENS, *Journal des Savants*, avril 1853, p. 212-213.

locomotion, de la nutrition, de la reproduction et de la passion. La seconde, l'âme animale, ou plus simplement l'animal (τὸ ζῶον), rend raison de l'appétit, du désir et de la sensation. La troisième, l'âme proprement dite (ἡ ψυχή), est le principe de l'imagination, de la mémoire, de l'opinion, du raisonnement, de la raison et de la volonté. Ce n'est pas tout : il faut un principe qui explique la pensée et la contemplation ; ce principe, c'est l'intelligence (ὁ νοῦς). Et comme il y a dans l'homme une vertu d'amour et de contemplation divine particulière, il faut bien qu'elle ait aussi son principe propre. Ce principe, c'est le divin (τὸ θεῖον). (1)

Mais cette multiplicité des âmes dans le même être, dans l'homme, n'est qu'apparente. Et d'abord, les âmes des différents individus n'étaient, suivant Platon et Porphyre, au témoignage de Stobée, que des fonctions de l'âme universelle, de la même manière que, suivant d'autres, les parties de l'âme individuelle de chaque être vivant n'étaient que des manières de concevoir son action dans le corps par le moyen de tel ou tel appareil, de tel ou tel organe. « Plotin et Porphyre pensaient donc que les facultés propres à chaque partie de l'univers (à chaque individu) sont produites par l'âme (universelle), et que (à la mort des individus) les vies produites par l'âme cessent d'exister, comme la vie d'un être engendré par une semence finit quand la *raison séminale* se retire de lui pour rentrer en elle-même (en remontant à l'âme qui l'a produite). » (2) il n'y aurait donc qu'une

(1) M. Vacherot, *Hist. critiq. de l'Ecole d'Alexandrie,* t. III, p. 360.
(2) *Enneades,* trad. M. Bouillet, t. I, p. xciii, note 3.

seule âme, suivant ce système. Il n'est pas ici question de la vérité ou de la fausseté de cette conception, proche parente du panthéisme. Nous en avons dit plus haut notre opinion, et nous trouverons encore l'occasion d'y revenir plus à propos. Mais alors même qu'il plairait de ne concevoir l'âme de chaque individu vivant que comme l'action de l'âme universelle, cette action ne serait pas moins une et purement intelligible dans son essence, malgré la diversité de ses modes, suivant les parties du corps où ses effets se produiraient. Il en est de même, et plus sensiblement encore, de l'âme considérée comme un sujet substantiel propre à chaque individu; son unité parfaite, indivisible, n'empêche point la diversité de ses fonctions. C'est ainsi qu'on paraît l'avoir toujours compris.

Nous retrouvons, en effet, chez les néoplatoniciens la doctrine des *parties* de l'âme entendues dans le sens de *facultés;* c'est ainsi que nous avons interprété le langage de Pythagore, de Platon et d'Aristote, interprétation surabondamment justifiée par les explications très précises des alexandrins. Il s'agit pour eux de concilier les parties de l'âme avec son indivisibilité. « On résout cette « difficulté, suivant Porphyre, en disant que l'âme « est indivisible en tant qu'on la considère dans son « essence et en elle-même, et qu'elle a trois parties, « en tant qu'unie à un corps divisible elle y exerce « ses diverses facultés dans diverses parties. En effet, « ce n'est pas la même faculté qui réside dans la tête, « dans la poitrine et dans le foie. Donc, si l'on a divisé « l'âme en plusieurs parties, c'est en ce sens que ses

« diverses fonctions s'exercent en diverses parties du « corps » (1).

Il importe d'autant plus de mettre en relief l'unité du principe de la vie dans l'homme, telle que la concevaient déjà très nettement les philosophes de l'antiquité, qu'aujourd'hui même des savants, qui ne professent cependant pas le didynamisme dans l'homme, parlent néanmoins des diverses fonctions principales qui constituent l'ensemble du jeu vital en nous, comme si elles avaient non seulement leur siège, mais encore leur principe dans l'organe qui en est la plus frappante condition physique. Laissons donc s'expliquer sur ce point un des derniers représentants de la philosophie grecque, Nicolas de Damas.

Ce commentateur d'Aristote disait donc que « la division de l'âme n'était pas fondée sur la quantité, mais sur la qualité... Si l'on considère une étendue, on voit que le tout est la somme des parties, et qu'il augmente ou qu'il diminue selon qu'on lui ajoute ou qu'on lui ôte une partie. Or, ce n'est pas en ce sens qu'on attribue des parties à l'âme; elle n'est pas la somme de ses parties, parce qu'elle n'est point une étendue ni une multitude..... L'être animé, par cela seul qu'il possède une âme, a plusieurs facultés, telles que la vie, le sentiment, le mouvement, la pensée, le désir; et toutes ces facultés ont l'âme pour cause et pour principe. Ceux donc qui attribuent à l'âme des parties entendent par là les facultés par lesquelles l'être animé peut produire des actes ou éprouver des passions. Tout en proclamant

(1) *Enneades*, trad. M. Bouillet, t. I, p. XCII.

l'âme même indivisible, rien n'empêche de diviser ses fonctions. L'animal est donc divisible si, dans sa notion, l'on fait entrer aussi la notion du corps, car les fonctions vitales que l'âme communique au corps s'y trouvent nécessairement divisées par la diversité des organes; et c'est cette division des fonctions vitales qui a fait attribuer des parties à l'âme elle-même. » (1)

Malgré l'apparente multiplicité des âmes dans le même individu, dans le même homme, à n'en juger que d'après la lettre de certains passages, il est donc certain que les alexandrins n'admettaient qu'une seule âme, et une âme toute spirituelle, purement intelligible, qu'elle fût d'ailleurs l'âme universelle, ou qu'elle fût propre à chaque individu vivant.

Quelle était maintenant, suivant eux, l'action de l'âme sur le corps, la part qu'elle prenait aux opérations de la vie organique? C'est ce qui n'est pas douteux d'après leurs écrits. Ils regardaient le corps comme un produit de l'âme. Bien plus, les circonstances extérieures où l'âme peut se concevoir pourraient bien n'être, dans leur pensée, qu'un effet de l'imagination. C'est ainsi qu'un changement de décoration tout intérieur peut mettre l'âme en enfer (ou en paradis), en mettant l'enfer (ou le paradis) dans l'âme. Cette conception, reproduite par Kant, et que n'aurait sans doute pas repoussée Leibniz, avait aussi été entrevue par J. Scot Erigène.

Ainsi l'âme se créant une image, grâce à la conscience qu'elle a de cette image, se trouve comme revêtue de ce produit instinctif de ses tendances primordiales;

(1) *Enneades*, trad. M. BOUILLET, t. I, p. XCIII.

puis, par un mouvement naturel, conséquence de ce premier état de l'âme, elle recherche les corps et les formes qui lui conviennent le mieux : « L'âme, d'après sa disposition, s'adjoint tel corps plutôt que tel autre, car le rang et les qualités particulières du corps dans lequel elle entre dépendent de sa disposition. » Et pour qu'on ne croie pas qu'il ne s'agit là que de l'entrée de l'âme dans un corps tout organisé, ou d'une métempsychose vulgaire, Plotin dit ailleurs : que l'âme est l'animal en puissance...; que c'est l'âme raisonnable qui engendre l'animal...; qu'elle façonne dans le corps une forme à sa ressemblance (1).

Ammonius Saccas avait déjà dit que « l'âme est la vie; que si elle changeait dans son union avec le corps, elle deviendrait autre chose et ne serait plus la vie. Que procurerait-elle donc au corps si elle ne lui donnait pas la vie? » (2)

Némésius, qui rapporte ce passage du fondateur de l'éclectisme alexandrin, ajoute : « Ce n'est pas le corps qui commande à l'âme; c'est l'âme, au contraire, qui commande au corps. Elle n'est pas dans le corps comme dans un vase ou dans une outre; c'est plutôt le corps qui est en elle. » (3) Porphyre avait eu la même idée : « Ce n'est pas l'âme qui est dans le corps, c'est plutôt le corps qui est dans l'âme; non pas que l'âme soit étendue, mais parce qu'elle est en même temps partout et nulle part dans le corps. » (4)

(1) *Enneades*, trad. M. BOUILLET, t. I, p. LXV et 365.
(2) Id., ibid., p. XCVI.
(3) Id., ibid., p. XCVII.
(4) Id., ibid., p. LXXXIII.

On le voit, la doctrine péripatéticienne de l'unité du principe de la vie, avec multiplicité de fonctions, est loin d'avoir entièrement disparu dans l'éclectisme ou le syncrétisme alexandrin. Nicolas de Damas, au VIe siècle, la reproduira nettement, et les Pères de l'Eglise la transmettront aux docteurs du moyen âge.

LIVRE II.

DE L'ANIMISME AU MOYEN AGE.

CHAPITRE PREMIER.

De l'animisme au moyen âge jusqu'à Albert-le-Grand.

§ I.

Philosophes chrétiens avant Albert.

Les Alexandrins et les Pères de l'Eglise s'éloignèrent sensiblement des idées d'Aristote sur le principe de la vie; mais tous ne le perdirent pas également de vue. C'est ainsi, par exemple, que S. Grégoire de Nysse semble admettre une union beaucoup plus étroite entre l'âme et le corps que ne le faisait Némésius, dont le Traité de l'homme (1) renferme cependant les germes agrandis déjà de ce qu'on appelle aujourd'hui la phrénologie, et dont les premiers rudiments se rencontrent dans Aristote. Grégoire de Nysse voit une dépendance si étroite entre le corps et l'âme, que c'est à grand'

(1) περὶ φύσεως ἀνθρώπου. Il regarde les lobes antérieurs de l'encéphale comme les organes de la sensation, les moyens comme ceux de l'intelligence, et les postérieurs ou le cervelet comme ceux du souvenir. (ch. XII.)

peine s'il reconnaît la possibilité de l'âme sans union avec le corps. Il ne partage donc pas l'opinion de ceux qui, marchant sur les traces de Platon (1), croyaient les âmes créées dès le commencement, et qui les regardaient comme contemporaines du monde purement spirituel, dont l'existence était réputée antérieure à celle du monde physique (2). Il ne considérait donc pas l'organisation du corps comme un effet de l'âme qui lui est unie. On croirait plutôt, d'après lui, que ce corps et cette âme, destinés à former un tout vivant, n'ont commencé à vivre chacun que par l'union de l'un à l'autre; qu'avant cette union, ces deux parties si hétérogènes d'un même tout n'étaient encore l'une et l'autre qu'en germe, en puissance; que leurs virtualités étaient comme assoupies et ne devaient se réveiller que par l'action mutuelle de l'âme sur le corps et du corps sur l'âme. L'âme, dit-il, ne peut exister avant le corps, ni le corps après l'âme. L'âme se développe insensiblement à l'aide des mouvements intestins du corps. Grégoire de Nysse semblerait donc admettre pour l'âme une certaine participation aux fonctions les plus humbles de la vie organique, telles que la nutrition, l'accroissement, puisqu'il met ces deux fonctions sur la même ligne que la perception et le développement de la raison, en ce sens qu'elles sont, comme ces dernières, une occasion pour l'âme de se développer (3).

Mais l'animisme unitaire de S. Grégoire de Nysse est plus visible dans ces paroles : « Si nous avons dit plus

(1) *Lois* x.
(2) *In Hexam.*, 6, 99; *de Hom. opif.*, c. XXIX; *de Anim. et Resurr.*, p. 242.
(3) *De Anim. et Resurr.*, p. 240 sq.; *de Hom. opif.*, c. XXIX.

haut que l'homme est doué d'une triple vie, à savoir : d'une vie végétative, dépourvue de sensibilité; d'une vie sensitive, qui est jointe à la première, mais qui manque de la faculté de raisonner; enfin, d'une vie raisonnable et complète, qui est jointe aux deux autres et possède seule le don de l'intelligence, il ne faut pas conclure de là qu'il existe dans le corps humain trois âmes différentes contenues en quelque sorte dans leurs limites respectives. L'âme véritable, l'âme complète, pour ainsi dire, est essentiellement une, spirituelle, dépourvue de tout élément matériel, bien qu'unie à la matière par l'intermédiaire des sens. Or, toute substance matérielle étant soumise au changement et à l'altération, le mouvement, pour elle, est un développement de sa nature tant qu'elle possède la puissance qui renferme sa vie; si, au contraire, elle perd cette puissance vitale, le dernier mouvement qui s'opère en elle est celui de la destruction. De même, la sensibilité n'existe point séparée de la matière, ni l'intelligence séparée de la sensibilité. » (1)

S. Augustin, fidèle à la pensée platonicienne, qui, bien interprétée, ne voit dans les trois âmes du maître que trois grandes fonctions d'une même force, n'admet qu'une seule âme dans l'homme (2). Ainsi, ce qui fait que le corps humain est vivant, est aussi ce qui fait que l'homme sent et pense; le principe de la vie organique est le même que celui de la sensibilité et de l'intelligence (3). Malgré la diversité profonde de ces fonctions,

(1) *De Homin. opif.*, c. XIV.
(2) Op. omn., t. VIII, p. 77, *e*; Paris, 1700.
(3) Anima, vis quædam qua corpus vivificatur (t. VI, p. 3, *d*). — In ea

leur principe est unique, simple (1). Il ne faut donc pas s'abuser sur des passages où l'auteur semblerait revenir aux trois âmes apparentes de quelques anciens, en attribuant les trois grandes formes de la vie à trois forces distinctes, qui en seraient la cause et le sujet chacune à chacune (2). Non, il y a si peu trois sujets ou substances au fond de ces trois formes ou fonctions, que l'âme, prise dans toute sa simplicité, est non seulement vivante, mais encore la vie même de ce qu'elle anime. Malgré sa simplicité absolue, elle est donc tout à la fois la vie de l'organisme, celle de l'animal et celle de l'homme dans chacun de nous (3). Au surplus, si l'on croyait trouver dans S. Augustin une autre doctrine différente de celle que nous exposons ici comme ayant été la sienne, il suffirait de se rappeler que cet illustre Père n'a pas été à l'abri de toute variation, mais que l'amour de la vérité l'a toujours emporté dans son âme sur un vain amour-propre. Il cherche à concevoir le rapport actuel de l'âme avec le corps par analogie avec celui qui existe entre Dieu et le monde; il voit l'âme répandue dans tout le corps, et tout entière dans chaque partie (4), ce qui, pris à la lettre, aboutirait à faire l'âme étendue et à rendre la partie égale au tout. Il ne s'agit donc pas ici, vraisemblablement, d'une présence sub-

unum est quod dicatur rationale, alterum quod irrationale (ibid.). — Anima sensualis et rationalis una est. (t. VI, p. 37, *d*; p. 54, *d*.)

(1) Anima in essentia simplex, in officiis multiplex. (t. VI, p. 48, *e*; p. 60, *f*.)

(2) Anima vis triplex est quæ corpori miscetur : naturalis, vitalis, animalis. (t. VI, p. 43, *b*.)

(3) Anima non tantum vivens est, sed vita. (t. VI, p. 50, *a*.)

(4) Anima in quocumque corpore et in toto est tota, et in qualibet ejus parte tota est. (*De Trinit.*, VI, 6.)

stantielle, mais d'une présence de causation ou d'action. Et alors encore S. Augustin a pu dire que l'union de l'âme et du corps est inintelligible (1). Cette manière de concevoir les rapports de l'âme et du corps ne pouvait manquer de laisser des traces ; nous les retrouvons dans plus d'un scolastique. C'est ainsi, par exemple, qu'Alcuin nous dira que l'âme est la vie du corps, comme Dieu est la vie de l'âme, et que Guillaume de Conches affirmera qu'il n'est aucune partie du corps humain où l'âme ne soit tout entière, bien qu'elle ne fasse pas dans chacune la même chose. Mais n'anticipons point.

Boèce, qui connaissait les œuvres de Némésius, qui en avait même traduit des parties, qui connaissait Platon et Aristote, qui cherchait aussi le point de vue d'où ces deux grands génies n'apparaîtraient que comme les deux faces d'un seul et plus grand génie encore, et se compléteraient ainsi l'un par l'autre ; Boèce est le vrai lien entre les principaux docteurs du moyen âge et les deux plus illustres représentants de la philosophie grecque. C'est par lui plus que par tout autre, que la saine doctrine de l'unité du principe de toute vie dans l'homme s'est transmise du monde ancien au monde moderne. Il suffit pour s'en convaincre de comparer la doctrine de Boèce sur ce sujet avec celle de S. Augustin d'une part, et celle d'Albert le Grand de l'autre. On trouve cette partie de la psychologie du patrice romain plus précise encore que celle du Père de l'Eglise, mais moins cependant que celle de l'évêque de Ratisbonne. Cette doctrine

(1) Modus quo corporibus adhærent spiritus, et animalia fiunt, omnino mirus est, nec comprehendi ab homine potest ; et hoc ipsum homo est. (*De Civit. D.*, XXI, 10.)

a donc fait des progrès en passant des anciens aux modernes; elle en a fait en passant de Boèce aux docteurs des siècles suivants. Or, ces progrès sont vraisemblablement dus, pour partie au moins, aux philosophes arabes, particulièrement à l'auteur mystérieux du livre *de Causis,* et à son commentateur *David-le-Juif* (1).

Ce qu'il y a de certain, c'est qu'Albert reconnaît que l'auteur du livre *des Causes,* livre qui a passé si longtemps pour être d'Aristote, et qui aurait contenu la quintessence de sa doctrine, regarde la vie dans tout son développement comme un effet d'une force unique, ayant son siège dans l'individu. Ce qui l'avait frappé d'abord, c'est que la vie sensitive ou animale est comme superposée à la vie végétative, et qu'elle en dépend, tandis que la vie végétative ne dépend point primitivement de la sensitive. Que conclure de là? Que le principe vivifiant capable de sentir est aussi capable de faire croître, si toutefois on n'admet qu'un principe unique. Telle est, en effet, l'opinion de l'auteur anonyme du livre *des Causes.*

Boèce, comme Platon et les néoplatoniciens, n'entendait parler que d'une seule âme substantielle, tout en parlant de ses parties; ce mot *partie,* dans son langage, ne signifiait que faculté ou fonction. C'est ainsi qu'il faut entendre ce passage : « Une partie de l'âme (du monde) est dans les végétaux, une autre dans les animaux; et de celle qui est dans les animaux l'une est raisonnable, l'autre sensible; les âmes sensibles, à leur tour, présentent d'autres divisions. » (2)

(1) Voir sur cet ouvrage M. HAURÉAU, *Hist. de la Philos. au moyen âge,* t. I, p. 382 et sq.
(2) BOETH., *de Divis.*, p. 646.

C'est ainsi encore que le comprend Abélard lorsqu'il dit, à propos de ce passage : « Boèce n'entend point dire ici, par le mot *parties,* qu'il y ait plusieurs sortes d'âme; non, ces parties ne signifient que des puissances. » (1) Il cite Boèce lui-même, disant dans un autre endroit : « On appelle aussi tout ce qui se compose de certaines vertus ou puissances, telles que, par exemple, dans l'âme, la faculté de comprendre, de discerner, celle de sentir, celle de végéter. » (2) C'est surtout de Boèce que s'est répandue dans tout le moyen âge la doctrine de l'unité de l'âme et de la triplicité de ses grandes fonctions.

Alcuin professe tout à la fois l'indivisible unité de l'âme et la diversité de ses fonctions; elle s'appelle *sens* quand elle perçoit, *esprit* quand elle conçoit, *âme* quand elle anime. Elle est unique comme substance et comme principe de vie. Elle est présente au corps comme Dieu l'est à l'âme (3). Claudien Mamert, aussi connu d'Alcuin que Boèce, avait déjà dit : L'âme est la vie du corps; elle est tout entière dans tout le corps (4). Scot Erigène, qui possédait plus qu'aucun homme de son siècle la connaissance des doctrines néoplatoniciennes, enseignait que le corps est un produit spontané de l'âme, mais que ce travail et cette condition de l'âme sont une suite du péché originel; le corps est, pour notre philosophe, une sorte d'enveloppe ténébreuse qu'elle se donne par une

(1) P. Ab., *Dialectica*, éd. M. Cous., p. 472.
(2) Boeth., *de Divis*, p. 646.
(3) *De Anima*, 6, 11.
(4) Op., liv. III, 14, 2.

opération maladive résultant de son état actuel de dégradation (1).

Abélard, quoique moins versé dans la philosophie de l'antiquité que Scot Erigène, en retient encore l'enseignement vitaliste. On lit, en effet, dans sa *Dialectique,* que l'âme seule est cause de la vie organique, de l'accroissement comme de la connaissance ; que c'est elle qui sent, malgré l'apparence du contraire, et que l'hypothèse de deux âmes dans chaque homme est une fiction sans le moindre fondement, une fiction entièrement fausse, *ab omni veritate figmentum alienissimum* (2).

S. Bernard n'est pas moins explicite : « L'âme vit de sa propre vie ; elle est la vie même. C'est elle qui vivifie le corps, et qui, dans l'état présent n'en fait pas seulement la vie, mais un corps vivant (3). Il n'y a en nous qu'une seule âme à trois fonctions ou vertus. C'est elle qui, dans le corps, est la raison de la vie, de la sensation et du mouvement instinctif. » (4) L'âme est si bien le principe de la vie pour S. Bernard, qu'il en déduit l'immortalité (5). On

(1) V. l'analyse de la doctr. de J. Scot Erig. dans la thèse de M. Saint-René-Taillandier.

(2) *Dialectica*, in-4°, 1836, p. 475-476.

(3) Anima est vita vivens quidem sed non aliunde quam seipsa : ac per hoc non tam vivens quam vita, ut proprie de ea loquamur. Inde est quod infusa corpori vivificat illud, ut sit corpus de vitæ præsentia, non vita, sed vivens. (*In Cant. serm.* LXXXI, p. 1550.)

(4) Constat animam inferiori proinde viliorique essentiæ, quod est corpus, inhærere non modo officio vivificandi ac sensificandi sed et fovendi nutriendique desiderio. (*In Cant. serm.* XXX, p. 1378.) — Habet quippe anima tria facere in corpore, vivificare, sensificare, regere (*Serm. de Div.* LXXXIV, p. 1205.)

(5) Immortalis anima est, quoniam cum ipsa sibi vita sit, sicut non est quo cadat a se, sic non est quo cadat a vita. (*In Cant. serm.* LXXXI, p. 1550.)

se tromperait donc sur la pensée de S. Bernard si, prenant à la lettre certains passages de ses écrits, on voyait dans la *vis vitalis* que Dieu ajoute au limon, base du corps, pour le rendre vivant, autre chose qu'une vertu de l'âme. La *vis sensibilis*, la *vis rationalis*, ajoutées successivement pour faire du même individu un animal, puis un homme, ne doivent pas être entendues différemment. C'est là une succession logique, destinée à faire distinguer les trois grandes fonctions et les trois grands degrés de la vie, les trois sortes d'âmes en général, mais non pas à enseigner qu'il y ait en nous autant d'âmes que de fonctions principales (1).

Plus tard, Hugues de Saint-Victor dira de l'âme qu'elle est appelée ainsi parce qu'elle est la vie du corps; qu'elle s'appelle esprit lorsqu'on veut faire entendre qu'elle est douée de raison, et qu'en comparant ces deux grandes fonctions, la première doit succomber pour le salut de l'autre, que l'âme doit être perdue pour sauver l'esprit (2). Mais, dans l'ordre actuel des choses, c'est l'âme qui est la raison de l'animalité : *Corpus animalitatem nisi ab anima habere potest* (3). C'est en vivifiant le corps, en opérant la sensation, que l'âme participe en quelque sorte à la condition du corps, *descendit ad corpus*. Par

(1) Huic limo terreno vim vitalem (Deus) miscuit (ut in arboribus, unde surget venustas in foliis, in floribus pulchritudo, sapor in fructibus et medicina). Nec hoc contentus, adjecit etiam vim sensibilem limo nostro (ut in pecoribus, quæ non solum vitam habeant, sed et sentiant quinquepertita sensificatione vigentis). Addidit adhuc honorare limum nostrum, et ei vim rationalem immisit (ut in hominibus, qui non solum vivunt, sentiunt sed et discernunt, etc.). (*In vigil. nat. Dom. serm.* III, p. 753.)

(2) *Annot. elucid. alleg. in Marc III*, t. I, op., p. 320, *c*.

(3) Ibid., p. 429, *e*.

sa présence au corps, elle le vivifie en effet, lui donne l'unité et la lui conserve ; elle en empêche la dissolution et la consomption ; elle en maintient l'harmonie et la forme élégante ; elle le développe par l'accroissement et le reproduit par la génération, etc. (1).

Au surplus, cette action de l'âme sur le corps ne paraît pas être immédiate. Un esprit corporel, *spiritus corporeus,* une espèce d'air ou de feu, d'une telle subtilité qu'il en est invisible, vivifierait aussi les corps (2). La mort ne serait alors que la suite de la retraite du principe vivifiant ; la chair, ainsi abandonnée, tombe en dissolution, retourne à la terre d'où elle est sortie, après avoir perdu le sentiment, qu'elle n'a point par elle-même (3).

Une chose à remarquer, c'est que H. de Saint-Victor donne la synonymie entre *anima* et *spiritus,* et qu'il semble bien n'être en cela que l'organe d'une opinion reçue. Or, l'âme et l'esprit sont une même chose substantiellement ; c'est-à-dire que l'esprit seul existe à ce titre, véritablement ; l'âme n'a pas d'existence propre, elle n'est qu'une fonction de l'esprit, la fonction végétative ou organique : « Anima et spiritus idem sunt in homine, quamvis aliud anima notetur, et aliud spiritus. Spiritus namque ad substantiam dicitur, et anima ad vivificationem. Eadem est essentia, sed proprietas diversa. » L'esprit est donc tout à la fois le principe substantiel de la pensée et de la vie : « Spiritus est in quantum est rationis prædita substantia rationalis ; anima in

(1) *Annot. elucid. alleg. in Marc III,* t. II, p. 159, *d.*
(2) Ibid., p. 160, *e.*
(3) Ibid., p. 166, *a-c.*

quantum est vita corporis. » Il n'y a donc pas deux âmes en nous, l'une qui pense et l'autre qui nous fasse vivre ; la pensée et la vie ne sont que les deux effets d'une même cause seconde, d'un même principe : « Non duæ animæ, sensualis et rationalis, altera qua homo vivat, et altera qua, ut quidam putant, sapiat ; sed una eademque anima, et in semetipsa vivit per intellectum, et corpus sensificat per sensum. » Bien plus, suivant le même docteur, le corps humain ne pourrait pas vivre sans la raison : « Humanum namque corpus nec vivere nec nasci sine ratione potest. » (1) Il faut convenir que ce qui se passe dans la folie confirme jusqu'à un certain point cette opinion. En tout cas, il n'en reste pas moins remarquable que ceux-là ne comprennent pas les théologiens du moyen âge, qui s'imaginent que par les mots *esprit* et *âme* ces théologiens entendent deux principes substantiels différents (2).

Isaac de Stella explique également le physique par le moral, le corps par l'âme. Il distingue la forme du corps vivant, son essence d'avec le corporel même ; il se garde bien de la confondre avec le corps, quoiqu'il l'y conçoive étroitement unie. Il imagine même, en sa qualité de réaliste, une sorte de milieu entre le corps et l'âme, qui consiste dans ce qu'on appelait alors les substances secondes, c'est-à-dire les qualités génériques et spécifiques, par opposition à la substance première, constitutive de l'individu. Mais ce qui nous intéresse particu-

(1) Hug., *De Anima*, II, 4.

(2) Albert donne aussi une synonymie analogue. (*Comp.*, liv. II, c. 31, p. 129.) Elle semble avoir été généralement reçue.

lièrement, c'est qu'il fait résulter le corps vivant de sa forme, et non la forme du sujet qui la revêt (1).

§ II.

Philosophes arabes.

Il n'est pas étonnant que les philosophes arabes, les péripatéticiens du moins, aient professé le vitalisme animique : c'est ainsi qu'Avicenne reconnaissait à l'âme trois facultés fondamentales, la végétative, la sensitive et la rationnelle. Mais il n'accordait, comme de raison, à l'âme des plantes que la faculté végétative. Les âmes des animaux en avaient une de plus ; celles des hommes seuls en possédaient trois. Du reste, la faculté végétative (*potentia vegetabilis*) n'était encore qu'une fonction générique dont les espèces étaient au nombre de trois, la nutritive, l'augmentative et la générative. La sensitive se distinguait également en appréhensive et motrice. L'appréhensive, à son tour, se subdivisait en extérieure (qui comprenait les cinq sens), et en intérieure (qui comprenait également cinq modes d'action, le sens commun, l'imagination, la pensée, l'estimation et la mémoire). La motrice avait aussi deux modes d'agir, suivant qu'elle commande au mouvement ou qu'elle le produit. Le mode impératif est de deux sortes, le concupiscible et l'irascible, c'est-à-dire l'attrait ou le désir et l'aversion. Enfin, la faculté rationnelle se décompose

(1) *De Anima,* liv. I, p. 81.

en faculté spéculative et en faculté pratique. C'est ce qu'on saisira mieux dans le tableau suivant (1) :

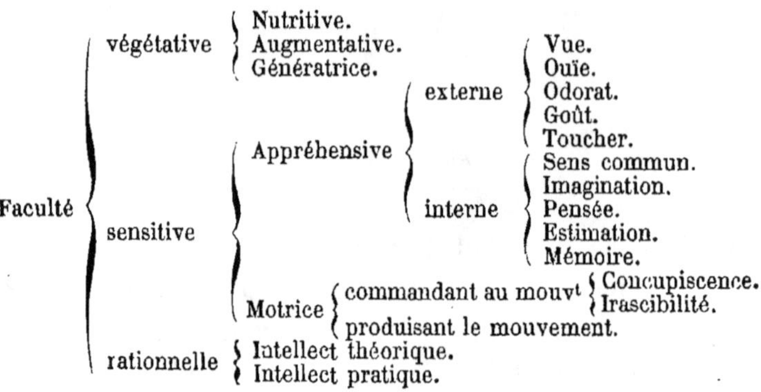

Après avoir rapporté l'opinion de Gennadius (dans ses *Definitionibus ecclesiasticorum dogmatum*), où l'auteur se prononce de la manière la plus formelle pour une âme unique, à l'exclusion de l'âme animale, qui serait le principe de la vie dans le corps, comme le croyaient un certain Jacques et d'autres Syriens, Vincent de Beauvais reprend en son nom et affirme qu'il n'y a qu'une seule âme dans l'homme, une âme à trois grandes fonctions qui ont leur raison dans une substance unique (2). Ces fonctions ne s'exercent pas d'abord toutes les trois simultanément; la végétative précède la sensitive et la rationnelle, et leur sert comme de condition dans la vie présente (3). De même les deux premières fonctions peu-

(1) Vincent de Beauvais, *Speculum maj.*; *Specul. doctrin.*, t. II, p. 1498.

(2) Una est anima in homine, cujus potentiæ sunt vegetabilis, sensibilis, rationalis, in una substantia fundatæ.

(3) Prima est quasi materialis dispositio ad secundam recipiendam, et secunda ad tertiam, quæ est ultima perfectio, sive completio. Unde et sola dicitur anima....

vent cesser sans que la troisième succombe, sans que l'âme, comme principe substantiel, périsse (1). La preuve que l'âme est une, et le principe substantiel unique des trois principales fonctions, c'est que si l'une d'elles est très prépondérante, les autres en souffrent d'autant (2). Il repousse de la manière la plus formelle la succession des trois âmes dans l'homme, comme on supposait qu'Aristote l'avait enseigné, et comme saint Thomas a eu le tort de le professer encore (3). Il tient particulièrement à ne pas laisser le plus léger doute sur ce point. Il prend les objections qu'on élève à ce sujet, et en fait bonne justice. On objecte donc : 1° que la même substance n'est pas tout à la fois corruptible et incorruptible, corruptible comme sensitive, incorruptible comme raisonnable; 2° qu'elle n'est pas tout à la fois séparable et inséparable du corps, mêlée et non mêlée au corps; 3° qu'elle n'est pas tout à la fois antérieure et postérieure

(1) Itaque illæ duæ quæ sunt quasi materiales ad tertiam, corrumpuntur cum corpore scilicet in morte, et tertia manet ab aliis separata, et ab ipso corpore.

(2) Patet igitur quod anima est una in tribus potentiis, quia cum idem sit in homine eorum perfectibile scilicet unus homo secundum rem, una quoque earum erit perfectio secundum substantiam.

(3) Videtur quidem Aristoteles velle quod corpus hominis in utero matris prius vegetetur quam sentiat, et prius etiam in eadem sit sensus quam intellectus, non tamen oportet quod ibi sint tres animæ vel incorporeæ substantiæ, sed una quæ prius habuit solam vim vegetandi, et tandem vim intelligendi.... Et dans le chapitre suivant : Dicunt etiam cum Aristotele, quod prius tempore ut ipsa vegetabilis cum semine, qua nutritur ac crescit. Inde cum creverit subsequatur per influentiam corporis cœlestis sensitiva. Ultimo vero infunditur per creationem rationalis, ut perfectio ultima. Illud ergo quod ante rationalis infusionem est animatum et sensibile, imperfectum est, et materiale ad ultimum completivum. Non sunt igitur illæ tres in homine differentes species vel substantiæ, quia una est dispositio materialis ad aliam. (VINCENT. BELLOV., *Specul. natur.*, t. IV, p. 1661, 1662.)

à ce même corps; 4° que la faculté de la substance séparable n'est pas celle de la substance inséparable.

Réponse : 1° Le sensible se corrompt dans l'homme, non quant à l'essence ou à la puissance, mais seulement quant à l'acte, à la séparation du corps d'avec l'âme. 2° Il y a mélange avec le corps quant à l'opération d'une certaine fonction, mais non pas quant à l'opération d'une autre. De même, il y a séparation quant à l'acte et non quant à l'habitude (*habitus*), à l'état; deux choses assurément possibles dans une même substance, au moyen de facultés diverses. 3° La faculté végétative doit précéder, puisqu'elle a mission de disposer. De même de la faculté sensitive. 4° La faculté sensitive est, dans l'homme, une puissance de l'âme raisonnable, une puissance séparable du corps, parce qu'elle est substantielle. Dans la brute, cette forme substantielle est inséparable du corps tant en puissance qu'en acte.

Quoiqu'il y eût bien quelque chose à dire sur cette dernière réponse, il n'en reste pas moins prouvé que, pour Vincent de Beauvais, le principe de la vie et celui de la pensée ne sont qu'un : « Uniuntur autem tria in anima rationali triplici modo, scilicet ut potentia et actus, ut prima causa et consequentia, ut partes virtuales in toto. » (1)

L'animisme est donc la doctrine du rapport entre le physique et le moral universellement admise au moyen âge; toute la différence qu'on peut remarquer à cet égard, d'un docteur à l'autre, consiste dans une exposi-

(1) *Specul. natur.*, t. IV, ibid, p. 1663. V. de plus ibid., lib. XXIII, c. 52, 53, 54, et un grand nombre d'autres; lib. XXIV, c. 75.

tion plus ou moins explicite, plus encore que dans la différence des degrés de puissance attribués à l'âme sur la matière organisable ou organisée.

On pose en fait que tout principe supérieur de vie est capable de toutes les fonctions d'ordre inférieur; qu'ainsi le principe qui pense dans l'homme est aussi celui qui sent et qui le fait croître. Cette doctrine était générale au XIIe siècle. Mais on semble avoir admis non moins universellement que l'âme de la plante est incapable des fonctions animales, celle de l'animal incapable des fonctions intellectuelles, et qu'il y aurait ainsi au moins trois sortes d'âmes (1). Ce dernier point de doctrine ne pourrait-il pas recevoir des découvertes modernes quelque échec, s'il était vrai, toutefois : 1° qu'il y eût des générations spontanées; 2° que ces générations aboutissent avec la même matière, tantôt à des plantes, tantôt à des animaux, et à des plantes et à des animaux d'espèce différente; 3° qu'il y eût passage de la plante à l'animal, et de l'animal à la plante? (2). Si la doctrine des trois âmes peut se soutenir en disant que l'espèce d'âme qui façonne une espèce de matière organique première n'est pas l'espèce d'âme qui forme de

(1) Philosophus, in libro *de Causis*, dicit quod vegetabile est ut causa prima, et sensibile ut causa secunda; et ita videtur quod sensibile non potest abstrahi per intellectum a vegetabili, licet possit fieri e converso. Præterea, Boetius in libro divisionum dicit quod potentia inferior semper sit in superiori : et quicquid potest inferior potest et superior, sed non convertitur. Ergo videtur quod in eadem substantia numera sit potentia ad opera vegetativæ et sensitivæ : quia quicquid potest vegetabile, potest sensibile, sed non convertitur. Dicendum (ergo) quod secundum omnes philosophos etiam naturales, vegetabile, sensibile et rationale sunt in homine substantia una, et anima una, et actus unus. (ALB. MAGN., *De homine*, tract. I, q, 7, p. 51.)

(2) Voir ce qui a été dit ci-dessus, p. 126-140.

cette matière organique une espèce de végétal; que l'âme de cette espèce végétale n'est pas non plus une âme de même espèce que celle qui, de cette plante première ou de cet animal primordial, forme ou une autre plante ou un autre animal, et ainsi de suite; que rien n'empêche d'attribuer à chaque métamorphose une cause vivante particulière, plutôt que de s'en tenir à la première ou même à la seconde cause qui a travaillé et retravaillé la matière originelle; que cette hypothèse est même plus vraisemblable : si tout cela, disons-nous, pouvait se soutenir, il n'en serait pas moins vrai que l'hypothèse contraire n'est pas encore par là démontrée impossible, et qu'on ne voit pas bien jusqu'ici que l'âme végétative elle-même ne puisse être douée de capacités sensitives et intellectuelles, tout en reconnaissant que ces deux sortes de capacités sont encore profondément engourdies, et que cet engourdissement, temporaire ou d'une durée indéfinie, tient soit à la nature de ces sortes d'âmes, soit aux circonstances où elles se trouvent placées, soit à la nature de la matière qu'elles travaillent, et dont elles ne peuvent encore se faire un instrument qui leur permette de sentir et de penser. Car il est bon de remarquer que toutes les âmes ont cela de commun, qu'elles jouissent de la force végétative; qu'elles remplissent toutes cette fonction du moment où elles trouvent une matière qui se prête à cette tendance naturelle de leur activité première. Pour accomplir cette première fonction, la fonction végétative, on ne voit pas que la sensibilité leur soit indispensable, et moins encore l'intelligence. On peut donc supposer que la sensibilité et l'intelligence ne se développent dans les âmes qu'autant que l'organisme dont elles se revêtent d'abord peut leur servir d'instrument à cet effet.

Si l'on demande maintenant pourquoi tout organisme ne possède pas cette double et supérieure propriété, pourquoi tout ce qui végète ne sent pas et ne pense pas, au même degré du moins, il ne reste que deux réponses à faire : c'est, ou parce que la matière première qui tombe sous l'action d'une âme est tellement diversifiée, qu'elle ne peut se prêter qu'à telle ou telle forme d'organisation, quelle que soit l'aptitude innée de l'âme qui la travaille ; — ou parce que les âmes ont été créées d'espèces infiniment diverses, et que c'est grâce à cette diversité, bien plus qu'à celle de la matière à former, que sont dues toutes celles qui s'observent dans les trois règnes vivants. — Des autres hypothèses absolument possibles, celles de l'identité fondamentale de la matière et de l'identité originelle des âmes, celles de la diversité de la matière et de la diversité des âmes, les deux premières ne portent que sur des abstractions, les deux autres ne sont que la réunion des deux qui ont été examinées d'abord, et celles qui nous paraissent le plus vraisemblables.

CHAPITRE II.

De l'animisme depuis Albert-le-Grand jusqu'au XVIe siècle.

La scolastique inclinant tantôt au platonisme, tantôt au péripatétisme, ne varie que peu ou point sur la question de l'animisme; la raison en est simple : c'est que l'animisme est un des points où les deux écoles se montrent d'accord, quoique le péripatétisme soit plus net et plus explicite. Aussi est-ce chez les restaurateurs de cette doctrine au moyen âge qu'apparaissent les animistes les plus explicites. Parmi eux, Albert le Grand mérite peut-être la première place. Il n'admet en nous qu'une âme unique, à fonctions organiques et inorganiques. L'âme, dit-il, possède trois modes d'action : végéter, sentir et raisonner. De là une triple puissance en elle. Ces trois facultés ne sont trois âmes que dans les êtres de différents degrés de vie, dans les végétaux, les animaux et les hommes ; mais chaque âme du degré supérieur possède aussi les facultés du degré ou des degrés inférieurs, et ces trois facultés, réunies dans l'âme humaine, ne forment point trois essences distinctes ; notre âme, au contraire, est essentiellement une, malgré cette triple fonction, malgré même l'apparition successive de chacune d'elles en nous. De plus, ces trois facultés, malgré la succession des fonctions qui leur correspondent, ne se succèdent point ainsi l'une à l'autre, ne procèdent point l'une de l'autre : toutes les trois ont également leur raison immédiate dans l'âme, et une âme qui ne possède qu'une faculté n'en est pas moins une âme, et même une âme douée de la triple fonction d'engendrer, de développer et de nourrir (1).

Voilà une doctrine nette et ferme. Ainsi, une seule

(1) Actus animæ triplex est, scilicet, vegetare, sentire, rationari : et secundum hoc distinguitur animæ potentia triplex, scilicet, vegetabilis, sensibilis et rationabilis..... Animæ vegetabilis et sensibilis non debent dici animæ in homine, nec dividi ut animæ sed ut potentiæ..... Anima autem vegetabilis in vegetabili dicenda est anima, non potentia, etc. (*Comp. theolog.*, p. 130-131, 161, 162 ; Lugd., 1672.)

âme a trois grandes fonctions; ces trois fonctions peuvent se succéder dans leur apparition et leur développement, mais les facultés qu'elles supposent sont contemporaines; l'action seule de ces facultés n'est pas simultanée. Il n'y a donc pas succession de facultés, et bien moins encore succession d'âmes. Cette doctrine, nous l'avouons, nous semble beaucoup plus simple, plus rationnelle et plus vraie que celle de S. Thomas, qui, nous le verrons, faisait succéder une âme à une autre. Ici le disciple a été au-dessous du maître, et la doctrine aurait rétrogradé plutôt qu'avancé.

Mais un autre point de la doctrine psychologique générale d'Albert ne nous semble pas aussi vraisemblable. Il paraîtrait qu'il n'a considéré l'âme des plantes que comme une vertu indéterminée avant que la plante ait pris sa forme, de sorte que l'âme de la plante ne serait telle âme, ne serait même une âme réelle que par la formation de la plante. Mais alors, d'où viendrait cette formation, et une formation d'une espèce plutôt que d'une autre? Albert serait-il donc inconséquent et refuserait-il d'appliquer aux plantes la belle théorie de la formation du corps par l'âme? De plus, il semble concevoir l'âme de la plante comme étendue, puisqu'il la croit divisible (1). Mais il y a un autre moyen de concevoir la pluralité des âmes dans la pluralité des sujets provenant de la fissiparité ou de quelque autre opération naturelle ou artificielle, par laquelle un être vivant semble se multiplier; nous l'avons vu. On dirait aussi

(1) Dicendum quod in plantis una anima actus, potentia est plures, sicut forma materialis, et per divisionem plantæ fit actu plures. (*De homine*, tract. I, q. 7, p. 54.)

qu'Albert met une telle différence entre la nature végétale dans les plantes et dans les animaux, qu'il y aurait là des espèces préalables, tandis qu'ici, chez les animaux, les espèces seraient simplement possibles (1). C'est ainsi, du moins, que nous entendons un texte fort obscur.

Quoi qu'il en soit de ces doutes et des interprétations que nous proposons, plusieurs points nous semblent hors de doute quant à la pensée d'Albert. C'est que le principe de la vie organique dans les plantes, celui de la vie sensitive dans les animaux, celui de la pensée dans l'homme, sont des âmes, des âmes distinctes, mais douées de facultés d'autant plus nombreuses qu'on s'élève plus haut dans l'échelle des êtres (2); que l'âme est unique dans chaque homme; qu'elle est l'acte et la perfection de notre corps d'homme (3); que cette âme humaine est composée de matière et de forme, d'une forme physique (naturelle) (4); qu'elle est tout entière dans tout le corps et dans chacune des parties du corps (5); que cette âme raisonnable, considérée comme telle, n'est pas le principe de la vie organique ni celui de la vie sensitive, mais qu'elle est seulement susceptible d'union avec le

(1) Dicendum quod non est ejusdem rationis vegetabile in plantis et animalibus, sicut probant rationes ultimæ : est enim in plantis species, in animalibus autem potentia tantum et non species. (Ibid., p. 57.)

(2) Anima vegetabilis in plantis est anima; sensibilis item in brutis; sed in homine sunt tantum potentiæ, quæ sunt idem cum rationali anima. (*Comp. theol.*, II, 32.)

(3) Anima est unica in quolibet homine; est enim actus et perfectio corporis. (L. II, D., 18, ibid.)

(4) Anima rationalis est composita ex materia et forma physica. (L. II, D. 10, a, 1, q. 2.)

(5) Anima rationalis est tota in tota corpore, et toto in qualibet parte. (L. I, D. 37, p. I, a, 1, q. 1 et 2; D. 8, p. II, q. 3.)

corps (1); que l'âme a son siège dans le sang (2); qu'elle est unie au corps à l'aide des facultés végétative, génératrice et nutritive; mais que la nutritive, dont le sang est le moyen, est le fondement de tout le reste (3).

Il y a là, certes, plus d'une difficulté, sinon plus d'une obscurité encore; mais la plus grande est de savoir comment, après avoir dit que l'âme de la plante et celle de l'animal sont bien des âmes, Albert peut affirmer logiquement que les âmes des animaux sont de pures formes, *formæ tantum,* et sujettes à périr, *corruptibiles* (4). Nous craignons que son orthodoxie, mal à propos alarmée en ce point, n'ait fait tort à sa logique, et qu'il n'ait compromis la doctrine du spiritualisme en voulant la servir contre les saines inspirations de la philosophie. Il ne suffirait pas de dire, pour l'excuser, qu'il n'est pas le seul à penser ainsi. Il n'en est pas de la vérité comme du droit, et si l'on peut dire *error communis facit jus*, on ne peut pas dire *error communis facit veritatem*. Ce qu'il y a de certain, c'est qu'il ne voyait dans les âmes des animaux que de simples formes, des formes corporelles sans doute, et qu'il croyait périssables (5). Si elles sont corporelles, comment peuvent-elles penser au degré même où l'on convient qu'elles pensent, et que va de-

(1) Anima rationalis ut sic non includit vegetabile et sensibile, sed solum est unibilis corpori. (L. II, D. I, p. II, a. 1, q. 2 ad 3.)

(2) Animæ sedes est in sanguine corporis (L. IV, D. XI, p. II, a, 1, q. 2.)

(3) Anima unitur corpori mediante potentia vegetandi, quæ vires sunt vegetativa, augmentativa, et generativa; sed nutritiva est fundamentum omnium. (L. IV, D. 11, p. 2, q. 2; a. 1 et 3; L. II, D. 1, q. 2, a. 1; q. 1, a. 2; q. 2, ad 2.)

(4) II, D. 18.

(5) Animæ brutorum sunt formæ tantum et corruptibiles. (II, D. 18, q. 3 ad 5.)

venir la spiritualité de l'âme humaine? Si elles sont naturellement périssables, que va devenir l'immortalité de l'âme raisonnable elle-même?

Albert mettant l'âme dans le sang, et faisant de ce liquide la base de toute la nutrition, explique aussi l'action de l'âme sur le reste du corps par l'intermédiaire du sang; elle n'agit donc pas directement, dans la nutrition et la sensation, sur toutes les parties du corps, quoiqu'elle les occupe toutes (1). En considérant toutefois l'ensemble des phénomènes et leur unité, l'âme en est l'auteur unique, soit médiatement ou immédiatement, ce qui suffit pour faire rentrer la doctrine d'Albert dans celle du monodynamisme animique (2). Malgré certaines obscurités, des hésitations, des contradictions au moins apparentes, la doctrine d'Albert sur la vie et son principe est donc l'une des plus caractérisées et des plus vraies.

S. Bonaventure (Jean de Fidanza) est très formel sur l'importance suprême de l'âme comme *forme* ou essence du corps vivant. Il part du principe universel en ontologie que c'est la forme qui fait l'individu déterminé. La matière en soi n'est dès lors qu'un pur être de raison (une abstraction), puisqu'elle n'a pas de forme positive; elle n'est quelque chose de réel qu'autant qu'elle possède une forme, et en vertu même de cette forme. La matière dépend donc en ce sens de la forme; elle y est nécessairement coordonnée (3). Elle n'a qu'une antériorité

(1) Voy. p. précédente, note 2.
(2) Voy. p. précédente, note 3.
(3) *In Magistr. sent.*, LII, dist. XII, art. 1, q. 1.

logique par rapport à la forme, de même que sans la forme elle n'a qu'une existence logique.

S. Thomas semblerait être moins dans le vrai s'il fallait le prendre à la lettre lorsqu'il dit que la matière est ce par quoi quelque chose peut être et ne pas être (1); qu'elle peut être sans aucune forme, et par conséquent avec la privation (2). Mais il faut entendre par là une existence possible, une existence mentale ou logique, et non une existence réelle, car lorsqu'il s'agit de l'application, le grand docteur revient au grand principe; il le suppose. C'est l'âme, dit-il, qui donne l'être au corps (vivant), dont elle se sert ensuite pour ses opérations extérieures (3).

Tout ce qui va suivre n'est que le développement de cette dernière pensée, avec un caractère d'aristotélisme encore plus marqué.

« L'âme et le corps, en effet, ne sont pas deux substances également douées d'une existence réelle; elles ne forment au contraire, par leur union, qu'une substance unique existant de cette manière. » (4)

D'où il suit que le corps susceptible de vie n'est pas un être complet par lui seul, pas plus que l'âme destinée à le vivifier n'est par elle-même un être qui se suffise.

(1) *Summ. contr. gent.*, t. II, p. 52, 2 c. Materia est per quam aliquid potest esse et non esse.

(2) Ibid., p. 13, 2 cd. Materia potest esse absque omni forma et per consequens sub privatione.

(3) Anima dat esse corpori, et ipso utitur ad extrinsecas operationes. (Ibid., t. II, p. 649, a.)

(4) Non enim corpus et anima sunt duæ substantiæ actu existentes, sed ex iis duabus fit una substantia actu existens. *Summ. contr. gent.*, II, c. 69; *Summ. theol.*, q. 75, art. 1, où l'âme est appelée l'acte du corps (*corporis actus*), une substance immatérielle (*incorporea et subsistens*, art. 2).

L'homme est donc un de ces êtres qui ne sont complets que par la réunion du corps et de l'âme. Il n'est un *être déterminé* qu'à cette condition (1).

Le corps est donc plus que l'instrument de la perception de l'âme qui le vivifie; il est aussi l'intermédiaire obligé entre l'âme et les objets corporels de sa connaissance (2). L'âme n'est pas moins nécessaire par rapport au corps; sans elle il ne serait jamais un corps (vivant) (3).

Il faut entendre ces passages comme ils veulent être entendus; autrement on tomberait dans l'erreur grave de refuser l'existence au corps comme force corporelle pure, et à l'âme comme force spirituelle pure.

Quand S. Thomas refuse au corps et à l'âme, pris chacun isolément, l'existence; quand il dit qu'ils ne sont point une *substance* complète l'un sans l'autre, il emploie le mot substance dans une acception toute particulière et qui s'écarte tout à fait de celle qui est généralement donnée à ce mot par les métaphysiciens, puisqu'il signifie alors le composé formé par l'âme et le corps, l'homme en un mot. Ainsi l'âme humaine ne pensera pas humainement, comme il est de sa condition terrestre et mortelle de penser, sans le corps; mais, séparée du corps, elle

(1) Compositum ex anima et corpore dicitur *hoc aliquid* (scil. homo), ibid. art 2. — Cum illud tantum sit homo quod operatur omnes hominis operationes, anima vero sola sine corpore non operetur sensitivas; manifestum est quod homo non est anima tantum, sed aliquid compositum ex anima et corpore. (Q. 75, art 4.)

(2) Corpus requiritur ad actionem intellectus, non sicut organum quo talis actio exerceatur, sed ratione objecti. (Ibid., art. 2.)

(3) S. Thomas ira bientôt jusqu'à dire que sans l'âme le corps ne serait pas même corps, ne serait pas un être, ne serait rien. — Entendons toujours, comme corps humain, animal ou plante; ce qui veut dire que la matière indéterminée ou sans forme n'est rien.

n'en est pas moins une substance propre, capable de penser, d'une autre manière cependant que lorsqu'elle est unie au corps. Telle est, ce nous semble, l'idée véritable de S. Thomas. Nous nous en convaincrons en voyant qu'il n'accorde d'âme substantielle qu'à l'homme : il ne croit pas que celles des animaux aient ce caractère (1) ; elles sont passives, et par là même n'existent pas. S'il y a en eux sensation et tout ce qui s'en suit, c'est le résultat d'une certaine modification corporelle (2). Mais si cette âme sensitive n'est pas une substance, elle ne peut plus être qu'une fonction du corps. Cette opinion, qui ne diffère guère de l'automatisme de Descartes (3), va loin, et l'intention spiritualiste qui l'inspire revient à celle d'Albert, qui, lui aussi, ne voit dans les âmes des animaux que de pures formes périssables (*formæ tantum et corruptibiles*). En effet, si le corps peut sentir et faire ce qui s'ensuit (et que ne s'ensuit-il pas !), plus rien ne s'oppose à ce qu'il puisse penser, d'autant plus que sentir, avec la conscience réfléchie ou non qu'on sent, c'est déjà penser, et penser dans l'acception la plus élevée du mot, puisque c'est concevoir. Les inclinations, les sentiments, les passions et les actions qui suivent la sensation sont aussi marqués, du moins

(1) Solum hominem credimus habere animam substantivam ; animalium vero animæ non sunt substantivæ. (Q. 75, art. 3.)

(2) Sentire et *consequentes operationes* animæ sensitivæ manifeste accedunt cum aliqua corporis immutatione.... Et sic manifestum est quod anima sensitiva non habet aliquam operationem propriam per se ipsam sed omnis operatio sensitivæ animæ est conjuncti. Ex quo relinquitur quod, cum animæ brutorum animalium per se non operentur, non sint subsistentes ; similiter enim unumquodque habet esse et operationem. (Q. 75, art 3.)

(3) On sait que Descartes ne refusait aux animaux ni la vie ni le sentiment. (V. t. X, p. 208, édit. Cousin.)

dans l'homme, à un très haut degré des actes de l'entendement, des conceptions de la raison, des volitions du libre arbitre. Que reste-t-il donc qui ne puisse s'expliquer par de pures modifications corporelles? Ces modifications peuvent avoir lieu, sans doute, dans la sensation et dans les opérations qui la suivent; mais y a-t-il donc là de quoi rendre compte de ces opérations et de leur antécédent, la sensation?

Il est inutile de dire que dans la sensation le corps ne fait qu'intervenir, *cum aliqua corporis immutatione*. En effet, ce changement d'abord n'est pas donné par S. Thomas comme un effet ou comme un phénomène physiologique concomitant de la sensation, mais comme une cause. Et quand même cette cause serait conjointe à celle de l'âme sensitive, on ne comprend toujours pas quelle peut être la part de cette dernière, puisqu'elle n'a pas d'action qui lui soit propre, puisqu'elle n'existe pas. Et pourquoi n'existe-t-elle pas? C'est, dit-on, précisément parce qu'elle n'a pas d'action propre, car tout ce qui n'a pas d'énergie propre n'existe pas à proprement parler : *similiter enim unumquodque habet esse et operationem*. Nous sommes parfaitement de cet avis, en ce sens que rien de ce qui n'est pas une force, une cause actuellement agissante, ou pouvant l'être du moins, n'est pas non plus une substance. Mais faut-il dire que ce qui ne peut produire son effet que de concert avec autre chose, n'existe pas, n'est pas une substance : *Ex quo relinquitur quod, cum animæ brutorum animalium per se non operentur, non sint subsistentes?* Mais alors, que va devenir l'âme de l'homme elle-même, dont il est dit qu'elle ne peut être une âme vivante que par son union avec le corps, et que le corps n'est pas seulement pour elle un instrument, mais une condition concurrente : *anima sola, sine corpore, non operatur sensitivas?* L'âme, l'âme raisonnable, car c'est bien d'elle qu'on parle ici, a donc pour auxiliaire actif, et non pour instrument passif seulement, le corps. Il est vrai que S. Thomas n'entend parler ici que des opérations sensitives, que l'âme ne peut accomplir sans le corps, et non des opérations intellectuelles, qu'il croit indépendantes du corps. Mais cela ne suffit pas. L'âme ne fût-elle qu'une cause concomitante dans la production des phénomènes sensitifs, elle ne devrait pas moins être un agent, un sujet, un être substantiel. Secondement, il est fort peu probable aussi que notre intellect fonctionne sans la participation du corps, même dans la production des idées les plus pures. L'intellect ne supposerait donc pas plus une âme substantielle que la sensation la plus grossière. Si cependant les idées de la raison pure pouvaient être produites sans le corps, bien que les corps en fussent encore l'occasion nécessaire, comme semble bien le reconnaître ailleurs S. Thomas (1), pourquoi ne pourrait-on pas dire la même chose de la sensation? La douleur que j'éprouve à la suite d'une piqûre est-elle donc plus matérielle que l'idée qui l'est le moins? On le voit : en matérialisant l'âme de la bête, on compromet la spiritualité de celle de l'homme.

Je n'ai pas besoin de dire que telle ne pouvait être l'intention de S. Thomas. Mais la conséquence est facile à tirer. Ce n'est pas là une question d'intention ; une sem-

(1) Anima nihil intelligit nisi informetur specie, ad quam est in potentia, sicut pupilla ad colores, etc. (*De potentiis animæ,* c. VI.)

blable question n'est pas possible; c'est une question de logique seulement à la suite d'une question de métaphysique. Or, c'est celle-ci mal résolue qui donne naissance à l'autre et qui ouvre la porte au matérialisme.

N'est-ce pas encore compromettre un peu l'existence indépendante de l'âme que de dire, tout en protestant que le corps ne fait point partie de son essence, que, sa nature étant d'être unie à un corps, elle ne forme point, en dehors de cette union, une espèce particulière d'être; qu'elle n'est ce qu'elle doit être que dans cet état d'union avec le corps; qu'elle n'est pas une personne (1)? Il eût au moins fallu dire que cette assertion ne s'entend que de la condition actuelle de l'âme, mais non de son essence. Peu importe donc qu'elle soit faite pour penser en société d'un corps; si elle peut penser encore sans être unie à ce corps, son *essence* n'est point de former une partie du composé qu'on appelle l'homme, mais elle le forme plutôt *accidentellement*.

S. Thomas semble dire, au contraire, que la pensée n'est possible dans l'âme, que l'âme pensante elle-même n'est possible, par conséquent, que par son union avec le corps (2).

Il ne fait aucune différence à cet égard entre l'âme sensitive et l'âme raisonnable; celle-ci ne peut pas plus se passer du corps pour ses fonctions que la première. Il y a plus, c'est que l'âme, considérée comme le principe

(1) Corpus non est de essentia animæ, sed anima ex natura suæ essentiæ habet quod sit corpori unibilis; unde nec proprie anima est in specie, sed compositum. (Q. 75, art. 7; art. 4 ad 2.)

(2) Cum principium intellectivum sit quo primo intelligit homo, sive vocatur intellectus sive anima intellectiva, *necesse est* ipsum uniri corpori humano. (Q. 76, art 1.)

indivisible qui nous anime, l'âme raisonnable aussi bien que l'âme sensitive, est la forme du corps (1); et nous savons ce qu'il faut entendre par forme, c'est l'acte, l'essence d'une chose.

S. Thomas, en fidèle disciple cette fois et d'Aristote et d'Albert, ne distingue dans l'homme plusieurs âmes qu'en apparence. Le même principe qui pense est aussi celui qui sent. Une seule âme accomplit donc toutes les fonctions, celles de la vie organique comme les autres (2). Dans une longue preuve destinée à établir ce principe, on remarque entre autres propositions celles-ci, dont la première est empruntée aux néoplatoniciens, que l'âme contient plutôt le corps qu'il n'en est contenu; qu'elle est plutôt la raison de l'unité du corps que le corps ne serait la raison de l'unité de l'âme; que l'âme raisonnable renferme la vertu de l'âme sensitive des brutes et l'âme nutritive des plantes (3).

Mais une idée qu'on regrette de trouver dans S. Thomas, et qui n'est vraisemblablement pas de celles qui lui ont valu le surnom d'Ange de l'Ecole, c'est que l'em-

(1) Et cum vita manifestetur secundum diversas operationes in diversis gradibus viventium, id quo primo operamur unumquodque horum operum vitæ, est anima. Anima enim est primum quo nutrimur, et sentimus, et movemur secundum locum, et similiter quo primo intelligimus. Hoc ergo principium quo primo intelligimus, sive dicatur intellectus, sive anima intellectiva, est forma corporis. (Q. 76, art. 1.)

(2) Ipse idem homo est qui percipit se intelligere et sentire. Sentire autem non est sine corpore. Unde oportet corpus aliquam esse hominis partem. (Q. 76, art. 1.) — Cum anima non ut motor tantum sed ut forma uniatur corpori, impossibile est in uno homine esse plures animas per essentiam differentes, sed una tantum est anima intellectiva, quæ vegetativæ, et sensitivæ, et intellectivæ officiis fungitur. (Q. 76, art. 3.)

(3) Magis anima continet corpus, et facit ipsum esse unum, quam e converso. — Anima intellectiva continet in sua virtute quidquid habet anima sensitiva brutorum, et nutritiva plantarum. (Q. 76, art. 5.)

bryon n'a d'abord qu'une âme sensitive, âme périssable, et qui est remplacée par une autre capable en outre d'intelligence (1). Puisqu'il faut, en définitive, que la vertu nutritive et la vertu sensitive soient réunies à la vertu intelligentielle (2), pourquoi ne pas avoir donné d'abord à l'embryon une âme capable de raison, mais qui ne doit se montrer qu'un peu plus tard sous ce dernier aspect? A quelle époque de la vie aurait lieu cette substitution et comment s'opérerait-elle? L'avortement provoqué avant l'avénement de l'âme raisonnable (3) serait-il encore un crime...? On voit la portée pratique d'une question qui ne semblait d'abord qu'une vaine curiosité.

Mais il ne paraît pas douteux que dans la pensée de S. Thomas, quelle que soit la nature de l'âme au début de la formation organique, cette âme est seule, et qu'elle est la cause du corps, de l'organisation, de la faculté de vivre, de la vie végétative. C'est même cette propriété de l'âme d'être tout à la fois le fait et la cause de toute vie dans un corps qui fait dire qu'elle est ce corps-vivant lui-

(1) Quando ergo anima est sensitiva tantum, corruptibilis est; quando vero cum sensitivo intellectum habet, est incorruptibilis. (Q. 76, art 5.) — Priusembryo habet animam quæ est sensitiva tantum; qua ablata, advenit perfectior anima quæ est simul sensitiva et intellectiva. (Ibid.)

(2) Nulla alia forma substantialis est in homine nisi sola anima intellectiva; ipsa sicut virtute continet animam sensitivam et nutritivam, ita virtute continet omnes inferiores formas, et facit ipsa sola quidquid imperfectiores formæ in aliis faciunt. Et similiter est dicendum de anima sensitiva in brutis, et de nutritiva in plantis, et universaliter de omnibus formis perfectioribus, respectu imperfectarum.... (Q. 76, art. 4; ibid. a. 3 ad 3; q. 118 a 2, surtout ad 2.)

(3) Vraisemblablement quarante ou cinquante jours après la conception, suivant que c'est un garçon ou une fille; car nous présumons que c'est de l'idée que l'âme raisonnable laisse prendre l'avance à l'âme sensitive, qu'est venue cette autre persuasion des scolastiques; que l'embryon n'est animé qu'un peu tard, et plus ou moins tard, suivant que c'est une fille ou un garçon.

même dans ce qu'il est d'actuel (1). Comme corps-vivant on dirait même, à prendre les paroles de S. Thomas à la lettre, que le corps, comme corps pur et simple même, est déjà un effet de l'âme. On voit par là, du moins, combien S. Thomas est pénétré des idées d'Aristote. Seulement, il y aurait peut-être cette différence qu'Aristote distinguerait l'âme qui est la raison de la substance pure et simple dans les corps, qui est cause de cette vie qu'il dit rester dans la *matière* après qu'on en a séparé par la pensée ce qui appartient aux quantités mathématiques, d'avec l'âme principe de l'organisation, de la sensibilité, du mouvement et de la pensée; tandis que S. Thomas semble attribuer à l'âme humaine, unique, jusqu'aux qualités les plus exclusivement physiques du *corps* humain, en vertu de ce principe que toute âme supérieure possède toutes les vertus des âmes inférieures, et qu'il y a déjà une âme, comme il y a déjà une vie, dans les corps en apparence les plus bruts. Toutefois, cette dissidence apparente s'évanouirait s'il était certain que S. Thomas distinguât, comme Aristote, la matière d'avec les corps, et qu'il admît une force ou vie propre à la matière comme matière pure et simple, sauf cependant à reconnaître dans l'âme de la matière des vertus propres à rendre raison de toutes les différences que nous présentent les diverses espèces de corps inorganiques (2), car celles-là seules sont véritables; la matière dépourvue de ces dé-

(1) Dicitur quod anima est actus corporis, quia per animam et est *corpus*, et est *organicum*, et est potentia vitam habens. (Q. 76, art. 4.)

(2) Una et eadem existens (forma) perficit *materiam* secundum diversos perfectionis gradus : una enim et eadem forma est per essentiam per quam homo est *ens* actu, et per quam est *corpus*, et per quam est *vivum*, et per quam est *animal*, et per quam est *homo*. (Q. 76, art. 6.)

terminations diverses n'est qu'une pure abstraction, une possibilité (1); et si la forme substantielle n'est pas, réciproquement, aussi vaine que la matière lorsqu'elle est conçue en soi, elle en est pourtant inséparable comme forme. L'âme elle-même en est là par rapport au corps (2); c'était aussi l'avis d'Aristote. C'est la véritable doctrine sur l'opposition entre la forme et la matière.

Il est cependant permis de croire que S. Thomas, tout en admettant que l'âme est la forme du corps, c'est-à-dire non seulement la vie actuelle de ce corps mais encore la raison et le principe de cette vie comme phénomène, ne s'écarte pas non plus de la pensée d'Aristote, pas plus que de la vérité, en faisant de cette forme une vraie substance. Les formes *substantielles*, ainsi entendues, ne choquent en rien la raison; elles sont au contraire parfaitement d'accord avec elle, aussi d'accord que les formes *accidentelles* ou modales le sont peu, dès qu'on veut faire des formes substantielles.

Mais par le fait que la forme substantielle du corps, du corps-vivant surtout, donne l'être à ce corps comme tel, deux choses deviennent impossibles : la première, qu'aucune forme modale ou accidentelle précède dans le corps la forme substantielle; la seconde, que la vie du corps soit due à un principe intermédiaire entre l'âme et le corps (3). S. Thomas exclut donc formellement un principe vital qui serait distinct de l'âme. A

(1) Quælibet forma, si consideretur ut actus, habet magnam distantiam a materia quæ est ens in potentia tantum. (Q. 76, art. 7.)

(2) *Quantum anima est forma corporis,* non habet esse seorsum ab esse corporis, sed per suum esse corpori unitur immediate. (Q. 76, art. 7.)

(3) Non forma *accidentalis* aliqua potest intelligi in materia ante animam quæ est forma *substantialis.* (Q. 76, art. 6.) — Si anima intellectiva

plus forte raison s'il en était différent, s'il était corporel (1).

L'âme, comme forme ou essence et principe du corps-vivant, ne peut être dans une partie de ce corps seulement; elle doit être, comme cause ou vertu, dans tout le corps organisé. C'était l'opinion de S. Augustin, mais mieux comprise et mieux expliquée cette fois. En effet, si l'âme est présente à chacune des parties du corps par son essence indivisible, puisqu'elle y agit, elle ne s'y montre pas suivant toutes ses énergies ou modes d'action, puisque toutes les parties du corps ne présentent pas les mêmes phénomènes, et que, d'ailleurs, la pensée ne fait point partie de la vie organique. De plus, le rapport de l'âme à l'ensemble du corps est l'affaire principale, essentielle; son rapport aux parties du corps est subordonné au rapport avec le tout, de la même manière que les parties sont faites pour l'ensemble (2).

Un contemporain de S. Thomas, un de ses disciples

unitur corpori ut forma *substantialis,* sicut supra dictum est, impossibile est quod aliqua dispositio accidentalis cadat media inter corpus et animam, vel inter quamcunque formam substantialem et *materiam suam*..... Esse in actu habet per formam substantialem quæ facit esse simpliciter. (Q. 76, art. 6.)

(1) Cum anima uniatur corpori non ut motor tantum, sed ut forma, impossibile est uniri corpori hominis vel cujuscumque animalis, mediante aliquo corpore. (Q. 76, art. 7.)

(2) Anima est tota in qualibet parte corporis secundum totalitatem perfectionis et essentiæ, non autem secundum totalitatem virtutis, quia non secundum quamlibet suam potentiam est in qualibet parte corporis.... Quia anima unitur corpori ut forma, necesse est quod sit in toto et in qualibet parte corporis; non enim est forma corporis accidentalis, sed forma substantialis. Substantialis autem forma non solum est perfectio totius, sed cujuslibet partis..... Tamen non eodem modo comparatur ad totum et ad partes; sed ad totum quidem primo et per se, sicut ad proprium et proportionatum perfectibile; ad partes autem per posterius secundum quod partes habent ordinem ad totum. (Q. 76, art. 8.)

immédiats, résume ainsi la doctrine du maître sur ce point capital. « Il faut savoir, avant tout, que dans chaque être, dans chaque individu, il n'y a qu'une seule forme substantielle, qui donne l'être au sujet et à tout ce qui s'y rattache, à tout ce qui s'y trouve avant l'avénement de cette forme. Nous reconnaissons et nous soutenons que tout l'être du sujet et de toutes ses parties essentielles provient de la forme, qui donne au sujet lui-même son être spécifique. C'est ainsi que l'âme, en prenant possession d'un corps physique, organique, en lui donnant son être spécifique, fait non seulement que ce corps est animal, mais qu'il est tel ou tel animal, un homme, un cheval. Nous disons et nous concluons qu'un tel *corps,* sujet de l'âme, est le corps de cet animal en vertu de la forme, qui est l'âme; et qu'il est le corps *physique* de cet animal en vertu de l'âme encore; qu'il n'en est, enfin, le corps physique *organique* qu'en vertu de la même âme, qui donne l'être spécifique au sujet : c'est ce qui fait dire que cet animal est un homme, ou un cheval, ou un âne, ou quelque autre espèce d'animal. Et comme tout l'être de l'individu est l'être même de l'espèce, et que l'âme est la raison de cet être spécifique, l'âme est donc tout l'être de l'individu. C'est donc l'âme qui donne l'être au corps et à ses parties, ainsi qu'à tout ce qui constitue l'être de l'individu même. Une autre conséquence de cette position, c'est que l'être, cet être d'où les parties d'un même sujet tirent leur dénomination, autant qu'elles diffèrent les unes des autres, en tant, par exemple, que la chair est de la chair et non des os, que le pied est le pied et pas la main, et ainsi de suite, n'est pas autre chose que l'être que toutes ces parties tiennent de l'âme; qu'il n'en diffère que par accident, c'est-à-dire en ce sens que ces parties se distinguent les unes des autres par la figure de l'animal et par les fonctions qu'elles remplissent. Or, la figure et certains autres accidents sont la suite de la quantité ou de la qualité du corps et lui surviennent par le fait de l'âme, de l'intellect. Mais ce corps, comme sujet de l'âme, ne peut avoir aucun accident qu'à la condition d'avoir reçu l'être de l'âme, parce que la matière unie à la forme comme sujet de cette forme est la cause des accidents. Semblablement, la diversité des fonctions qui fait qu'une partie prend le nom de pied, une autre le nom de main, une troisième le nom d'œil, est la conséquence de l'être même que toutes ces parties tiennent de l'âme. Ce qui fait dire au philosophe qu'un œil arraché n'est plus appelé un œil que dans un sens équivoque. » (1)

Henri de Gand, dont nous avons déjà dit un mot, et qui n'était pas précisément de l'école thomiste, en diffère peu sur la question du principe de la vie. C'est ainsi qu'il reconnaît l'unité de l'âme, malgré la multiplicité de ses opérations (2); qu'il met au nombre de ces opérations la vie organique elle-même dans toutes ses parties (3); qu'il ne voit de multiple et de distinct en tout cela que les organes (4). Et cependant l'âme, suivant lui, est tout entière dans tout le corps et dans chacune de ses parties en même temps (5). Elle forme

(1) Dans M. HAUREAU, *De la Philosophie scolastique*, t. II, p. 250-251.
(2) Quodlib., III, q. 14.
(3) Ibid.
(4) Ibid., VII, q. 17.
(5) Ibid., III, q. 14.

avec le corps un tout dont l'un des deux éléments est également nécessaire à l'autre (1), et où le corps devient en quelque sorte la substance de l'âme (2), le corps étant ainsi plus essentiel à l'âme que la pensée même (3). Quant à la question de savoir comment deux substances, deux formes au moins, aussi distinctes que le corps et l'âme, peuvent être unies d'une union aussi étroite, Henri convient qu'il est difficile d'y répondre (4). On sera facilement de son avis, surtout si l'on professe une doctrine aussi embarrassante que celle qui fait de l'âme « l'acte parfait et la forme du corps. » (5) C'était, du reste, la définition reçue, je dirais volontiers la définition de foi.

Le fondement de toute cette doctrine du rapport entre le corps et l'âme, doctrine presque exclusivement aristotélique, a été en effet consacré par le concile général de Vienne en Dauphiné, sous Clément V (1311 et 1312). « Quiconque, est-il dit dans ses canons, sera assez téméraire pour dire, soutenir ou maintenir opiniatrément que l'âme raisonnable ou intelligente n'est pas en soi et essentiellement la forme du corps humain, qu'il soit tenu pour hérétique. » (6)

Ce décret du concile de Vienne a pour fondement rationnel les principes suivants, qui étaient regardés au

(1) Quodlib., IX, q. 14.
(2) Ibid., IV, q. 13.
(3) Ibid., IX, q. 14.
(4) Ibid., VII, q. 13.
(5) Ibid., III, q. 14. — Voy. M. Huet, *Rech. histor. sur Henri de Gand*, p. 154-158.
(6) Quisquis asserere, defendere, seu tenere pertinaciter præsumpserit quod anima rationalis seu intellectiva non sit forma corporis humani per se essentialiter, tanquam hæreticus sit censendus.

moyen âge comme autant de canons métaphysiques de la plus entière certitude : « La forme donne l'existence à la chose en lui donnant une essence déterminée et objective ; — la forme est un principe actif, par opposition à la matière, qui est un principe passif ; — la forme est plus noble que la matière ; — posé la forme dans l'acte second (c'est-à-dire en union avec la matière, par opposition à l'acte premier, qui est la conception isolée de la forme ?), c'est poser la chose formée ; — posé la forme, son existence absolue (isolée, relative, abstraite, existence purement logique), ce n'est pas, pour autant, poser la chose formée. »

Déjà nous avons vu S. Bernard et l'école mystique de S. Victor professer l'animisme. Les mystiques des temps suivants ne pensent pas différemment sur ce point, et S. Bonaventure est d'accord à cet égard avec S. Thomas : L'âme, dit-il, en tant que principe raisonnable, sensitif et végétatif, est définie : l'acte du corps organique, physique, ayant la vie en puissance (1). C'est, quant à son essence, la perfection et le mobile du corps (2). Elle est par elle-même et immédiatement la cause de cette perfection (3).

Un des plus célèbres mystiques du XIVe et du XVe siècle, Gerson, surnommé le Docteur très chrétien, ne s'écarte pas davantage de cette doctrine, qu'on peut appeler universelle au moyen âge. Lui aussi définit l'âme de manière à ne laisser aucun doute sur sa fonction vitale : L'âme raisonnable, dit-il, est une substance spi-

(1) *Cent.*, p. 3, sect. 19, Op. omne Lugd., I, 1681.
(2) Ibid.
(3) Lib. II, dist. I, ib. ad 2 et 3.

rituelle, indivisible, naturellement libre, qui a le corps pour appui (*innitens corpori*), mais de telle sorte que de la forme qu'elle lui donne (*ex ea informante corpus*) il en résulte un composé indivisible (*unum compositum*) qu'on appelle homme, c'est-à-dire un animal raisonnable et mortel (1).

CHAPITRE III.

De l'animisme depuis le XVIe siècle jusqu'à Stahl.

Sans parler de ces principes scolastiques, de forme et de mesure, abandonnés avec le péripatétisme, tel que le moyen âge l'avait compris et formulé, la philosophie réformée par l'esprit plus libre et plus littéraire de la renaissance, par l'application de la méthode d'observation inductive aux phénomènes du dehors et du dedans, méthode proclamée par Bacon et par Descartes, les philosophes du XVIIe et du XVIIIe siècle n'abandonnèrent pas la question du rapport entre l'âme et le corps, bien loin de là ; mais ils la traitèrent à leur nouveau point de vue. Elle prend donc alors un intérêt nouveau, qui ne fera que s'accroître jusqu'à notre époque.

Les progrès contemporains des sciences naturelles, surtout en ce qui regarde l'embryogénie et la physiologie du système nerveux, demandent que la question soit reprise de nos jours, et traitée à la lumière nouvelle des faits récemment découverts. Plusieurs physio-

(1) Op., III, 107.

logistes l'ont compris, mais en reconnaissant que c'est moins encore leur affaire que celle des psychologues métaphysiciens.

Il faut convenir, toutefois, que ces derniers ont peu répondu à l'appel. Ils finiront sans doute par l'entendre. Poursuivons notre histoire.

I. Scaliger (J.-César), au XVIe siècle, ne fait que reproduire la doctrine des grands docteurs du moyen âge, qui procèdent eux-mêmes des plus beaux génies de l'antiquité grecque, lorsqu'il fait présider l'âme aux fonctions organiques, dans l'homme comme dans l'animal (1). L'âme est donc chargée de toutes les fonctions de la vie corporelle; c'est elle qui fait pousser les dents et les cornes, qui fait battre le cœur, qui digère par l'estomac, qui cuit la bile par le foie, qui fait circuler le sang dans les veines, en distribue les matériaux dans les membres, les assimile au corps, etc. Elle fait tout cela sans idée (*sine objecto aut phantasia*), et seulement en vertu de lois (*præceptis*) qui font partie de son essence ou de sa constitution.

Cette doctrine se retrouve plus précise encore dans les écrits d'un philosophe du XVIe siècle, qui a moins d'érudition, de vivacité et de trait que Montaigne, mais plus de doctrine et de méthode, Charron. Le disciple de Montaigne aurait plus de réputation si son maître en

(1) Anima sibi fabricat dentes, cornua ad vitam tuendam; iis utitur, et scit quo sit utendum modo, *sine objecto aut phantasia ulla*. Qui animam fecit, eam *præceptis* ornavit quæ pertinent ad unionem suam cum corpore conservandam. Ejus itaque studiosa, movet cor; coquit in ventriculo; recoquit in jecore; perficit in venis; digerit in membra; mutat in corpus, etc. (J.-C. SCALIGERI, *Exercitat. contr. Cardan.*, 307, n° 5, p. 928.)

avait moins. C'est dire qu'il n'a peut-être pas toute celle qu'il mérite. Mais il ne s'agit pas ici de juger la renommée, qui n'est, après tout, que l'opinion du grand nombre, et qui ne fait pas loi sans appel ou sans exception pour personne. Autant Montaigne a été sobre sur certaines questions, sur celle qui nous occupe par exemple; autant Charron est explicite. C'est dire assez que le disciple a plus d'un maître, et que la lecture des *Essais* ne peut tenir lieu de celle de la *Sagesse.*

Après avoir dit que l'âme est « une forme essentielle vivifiante, qui donne à la plante vie végétative; à la beste vie sensitive, laquelle comprend la végétative; à l'homme vie intellectuelle, qui comprend les deux autres, comme aux nombres, le plus grand contient les moindres; et aux figures, le pentagone contient le tétragone, et cetluy-cy le trigone » (1), Charron distingue la vie intellective d'avec la vie raisonnable, entendant par cette dernière ce premier degré de connaissance qui nous est commun avec les animaux, et par vie intellective cette connaissance supérieure qui est propre à l'homme. Il n'hésite pas à regarder l'âme des animaux comme corporelle et périssable; celle de l'homme, qu'il semblerait croire également corporelle, ainsi que toutes les intelligences créées, serait, au contraire, immortelle. Il faut dire, toutefois, qu'il fonde cette opinion bien plus sur l'autorité de quelques pères de l'Eglise que sur le raisonnement.

Mais ce qui n'est pas douteux pour lui, c'est qu'un même principe rend suffisamment raison de la triple vie

(1) *De la Sagesse*, I, 8.

de l'homme, et qu'il peut seul en expliquer l'unité. Il examine les opinions diverses qui ont été professées par les philosophes sur le nombre des âmes dans les animaux et dans l'homme, et se prononce pour celle qui n'en admet qu'une dans chaque individu : « La tierce opinion, plus suivie, tenue par plusieurs de toutes nations, est qu'il y a une âme en chaque animal sans plus... La pluralité d'âmes en chaque animal et homme, d'une part, semble bien estrange et absurde en philosophie, car c'est donner plusieurs formes à une mesme chose, et dire qu'il y a plusieurs substances et subjects en un, deux bestes en une, trois hommes en un; d'autre part, elle facilite fort la créance de l'immortalité de l'intellectuelle, car estans ainsi trois distinctes, il n'y a aucun inconvénient que les deux (premières) meurent, et la troisième demeure immortelle. » (1)

Qu'on ne croie pas cependant qu'il y ait là mort d'âme véritable; il n'en est rien : ce sont deux fonctions seulement de l'âme unique qui n'auront plus lieu de s'exercer après la mort du corps; car si cette même âme qui ne vit plus que de la vie intellectuelle « retournait au corps, elle retournerait aussi derechef exercer ses facultés végétative et sensitive, comme se voit aux ressuscités pour vivre ici-bas, non aux ressuscités pour vivre ailleurs... Tout ainsi que le soleil ne manque pas, ains demeure en soi tout mesme et entier; encores que durant une pleine éclipse, il n'esclaire ny eschaufe, et ne face ses autres effects aux lieux subjects à icelle. » (2) Dans le chapitre suivant, Charron énumère et classe

(1) *De la Sagesse*, I, 8.
(2) Ibid.

ainsi les fonctions de la vie organique, qui n'est, comme on sait, que l'effet de « la faculté végétative : sous cette faculté, il y en a trois grandes qui s'entresuivent, car la première sert à la seconde, et la seconde à la troisième, et non au rebours. La première est donc la nourrissante, pour la conservation de l'individu, et à icelle plusieurs autres servent...; la seconde, accroissante pour la perfection et quantité deue à l'individu; la troisième est la générative, pour la conservation de l'espèce. » (1)

La doctrine de l'unité de l'âme et de ses trois grandes fonctions est donc fidèlement acceptée et nettement exposée dans le livre de Charron.

Un jésuite célèbre, Suarez, fut l'un des principaux représentants du vitalisme psychique au XVIIe siècle. Disciple d'Aristote et de S. Thomas, il fait de l'âme la forme du corps et le principe des actes vitaux, *forma corporis et principium vitalium actionum.* Il regarde ce dernier point, que l'âme est le principe des fonctions vitales, comme aussi indubitable que le premier, qui est une définition (2), et une définition devenue article de foi depuis la décision du concile de Vienne (3). Et pour qu'on ne s'y trompe pas, il a grand soin de faire remarquer que l'âme dont il s'agit ici est bien l'âme raisonnable, *anima rationalis, ut rationalis est;* que les actes en question ne sont pas seulement ceux qui émanent de la volonté, et qui ont leur accomplissement

(1) *De la Sagesse*, c. 9.

(2) *De substantia, essentia, et informatione animæ rationalis.* (L. I, c. IV, nº 4, p. 493, t. III, édit. Vivès, 1856.)

(3) Ibid., p. 511, nº 4.

dans les mouvements corporels, mais ceux-là surtout qui constituent la vie organique, tels que la nutrition, le développement, la génération (1) et la formation même du corps, *corpus hominis actuans* (2).

Du reste, comme il y a différentes espèces d'âmes suivant les divers degrés de vie, depuis les corps inorganiques jusqu'à l'homme, Suarez donne une définition graduée de l'âme : C'est, dans le sens le plus général du mot, « la forme substantielle ou l'acte premier de la matière, *forma substantialis, seu actus primus materiæ* » (3), c'est-à-dire l'essence réelle de la vie dans les corps, ou mieux encore la substance corporelle vivante (4), abstraction faite de l'organisation, sans, du reste, l'exclure positivement.

Mais la définition prend un degré supérieur de précision lorsqu'on dit avec Aristote que c'est « l'acte d'un corps naturel, organisé, capable de vivre, » *actus corporis physici, organici, potentia vitam habentis* (5). Suarez explique avec soin chacun des termes de cette définition, particulièrement le mot *physique*, qu'il traduit aussi par *naturel* et par le mot *organique*. Nous ne voyons aucune nécessité de le suivre dans ces explications. Mais il n'est pas inutile de remarquer qu'il rapporte l'organisation à l'âme, comme à sa cause efficiente (6). L'âme est donc le principe naturel premier

(1) *De substantia, essentia*, etc., p. 493, n° 4, et p. 698-610.
(2) Ibid., p. 493, n° 4 ; p. 476, n° 15.
(3) L. I, c. I, a. 4, t. III, p. 468, édit. Vivès, 1856.
(4) Anima ergo in re ipsa nihil aliud est quam substantialis forma constituens formaliter substantiam corpoream viventem, seu in aliquo gradu vitæ. (Ibid., p. 468, a. 4.)
(5) Ibid., p. 480, a. 26.
(6) De hoc modo organisationis (quatenus ab ipsa anima resultant in

de toutes les virtualités ou propriétés des corps organisés, propriétés qui ne sont plus alors que des causes naturelles secondes, lesquelles causes tiennent le milieu entre leurs effets et leur cause première naturelle, l'âme (1).

C'est ce que l'auteur résume en reproduisant ces paroles aussi claires qu'énergiques de S. Thomas, paroles qu'on ne saurait trop avoir présentes à l'esprit si l'on veut se faire une juste idée de la doctrine aristotélique de ces temps-là sur la grande question qui nous occupe : « L'âme est contenue dans le corps dont elle est l'acte (ou la réalité vivante, *actus*), de la même manière que la chaleur est contenue dans ce qui est chaud, et la lumière dans ce qui est lumineux. De même donc qu'il n'y a pas de corps (actuellement) lumineux sans lumière, mais qu'au contraire un corps n'est lumineux que par la lumière; pareillement l'âme est tellement la réalité du corps (animé), que c'est par elle qu'il est corps, qu'il est corps organique et faculté vivante (2).

Ce langage nous étonne, nous autres disciples plus ou moins fidèles de Descartes, parce que nous sommes habitués à mettre entre le corps et l'âme une différence si radicale, une barrière si infranchissable, que c'est à

membris corporis potentiæ, seu facultates, quæ sint principia proxima operationum vitalium) non est dubium quin per ipsam animam perficiatur, non quidem formaliter proprie, sed effective.

(1) Ibid., p. 480, a. 25.

(2) In eo cujus anima dicitur actus, etiam anima includitur, eo modo loquendi, quo calor dicitur esse actus calidi et lumen actus lucidi, non quod seorsim sit lucidum sine luce, sed quia est lucidum per lucem, et similiter anima dicitur esse actus corporis, quia per animam et est corpus, et est organicum, et est potentia vitam habens. (*S. Theol.*, 1, p. q. 76, a. 4, ad 1.)

peine si nous croyons à la possibilité d'un commerce entre ces deux substances. En réduisant l'essence des corps à l'étendue, c'est-à-dire à une idée purement géométrique, très claire, au moins en apparence, Descartes a malheureusement dépouillé la notion de corps de ce qu'elle doit renfermer de plus profond, de mystérieux, d'inconnu. Sa réforme en ce point a été superficielle et fausse. La vérité est restée du côté d'Aristote et de ses disciples, qui distinguent avec raison dans les corps les qualités mathématiques, et des qualités plus essentielles et bien autrement profondes. C'est par ces dernières que les anciens concevaient la connexion intime et presque indissoluble qui existe entre le corps et l'âme, connexion qui ferait plutôt des deux choses unies comme deux points de vue d'un être unique, plutôt que deux substances antipathiques, ennemies irréconciliables, comme on nous les présente depuis Descartes. Ce matérialisme superficiel et outré, qui confond l'essence des corps avec leur propriété géométrique, l'étendue; ce spiritualisme non moins excessif ni moins superficiel qui fait consister l'essence de l'esprit dans une qualité purement négative, l'inétendue ou l'indivisibilité absolue, ou même dans une simple manifestation de l'esprit, la pensée, comme si la pensée ne devait pas avoir son sujet et sa raison, c'est-à-dire un principe capable de penser : cette manière spécieuse, mais parfaitement insuffisante de concevoir la matière et l'esprit, le corps et l'âme, a été féconde en fâcheuses conséquences. Comme il en résultait une sorte d'incompatibilité entre ces deux natures, on s'est cru plus d'une fois autorisé à rejeter l'un ou l'autre des extrêmes à concilier; de là un matérialisme et un spiritualisme exclusifs, comme on ne les avait jamais connus dans l'antiquité et les temps suivants jusqu'à Descartes. Les plus modérés sont ceux qui, comme Leibniz ou Malebranche, niaient la possibilité d'une relation immédiate entre le corps et l'âme, et qui se déclaraient ou pour une harmonie préétablie, ou pour un principe intermédiaire. Nous ne parlons pas de ceux qui confessaient leur ignorance en face de ce grand mystère. C'étaient assurément les plus sages, surtout si leur ignorance était le résultat d'un examen profond. Car il y a deux sortes d'ignorances, l'une superficielle, paresseuse, ignorance qui n'est pas motivée à ses propres yeux, qui n'exclut pas une prétendue possibilité de sortir de cet état; l'autre profonde, résultat du travail, savante, qui a pleine conscience d'elle-même, qui connaît son invincible raison d'être, et qui se résigne humblement à sa condition, puisqu'elle est évidemment nécessaire. Or, dans l'ancienne manière de concevoir les rapports du corps et de l'âme, on pouvait arriver à cette ignorance savante et profonde sans tomber dans la négation soit du corps soit de l'âme, soit de la matière soit de l'esprit; ces deux sortes de substances conservaient chacune, aux yeux de l'étude la plus approfondie, leur essence dernière, mystérieuse, impénétrable, par laquelle on pouvait toujours les concevoir unies comme par un tronc commun et caché. On n'avait pas du moins de raisons en apparence suffisantes pour penser qu'il en dût être différemment. Il n'en a plus été de même du jour où l'on a cru posséder la notion claire et complète de l'âme et du corps, de l'esprit et de la matière; alors le divorce a dû sembler nécessaire à plus d'une intelligence exercée et consciencieuse; et pour résister à l'affirmation d'une incompatibilité en apparence si évidente, il a fallu beaucoup de force et peut-être encore plus de sagesse; le bon sens a dû l'emporter sur la logique et sur la fausse clarté de prémisses trop facilement acceptées.

Mais revenons à Suarez. Déjà nous l'avons vu circonscrire de plus en plus étroitement la question du rapport entre l'âme et le corps par deux définitions de plus en plus précises. En voici une troisième plus nette encore que les deux premières, et qu'il donne cette fois comme adéquate : *Et ita definitio adœquata erit :* L'âme est le principe premier qui nous fait croître, sentir et connaître : *Anima est principium primum, quo vegetamur, sentimus et intelligimus* (1).

Les deux dernières fonctions, la sensibilité et l'intelligence, appartiennent visiblement à l'âme humaine; mais la difficulté est de savoir si la première, celle qui constitue la vie organique, peut lui être également attribuée. C'est là dessus que les esprits se partagent, et qu'on disputera peut-être bientôt plus que jamais, toutefois avec plus de chances de s'entendre, parce qu'on possède un grand nombre de faits qu'on n'avait pas recueillis encore dans l'antiquité ni au moyen âge.

Aussi, quand il s'agit de la vie organique, de la génération surtout, les péripatéticiens les plus déterminés semblent-ils un peu mollir. Je m'explique.

Suarez voit dans la sécrétion séminale deux choses : l'une grossière, produit de la fonction nutritive; l'autre

(1) *De substantia*, etc., p. 485. a. 1.

plus pure, moins matérielle, plus spirituelle (*purior, immaterialior, spiritalior*), qui est l'âme végétative, ou plutôt un esprit vital, *spiritus vitalis,* produit peut-être par le cœur, et dont l'âme se sert déjà comme d'un instrument (1). Voilà donc les esprits vitaux animaux qui sont comme des intermédiaires entre l'âme et le corps grossier; substances équivoques, quelque peu corporelles encore, et pas mal spirituelles déjà; esprits du corps, comme dirait M. Bautain, sans être l'esprit de l'âme, mais dont l'âme se sert comme d'un instrument qui est plus à sa main que le corps grossier.

Nous regrettons cette chute, même à la suite de S. Thomas. Si cet esprit ou ce principe vital n'est pas encore de la matière entre les mains de l'âme; si l'on en fait une âme végétative, sécrétée par quelque organe, fût-ce par l'un des plus nobles, le cœur, on est infidèle à son propre principe d'unité en fait de cause seconde dans l'homme, en même temps qu'on se crée une foule d'autres embarras.

Comment, en effet, concilier cette doctrine avec cette autre, que « le principe qui raisonne dans l'homme n'est pas seulement vivant de sa propre vie, mais qu'il est encore l'acte en vertu duquel l'homme vit, l'acte qui fait que le corps humain est ce qu'il est » (2)? Comment la concilier avec cette autre doctrine, qu'il y a trois sortes d'âmes, celle des plantes, celle des animaux, et celle de l'homme; que ces âmes inférieures n'ont pas les vertus

(1) *De substantia,* etc., p. 605, n° 8; p. 610, n° 8; Cf. 493 et passim.

(2) Hoc principium ratiocinandi in homine non solum est in se vivens, sed etiam est actus quo homo vivit, et corpus hominis actuans, ut vera forma. (Ibid., p. 493, n° 4.)

des âmes supérieures; qu'ainsi l'âme de la plante ne peut ni sentir ni penser; mais que les âmes supérieures ont toutes les vertus des inférieures, c'est-à-dire que celle de l'animal, qui sent et veut, est aussi douée de la vertu végétative comme l'âme de la plante; et que l'âme de l'homme, outre qu'elle pense, sent et végète aussi comme celle de l'animal et celle de la plante (1).

Et qu'on ne s'imagine pas que les degrés dont il est ici question sont des âmes distinctes, quoique parfois Suarez parle comme si dans sa pensée il en était ainsi (2); non, il entend par âme végétative, par âme sensitive et par âme raisonnable trois espèces d'âmes, il est vrai, mais en ce sens seulement que celle de la plante est spécifiquement différente de celle de l'animal, et l'âme de l'animal spécifiquement différente aussi de celle de l'homme. L'âme de la plante ne pourrait donc remplir les fonctions de celle de l'animal, pas plus que celle de l'animal ne pourrait jouer le rôle de celle de l'homme, encore bien que celle de la première espèce fût dans un corps d'animal, et celle de la seconde dans un corps d'homme : non, encore une fois, et c'est là une erreur de Pythagore, partagée par Origène; les âmes n'ont pas ainsi été faites toutes semblables avant les corps, et jetées avec le temps dans tel ou tel germe pour y prendre des vertus déterminées par suite de la nature et de l'action du germe lui-même (3). Les âmes sont

(1) Prima regula : gradus vitæ imperfectior dari potest sine perfectiori. (*De substantia*, etc., p. 499, n° 1.) — Secunda regula est, animam perfectioris gradus semper supponere inferiorem, vel inferiores gradus; ita ut nec rationalis a sensitivo, nec sensitivus a vegetativo separetur. (Ibid., p. 500, n° 4, 501, n° 6.)

(2) Voy. note 2 ci-dessus.

(3) Ibid., p. 499, n° 2.

créées chacune d'une espèce déterminée, et c'est en vertu de ce caractère spécifique que les corps auxquels elles sont unies sont eux-mêmes des plantes, ou des animaux, ou des hommes. J'achève du moins ainsi la pensée de Suarez; la logique m'y autorise.

Mais ce qu'il dit formellement, et ce qui prouve que les degrés qu'il distingue dans les âmes supérieures ne sont plus des degrés d'âmes, ou des âmes graduées, hiérarchisées, mais bien des degrés dans une même âme, des fonctions graduées d'une âme unique, c'est qu'il affirme de la manière la moins équivoque qu'il n'y a pas deux âmes dans l'animal, l'une végétative, l'autre sensitive, mais que c'est la même âme qui remplit cette double fonction (1). C'est même là, dit-il, une doctrine très répandue, une doctrine aujourd'hui reçue de tous, *ab omnibus recepta.* Il n'y a pas plus dualité d'âme dans l'animal que dans la plante. — Mais dans l'homme? Eh bien! dans l'homme encore, pourquoi la même âme ne pourrait-elle pas remplir d'abord la double fonction de la vie organique et de la vie sensitive comme dans l'animal? Et comme il n'est pas douteux que ce qui sent en nous est aussi ce qui pense, il s'ensuit invinciblement que l'âme animale n'est pas non plus différente de l'âme raisonnable.

Mais nous avons mieux ici que ce raisonnement, puisque Suarez, cette fois, va jusqu'au bout de sa propre

(1) Dicendum est enim in bruto animali non esse duas animas realiter distinctas, per quas in esse viventis, seu vegetabilis, et in esse animalis constituitur.... Planta non constituitur in gradu corporis mixti, et vegetabilis per duas formas realiter distinctas; ergo nec brutum constituitur in gradu viventis, seu vegetabilis, et sensibilis per duas animas realiter distinctas. (*De substantia*, etc., p. 504, nº 10.)

pensée : « L'âme qui constitue l'homme n'est ni triple ni double, elle est unique ; la végétative et la sensitive ne diffèrent point de la raisonnable. » (1)

Qu'est-ce à dire, sinon que les trois formes de la vie ne sont ici que le triple effet d'une triple fonction ou puissance d'un seul et même principe, l'âme supérieure de l'homme? « Il n'est donc pas nécessaire, dit Suarez lui-même, de multiplier les âmes en raison des opérations ou des puissances, attendu qu'une seule âme peut être capable de plusieurs modes d'action, posséder plusieurs facultés. C'est ainsi que l'âme raisonnable (elle-même ou conçue simplement comme telle) est capable de connaître et de vouloir, que l'âme sensitive a plusieurs manières de sentir, et possède en outre l'appétit. De là cette règle générale : Quand une puissance ou faculté en accompagne une autre, quand l'une n'est pas séparée de l'autre, bien cependant que les facultés soient distinctes et numériquement différentes, ce n'est cependant pas une raison d'admettre des âmes différentes en espèces ou en degrés. » (2)

Nous ferons remarquer aussi que Suarez entend

(1) Ex his cum proportione concluditur, etiam in homine animam constituentem ipsum in esse vegetabilis et animalis, non esse duas formas inter se realiter distinctas, sed unam et eamdem animam. De qua, eadem proportione, concludi potest, non esse in homine distinctam a rationali. (*De substantia*, etc., p. 505, n° 12.)

(2) Respondetur generaliter non esse necessariam tot multiplicare animas, quot operationes vel potentias : quia una anima potest habere plures operationes et potentias : ut anima rationalis, licet una specie sit, habet intellectum et voluntatem, et anima sensitiva habet plures sensus, et appetitum. Unde regula generalis est, quando una potentia comitatur aliam, et una ab alia non separatur, licet potentiæ ipsæ multiplicentur, non propterea animarum genera, seu gradus multiplicari. (Ibid., p. 508, n° 8 ; p. 585, n° 17.)

Platon sur ce point comme nous l'avons nous-même interprété, c'est-à-dire qu'il regarde les trois âmes dont parle le philosophe grec, ou les trois parties de l'âme, comme il les appelle encore, non pas comme trois âmes réellement distinctes, ni comme trois parties d'une âme composée, mais bien comme trois fonctions d'une âme unique et simple, à la différence des pythagoriciens, qui sembleraient davantage avoir donné trois âmes à l'homme (1).

Il reste une dernière question à résoudre, celle de savoir si ces trois fonctions capitales ne s'enchaînent pas entre elles, de telle sorte que l'une seulement soit l'effet immédiat de l'âme, et que les autres dépendissent graduellement de celle-là? Suarez est pour la négative; les trois fonctions dépendent également de l'âme; elles en sont, au même titre et au même degré, le produit immédiat (2), car si l'une dépendait de l'autre, elle ne pourrait s'accomplir sans son concours, ce qui n'est pas, au moins si on les considère suivant l'ordre ascendant, puisque la fonction végétative a lieu dans la plante sans la sensitive, et la sensitive dans l'animal sans l'intellectuelle (3).

Ainsi les fonctions inférieures ne découlent point des supérieures, comme des effets découlent de leur cause. Les supérieures dépendent bien, il est vrai, des inférieures comme de leur condition (4), puisqu'il n'y a pas

(1) Plato vero non tres animas, sed tres partes animæ illas appellabat. Suarez, il est vrai, ne s'explique pas aussi nettement que nous le faisons sur le mot *partes*, mais nous ne croyons pas lui faire violence en lui prêtant notre interprétation jusque là.

(2) *De substantia*, etc., p. 585, nº 17.

(3) Ibid. — Ibid.

(4) Ibid., p. 584 et 585, nº 15.

de sensibilité sans vie organique, ni d'intelligence sans sensibilité; mais l'intelligence est si peu le produit de la sensibilité, et la sensibilité si peu le produit de l'organisme, que la sensibilité n'est pas accompagnée de l'intelligence dans l'animal, pas plus que la vie organique n'est accompagnée de sensibilité dans la plante.

Il n'est donc pas de l'essence de l'une quelconque de ces fonctions d'en produire une autre. Comment, d'ailleurs, le plus serait-il dans le moins, le divers dans le divers? Ajoutons une raison à elle seule décisive : une fonction n'est pas une force, un agent, une cause; c'est un effet, un phénomène.

II. Bacon, avec son esprit de réformateur, devait avoir abandonné la tradition de l'aristotélisme. Aussi est-il beaucoup moins positif, nous ne disons pas que Suarez, mais que Scaliger, et plus disposé par conséquent à méconnaître l'unité du principe de la vie. Il admet cependant un esprit vital, *spiritus vitalis*, qui agit comme régulateur, tandis que l'agent de la vie serait plutôt un esprit inné, partage de tout être corporel vivant ou non, et qui joue à l'égard de cet être le même rôle que l'air à l'égard des corps inanimés (1).

Quelle est la nature de cet esprit vital, de l'esprit inné? Pas de doute qu'elle ne soit corporelle, suivant Bacon (2), qui proteste même en cela contre le spiritua-

(1) Quæ spiritus innatus (qui omnibus tangibilibus, sive vivis, sive mortuis inest) et aer ambiens operatur super inanimata, eadem et tentat super animata; licet superadditus *spiritus vitalis* illas operationes partim infringat et compescat, partim potenter admodum intendat et augeat. (*Histor. vitæ et mortis*, t. IV, p. 459, édit. in-4°; Lond., 1765.)

(2) Non est virtus aliqua, aut energia, aut entelechia, aut nugæ; sed plane corpus tenue, invisibile; attamen locatum, dimensum, reale. (Ibid., p. 521, 522. *Can.* IV, p. 523, can. VI.)

lisme admis avant lui. Bacon sort ici des idées péripatéticiennes ; il se pose en réformateur sur ce point comme en logique, mais avec moins de vérité et de raison. Il est exclusivement physicien ; il ne reconnaît que des causes physiques, quand il serait peut-être plus vrai de dire qu'aucune cause véritable n'a ce caractère. Le peu de profondeur de Bacon, l'absence d'aperçus métaphysiques dans son esprit, se révèle ici d'une manière frappante.

On sait que ce n'est pas le seul endroit des écrits du lord de Vérulam qui trahisse cet éloignement pour l'inconnu. Et pourtant l'inconnu est si nécessairement au fond du connu, que le chancelier philosophe est obligé, ici même, de reconnaître que cet esprit corporel est *invisible.*

Van-Helmont (J.-B.) se rapproche davantage des idées anciennes, mais en les dénaturant de plusieurs manières. Ainsi, tout en admettant la forme et la matière, il ne donne pas à ces expressions le même sens que les anciens. De plus, son principe vital dans l'homme est distinct de l'âme. Il appelle ce principe *archée, esprit séminal, agent séminal ;* c'est la cause efficiente des individus dans la nature. Il est lui-même une semence vivante. Il est la vie et la forme actuelle, substantielle des êtres vivants. Il se compose lui-même de deux principes, de l'air vital, *aura vitalis,* et d'une image séminale, *imago seminalis.* Ces deux éléments représentent l'un la matière, l'autre l'esprit. Ce qui fait que l'archée explique le commerce entre le corps et l'âme. La liqueur séminale visible n'est déjà que l'enveloppe de l'esprit séminal, source première de toute fécondité (1). Ce mot *esprit*, dans le langage de Van-Helmont, et dans celui de beaucoup d'autres avant et après lui, n'indique donc pas un principe incorporel; loin de là. On désignait par là tous les corps appelés aujourd'hui gazeux. Et ce serait Van-Helmont lui-même qui aurait le premier mis en circulation le mot gaz (2).

Du reste, il y a autant d'archées que d'espèces d'êtres vivants; les minéraux eux-mêmes ont des archées. Bien plus, chaque partie de l'organisme a le sien; mais cet esprit ou archée est subordonné à l'archée central ou régulateur qui préside au tout organique, qui fabrique son corps avec de la matière tangible. Au-dessus de cet archée central est l'âme, mais chez l'homme seul, car les êtres inférieurs n'ont pas d'âme. Et comme si l'archée n'était pas dans l'homme un intermédiaire suffisant entre le corps et l'âme, celle-ci ne commande à l'archée que par le moyen d'une âme sensitive et mortelle, qui est, d'ailleurs, le siège de toute passion et de toute erreur. Elle-même, cependant, commande à l'archée cen-

(1) *Ortus medicinæ, id est initia physicæ inaudita, progressus medicinæ novus*, etc., Lugd., 1655, où se lisent, entre autres passages remarquables sur la question qui nous occupe, les suivants : Constat archæus ex connexione vitalis auræ, velut materiæ cum imagine seminali, quæ est interior nucleus spiritualis, fœcunditatem seminis continens : est autem semen visibile, hujus tanquam silica..... Imago hæc archæi ex prædecessoris idea defluens..... non est demortuum quoddam simulacrum, sed plena insignitum scientia, potestatibusque necessariis rerum in sua destinatione agendarum ornatum, ideoque est vitæ et sensationis primarium organum. ..... Archæus, generationis faber et rector, seipsum vestit corporali amictu. In animatis enim perambulat sui seminis latebras omnes et recessus, incipitque materiam formare juxta imaginis suæ entelechiam. Hic enim cor locat, ibi vero cerebrum designat, atque ubique immobilem habitatorem præsidem.

(2) *Histoire des Sciences naturelles* par Georges Cuvier, t. V, p. 13.

tral, qui règne à son tour sur les archées des différentes parties du corps (1).

Ces intermédiaires entre le corps et l'âme étaient la conséquence de l'abîme creusé par Descartes entre ces deux principes dans l'homme, et peut-être plus encore de la confusion de l'âme et du moi. Descartes ayant besoin d'asseoir les bases de la certitude, partit des faits de conscience, et les donna comme les déterminations et les actes uniques de l'âme, attribuant tout le reste au corps. C'était faire à l'âme une part beaucoup trop petite, et au corps une part beaucoup trop large. Il y a des faits, et en grand nombre, qui ne sont ni volontaires ni sentis par la conscience, et qu'il est difficile de rapporter au corps comme corps, lors surtout qu'on fait consister son essence dans l'étendue et qu'on le regarde comme essentiellement inerte. C'est en présence de ces faits, et en face de l'impossibilité, vraie ou fausse, de l'action et de la réaction entre l'âme et le corps, que les cartésiens imaginèrent, qui les archées, qui l'assistance divine, qui les âmes plastiques, etc. Quant à Descartes lui-même, il se contenta des *esprits animaux*, qui, du reste, n'étaient pas de son invention (2).

Avant lui, on distinguait déjà trois sortes d'esprits :

(1) On trouve dans les *Essais de Physique* de Perreault (1680) des idées qui rappellent la hiérarchie des archées de Van-Helmont. L'auteur s'attache à prouver non seulement l'influence de l'âme sur toutes les fonctions du corps, et son action sur les parties qui le composent, mais encore l'existence d'une âme propre pour chacune de ces parties.

(2) Cureau de la Chambre, dont les *Caractères des Passions* sont de 1640, tandis que le *Traité des Passions* de Descartes est de 1649, parle aussi des esprits animaux, et leur fait jouer un grand rôle en physiologie. Ces esprits animaux sont le *spiritus vitalis*, qu'on retrouve déjà au moyen âge, et qui remonte au moins jusqu'à Galien.

les naturels, les vitaux et les animaux. Ceux-ci ont été les plus tenaces; ils ont vécu jusqu'au XVIIIe siècle. Il en est même encore question dans des écrivains de notre temps, par exemple dans Virey.

Descartes leur attribuait les mouvements des muscles, les fonctions des sens. Malebranche leur faisait tracer des sillons dans le cerveau, et c'était à la netteté et à la profondeur de ces sillons qu'étaient dues la précision, la durée et la facilité des souvenirs.

Les esprits animaux ont fini par jouer le rôle des esprits vitaux et des esprits naturels avec le leur propre. C'est une simplification. On entendait par *esprits vitaux* un fluide subtil qu'on supposait circuler dans les nerfs. On l'appelait aussi suc nerveux. C'est encore le fluide nerveux d'aujourd'hui. On a fini par l'assimiler au fluide électrique. Il sert, dit-on, à l'âme d'instrument pour ses sensations. Les esprits vitaux étaient, dans le système de l'*influx physique*, l'intermédiaire mobile entre l'âme et le corps, le moyen d'action et de réaction entre l'un et l'autre.

« Les parties du sang très subtiles, dit Descartes, composent les esprits animaux, et elles n'ont besoin de recevoir à cet effet aucun autre changement dans le cerveau, sinon qu'elles y sont séparées des autres parties du sang moins subtiles; car ce que je nomme ici des esprits ne sont que des corps très petits, et qui se meuvent très vite, ainsi que les parties de la flamme qui sort d'un flambeau, en sorte qu'ils ne s'arrêtent en aucun lieu, et qu'à mesure qu'il en entre quelques-uns dans les cavités du cerveau, il en sort aussi quelques autres par les pores qui sont en sa substance, lesquels pores les conduisent dans les nerfs, et de là dans les muscles, au moyen de quoi ils meuvent le corps en toutes les diverses façons qu'il peut être mû. » (1)

« Tous les mouvements que nous faisons sans que notre volonté y contribue, comme il arrive souvent que nous marchons, que nous mangeons, et enfin que nous faisons toutes les actions qui nous sont communes avec les bêtes, ne dépendent que de la conformation de nos membres et du cours que les esprits, excités par la chaleur du cœur, suivent naturellement dans le cerveau, dans les nerfs et dans les muscles, en même façon que le mouvement d'une montre est produit par la seule force de son ressort et la figure de ses roues. » (2)

Descartes explique par le seul moyen du *cours des esprits* toutes les fonctions qui appartiennent au corps, et n'attribue à l'âme que la pensée, et même que la pensée avec conscience (3). De là les animaux machines.

Malebranche fait aussi venir du dehors les matériaux des esprits : « Le vin est si spiritueux, dit-il, que ce sont des esprits animaux presque tout formés, mais des esprits libertins, qui ne se soumettent pas volontiers aux ordres de la volonté, à cause de leur subtilité et de leur agitation excessive. » (4)

La *Physiologie* de Bossuet a le même caractère physiologique que le *Traité des Passions* de Descartes : « Les esprits coulent dans les muscles par les nerfs répandus

(1) *Les Passions de l'âme*, 1re partie, art. D. X. (Voir aussi la 4e partie du *Discours de la méthode*, et la *VIe méditation métaphysique*.)

(2) *Les Passions de l'âme*, art. XVI.

(3) Ibid., art. XVII, *Discours de la méthode*, ve part., p. 120, éd. Renouard.

(4) *Recherche de la Vérité*, p. I, t. II, c. II.

dans les membres, font le mouvement progressif. Dès que les esprits manquent, les ressorts cessent faute de moteur. Les passions, à les regarder seulement dans le corps, semblent n'être autre chose qu'une agitation extraordinaire des esprits, à l'occasion de certains objets qu'il faut fuir ou poursuivre ». (1)

Spinoza, ne reconnaissant qu'une substance unique à double forme, la substance divine, étendue et pensante tout à la fois, ne pouvait mettre une différence radicale entre l'esprit et la matière ; bien loin de là. Il dut même se rapprocher du péripatétisme, qui subordonnait si puissamment l'esprit à la matière, tout en les faisant inséparables. Car, après tout, dans Dieu, la pensée est supérieure à l'étendue. Aussi le chef du panthéisme moderne dit-il que l'âme est l'idée du corps ; que le corps est l'objet de l'âme ; qu'il n'est rien qui n'ait son âme, parce qu'il n'est rien qui n'ait en Dieu son idée. Il paraîtrait même faire du corps un effet de l'âme : « *Intellectus sibi facit instrumenta vi nativa.* » Mais ce qui prouve l'étroite union du corps et de l'âme, suivant Spinoza, c'est que « l'âme ne peut rien imaginer, se souvenir de rien, que par le moyen du corps. Le corps cessant d'être, plus de perception ni de souvenir. » Ce qui ne veut pas dire que l'âme périsse tout entière avec le corps. Il lui reste la raison et les idées éternelles (2).

L'idée de Descartes sur la différence essentielle entre l'esprit et la matière était généralement admise. C'était, jusqu'à un certain point, combler l'abîme creusé par

(1) *Connaissance de Dieu et de soi-même*, § IV, XII. (Ibid., XII.)
(2) *Ethica*, V, prop. XXI et XXIII.

Descartes, que d'identifier en Dieu l'étendue et la pensée. Aussi, ceux qui ne veulent point de cette extrémité, ou sont matérialistes comme Gassendi, ou modifient d'une manière plus ou moins conséquente et les idées scolastiques, et le cartésianisme lui-même.

C'est ce que firent le P. Maignan et le P. Fabry.

Le P. Maignan, de l'ordre des Minimes, rejetait la doctrine des formes substantielles, et ne reconnaissait d'autre âme des bêtes que le sang (1). C'est là une sorte de cartésianisme biblique.

Le P. Fabry, jésuite, qui professait la philosophie à Lyon avec un certain éclat, dit que la *forme* des plantes n'est point une entité absolue, mais une entité seulement relative. Il n'y voit qu'un simple rapport, résultant de la disposition variée des parties de la matière. Il n'accorde pas plus de réalité à la *forme* des animaux (2) : l'âme humaine seule est une forme réelle, substantielle.

C'est là, comme on voit, tempérer la scolastique par le cartésianisme, et le cartésianisme par la scolastique.

Le P. Senault, dans son livre *de l'Usage des Passions,* dédié au cardinal de Richelieu, attribue de la manière la moins équivoque les trois ordres de vie à une âme unique : « Si dans le premier (de ces trois états) l'âme approche de la dignité des anges, dans le second elle n'est pas de meilleure condition que les bêtes, et dans le dernier elle ne s'éloigne pas beaucoup de la nature des

(1) *Cours de Philos.;* Toulon, 1653.

(2) Illa forma sentiens non est aliqua entitas absoluta; ou si elle est une entité absolue, au moins ne se distingue-t-elle pas de la matière : non est quid distinctum ab elementis. (*De plantis et generatione animalium;* Paris, 1666.)

plantes; car en celui-ci elle n'a point d'autres emplois que de nourrir son corps, de digérer les aliments, de les convertir en sang, de les distribuer par les veines, et de faire cette étrange métamorphose où une même matière s'épaissit en chair, se roidit en nerfs, s'endurcit en os, s'étend en rameaux, et s'allonge en cartilages. Elle augmente ses parties en les nourrissant, elle achève son ouvrage avec le temps, et le conduit par ses travaux jusqu'à la légitime grandeur. » L'action instinctive de l'âme dans la procréation est marquée d'une manière non moins précise par les paroles qui suivent : « Sollicitée (l'âme) par la Providence, elle prend le soin d'entretenir l'univers; elle songe à rendre ce qu'elle a reçu, et elle produit son semblable pour conserver son espèce. En cet état, elle n'agit pas plus noblement que les plantes, qui se nourrissent des influences du ciel, qui s'élèvent par la chaleur du ciel, et qui se provignent par leurs oignons et par leurs larmes. » (1)

Cudworth est plus explicite que Scaliger sans être aussi vrai, mais il approche plus du vrai que Van-Helmont. La *nature plastique* de Cudworth n'a pour nous qu'un défaut, celui d'être une imagination inutile, en ce sens que cette nature est substantiellement distincte de l'âme raisonnable, qu'elle tient le milieu entre l'âme capable de raison et la matière. Cet intermédiaire n'était point nécessaire, si toutes les fonctions attribuées à la *nature* plastique peuvent très bien être dévolues à l'âme. Mais il est vrai de dire, avec l'auteur du *Système intellectuel*, que le principe de vie agit avec un art infini sans savoir ce qu'il fait et sans le vouloir; que l'intelli-

(1) *Discours* II, p. 12 et 13, édit. 1674.

gence de cet art ne lui appartient point, qu'elle est toute en Dieu. Si Cudworth a cru devoir imaginer un troisième principe pour expliquer les fonctions organiques de la vie, c'est que, comme Descartes, il résolvait l'âme dans le moi. Il avait fort bien aperçu cependant que l'âme accomplit un assez grand nombre d'opérations, de pensées même, sans qu'elle en ait connaissance, sans qu'elle le veuille (1). Il en cite lui-même jusqu'à sept exemples. Il était facile, ce semble, d'avancer un peu plus sur cette voie, et de faire exécuter à l'âme une multitude d'autres opérations dont elle n'a ni plus de conscience ni plus d'intelligence.

Du reste, l'âme plastique de Cudworth est d'une nature assez équivoque, et l'existence substantielle en est même un peu douteuse. Quoiqu'elle serve de moyen et comme de lien entre le corps et l'âme, et qu'elle agisse « fatalement, sympathiquement, magiquement..., » on ne saurait dire si c'est une faculté inférieure d'une âme capable d'une certaine intelligence et de quelque dessein, ou si c'est un esprit, un principe de vie doué d'une existence propre, mais d'une nature inférieure et moins parfaite (2).

Cette hésitation, cette incertitude sur l'existence et la nature d'une nature plastique intermédiaire, donnait encore plus beau jeu à Bayle pour attaquer Cudworth, et rendait la tâche de le défendre plus difficile à J. Leclerc. Nous n'avons pas à nous occuper pour le moment de ce débat, quoiqu'il y ait dans la polémique de Bayle

(1) CUDWORTH, *The true intellectual system.*; Lond., 1677. *Dissert. upon plastic nat.*, 17.

(2) *Dissert. up. plast. life,* 26.

des arguments qui pourraient être dirigés contre l'opinion que nous professons (1). On peut consulter, au surplus, une excellente dissertation de M. Jannet sur la nature plastique de Cudworth (2).

Leibniz, malgré l'originalité de son esprit, ne donna du grand problème de l'union qu'une solution ingénieuse, mais peu acceptée. Outre ce qu'il a de forcé, et qui a été très bien relevé par Bayle, le monadisme fait, jusqu'à un certain point, revivre les trois âmes attribuées d'ordinaire aux platoniciens, puisqu'il y a des monades à perceptions pures et simples, d'autres à perceptions accompagnées de sensations, d'autres qui possèdent en plus la conscience.

Il y a encore ce côté défavorable dans le monadisme, que l'âme humaine, qui est une monade douée de sensibilité et d'intelligence, n'est pas en même temps une monade purement représentative, telles que les monades dont se composent les corps, et qu'ainsi notre tout reste irréparablement divisé.

Tout ce que Leibniz peut faire en faveur de l'unité de l'âme, c'est de supposer que la sensitive renferme la vertu d'être raisonnable en son temps (3). Que de difficultés encore à regarder toutes les âmes comme unies

(1) Voir sur cette controverse : BAYLE, *Continuation des Pensées diverses*, XXI, CVI, CVII, CXI, CXIII ; *Histoire des ouvrages des savants*, 7 août 1704 ; *Réponse aux Quest. d'un Provincial*, CLXXIX sqq.; J. LECL., *Biblioth. choisie*, t. V, art. 4 ; t. VI, art. 7; t. VII, art. 7.

(2) *De natura plastica apud Cudworthum.* L'auteur y soutient, entre autres propositions, que Cudworth ne se propose pas d'expliquer les rapports entre l'âme et le corps au moyen des natures plastiques, que ces natures ne sont pour lors que des causes formatrices secondes.

(3) *Theod.*, 91, 397.

dès le commencement à des germes dont les premiers parents de chaque espèce auraient été porteurs ! (1).

Nous aimons mieux les idées métaphysiques de Leibniz sur la composition première des corps, vivants ou non, que ses idées physiologiques. On les retrouve exprimées d'une manière assez équivoque dans une publication récente (2).

Si l'on devait prendre à la lettre certains passages, il s'ensuivrait que Leibniz distinguait la matière seconde ou les corps comme composés, et la matière première ou les corps comme composants, et que les premiers seuls existeraient, tandis que les seconds ne seraient que des

(1) *Considérat. sur les principes de vie.* (T. II, p. 42, éd. Dutens.)

(2) « La substance corporelle [les monades individuelles ou leur ensemble?] a une âme organique et un corps organique, c'est-à-dire [que ce corps] est une masse composée d'autres substances [les monades]. Il est vrai que c'est la même substance qui pense [la monade principale dans l'homme], et qui a une masse étendue qui lui est jointe, mais point du tout que celle-ci la constitue ; car on peut très bien lui [à la monade pensante] ôter tout cela sans que la substance en soit altérée. Puis, en outre, toute substance [monade?] perçoit ; mais toute substance [différence entre substance et monade?] ne pense pas. La pensée, au contraire, appartient aux monades [à toutes?] et à plus forte raison toute perception ; mais l'étendue appartient aux composés (*Réfutat. de Spinoza,* trad. fr. par M. Foucher de Careil, p. 33-35.) » Les passages suivants sont un peu moins obscurs, et plus d'accord avec la doctrine de Leibniz : « La matière existe, mais elle n'est point substance, puisqu'elle est un agrégat, un composé de substances. J'entends parler de la matière seconde ou de la masse étendue qui n'est point du tout un corps homogène. Mais ce que nous concevons comme homogène, et ce que nous appelons matière première, est quelque chose d'incomplet, puisque ce n'est qu'une pure puissance.... De même que le nombre suppose des choses nombrées, de même l'étendue suppose des choses qui se répètent, et qui, outre les caractères communs, en ont de particuliers. Ces accidents, qui sont propres à chacune, rendent actuelles, de simplement possibles qu'elles étaient d'abord, les limites de grandeur et de figure. La matière purement passive est quelque chose de très vif qui manque de toute vertu ; mais une telle chose ne consiste que dans l'incomplet, l'abstraction. » (Ibid., p. 27-31.) « L'âme est quelque chose de vital, qui contient une force active. » (Ibid., 47.)

abstractions. C'est le contraire de la vraie doctrine de Leibniz, qui ne voyait de réalités que dans les monades composantes, et qui regardait les composés comme des phénomènes. Quand donc il parle ici des corps comme de réalités véritables, et d'une matière première comme d'une abstraction, comme de quelque chose de vil, c'est qu'alors il entre dans l'idée qu'on se fait généralement des corps et de la matière; c'est un argument *ad hominem*.

Sa vraie pensée est celle du monadisme et de l'harmonie préétablie; ce sont les monades qui sont pour lui les vraies forces originelles et fondamentales, cette nature essentielle qui se détermine sans cesse d'une manière nouvelle, suivant une loi qui lui est propre. C'est dans les monades, dans les âmes qui en font partie, que se passent, en conséquence de ces lois, une foule de phénomènes dont elles n'ont ni la volonté, ni l'intelligence, ni la conscience (1).

Le système de Leibniz, quoique rempli d'hypothèses, ne rend aucune raison de l'organisation par les causes secondes, puisque les germes sont l'œuvre directe du Créateur, et qu'ils ont été produits dès le commencement. Scaliger, Van-Helmont et Cudworth ont sur Leibniz cet avantage d'avoir au moins essayé des explications naturelles.

(1) Lex insita (etsi plerumque non intellecta creaturis in quibus inest) ex qua actiones, passionesqua consequuntur. (LEIB., *De ipsa natura sive de vi insita.*)

LIVRE III.

DE L'ANIMISME DE STAHL ET DE SES DISCIPLES.

CHAPITRE PREMIER.

Doctrine de Stahl.

I.

L'homme du XVIIe siècle qui renoua le plus solidement avec l'antiquité sur la question du rapport entre l'âme et le corps, sans, du reste, qu'il ait bien connu la doctrine d'Aristote, sans peut-être avoir connu davantage celle d'Albert et de S. Thomas, c'est Stahl. Dans cette voie qu'il semble rouvrir plutôt que parcourir à leur suite, il se distingue par des détails physiologiques dans lesquels on n'était pas entré jusque là, soit que ces questions de *comment* eussent semblé insolubles; soit, ce qui est plus vraisemblable, qu'elles ne se fussent pas présentées à l'esprit de ses plus illustres devanciers. Suivant lui, l'âme ou la nature animale, mais la nature active, le principe de la vie, sont une même chose (1).

Rien, dans cette opinion, n'est en désaccord avec la

(1) *Theoria medica vera,* in-4°; Halle, 1737, p. 60, § 36.

Genèse. On peut donc soutenir, sans crainte de se trouver en opposition avec les textes sacrés, que l'âme est le principe de la vie corporelle, que c'est elle qui la conserve et qui en produit les manifestations diverses. C'est la cause seconde par laquelle s'accomplit la volonté divine dans cet ordre de choses (1).

Elle ne doit pas être confondue avec le corps qu'elle anime; elle n'est donc ni le corps vivant ni un effet de ce corps. La vie corporelle n'est donc pas le simple résultat harmonique de l'union de l'âme et du corps; c'est l'effet d'une action propre, d'une action mécanico-physique qui consiste à écarter les matières qui ne peuvent plus servir au maintien du corps, et à les remplacer par d'autres matières propres à cette fin (2).

Nulle nécessité donc d'imaginer, comme le faisaient quelques anciens, trois âmes dans l'homme : l'une qui présidait à la vie organique, l'autre à la vie animale, la troisième à la vie intellectuelle. C'était d'autant plus inconséquent, qu'ils étaient obligés d'accorder une certaine intelligence aux deux âmes inférieures. Pourquoi plutôt ne pas accorder le moins à celle qui possède le plus, pourquoi ne pas l'investir de toutes les fonctions de la vie entière? Aussi, d'autres anciens n'admettaient qu'une seule âme dans l'homme, l'âme capable de raison. Cette fonction n'en excluait pas d'autres moins nobles. Seulement, cette opinion, fort saine en soi, était gâtée par l'introduction abusive d'énergies substantielles diverses. Cette malheureuse conception était encore

(1) *Theoria medica vera*, p. 87, § 49.
(2) Ibid., p. 424, § 7.

aggravée par une nomenclature poétique qui présentait l'activité de l'âme comme un agent distinct, exécutant sous les auspices de l'âme les fonctions dont elle était chargée (1).

On le voit, Stahl ne veut ni partager les fonctions de l'ensemble des phénomènes qui s'observent dans l'homme, entre plusieurs agents qui seraient coordonnés entre eux, ni même les déléguer en partie à des agents inférieurs qui seraient par conséquent subordonnés à d'autres. Il n'est donc ni pour la pluralité des âmes dans un même individu, ni pour une multiplicité hiérarchique d'agents vitaux. Il professe l'unité du principe de vie de la manière la plus formelle.

Mais si le principe de la vie dans l'homme est essentiellement un, ce n'est pas à dire qu'il n'ait pas besoin d'organes pour accomplir certaines de ses fonctions, même les plus élevées. C'est ainsi que les notions de l'ordre supérieur ne seraient pas plus possibles que les perceptions et les sensations elles-mêmes sans le secours des organes perceptifs (2).

Mais les organes ne commandent pas à l'âme : c'est elle, au contraire, qui s'en sert, qui les met en mouvement et les gouverne suivant le but qu'elle se propose (3).

Rien de mieux jusque là, moyennant toutefois certaines explications et réserves que Stahl ne donne point, mais qu'on peut croire dans sa pensée, puisqu'il ne dit pas le contraire.

(1) *Theoria medica vera*, p. 206, 207, § 14 et 15.
(2) Ibid., p. 25, § 60.
(3) Ibid.

Mais l'une des grandes questions de l'animisme, ce qui fait qu'il est repoussé par les uns quand il est admis par les autres, c'est de savoir si l'âme raisonnable accomplit avec intelligence, conscience et volonté, les actes de la vie organique ou végétative, comme elle fait ceux de la vie animale ou de relation. Ce qu'il y a de certain, c'est que le moi ne sent, ne sait et ne veut rien de semblable à la première espèce d'actes, aux actes de la vie organique. Stahl, sur ce point, ne semble pas entièrement d'accord avec lui-même ni avec les faits. Tantôt il admet je ne sais quelle connaissance intuitive et vague, tantôt il déclare qu'il n'y a ni conscience, ni intelligence, ni volonté. En vain il distingue entre le λόγος et le λογισμός; cette distinction ne suffit pas pour élucider la question. Il semble n'avoir pas assez connu l'activité fatale et spontanée de l'âme; il semble n'avoir pas assez vu, surtout, la différence fondamentale qui existe entre l'âme et le moi. Il paraîtrait n'avoir pas nettement saisi, enfin, la parfaite analogie qui existe entre les actes indélibérés et irréfléchis, inconscients même de l'âme, et les actes instinctifs des animaux.

Ce qu'il y a de certain, c'est qu'il y a au moins équivoque dans son langage sur ce point capital. « L'âme, dit-il, choisit, dans la diversité des composés, les matériaux qui conviennent à ses fins; elle a l'intelligence, la direction et le pouvoir de la nutrition (1). — Douée d'une activité entièrement libre, elle l'emploie non seulement à la préparation volontaire de ses organes des sens, mais aussi à celle des organes vitaux, et même à

(1) *Theoria medica vera*, p. 77, § 23; p. 218, § 13.

toutes les luttes des actes vitaux par le moyen des affections ou passions (1). — La force plastique n'est pas celle d'un esprit vital communiqué, mais celle d'un esprit inné, pourvu de la connaissance de chaque partie à organiser ou organisée déjà, puisqu'il a su la constituer et qu'il sait la conserver (2). — C'est trop accorder aux esprits (vitaux) que de leur croire la connaissance des rapports des moyens aux fins; c'est l'âme elle-même, et l'âme seule, qui doit et peut posséder cette connaissance et l'appliquer à la structure du corps (3). — L'âme connaît la mixtion (dont se compose ou doit se composer le corps); autrement, elle ne pourrait ni construire, ni conserver et réparer le corps avec les éléments nécessaires » (4).

Ainsi l'âme saurait et voudrait ce qu'elle fait dans les actes de la vie organique avant la construction de son corps et pour le construire, tout comme pour le conserver et le réparer. L'âme opérerait avec intelligence et volonté l'acte de la digestion (5). Mais sait-elle tout cela et le veut-elle comme elle sait et veut dans l'acte de la recherche, de la préparation et de la préhension des aliments? S'il n'en est pas ainsi, ce dont il faut bien convenir, en quoi consiste la différence?

On ne peut dire que l'âme sait et ne sait pas tout à la fois ce qu'elle fait. Et Stahl n'a pu tomber dans une telle contradiction. Il est certain, d'une part, qu'il admet une sorte de connaissance de l'âme dans les phénomènes pu-

(1) *Theoria medica vera*, p. 35, § 83.
(2) Ibid., p. 372, § 6.
(3) Ibid., § 7 et 8.
(4) P. 215, § 3.
(5) P. 42 et 44, t. II de la trad. des Œuvres de Stahl, par M. Blondin.

rement vitaux; nous venons de le voir. Mais il n'est pas moins certain qu'il admet aussi des actes vitaux où la conscience n'intervient en aucune manière. C'est ce que nous allons voir. Et comme il importe de bien rendre sa pensée sur ce point, nous ne ferons guère que traduire. L'auteur répond à l'objection de ceux qui, se fondant sur ce que l'âme n'a pas conscience des opérations de la vie organique, nient qu'elle en soit l'auteur.

« De ce que l'âme, dit-il, n'a ni conscience ni souvenir de ses opérations vitales les plus secrètes, il ne s'ensuit pas qu'elle ne les exerce point. Il faut distinguer entre la raison (λόγον) et le raisonnement (λογισμὸν), c'est-à-dire entre l'intelligence pure et simple, celle des choses les plus élémentaires, et le raisonnement, ainsi que la comparaison de plusieurs choses, lors surtout que ces choses nous sont connues par des accessoires sensibles très frappants, par des caractères visibles et tangibles. » (1)

Il est clair, en effet, que le raisonnement distinct, et surtout la mémoire, n'ont pour objet que des choses susceptibles d'être sensiblement figurées. Un bien plus grand nombre de choses, au contraire, tombent sous le regard de l'entendement proprement dit; de l'entendement, dont la fonction n'est pas seulement de connaître, mais encore de discerner véritablement, de définir même spécifiquement; ce qui est possible sans aucun raisonnement, comme aussi sans l'assistance ou le concours de la part de la mémoire. C'est ce que démontre parfaitement

(1) *Theoria*, etc., p. 208, § 21.

la distinction rapide des odeurs, des saveurs, des couleurs, des sons, et surtout des perceptions tactiles d'une diversité toute formelle. Il n'y a jamais lieu de raisonner sur les différences qui se révèlent en tout cela, puisqu'il n'y a pas d'autres espèces de choses du même genre avec lesquelles il y ait confusion possible. Il n'y a pas lieu non plus de raisonner sur les définitions, pour savoir quelle est la nature spécifique de ces choses. Pas non plus d'image distincte à laquelle puisse se prendre la mémoire, puisqu'il n'y a pas ici moyen de construire une figure qui puisse servir au souvenir ou à la représentation de l'objet, comme la mémoire est appelée à le faire. » (1)

« En se plaçant à un point de vue plus élevé, on doit reconnaître, au contraire, que dans les actes les plus exclusivement propres à la raison même, et où il s'agit d'en établir la suprême détermination spécifique et formelle, l'âme ne semble raisonner, ni comparer en aucune manière, ni avoir aucune conscience du fait accompli, ou tout au moins de l'opération même, bien loin d'avoir le souvenir soit de la manière dont elle a fait ce qu'elle a fait en réalité. Combien peu, en effet, pensent qu'ils pensent! Si cela leur arrive, c'est fort rarement, bien loin de se rappeler comment ils ont pensé. » (1)

« Dans les actes purement volontaires mêmes, par exemple dans le jet à une certaine distance, avec un degré voulu de force, dans le mouvement volontaire, déterminé par l'énergie à déployer, dans le saut proportionné à la hauteur qu'on veut atteindre, etc., comme

(1) *Theoria*, etc., p. 209, § 12.
(1) Ibid., § 23.

aussi dans l'estimation du plaisir ou de la peine, qu'y a-t-il de raisonné? Quelle conscience, distincte du moins, avons-nous de toutes ces choses? Je dis plus : quelle pensée, quelle conscience, quel souvenir a l'âme de tous ses actes propres, je ne dis pas d'elle-même, mais de son état habituel, soit simplement par rapport au corps, soit par rapport à tous les actes qui, de l'aveu de tous, lui sont assignés ou attribués à elle-même? Quelle conscience et quel souvenir encore des rapports, des proportions, des puissances, de l'ordre et de la succession de ces mêmes actes! » (1)

« Ces exemples montrent clairement la différence qui sépare l'intellect pur absolu et le raisonnement grossier, c'est-à-dire le raisonnement qui ne s'accomplit que par images. A peine est-il nécessaire de dire que le raisonnement et le souvenir ont des objets non seulement externes, existant en dehors du corps même, mais agissant aussi d'une manière très sensible sur les autres sens, ayant surtout des dimensions qui tombent facilement sous la prise de la vue et du toucher. Or, tout ce qui n'arrive pas à l'entendement par une voie externe et grossière, tout ce qui n'offre pas ces circonstances figurables dont nous avons parlé, n'est pas du tout susceptible d'être perçu ou compris par raisonnement. » (2)

Tout cela, sans être bien clair ni bien sûr, laisse cependant voir que Stahl n'affirme point qu'il y ait conscience dans les opérations de la vie organique; il soutient, au contraire, qu'il est d'autant moins étonnant qu'il n'y ait pas là conscience, qu'on peut citer une foule

(1) *Theoria*, etc., § 24.
(2) Ibid., § 25. (V. aussi p. 417, § 11 et 12.)

d'actes appartenant à la vie animale ou de relation où l'âme ne sait guère mieux ce qu'elle fait et n'en garde pas plus de souvenir, quoiqu'il soit incontestable qu'elle veut, qu'elle produit ces faits avec une certaine intelligence et une certaine volonté.

Cette réponse, qui n'est pas sans valeur, ne prouve cependant pas tout ce que l'auteur voudrait et devrait prouver, puisqu'il est certain qu'on peut avoir conscience et souvenir de ces sortes d'actes appartenant à la vie animale, pour peu qu'on le désire. Il n'en est pas de même de ceux de la vie organique, où le raisonnement et la mémoire ne sont pas seulement les deux choses qui fassent défaut; l'intelligence de ce qui se fait, la conscience de cette intelligence et de cette action, par exemple dans la sécrétion de la bile ou du suc gastrique, sont entièrement inaperçues.

Ce n'est donc qu'un défaut relatif d'intelligence, de conscience et de volonté, que Stahl reconnaît dans les opérations de la vie organique, et nullement, si nous le comprenons bien, un défaut absolu de tout cela. Et c'est cependant ce défaut absolu de volonté, d'intelligence et de conscience qu'il faut ici reconnaître, dont il faut, par conséquent, savoir se passer. Nous croyons donc que Stahl n'a pas résolu le problème, et qu'il a été justement attaqué sur ce point par ses adversaires, et que ses partisans eux-mêmes ne peuvent le suivre jusque là.

Mais il a pleinement raison lorsqu'il soutient que dans les actes les plus réfléchis, les plus libres, les plus éclairés par l'intelligence et la conscience, pour peu qu'ils tiennent à l'organisme, qu'ils le mettent en jeu, sont en définitive, par le côté organique, tout aussi obscurs que ceux de la digestion ou de la circulation du sang. Il est clair, en effet, que je ne sais absolument rien de la manière dont mon âme meut volontairement mes membres. Je n'en sais que cette volition même; toute ma connaissance expire à cette limite. Et pourtant tel muscle se met en jeu, puis tel autre; leurs mouvements se trouvent combinés de façon à produire un acte précis; tout est coordonné avec une justesse parfaitement appropriée au résultat extérieur que je veux obtenir. Ma main, mes doigts prennent la direction que je désire, avec le degré de force convenable, sans plus, sans moins. Et pourtant j'ignore absolument les muscles que je dois mettre en jeu, l'énergie à déployer; je n'ai pas la mesure de cette énergie; il n'y a pas là de comparaison établie, pas de matière comparable; la force ne m'est connue que par ses effets; tant qu'elle ne se déploie pas, je n'en ai pas conscience; et quand elle est déployée, il est trop tard pour que j'en calcule l'effet, puisque l'effet est produit. Tout ceci est plus remarquable encore dans les actes instinctifs des jeunes animaux, par exemple du poulet qui sort de l'œuf, que dans l'homme. Mais l'enfant tète avec la même précision que le poulet becquète le grain; seulement il ne saura pas d'abord trouver ou reconnaître le sein de sa nourrice aussi facilement que le poulet reconnaît le grain qui doit le nourrir.

Sur cette question de la conscience ou de l'inconscience des opérations organiques de l'âme, de l'intelligence et de la volonté qui y président ou n'y président pas, nous ne voyons qu'un moyen de mettre Stahl parfaitement d'accord avec lui-même. Il convient bien que l'âme, en tant qu'elle se connaît, qu'elle se dit moi, qu'elle s'appartient, que ses opérations sont accompagnées de conscience, n'est pas l'auteur de la vie organique. Mais, si nous l'avons bien compris, il soutient que cette même âme possède une perception secrète, qui ne s'élève pas jusqu'au moi, de son organisme, de la matière qui le compose; qu'elle a également une intelligence approfondie, mais toujours sans conscience, de la destinée de ce mécanisme organique, du rapport des moyens aux fins qu'elle doit remplir pour le conserver, le développer, le réparer, le restaurer, etc.; qu'elle veut tout cela encore, mais également sans conscience. L'âme aurait donc comme une double série de facultés : les unes, plus profondes, plus puissantes, plus parfaites, mais qui ne seraient pas accompagnées de conscience, seraient particulièrement destinées à former et à conserver l'organisme d'une manière que nous appelons instinctive, parce que la conscience y est étrangère, et que le moi ne s'y reconnaît pas davantage; les autres, moins profondes, et comme à la surface de la vie, destinées surtout à nous diriger au dehors, à régler nos rapports avec tout ce qui n'est pas nous, mais que nous connaissons et qui nous intéresse, sont presque toujours accompagnées de conscience, ou peuvent l'être. La conception du moi s'y rattache ou peut toujours s'y rattacher. Et comme cette conception est contemporaine au moins de toutes ces opérations, quand elle ne les précède pas, l'âme, en tant qu'elle se connaît, se les attribue, les appelle siennes. Si elle éprouve des états dont elle ne soit point cause, elle les dit siens encore, en ce sens qu'elle les ressent.

Voilà, si nous ne nous trompons, la grande distinction qui règne dans toute la physiologie de Stahl, mais qu'il n'a nulle part exposée avec la clarté et la netteté suffisantes.

Reste à savoir maintenant jusqu'à quel point cette première série d'opérations de l'âme, sans conscience et sans moi, n'est pas une fiction toute gratuite. Il serait possible qu'en cela Stahl n'eût pas complétement tort; qu'il pût, du moins, se prévaloir d'une grande analogie fondée elle-même sur une très grande vraisemblance.

Qui croira que ce qu'on appelle l'instinct des animaux, toutes leurs opérations, soient complétement dépourvues de sensibilité, d'intelligence et d'activité propre? Qui croira, d'un autre côté, qu'ils font tout ce que nous leur voyons faire avec conscience, délibération, liberté, etc.? Qui croira même qu'ils ont un moi aussi nettement conçu que le moi humain? Et cependant, s'ils ne sont ni des machines ni des personnes, il faut que leur état soit tout entier comme celui que Stahl conçoit dans l'âme avant le moi et au-dessous du moi. Il faut qu'il y ait là sensibilité, intelligence, spontanéité, mais presque sans conscience, sans calcul et sans liberté. Si la nature animale est là tout entière, si les actes mêmes de la vie de relation s'accomplissent chez eux dans cette espèce d'état, qui serait pour nous voisin du somnambulisme, pourquoi, puisque nous tenons aux animaux par tant de points, n'aurions-nous pas ce degré de parentage de plus avec eux? Déjà nous l'avons dit ailleurs : on ne saurait prouver qu'une foule d'opérations de l'âme soient impossibles sans ce retour sur elle-même, sur ses états et ses actes, que nous appelons conscience. Nombre de faits, surtout dans les premiers temps de la vie et dans ce qu'on appelle les habitudes, les distractions, etc., prouvent, au contraire, qu'une foule d'idées, de sentiments, de volitions spontanées peuvent s'accomplir dans l'âme à son insu, et que tout cela ne laisse pas plus de trace sensible en elle qu'il n'y avait d'abord de conscience.

Ce point capital de la doctrine de Stahl n'avait, que nous sachions, jamais été bien mis en lumière. Il mérite une attention toute spéciale.

Mais qu'on ne croie pas que nous adoptions sans difficulté cette doctrine d'une âme qui sent, pense et agit sans le savoir, ou si elle le sait sans savoir qu'elle le sait, c'est-à-dire sans qu'en même temps qu'elle fait tout cela elle s'en conçoive le principe ou le sujet, sans qu'il y ait encore moi en elle ; ou, ce qui serait plus fort, s'il y a moi, sans que ce moi fût celui que nous connaissons, le moi supérieur et ultérieur qui se conçoit, enfin, à la suite d'un plus ou moins grand nombre d'opérations. Nous serions plutôt porté à penser que cette première série d'opérations spirituelles, supposée par Stahl, n'est pas autre chose dans l'homme, dans l'âme humaine, pour ses opérations organiques de la vie végétative, que ce qu'est l'instinct dans l'animal pour ses opérations de la vie extérieure ou de relation. De même donc que l'animal fait une multitude de choses, en apparence très bien raisonnées, où les moyens sont admirablement appropriés aux fins, mais où cependant le raisonnement par induction ou *à posteriori* n'est pas plus possible que le raisonnement par déduction ou *à priori*, puisque l'expérience manque à l'agent, et qu'il n'y a, d'autre part, rien de nécessaire dans ces sortes de rapports ; de même notre âme ne calcule ni ne raisonne en pareil cas : elle agit à l'aveugle, sans idées comme sans volonté, mais cependant poussée et dirigée par une force et une intelligence qui n'est ni son intelligence ni sa force à elle.

C'est, sauf erreur, sous l'empire de cette manière de voir que toute notre critique historique, dans le présent ouvrage, a été exécutée. C'est, comme on voit, une manière de concevoir l'instinct dans l'homme et dans l'animal, mais plus approfondie, surtout dans l'homme, qu'elle ne l'est habituellement. C'est là ce qu'il ne faut pas oublier si l'on veut bien nous comprendre et nous juger.

Quoi qu'il en soit, cette parfaite ignorance où nous sommes (où est le moi) de ce qu'il y a d'intime, d'efficace, de dernier dans le mouvement le plus volontaire de nos membres, de notre corps, est un fait de la plus haute importance, qui tend à ramener les actes de la vie animale aux opérations les plus obscures de la vie organique, et qui contribue à faire voir l'étroite et nécessaire connexion des deux espèces vie, leur unité complexe et vraiment indivisible.

Il n'y a donc pas plus de difficulté pour l'âme, comme le dit Stahl, à former le corps et à le conserver par la nutrition qu'à le mouvoir et à le diriger ; il ne s'agit, dans les deux cas, que de l'action de l'âme sur le corps, d'une action sur la matière, et non dans la matière ; la matière est donc passive à cet égard dans l'un et l'autre cas (1).

(1) *Theoria*, etc., p. 383, § 34 ; p. 35, § 84.

Il convient, toutefois, de reconnaître que certains phénomènes dépendants des propriétés physiques et chimiques de la matière se réalisent dans l'organisme en dépit de l'action propre du principe de la vie, ou pour la favoriser.

Cette théorie, si conforme à la belle et juste idée de Platon, que l'homme est une intelligence qui se sert d'organes, tend, il est vrai, à faire de l'âme la maîtresse pièce de l'homme : « L'âme, dit-on, c'est l'homme, dans le sens propre du mot; le corps tout entier n'est que l'officine de l'âme. » (1)

« Toutefois, l'union de l'âme et du corps est si intime, que l'âme est assujétie en quelque manière au matériel de cette officine, à la mixtion qui en résulte, c'est-à-dire aux états de la matière. En effet, la vie de l'homme, c'est-à-dire de l'âme humaine, n'est pas simplement, et en général, une action; c'est aussi, et en particulier, une action dans un corps, par un corps, sur des choses corporelles, sur son propre corps. » (2)

« Si l'âme a besoin d'instruments pour concevoir, pour déplacer le corps (3); si elle ne peut rien sans le corps; si elle a besoin d'organes pour se développer : elle connaît ses organes; elle en est la fin; ils ne sont encore dans l'économie de l'ensemble que des moyens. » (4)

Le corps est donc fait pour l'âme, et non l'âme pour le corps. « Tout bien considéré, on voit assez clairement

(1) *Theoria*, etc., p. 88, § 51.
(2) Ibid.
(3) Ibid., p. 29, § 71.
(4) Ibid., p. 38, § 90; p. 202, 263, § 2-6.

que tout le corps, dans sa conservation et dans sa durée, comme dans sa structure spéciale, à plus forte raison dans ses mouvements et dans les fins visiblement nécessaires pour les usages d'un autre principe, a été conçu de telle sorte qu'on ne puisse jamais penser qu'il a été ainsi fait et qu'il est animé de tels mouvements, ou qu'il existe, qu'il subsiste et qu'il fonctionne pour lui-même (1). Le corps, considéré en soi, n'offre, en effet, aucune raison de durée, tandis que le caractère absolu des actions de l'âme exige durée et succession dans le corps. De sorte qu'on peut d'autant moins douter que l'âme soit chargée du soin du corps, que la conservation lui en est tout à fait nécessaire pour ses opérations propres. » (2)

« Quand l'âme semble être le plus sous la dépendance du corps, par exemple dans les sensations, elle exerce encore une certaine action, elle tient même l'organisme en arrêt pour sentir, quand elle ne sent pas encore, mais qu'il peut être utile de le faire. » (3)

« A plus forte raison l'âme est-elle active dans la pensée, bien qu'elle ne puisse penser sans le corps (4). Mais le corps n'est encore ici qu'un moyen soumis à l'action de l'âme; le mode d'action dépend ici, comme ailleurs, de l'âme elle-même. On accorde, en tout cas, la direction volontaire du corps par l'âme. Or, la promptitude ou la lenteur de cette direction ne dépend pas des organes mêmes; elle provient uniquement de la résolution ou de la volonté d'agir ainsi : l'intervention des

(1) *Theoria*, etc., p. 204, § 9.
(2) Ibid., p. 428, § 20.
(3) Ibid., p. 409, § 32. (Voir tout ce pass. dans la trad., t. III, § VI.)
(4) Ibid., p. 408, § 28.

organes n'est indispensable que pour l'action elle-même. L'habitude exerce aussi son influence. » (1)

Que conclure de tout cela? C'est que l'âme, qui existe dans le corps et avec le corps, et qui s'en sert, est à l'égard du corps une cause seconde; que « Dieu n'est pas la cause immédiate de la structure du corps; lui attribuer ce rôle par respect, par piété, c'est manquer de respect et de piété. » (2)

« L'âme elle-même se fait donc son propre corps; elle l'approprie à ses seuls usages; elle le régit, le réalise comme corps vivant (*actuat*), le meut directement et immédiatement, sans l'intervention ou le concours d'un autre moteur. Ces agents intermédiaires imaginés par plusieurs, ne sont que de fausses suppositions : à ce compte, ils connaîtraient mieux le corps que l'âme elle-même ni le connaît. » (3)

Mais comment l'âme fait-elle son corps? C'est, suivant Stahl, sur un type inné, qui lui sert encore à conserver cette merveilleuse machine (4). « Ce n'est pas là, dit-il, une fiction; indépendamment des raisons *à priori* qui servent à établir ce point de doctrine, on y est conduit par l'observation même. En effet, le pouvoir de l'âme sur le corps est établi *à posteriori* par les accidents corporels (survenus chez l'enfant) qu'occasionnent les idées fantastiques de l'imagination et les désirs (de la mère pendant la grossesse). Cet argument, ou plutôt ce fait, est au-dessus de toutes les imaginations

(1) *Theoria*, etc., p. 125, § 134.
(2) Ibid., p. 383, § 33.
(3) Ibid., p. 205, § 11.
(4) Ibid., p. 272, § 6, 8.

contraires. Il est impossible, en effet, de concevoir aucune raison, si abstraite soit-elle, qui puisse servir à établir cette communication de l'image destinée à servir de type à l'action génératrice, entre l'âme raisonnable imaginant, et une force plastique ou esprit génital matériel qui différerait de cette âme (1). Cette idée, qui détermine une forme extraordinaire, est le produit de l'âme raisonnable, capable d'imagination. » (2)

Il est impossible, d'après tout ce qu'on vient de voir, de mettre Stahl au rang des didynamistes; il n'y a pour lui qu'un principe unique de vie dans l'homme : c'est l'âme, l'âme véritable, l'âme pensante. En vain on a voulu lui faire distinguer entre l'*animus* et l'*anima;* ce n'est là qu'une synonymie sans portée dans la question : c'est comme si on voulait qu'il eût nié l'âme comme principe individuel propre, parce qu'il l'appelle quelquefois *natura;* c'est encore avec le même droit apparent, mais au fond sans la moindre raison véritable, qu'on en ferait un matérialiste parce qu'il n'admet pas que l'âme (l'âme-moi, l'âme agissant cette fois avec conscience), après la formation du corps, puisse penser, sentir, agir sans le corps.

Nous ne voyons nulle part, en effet, dans Stahl une synonymie rigoureuse entre l'*anima* et l'*animus;* s'il se sert plus ordinairement du premier de ces termes que du second, c'est qu'il parle presque toujours de l'âme comme principe de la vie corporelle et de ses opérations organiques.

(1) *Theoria*, etc., p. 373, § 9.
(2) Ibid., p. 373, § 10.

Mais si quelque chose est clair dans Stahl, c'est son éloignement pour tous les intermédiaires imaginés entre le corps et l'âme, tels que l'archée de Van-Helmont (1), ou le principe vital de Barthez. L'*anima* et l'*animus* ne sont donc pour Sthal, comme quelques philosophes du moyen âge dont nous avons déjà parlé (2), qu'une seule et même chose, mais envisagée sous deux aspects différents. Il s'agit donc ici d'une différence de fonctions, mais pas d'une différence de principes. Aussi, l'*anima* elle-même est-elle représentée comme agissant tantôt sans conscience ni volonté, tantôt avec conscience et volonté (3), tandis que l'esprit (*animus*) serait toujours l'âme (*anima*), cependant agissant ou pâtissant avec conscience. C'est ainsi, par exemple, que l'auteur n'attribue les παθηματα qu'à l'*animus,* et non à l'*anima* proprement dite. C'est l'*anima* agissant ou pâtissant comme *animus.* Mais cette distinction est si peu radicale au point de vue ontologique, que l'*anima,* quoique agissant sans conscience, fait choix de matériaux réparateurs avec intelligence, *electivo actu.* Elle a donc une idée du corps, non seulement du corps tel qu'il est, mais du corps tel qu'il doit être. Cette idée est même le modèle éminent de l'énergie de l'âme dans son application aux états corporels.

C'est aussi parce qu'elle procède avec intelligence et

(1) *Theoria,* etc., p. 208, § 19.

(2) H. de Saint-Victor, par exemple, ne faisait de l'*anima* qu'une fonction de l'*animus*, lequel seul était substantiel. Il en est de même de l'*anima* et de l'*intellectus* dans d'autres auteurs.

(3) V. édit. de Leipz., in-12, 1831, p. 35, 34 ; 46; 51; 77, 78; 94; 101, 102; 111, 112; 141 ; 145.

parce qu'elle est en même temps sujette à l'erreur, qu'elle commet des fautes dans ses actes corporels. Elle n'est pas plus infaillible qu'elle n'est toute-puissante (1). Bien plus : c'est parce que l'âme humaine raisonne mal, parce qu'elle est étourdie, téméraire, dépravée, que la corruption organique est plus grande dans l'homme que dans l'animal. L'âme est moins habile contre le mal physique dans l'homme que dans la bête (2). En vain elle possède une intuition, un plan, un dessin qu'elle est sans cesse appliquée à suivre; la crainte, le découragement et les autres passions peuvent la jeter dans le trouble et l'égarer, l'abattre et la désespérer. Il y a une telle corrélation entre le physique et le moral, que la perturbation dans l'un amène la perturbation dans l'autre. Si une âme peut agir sur un organisme qu'elle n'anime pas, par exemple l'âme de la mère sur le corps du fœtus, et cela par le moyen d'une idée tout à fait étrangère à celle qui inspire celle de l'enfant dans la construction de son corps, mais qui se communique cependant à l'âme de l'enfant et qui en vient troubler l'action, il ne faut pas s'étonner si l'âme de l'enfant possède en propre une si grande puissance organisatrice. Elle agit donc organiquement, en vertu d'une idée innée (*essentialiter indita*).

Il est donc clair que l'*anima,* dans Stahl, est un principe intelligent, procédant par idées, et qu'à moins d'admettre deux âmes intelligentes dans l'homme, ce qu'il n'a pas fait, Stahl ne distingue pas substantiellement l'*anima* d'avec l'*animus*.

(1) *Theoria medica vera,* in-4°, citée p. 182, § 116.
(2) Voir aussi la dissert. *De frequentia morborum in homine præ brutis.*

On peut d'autant moins lui supposer une pareille idée, qu'il est plus éloigné de réaliser des abstractions, de prendre des facultés pour des entités. Or, il déclare formellement qu'à ses yeux le principe vital n'est pas quelque chose d'intermédiaire, *ens medium, formam quamdam substantialem,* entre la matière et l'esprit.

En résumé : si l'âme (*anima*) est la nature animante (1); si elle n'est pas substantiellement différente de l'âme raisonnable ou de l'*animus* (2) ; si elle a l'idée de la fin de ses opérations (3); si elle est même douée d'une activité libre (4); si elle a une connaissance intime et très nette de tout le corps (5), il est impossible qu'elle ne soit pas, pour Stahl, l'âme pensante elle-même, puisqu'il n'y a pas deux âmes dans un même sujet.

Mais cette âme unique, qu'est-elle suivant Stahl? Distincte du corps, qu'elle anime, on n'en peut douter; mais différente d'une différence de nature, est-ce également certain? En d'autres termes, Stahl regarde-t-il l'âme comme immatérielle? Si des adversaires de ce grand homme n'avaient pas tenté de jeter des doutes sur son spiritualisme, l'idée qu'il pût être matérialiste ne nous serait point venue à la lecture de ses ouvrages. Ce doute nous semble donc sans aucun fondement. Partout il distingue l'âme d'avec le corps; dès le début même

(1) *Theoria medica vera,* in-4°, p. 60.
(2) Ibid., p. 30.
(3) Ibid., p. 33.
(4) Ibid., p. 35.
(5) Ibid., p. 38. Peculiaris aliqua exquisita animæ inesse debet horum sui organorum notitia, per quam non solum proportionis illorum ad varios fines gnara esse debet, sed etiam proportionis et habitus universi eorum, ad subeundum motum, et motum quidem peculiariter prorsus moderandi compotem pro ipsius animæ arbitrariis intentionibus.

de son grand ouvrage, il subordonne le corps à l'âme, comme une chose d'une nature inférieure et toute différente. Il fait plus, et quoiqu'il n'ait pas pour objet de traiter des questions de métaphysique ou de rechercher la nature du principe pensant, il déclare de la manière la plus formelle que l'âme, par opposition au corps, est essentiellement incorporelle, immatérielle (1), quelque chose d'actif, de moteur, d'intelligent (2); faite pour penser, elle pense réellement par elle-même, par elle seule (quoique sans doute à l'aide d'instruments, du moins dans la condition présente; autrement, Stahl serait en contradiction avec lui-même) (3).

Stahl ne se prononce pas directement sur la question de l'âme des bêtes; mais comme il repousse énergiquement l'hypothèse d'un simple mécanisme chez les animaux, sans, du reste, qu'il nomme Descartes ou quelqu'un de ses disciples (4), tout porte à croire qu'il admettait une âme dans les animaux.

Il est moins explicite encore sur la question de savoir la part des parents dans l'âme de l'enfant; il semble cependant donner dans l'opinion des traduciens (5). Il n'est peut-être pas non plus assez explicite sur la question de la divisibilité ou de l'indivisibilité de l'âme (6), quoique nous sachions qu'il la considère comme incorporelle. C'est sans doute là une des causes qui ont pu faire penser à quelques-uns que le spiritualisme de

(1) *Theoria*, etc., p. 28, § 68.
(2) Ibid., p. 28, § 69.
(3) Ibid., p. 29, § 71; p. 34, § 83.
(4) Ibid., p. 42, § 78; p. 404 et 405, § 20.
(5) Ibid., p. 336, § 16-19.
(6) Ibid., p. 374, § 12.

Stahl n'était pas à l'abri de tout soupçon. Il peut se faire qu'il prête à des objections ; mais nous ne pensons pas qu'il puisse être justement soupçonné.

C'est en abusant de quelques passages de ce genre que Leibniz a prétendu forcer leur auteur à confesser un matérialisme qu'il aurait jusque là déguisé. Quand on n'aurait pas sous les yeux toutes les discussions de ces deux grands hommes pour s'assurer par soi-même de la portée des concessions faites par Stahl, il serait difficile, connaissant d'ailleurs sa vie, ses sentiments et ses écrits, de croire à la vraisemblance de l'aveu que Leibniz prétend lui avoir arraché. Mais ce n'est pas seulement en droit qu'il est vrai de dire : *Incivile est, nisi tota lege perspecta, una aliqua particula ejus proposita, judicare vel respondere;* c'est en tout genre de doctrine. Au surplus, s'il y a dans les écrits de Stahl quelques passages qui prêteraient à penser que l'agent organisateur dans l'homme n'est pas plus l'âme qu'autre chose, que quelque autre cause appartenant au monde physique, c'est que parfois l'auteur ne se croit pas obligé de donner à sa pensée plus de précision ; il lui suffit de faire entendre que cette cause n'est pas la matière organisable ou organisée. D'autres fois il sera plus explicite ; il proscrira les agents imaginaires rêvés par Van-Helmont et ses disciples ou par ses imitateurs, mais sans dire encore ce qu'il y substitue. Enfin, si le besoin de l'exposition l'exige, s'il faut s'expliquer sur la nature de ce principe organisateur, distinct de la matière organisable et du corps organisé, c'est alors que sa pensée prend toute la précision désirable, et qu'il professe l'animisme le plus positif. Peut-être aussi lui arrive-t-il parfois de ne pas s'expliquer de la manière la plus heureuse en parlant de l'âme même, lorsqu'il dit, par exemple, qu'elle est la « nature des choses. » Mais il corrige sa pensée en lui donnant aussitôt une précision qui en fait disparaître le vague et l'équivoque, en ajoutant que c'est « le principe de la vie, ou plutôt la nature animale. » (1) Si l'on s'en tenait, contre toute justice, au premier de ces caractères, on pourrait en conclure que Stahl professe un certain animisme universel, qu'il réalise même une abstraction, et qu'à l'erreur d'un naturalisme si hautement démenti par la conscience, il ajoute l'erreur d'un réalisme non moins fortement condamné par la vraie théorie des idées.

II.

Quelle est maintenant, et en reprenant d'un point de vue plus élevé, la doctrine de Stahl sur les rapports du physique et du moral et la valeur de son système? C'est ce que nous allons examiner.

Les deux maîtresses pièces de notre être ne sont pas d'égale importance, ne jouent pas un rôle égal dans le drame de la vie. L'une d'elles, l'âme, est l'acteur principal, pour ne pas dire unique; l'autre, le corps, n'est qu'un instrument entre les mains de l'âme. C'est aussi son théâtre immédiat. L'homme est donc essentiellement l'âme, parce que c'est l'âme qui agit en lui. Et quoique cette action s'accomplisse dans le corps, par le moyen du corps, sur le corps qu'elle anime et sur les

(1) *Natura rerum, vitæ auctor, seu potius animalis natura vel anima.* (*Theor. med. ver.*, t. I, p. 75, éd. Leip., 3 vol. in-12, 1831.)

objets matériels qui l'entourent, elle n'en est pas moins en nous le principe d'action par excellence (1).

Rien dans le corps, rien du moins de ce qui caractérise un corps vivant, ne s'accomplit par le corps seul; tout mouvement vital a pour cause le principe même de la vie, l'âme. Si donc les corps vivants agissent sur les autres corps, s'ils s'en servent comme d'instruments pour agir sur d'autres encore, s'ils se meuvent à volonté; si l'une des parties d'un corps animé agit sur d'autres parties de ce même corps; si dans ce corps vivant des mouvements divers s'accomplissent; s'il y a une sorte d'action et de réaction entre les solides et les liquides, etc., c'est l'âme qui en est cause (2), c'est elle qui entretient la vie, qui conserve le corps, qui le développe, qui l'approprie à ses fins, car il est fait pour elle et par elle, bien loin d'être faite pour lui et par lui (3).

Jusque là Stahl peut avoir raison. Mais, par le fait qu'il ne distingue pas nettement entre l'âme et le moi,

(1) Cum enim homo proprie sit anima, corpus autem universum nihil nisi officina ejus;... hominis, id est animæ humanæ vita consistit non simpliciter et in genere in actione, sed specifice in actione in corpore, per corpus, in et circa res corporeas, et in corpus etiam suum proprium. (*Theor. med. vera*, t. I, p. 107, éd. Leips., 1838.)

(2) Ibid., t. I, p. 26, 43, 44, 51, 75, 107, 141, 146, 231, 232.

(3) Ex hisce puta decenter pensitatis satis dilucescere posse quomodo universum corpus humanum, tam in sua conservatione atque duratione, quam in *structura sua speciali*, tanto magis autem in ipsis sui moribus, manifestis iisque plane necessariis finibus, nempe alterius usibus, ita destinatum sit ut neutiquam propter se ipsum sive existere, sive diu subsistere, sive ita structum esse, sive talibus moribus agitari, judicari possit. Unde more tanto jussior etiam apparet altera illa collectio, quod ipsa etiam anima et *struere sibi corpus*, ita ut ipsius usibus quibus solis servit aptum est, et *regere* illud ipsum, actuare, movere, soleat, directe atque immediate, sive alterius moventis interventu aut concursu. (Ibid., t. I, p. 234. Voir aussi p. 279, 417, 418, 419, 430, 467.)

entre l'activité instinctive, sans intelligence et sans volonté propres à l'âme inconsciente, et l'activité éclairée, spontanée, volontaire et libre, il s'expose aux plus graves erreurs, à de perpétuelles équivoques du moins ; il semble parfois contredire le témoignage de la conscience, et ne pouvoir plus soutenir son système qu'en faisant violence à la vérité la plus évidente. Peut-on prétendre, en effet, que l'âme, l'âme-moi, connaisse toutes les parties du corps qu'elle met en jeu, tous les organes qui le composent (1) ; qu'elle agisse également avec réflexion et liberté sur les organes des sens et sur les organes vitaux (2) ; qu'elle en dirige tous les mouvements par sa volonté (3) ; que l'appétit ne soit en elle que la conséquence de la volonté (4) ? Non, les opérations organiques de la vie végétative sont étrangères à l'intelligence et à la volonté de l'âme en tant qu'elle se connaît ; elle n'agit donc en cela qu'instinctivement, sans se proposer aucune fin, sans rien connaître et sans rien vouloir avec réflexion. Dès que la volonté libre et l'intelligence réfléchie s'en mêlent, l'opération cesse par là même d'être instinctive, encore bien qu'elle fût sollicitée par l'instinct. Il y a donc alors un acte de la volonté, et, par suite nécessaire, intelligence réfléchie plus ou moins nette et vive d'un but à atteindre. Cette double tendance de l'âme, l'une instinctive et l'autre intelligentielle, s'observe particulièrement dans les passions. Il y a là tout à la fois action involontaire et volontaire de

(1) *Theoria medica vera*, t. I, p. 46.
(2) Ibid., p. 43.
(3) Ibid., p. 465.
(4) Ibid., p. 394, 397.

l'âme : action de l'âme comme principe vital, et action de l'âme comme principe d'intelligence et de volonté.

Par le fait que Stahl ne voyait guère dans l'âme qu'une activité accompagnée d'intelligence et de volonté, quoique souvent sans souvenir, sans imagination et sans raisonnement, au lieu d'y voir aussi une activité instinctive, qui peut être en conflit avec d'autres forces que l'instinct ignore, dont il ne connaît ni la nature ni le but, et avec lesquelles il se trouve en état d'antagonisme, il devait éprouver d'insurmontables difficultés à se rendre compte de certains faits que le moi ne veut point, qu'il ne peut vouloir; il devait surtout prêter le flanc à des attaques en apparence victorieuses contre cette partie de son système. Lui-même avait si bien le sentiment de ces difficultés, qu'il avouait l'impossibilité de rendre raison de la mort naturelle de l'homme (1). Comment, en effet, si c'est l'âme qui *veut* être unie à un corps; si c'est elle qui fait ce corps pour qu'il lui serve d'habitation; si c'est elle qui le développe, qui le fortifie, qui le conserve; si la séparation d'avec ce corps qu'elle aime, qu'elle chérit, en qui elle se complaît comme dans son image la plus fidèle et la plus chère, comme dans son œuvre de prédilection, comment peut-elle consentir à ne pas réparer indéfiniment ce corps, puisqu'elle ne vieillit point elle-même, puisqu'elle est sans cesse animée du désir de vivre dans cette habitation qu'elle s'est faite, puisqu'elle possède le secret de la conserver, de la réparer, de la renouveler de fond en comble, et qu'enfin les matériaux ne lui manquent point? Comment les ma-

(1) *Theoria*, etc., t. I, p. 227; II, 18.

ladies naturelles sont-elles possibles? Comment ne guérissent-elles point toutes et en fort peu de temps? Comment l'âme sait-elle si peu ce qui serait propre à guérir son corps, qu'elle désire et veut souvent ce qu'il y a de plus opposé à la fin qu'elle se propose? On conçoit toutes ces ignorances de la part du moi; on conçoit même que le moi, raisonnant mal la situation du corps et les moyens propres à le conserver, en compromette l'existence. Mais en serait-il de même s'il possédait les connaissances que Stahl attribue parfois si gratuitement à l'âme?

Suivant notre manière de voir, c'est-à-dire suivant les faits, le moi ne sait rien ou fort peu de chose de la mystérieuse nature du corps, de sa composition et de ses rapports; si l'âme agit néanmoins dans tous les mouvements du corps, dans sa formation même, dans l'état de maladie comme dans l'état de santé, cette action, en tant qu'instinctive, en tant qu'elle appartient à la vie organique pure, n'est jamais comprise ni voulue; elle est réglée et déterminée par une intelligence et une volonté supérieure, qui a mis la vie de l'homme, celle de tous les êtres vivants, en harmonie avec les lois du reste de l'univers. Et dès lors l'instinct qui porte l'âme humaine à se former un corps, à le développer, à le conserver, ne peut être en opposition avec les autres fins que l'auteur de toutes choses s'est posées en créant le monde. Agissant sans intelligence et sans volonté propres, il n'est reprochable d'aucune erreur, d'aucun écart, d'aucune faute. Tout a été calculé, combiné, réglé, prédéterminé sans lui. Tout actif qu'il est, son mouvement ne lui appartient qu'en apparence; il n'est déjà qu'un instrument : le véritable moteur, la véritable cause de l'action instinctive, c'est le principe qui voit et veut pour l'instinct, qui le dirige et le met en mouvement.

Les réponses de Stahl aux objections qui lui étaient adressées ne sont donc pas toujours péremptoires, encore bien qu'elles ne soient pas toutes sans quelque fondement. C'est ainsi, par exemple, qu'il est vrai de dire de l'âme, qu'elle sache ou non ce qu'elle fait, qu'elle le veuille ou ne le veuille pas, que sa puissance est en partie limitée par l'imperfection de la matière qu'elle est appelée à travailler (1) ; qu'elle manque parfois de force dans les maladies (2); qu'elle est sujette aux défaillances, à l'oubli, à l'erreur (3) ; qu'elle a des errements dont elle ne s'écarte pas (4) ; etc.

Mais pourquoi en est-il ainsi? Ce n'est pas, comme le croit Stahl, par suite de la faiblesse ou de l'imperfection de l'âme, ni même bien visiblement par suite du péché originel, comme il le dit ailleurs; mais c'est en conséquence d'un arrangement supérieur. L'âme, dans ses opérations instinctives, fait exactement ce qu'elle doit faire ; si elle faisait moins, si elle faisait plus, si elle faisait autre chose ou d'une autre manière, elle s'écarterait des lois qui lui sont tracées, et qu'elle suit aussi fidèlement dans son instinct que les eaux de l'Océan suivent les leurs dans le mouvement de flux et de reflux qu'elles exécutent. Ce qui semble un mal est donc ici un bien, et ce qui paraît un bien serait un mal. Voilà ce

(1) *Theoria*, etc., t. I, p. 26, 27, 107, 147, 148.
(2) Ibid., p. 56, 57.
(3) Ibid., p. 213, 238, 239.
(4) Ibid., p. 205.

que Stahl n'a pas assez vu, et ce qu'il faut voir cependant pour comprendre comment l'infaillibilité de l'instinct se concilie avec les désordres organiques apparents qu'il ne prévient pas toujours, qu'il guérit lentement, qu'il guérit mal, ou qu'il ne guérit point.

On voit maintenant tout ce qu'il y a d'erroné à soutenir en principe que l'âme, dans ses opérations instinctives, agit avec connaissance, mais que de même qu'elle n'a pas conscience de tous ses actes sensitifs et intellectuels, de tous ses raisonnements, et ne se les rappelle point tous, semblablement elle n'a pas conscience et ne se souvient pas de toutes ses opérations vitales (1). Il fallait, au contraire, reconnaître franchement une activité instinctive de l'âme, activité première, qui précède en elle la notion de moi, qui est pour ainsi dire au-dessous du moi, au-dessous de toute pensée même, qui agit encore dans le sommeil le plus profond, dans l'extase, dans la catalepsie, dans la folie, dans l'idiotie, etc., comme elle agissait déjà avant qu'il y eût sensation, puisque c'est elle-même qui rend possibles les sensations, les perceptions, les conceptions premières de la raison, en un mot tous les états, toutes les idées, tous les actes qui ont dû être spontanés avant d'être libres, et qui restent souvent fatals toute la vie.

La règle est donc que l'âme n'agit point, dans la production des phénomènes de la vie organique, avec intelligence et volonté; cette intelligence et cette volonté n'appartiennent qu'à la vie de relation. Et quoique les actes de cette dernière espèce de vie touchent à la vie

(1) *Theoria*, etc., t. I, p. 238, 239.

organique, qu'ils y tiennent et en soient souvent la condition, comme la préhension des aliments est la condition *sine qua non* de la digestion et de la conservation de l'existence, ils s'en distinguent aisément alors encore qu'ils y sont étroitement mêlés. Je sais fort bien, par exemple dans l'idée de mouvoir mon bras, que j'ai cette idée, que cette idée se rapporte à une autre, celle de la fin que je veux atteindre par ce mouvement; je sais tout aussi certainement qu'à l'idée de mouvoir mon bras doit se joindre la volonté de le faire pour qu'il y ait mouvement en réalité : je sais tout cela; et tout cela appartient à l'âme en tant qu'elle se connaît; tout cela est du domaine de son activité intelligente et libre. Mais ce qui n'est plus une affaire d'intelligence et de liberté, ce qui n'est plus un effet de l'âme consciente, mais bien de l'âme inconsciente, c'est-à-dire de mon être agissant d'une action originelle, naturelle, irréfléchie, spontanée, fatale même et sans conscience, c'est, d'une part, le mouvement qui s'opère en elle et fait naître en moi le besoin, le désir, l'idée, la volonté même; c'est, d'autre part, l'acte qui s'accomplit en elle à la suite même de la volonté, c'est son action sur mon corps, ce mode d'action plutôt que tel autre, et ainsi de suite. Voilà ce qui se passe en moi soit avant toute idée, toute volonté, soit après l'idée et la volonté, mais que mon idée et ma volonté n'expliquent point, et qui réclame par conséquent une opération et une activité propres à l'âme comme âme agissant instinctivement et non éclairée encore par la conception de moi, comme âme encore non-moi, ou redevenue telle.

Si l'ensemble total des phénomènes qui composent

la vie dans son développement actuel est encore un tissu partout composé d'un élément qui appartient à l'activité instinctive de l'âme, et d'un autre élément qui appartient à l'activité intelligentielle et volontaire, combien n'est-il pas naturel, nécessaire même, que la vie dans son début soit toute formée d'actes exclusivement instinctifs? Et si c'est ainsi que les choses se passent en réalité, si l'animal a précédé l'homme en nous, si notre vie intermédiaire n'a guère été autre chose, de même que notre vie première a été purement végétative, d'où vient que Stahl ne parle de l'âme des bêtes qu'en doutant? Il la trouve invraisemblable, sans doute (1), et c'était peut-être une hardiesse en ce temps-là, mais ce n'est pas assez; il eût fallu être plus conséquent, et par suite plus décisif. Stahl n'était donc pas cartésien; il ne pouvait consentir à expliquer mécaniquement tous les phénomènes qui se manifestent dans l'animal. Mais si, comme il le croit, les animaux ont une âme, et si cette âme doit expliquer les phénomènes de la vie végétative; si, d'un autre côté, l'âme de l'animal n'a ni intelligence ni volonté, il n'y en a pas non plus dans ses opérations; elles sont donc instinctives. Ce qui prouverait, suivant Stahl lui-même, que les fonctions de la vie organique peuvent s'accomplir sans intelligence et sans volonté propres au principe vivifiant. Mais s'il en est ainsi dans l'animal, pourquoi en serait-il autrement dans l'homme?

Une autre inconséquence que nous devons signaler dans la doctrine de Stahl, c'est qu'il semble faire pro-

(1) *Theoria*, etc., t. I, p. 33-34, 125, 126.

venir l'âme de l'agent mâle après la formation du germe ou de l'ovule par l'âme de la mère, sans doute (1). L'âme serait donc doublement étrangère à la formation de son propre corps, puisque cette formation serait primitivement l'œuvre de l'âme de la mère, et que l'âme de l'enfant proviendrait du père; l'âme n'aurait plus alors d'autre fonction que de développer et de conserver le germe ou l'œuf produit par l'âme maternelle.

Cela peut être; mais il est possible aussi que l'âme de la mère n'ait d'autre part, dans la formation de ses germes, que de préparer les matériaux; que des âmes étrangères à la sienne donnent déjà à ces matériaux la forme d'un germe, mais qu'elles ne puissent pousser plus loin leur œuvre sans l'intervention d'une nouvelle matière, d'une matière séminale étrangère.

Quelle impossibilité y aurait-il encore à ce que l'âme de la mère élaborât des germes qu'elle ne pût, du reste, développer; que l'âme du père dût élaborer d'autre part des matériaux non moins nécessaires au développement du germe maternel, à son achèvement peut-être, et que l'intervention d'un principe spirituel, qui n'émanerait ni du père ni de la mère, fût indispensable pour que la réunion des matériaux d'origine sexuelle diverse pût donner naissance à un produit destiné à vivre de plus en plus d'une vie indépendante et propre? Les faits d'hérédité et de l'hybridité même les plus variés (2), loin de contredire en rien cette hypothèse, en reçoivent une lumière des plus satisfaisantes, puisqu'on rend ainsi facilement raison de la part si variée elle-même de

(1) *Theoria*, etc., t. I, p. 420.
(2) Voir le *Traité de l'Hérédité naturelle*, par le Dr Prosper LUCAS.

chaque facteur du produit, comme des caractères de ce produit, qui ne s'expliquent ni par l'un ni par l'autre de ces facteurs.

De ces trois systèmes, celui qui nous semble le moins sujet aux difficultés et le plus propre à rendre compte des faits, ce n'est ni celui de l'ovisme pur, ni celui du spermatisme pur, mais bien celui de l'ovi-spermatisme réuni à l'animisme indépendant ou exempt de tout traducianisme.

Mais quel que soit celui qu'on adopte, il faut qu'il rende raison de la formation la plus rudimentaire du germe, et qu'il l'explique, ainsi que le reste des opérations de la vie organique, indépendamment de l'intelligence, de la conscience et de la volonté de l'âme, indépendamment du moi de cette âme. C'est donc une des erreurs qui ont le plus nui à l'animisme de Stahl, que d'avoir prétendu que l'intelligence admirable qui règne dans l'organisme était l'œuvre volontaire et éclairée de l'âme qui préside à ce merveilleux ensemble (1). Comment n'a-t-il pas vu que si l'âme de la plante, celle de l'animal, celle de l'homme même était capable de concevoir un mécanisme aussi merveilleux, de l'exécuter, de le mettre en jeu, de le conserver, cette âme en sau-

(1) Quibus rebus cum accidat supra citata illa justissima consideratio, quod agens illud, quod organis his ad suas specificas operationes uti consuevit, secundum omnem rationi conformem verisimilitudinem, γνῶσιν utique aliquam habere debeat, proportionis illorum mechanicæ ad suscipiendos actus seu motus, finibus ejus modi idoneos : arbitror inde ejus modi collectas atque connexas circumstantias satis idoneum argumentum, seu potius argumentorum systema suppeditare posse quo firmiter inferre liceat, quod ipsa anima sit illud principium activum, quod omnia atque singula hæc actionum momenta intelligat, regat, imo totam actionem gerat, et ad optatum finem exsequatur. (*Theoria*, etc., t. I, p. 248-249.)

rait infiniment plus dans cet état de sommeil initial que celle du plus grand génie parvenu à son plus haut degré de développement?

Et si, d'un autre côté, Stahl se décide à expliquer l'organisme des plantes et des animaux sans cette intelligence réfléchie, propre aux âmes des unes et des autres, il faut bien convenir, encore une fois, qu'une merveille analogue est possible dans l'homme sans une intelligence et une volonté propres à son âme, sans que cette âme ait connaissance de ce qu'elle fait. Il ne resterait plus qu'à dire que c'est Dieu qui fait tout dans l'animal et dans la plante, sans se servir ici d'aucune âme comme cause seconde. Mais déjà nous avons vu que ce parti violent répugne à Stahl, au moins en ce qui regarde les animaux.

En vain Stahl distingue entre une connaissance et une autre, entre une connaissance grossière ou de perception, supposant souvenir, imagination et raisonnement, et une connaissance subtile, immédiate et toute de conception (1). Tout en accordant, pour la forme seule-

(1) Ego distinguendum esse arbitror inter λόγον et λογισμὸν, intellectum simplicem, simpliciorum, imprimis autem subtilissimorum, et ratiocinationem atque comparationem plurium, et insuper quidem per crassissimas circumstantias sensibiles, visibiles atque tangibiles notorum. Quandoquidem animum advertentibus manifestum est, quod tam in ratiocinationem distinctam, quam imprimis et absolutissime quidem in memoriam, nihil usquam cadat, nisi solæ res, crasso quodam modo figurabiles; cum ex adverso nimio plures res cadant in verum intellectum, non solum agnoscentem, sed vere dignoscentem, imo specifice definientem; et hoc tum sine ulla vulgaris acceptionis ratiocinatione; tum sine omni speciali sive concursu, sive posthac successu memoriæ. Quod affatim demonstrant discretiones promptissimæ odorum, saporum, colorum, sonorum, imo tactuum vere formalis diversitatis. Quarum omnium tam differentiarum, quod non sint aliæ species, quam definitionum, cujus revera speciei sint, nulla usquam ratiocinatio exerceri potest; neque magis ulla distincta

ment, la légitimité de cette distinction, nous ne pouvons admettre que l'âme, dans cette action instinctive qui a pour but la formation de l'organisme, son développement, sa conservation, possède l'une ou l'autre de ces connaissances, et que l'une puisse tenir lieu de l'autre. Non, elle n'en possède aucune; et cependant elle agit comme si elle les possédait toutes deux, et même à un degré si élevé que c'est là une des plus fortes raisons qui nous font affirmer qu'elle ne les a point. L'âme ne serait plus une âme, elle serait une divinité si elle pouvait savoir et faire tout ce qu'exige la

præfiguratio memoriæ, quatenus nempe crassa figura hæc carent, sub qua recoli, seu denuo depingi possint, quod est memoriæ negotium.

Imo altius cogitandum est, quod etiam in ipsis adeo ipsius rationis absolute propriis actibus, eorumque specifica et formali suprema determinatione constituenda, anima neque ratiocinari, atque simpliciter comparare appareat, nec ullam hujus rei conscientiam, saltim quod hoc agat, nedum memoriam sive quomodo hoc egerit quod tamen agit, habeat. Quotusquisque enim aut quoties cogitat quod cogitet? Quis hominum ratione adsequitur quomodo cogitet? Nedum ut hujus meminerit quomodo factum sit? Ita in rebus meræ voluntatis, jactu ad certam distantiam, intensione motus voluntarii ad certam energiam, sublatione solum pedum, ad graduum altitudinem proportionata, etc., præterea jucunditatis aut adversitatis æstimatione, quid ratiocinii exercetur? quæ plerarumque harum rerum, saltem quod distincte fiant, conscientia est?...... Iterum dico, quid de omnibus suis actionibus propriis, non dicam de se ipsa, imo nequidem de illa habitudine sui, sive simpliciter ad corpus, sive ad quoslibet illos qui etiam quorumcunque opinionibus ipsi sive adscribuntur, sive conceduntur, actus, eorumque quibuslibet respectibus, proportionibus, potestatibus, ordine et successibus cogitat, conscia est, meminit ipsa anima? — Quibus exemplis cum adeo manifesto pateat differentia intellectus simpliciter, et crassæ ratiocinationis, nempe præfigurationis : vix necessarium videtur allegare, quod et ratiocinatio et recordatio objecta habeant externa non solum, extra ipsum corpus constituta; sed insuper et in reliquos sensus crassius incurrentia, et imprimis dimensiones visui atque tactui crassius obvias habentia. Quicquid autem non externo occursu et crassiore quidem ad intellectum deducitur, et dictas figurabiles circumstantias non offert, illius distincta per ratiocinationem perceptio aut comprehensio minime datur. (*Theoria*, etc., t. I, p. 238-240; v. aussi p. 27-43, 375-377.)

formation et la conservation des êtres organisés. Elle n'est donc jusque là qu'une de ces causes secondes d'autant plus aveugles que leur ouvrage est plus divin.

D'après cette exposition critique du système de Stahl, on comprend que ses partisans ou ses adversaires n'aient pas toujours été d'accord, puisqu'il semble se contredire en plusieurs points. Ainsi, d'une part, c'est l'âme qui forme le corps qu'elle doit habiter; ce sont, au contraire, les âmes des parents, celle de la mère surtout, qui accomplissent cette tâche. L'âme agit avec intelligence, conscience et volonté; l'âme, au contraire, ne sait pas ce qu'elle fait. Il n'est même pas douteux que Stahl, d'accord en ce point avec Leibniz, a reconnu je ne sais quelles idées innées dans l'âme, dont elle n'aurait pas conscience, qu'elle ne se rappellerait point par conséquent, mais qui n'en seraient pas moins des types d'après lesquels elle agirait. L'âme, dit-il, a des idées intuitives qu'elle n'aperçoit pas, parce qu'elle ne peut pour ainsi dire pas les détacher du fond de sa substance, ni les réfléchir au dehors. Telles sont les idées qui président à la formation du corps. C'est ainsi, on se le rappelle, que Cuvier lui-même concevait, chez les animaux, des idées qui président à l'instinct. Mais rien n'est moins prouvé que l'existence d'idées dont nous n'avons pas conscience; elles ressemblent trop à des idées qui ne sont pas des idées, qui ne sont pas, du moins, les idées de l'intelligence qui les aurait ainsi, et dont les actes correspondants les réaliseraient au dehors sans en avoir la conscience. Qu'il y ait en nous des idées dont la conscience réfléchie est parfois très peu sensible, nous l'accordons; mais nous ne pensons pas que des états de l'âme, dont elle n'aurait pas conscience du tout, puissent logiquement s'appeler des idées, des états cognitifs du moi, de l'âme se connaissant. Ces états seront ceux de l'âme en tant qu'elle s'ignore et qu'elle les ignore, nous le voulons bien, mais ils ne seront pas des idées; ils n'éclaireront point la volonté, la volonté libre, qui suppose toujours la connaissance de soi-même, celle d'un but, et l'idée déterminée de ce but, comme aussi du motif qui le fait rechercher (1).

Malgré les défauts que nous venons de signaler, l'animisme de Stahl est l'une des doctrines les plus hautes, les plus vraies, les plus fécondes et les plus utiles de l'antiquité et du moyen âge, qui aient été reproduites au XVIIe siècle avec assez de force et d'autorité pour en réveiller les échos endormis, pour renouer la chaîne de la tradition, pour maintenir à cette grande vérité sa place dans le monde, et lui préparer de nouvelles et plus brillantes destinées.

CHAPITRE II.

Leibniz, adversaire de Stahl.

Le plus sérieux adversaire que Stahl eut à combattre fut Leibniz. Une action aussi complète, aussi profonde de l'âme sur le corps s'accordait mal, en effet, avec le système de l'harmonie préétablie, où cette action est nulle. En vain, se fondant sur le principe de la raison

(1) Cf. pour l'analyse de la doctrine de Stahl : *Histoire des Sciences naturelles*, t. III, p. 184-190 ; *Dictionnaire des Sciences médicales*, v° STAHL.

suffisante, mais ne voulant l'appliquer, pour expliquer les changements qui surviennent dans le corps et dans l'âme, qu'à des états corporels ou animiques antérieurs qui expliqueraient les états consécutifs de même nature, Leibniz refuse d'admettre l'action de l'âme sur le corps, ou du corps sur l'âme, sous prétexte d'impossibilité.

Ce système a plusieurs torts :

1° Il n'explique pas ce qu'il croit expliquer cependant, c'est-à-dire les changements du corps et ceux de l'âme, en prenant les états antérieurs de l'un et de l'autre pour cause des états suivants. On ne voit pas bien, en effet, comment des états qui doivent avoir dans un corps ou dans une âme leur raison d'être, pourraient la perdre. Cette raison d'être tiendrait, en effet, à l'essence même du corps ou de l'âme. Or, cette essence ne changeant point, elle devrait rester dans un repos parfait, une fois qu'elle aurait produit toutes les qualités qu'il est dans sa nature de produire.

2° Le système de l'harmonie préétablie a le second défaut, quand son auteur l'oppose à l'animisme, d'être inconséquent. Puisque tout est monades, êtres simples dans le monde, et qu'à cet égard l'homogénéité est entière, il n'y a pas de raison pour nier la possibilité d'un commerce entre des monades d'une espèce et d'une autre, bien que ce commerce pût être plus intime entre monades de même espèce.

3° Une autre inconséquence, c'est que, ne pouvant expliquer le comment de la production d'un état par un autre, ou le passage de la même substance (corporelle ou spirituelle) d'un état à un autre, et appliquant néanmoins le principe de causalité dans ce cas, Leibniz refuse d'en faire autant lorsqu'il s'agit du commerce entre le corps et l'âme, sous prétexte qu'on ne le comprend pas.

4° C'est outrepasser les nécessités du raisonnement que de conclure de cette ignorance à l'action immédiate de la Divinité dans ce cas (*causa ergo consensus in Deo quærenda est*), à moins de recourir à l'harmonie préétablie, c'est-à-dire à une disposition telle des choses que tout, dans le monde matériel et spirituel, se passerait comme s'il y avait corrélation d'action et de réaction, mais en réalité sans qu'il y ait rien de semblable ; c'est un simple parallélisme.

Mais Leibniz repousse le système des causes occasionnelles qui admet l'action incessante de Dieu dans le monde. Il préfère l'action prédisposante, qui règle dès le principe toutes les perceptions de l'âme, tous les mouvements du corps, et les coordonne de telle sorte que l'âme représente essentiellement le corps (*ut anima sit essentiale animæ repræsentativum*), et que le corps soit l'instrument essentiel de l'âme (*et ut corpus sit essentiale animæ instrumentum*), bien que dans l'hypothèse l'âme n'ait que faire de cet instrument, et le corps d'être représenté par l'âme (1).

Tout le tort de Stahl, aux yeux de Leibniz, est donc de ne pas avoir admis l'harmonie préétablie. Le surplus n'est qu'accessoire. Ainsi, quand Leibniz soutient contre Stahl que l'organisme ne diffère pas du mécanisme, qu'il s'explique par les mêmes lois ; que l'ignorance où

(1) G. G. Leibn., *Animadvers. circa assert. aliq. Theor. med. ver. Clar. Stahlii*, éd. Dutens, t. II, p. 133, sec. part.

nous croyons être des merveilles du corps ne prouve pas plus que l'âme ne représente pas le corps à cet égard, que l'inconscience où nous sommes de la perception du jaune et du bleu ne prouve que nous ne percevions réellement pas l'un et l'autre dans la perception avec conscience de la couleur verte ; — qu'admettre des mouvements, une certaine action du corps sur l'âme pour expliquer la perception, c'est compromettre la spiritualité et l'immortalité de l'âme, lors surtout que, comme Stahl, on nie l'existence d'esprits corporels intermédiaires entre le corps et l'âme ; — que la nature des choses n'admet pas d'action directe du corps sur l'âme, et qu'à ce compte Stahl pourrait bien n'avoir pas raison en rejetant les esprits animaux ou vitaux ; — qu'il faut bien qu'il y ait des agents invisibles de cette nature, même dans les corps privés de vie, puisque le cœur d'un animal présente encore des battements après avoir été arraché de la poitrine ; — qu'il est inutile, pour expliquer les mouvements du corps, de recourir à l'action des choses incorporelles, puisqu'il est reconnu que les corps se meuvent d'eux-mêmes (*actiones corporum præsto sunt*) ; — que recourir à une pareille cause, à quelque chose de surnaturel même, c'est dépasser le but, puisque cette cause, l'âme, si elle avait un pouvoir direct sur le corps, devrait exercer sur lui une toute-puissance qu'elle n'a cependant pas (1) : quand Leibniz, disons-nous, élève toutes ces difficultés, c'est moins contre l'animisme proprement dit que contre le commerce de l'âme et du corps en général. C'est donc à ce point de vue élevé surtout que nous devons les envisager.

(1) LEIBN., *Animad.*, etc., p. 136-143; *Anim.*, II, III, V, XXIX, XXXI.

Stahl ne laissa pas ces objections sans réponse, et ces réponses ont été jugées décisives par des esprits qui ne partagent pas toutes les opinions du physiologiste de Halle. Nous croyons inutile de les reproduire ici, mais nous avons à cœur d'y faire à notre tour les observations qu'exige notre manière de voir.

1° Les lois qui président aux phénomènes physiques et chimiques se retrouvent assurément dans les corps organisés ; mais ces corps offrent d'autres phénomènes qui constituent la vie organique proprement dite, et qui établissent une différence entre les faits purement mécaniques et les faits organiques. Il n'y a pas aujourd'hui de traité de physiologie où ces différences ne soient énumérées, exposées, expliquées, mais elles le sont peut-être mieux dans la physiologie de Tennemann que dans beaucoup d'autres ouvrages du même genre ; nous y renvoyons donc.

2° Quant aux idées dont l'âme n'aurait pas conscience, et qui représenteraient tous les états et tous les mouvements du corps, qui suivraient ces mouvements sans qu'il eût aucun *commercium* dans ce *consensus*, c'est, nous le croyons, une pure hypothèse. Nous n'avons aucune raison, en thèse générale, d'admettre comme faits de conscience, comme idées, des états intellectuels qui ne donneraient pas conscience d'eux-mêmes. Nous ne nions point, toutefois, que la conscience de l'état de l'âme ne présente des degrés très divers, et que le plus bas ne demandât une très grande attention pour être saisi. Nous nions encore moins qu'il y ait dans l'âme, comme *âme*, mais non comme *moi*, une foule d'états, une foule d'actes que le moi ne connaît pas, c'est-à-dire dont nous n'avons pas conscience; nous soutenons même qu'il en est ainsi. Si c'est là ce que Leibniz a voulu dire, et ce que Stahl aurait eu le tort de nier, nous serions pour le premier contre le second. Mais l'exemple choisi par Leibniz ne nous semble pas probant, non plus qu'un autre exemple analogue tiré du bruit des flots, bruit qui ne serait que le phénomène complexe de chaque goutte d'eau composant la vague, et qui serait perçu, non dans son ensemble seulement, mais dans chacune de ses parties d'abord et dans son ensemble enfin. C'est le bruit de ces particules d'eau qui serait saisi d'abord sans que nous en eussions conscience. Nous ne croyons pas qu'il en soit ainsi; nous pensons que le bruit total des gouttes d'eau en mouvement dans le flot agité, que la perception du vert dans la couleur mixte qui l'engendre, que la perception totale de la résistance et de l'étendue tangible, etc., sont des phénomènes à part, incomplexes comme effet produit dans l'âme, quoique complexes, mixtes même dans leur cause. Il faut en dire autant d'une odeur ou d'une saveur mixte, où les éléments ne se distinguent point. On peut comparer ces résultats perceptifs ou sensitifs dans leur unité complexe, comme effet, malgré la diversité de leurs causes, à la ligne unique décrite par un mobile animé de forces différentes d'intensité et de direction, ou simplement de nombre. Nous ne pensons donc pas que nous ayons la perception distincte, mais sans conscience du jaune et du bleu dans la perception distincte, et accompagnée de conscience, du vert. C'est bien là, d'ailleurs, ce dont Leibniz paraît convenir, lorsqu'il dit dans sa réplique, en parlant de la conception de vert : *Sed ea perceptio confusa est, et in viridis coloris sensione latet, minimique a nobis cœruleus aut flavus color percipitur nisi ut in viridi occultatur* (1). Mais la restriction *nisi* ne dit rien ; et la prétendue *confusion* de la perception n'est relative qu'à la double *cause* de la perception, et nullement à la *perception* même, qui n'a rien de confus. Ici se retrouve la confusion, véritable cette fois, de l'objectif et du subjectif que Kant a signalée avec la plus grande force dans la métaphysique Leibnizienne ; l'interne ne diffère pas de l'externe, l'idée ne diffère pas de la chose par un degré de clarté, mais bien essentiellement.

Remarquons, en outre, que cette objection de Leibniz, qui ne pouvait avoir contre Stahl qu'une faible valeur, puisque Stahl lui-même soutenait que l'âme n'a pas le souvenir des perceptions et des idées qu'elle lui suppose dans la direction des phénomènes organiques, a moins de force encore lorsqu'on soutient, comme nous le faisons, que notre âme, dans l'accomplissement d'un certain ordre de fonctions organiques, agit sans connaissance comme sans délibération, sans liberté, sans volonté même, c'est-à-dire à la façon des animaux dont l'impulsion tient de l'instinct le plus obscur, quoique le plus merveilleux.

3° Dans le système du monadisme universel, et même dans ceux de l'atomisme et du spiritualisme pur, on n'identifie nullement l'âme avec le corps, on ne la matérialise en aucune manière, en admettant son action sur la matière. Il ne suffit pas de faire de pareilles affir-

(1) Ad., IV, p. 146, ibid.

mations; il faudrait les motiver : autrement, on tombe dans la pétition de principe.

On compromet encore moins l'immortalité que la spiritualité de l'âme en admettant un commerce réel entre elle et le corps, puisque la *matière* est aussi impérissable de sa nature que l'âme, et que les formes seules des *corps* sont sujettes au changement.

4° Stahl n'avait aucune raison d'admettre des intermédiaires, matériels ou immatériels, entre le corps et l'âme, puisqu'ils ne sont pas donnés par l'expérience ni imposés par le raisonnement. Ce sont des fictions de l'imagination, fictions gratuites et inutiles.

5° Les contractions musculaires observées sur des parties depuis peu détachées d'un corps vivant, ne fussent-elles pas explicables par l'action immédiate de l'âme sur le corps, ne le seraient pas davantage par des esprits animaux ou vitaux qui ne seraient destinés qu'à servir d'instruments à l'âme.

D'ailleurs, Leibniz dit lui-même dans sa réplique (ad XXI) « que toute partie d'un corps organique n'est pas organique, et que le mouvement d'un cœur arraché ne prouve pas que ce cœur soit animé; que le simple mécanisme (*nudus machinismus*) suffit pour faire durer un pareil mouvement sans qu'il y ait perception ni appétit. » Il ne nie pas cependant qu'il n'y ait dans ce cœur de la matière organisée, lui qui voit de l'organisation partout, et qui n'en distingue pas le mécanisme ; lui qui anime les corps insensibles, qui les fait constituer (*actuare*) par eux-mêmes, et qui ne voit même de mécanisme possible qu'à cette condition.

Au surplus, on peut faire différentes suppositions,

comme on l'a vu précédemment, pour expliquer ce phénomène. Il ne suffit pas, enfin, de ne pas pouvoir expliquer un fait exceptionnel par une cause reconnue, et qui rend suffisamment compte de la plupart des phénomènes, pour être autorisé à rejeter l'hypothèse ; il faut, de plus, démontrer deux choses : l'identité de l'exception avec les faits ordinaires, et l'impossibilité absolue, positive, de l'explication, l'insuffisance de l'hypothèse. Autrement, on ne fait qu'un argument *ab ignorantia* sans valeur. Le doute seul pourrait s'ensuivre, en supposant que cet argument fût de nature à contrebalancer toutes les raisons positives contraires.

Il est juste, toutefois, de remarquer au sujet de cette objection que la réponse de Stahl est compromettante pour l'immatérialité de l'âme, puisqu'il accorde que l'âme est divisible. Cette division ne peut s'entendre qu'improprement, c'est-à-dire de la multiplicité des *fonctions*, et nullement de la substance ou de la force essentielle. D'où cependant Leibniz se hâte de conclure que Stahl fait l'âme corporelle. Mais il outrepasse l'esprit et l'intention de Stahl en tirant cette conclusion d'une concession maladroite.

6° Nous croyons que tout, dans le monde, est force substantielle, substance énergique, capable d'action et de réaction, c'est-à-dire de commerce avec des forces substantielles de même nature. Mais cette aptitude ne prouve nullement qu'il n'y ait pas de rapports possibles, de commerce même entre des forces qui ne seraient identiques que par quelques-unes de leurs fonctions ou par quelques-unes de leurs vertus essentielles. Si donc les corps sont essentiellement des forces, des forces agissantes même, comme le soutient Leibniz, on ne voit plus du tout comment d'autres forces, les forces pensantes, les agents de la pensée, ne pourraient soutenir aucun commerce avec les corps. On croit même voir là, au contraire, une raison positive en faveur de ce commerce. Mais est-il bien sûr que la matière soit douée d'une activité spontanée? Ne pourrait-elle pas être une force sans être essentiellement agissante? C'est au moins là un doute qui aurait valu la peine d'être dissipé par Leibniz, mais dont nous acceptons d'autant plus volontiers la négation par l'affirmation de la force spontanée de la matière, agissant toutefois sous l'empire des lois purement mécaniques, physiques et chimiques, que nous trouvons là une raison positive d'un commerce possible entre la matière et l'esprit, et un esprit même fini, et que, d'un autre côté, nous n'y trouvons rien qui puisse rendre raison de l'organisation et de la vie dans cette même matière douée de force, de tension, de mouvement même. Il n'est donc pas inutile, comme le veut Leibniz, de recourir à l'hypothèse d'une force immatérielle. On sait que nous entendons par force un agent, une force substantielle, et non une simple propriété.

7° Enfin, de ce que l'âme posséderait une action sur le corps, il ne s'ensuit nullement, comme le voudrait Leibniz, que cette action dût être sans limites. Pourquoi l'âme devrait-elle avoir ici une puissance infinie? Pourquoi la matière, qui est aussi une force, et une force qui a ses lois mécaniques, physiques et chimiques d'action, n'opposerait-elle pas par ce côté-là une certaine résistance à l'âme? Pourquoi ne lui serait-elle pas réfractaire dans une certaine mesure? Pourquoi les circonstances du dehors, qui influent sur l'organisation des corps, sur leur développement, qui ne cessent, enfin, d'agir sur eux avec une puissance plus ou moins grande; pourquoi tout cela ne suffirait-il pas à faire concevoir, sinon à faire comprendre entièrement, les échecs de l'âme dans ses opérations organiques?

On le voit, aucune des objections de Leibniz n'a de portée véritable.

Les répliques ne sont pas plus heureuses.

1° De ce que l'âme aurait été créée pour se connaître et pour connaître Dieu, s'ensuit-il qu'elle n'ait pas été faite aussi pour habiter au moins momentanément un organisme, et, à l'aide même de cet organisme, pour s'élever à la connaissance d'elle-même et de Dieu (1)?

2° Et quoiqu'elle ne connaisse l'externe que par l'interne, ce qui est très vrai, il ne s'ensuit nullement que l'externe ne soit pour rien dans cet état interne, ni que l'action de l'âme ne puisse tomber sur l'externe. Croire prouver par là le contraire, c'est tomber dans une pétition de principe. Nous aimons, du reste, à proclamer avec Leibniz cette vérité toujours trop oubliée, mais qui ne peut porter la moindre atteinte à l'animisme : *Externa non cognoscit (anima), nisi per cognitionem eorum, quæ insunt in ipsamet* (2).

3° C'est toujours commettre une pétition de principe que de ne vouloir pas qu'un esprit puisse agir sur la matière, oubliant d'ailleurs que l'esprit le plus pur, Dieu, est précisément celui qui agit sur elle avec le plus de puissance. Ainsi nous ne pouvons accepter cette pré-

(1) Ad., resp., t. I, ibid., p. 145.
(2) Ad., IV, p. 145.

tendue règle indubitable de la vraie philosophie, qu'un corps n'est mu naturellement que par un corps contigu et lui-même en mouvement. D'où viendrait d'ailleurs le mouvement de ce dernier, si surtout ce mouvement avait été reçu (*a corpore contiguo et moto*), c'est-à-dire s'il était passif? Il faut bien qu'il y ait un moteur premier qui n'ait pas reçu le mouvement d'ailleurs, qui soit en mouvement par sa propre vertu, spontanément, ou par la vertu d'un agent qui ne soit plus un corps. C'est là du moins ce qu'on aurait pu valablement objecter à Leibniz, qui n'aurait sans doute pas eu à sa disposition une réplique, bonne ou mauvaise (ce qui n'est pas la question du moment), qui n'est connue que depuis Kant (1). D'ailleurs, Leibniz convient que « la cause du mouvement est incorporelle, et que le corps est (seulement) le sujet du mouvement. » (2) Il distingue avec la même raison le mouvement et la cause du mouvement, et reprend, même imparfaitement, ce qu'il y a d'inexact à dire que le mouvement est immatériel. Non pas qu'à notre sens le mouvement soit matériel, mais parce qu'il n'est pas une réalité, ni même par soi une qualité sensible des corps; c'est tout simplement une conception, laquelle, dès lors, n'est ni matérielle ni spirituelle.

4° Leibniz paraît plus fort lorsqu'il oppose l'action de l'âme à l'action mécanique du corps, et qu'il fait ce dilemme : ou les lois mécaniques du corps sont violées par l'âme, ou l'âme n'a aucun empire sur le corps. Mais comme ces lois ne peuvent être suspendues ou contrariées que par Dieu seul, il s'ensuit que l'âme n'imprime

(1) Ad., IV, p. 145.
(2) Ad., XVI, ibid., p. 149-150.

au corps aucun mouvement, aucune vitesse, aucune direction qui ne soit déjà la conséquence mécanique des états et du mouvement antérieur de la matière. Affirmer le contraire, ajoute-t-il, c'est convertir l'âme en corps (pour en faire un mobile), ou recourir à des principes inexplicables (*ad principia inexplicabilia*, ἄρρητα) (1).

Cette affirmation du contraire ne nous semble revenir à la conversion de l'âme en corps qu'à la condition toujours d'admettre comme principe ce qui est en question, à savoir qu'un esprit ne peut agir sur un corps. Mais, encore une fois, c'est la question, et cette question n'en est plus une dès qu'on admet avec Leibniz la spiritualité de Dieu et son action dans le monde. Pourquoi cet esprit en serait-il absolument et nécessairement privé, si surtout, comme le pense Leibniz, il n'y a pas d'esprit créé absolument pur ou entièrement distinct de toute matière? Cette nature mixte ou mêlée, assez difficile à concevoir d'ailleurs, ne sera-t-elle pas d'autant plus apte à exercer son action sur le corps, qu'elle sera plus naturellement et plus profondément corporelle ou mêlée à un corps?

Mais indépendamment de cette fin de non recevoir et de cette rétorsion, ne peut-on pas dire encore que l'âme n'abolit point les lois mécaniques, qu'elle les fait au contraire concourir à son but dans une certaine mesure, et que si à quelques égards, elle en suspend les effets, ce n'est là que l'action d'une force en présence d'une autre, un acte d'antagonisme comme le monde en est plein, acte qui ne porte absolument aucune atteinte à la

(1) Ad., XVI, p. 150. Voir aussi l'*Animadv.*, XXVII, p. 142.

nature des choses? Leibniz confond manifestement l'action de l'âme sur le corps, c'est-à-dire sur les propriétés du corps comme effets et manifestations de son essence, avec l'action de l'âme sur l'essence même du corps; la première n'intéresse en aucune façon la nature corporelle, et peut être regardée comme un fait; la seconde changerait cette nature et doit être tenue pour une chimère, et l'animisme n'a rien de commun avec elle.

Nous ne pousserons pas plus loin l'examen des objections de Leibniz; elles n'intéressent plus que Stahl lui-même, ou la manière dont il soutient sa thèse, et non l'animisme. Leibniz peut soutenir qu'un corps composé de deux éléments, par exemple de cuivre et d'argent, ne contient pas dans toutes ses parties une égale quantité en volume de cuivre et d'argent; que toutes les parties d'un corps sont encore composées; qu'il en est de même des parties d'une ligne; qu'autre chose est d'imaginer, autre de concevoir, puisqu'on ne peut imaginer l'incommensurabilité du côté et de la diagonale, et qu'on la démontre parfaitement; que toute âme est indivisible parce qu'elle est sans étendue, sans parties, une vraie monade infinie; qu'il ne faut pas confondre l'entéléchie première ou l'âme, avec l'entéléchie dérivée ou l'action (*impetus*), qui est diverse, ni l'action avec le mouvement; que l'*impetus* ou force dérivée (*vis derivativa*) est une chose réelle (*res revera existens*), tandis que le mouvement n'existe jamais, puisque ses parties ne sont jamais simultanées; que les entéléchies premières se rencontrent dans les corps, quoiqu'on ne les attribue qu'à ceux qui sont organisés; que c'est précisément à ces entéléchies qu'il faut rapporter l'ordre qui existe dans le monde; qu'on peut expliquer les opérations internes des animaux par de pures associations de faits ou inductions (*per meras consecutiones empiricas, seu inductivas*) ; que les âmes des animaux, quoique unies inséparablement à quelque corps organisé approprié à l'état qu'il conserve, ne sont pas périssables; qu'on ne peut expliquer par l'étendue et la résistance, c'est-à-dire par des propriétés passives, des actions externes, ni surtout des opérations internes, telles que la perception, la sensation, l'intellection, les appétits mêmes; que toutes les opérations doivent être attribuées à un principe actif; que les internes, la perception et l'appétit (qui ne dépendent point de la multitude des parties et qui ont lieu également dans chaque individu), ne peuvent être rapportées qu'à une substance simple, inétendue ; que l'âme, substance simple, inétendue, est indéfectible dans les animaux comme dans l'homme; que ce qui fait l'immortalité propre de celle de l'homme c'est la conscience, et par suite la capacité de la rémunération et du châtiment, mais que c'est amoindrir la théologie naturelle et porter une grave atteinte à la religion, dont les points essentiels (*primaria et perpetua capita, velut providentiæ Dei, et immortalitatis animæ*) doivent être fondés sur la raison, que de faire dépendre l'immortalité de l'âme de la simple lumière de la foi et de la grâce divine, c'est-à-dire d'une opération miraculeuse et extraordinaire; que ses arguments, à lui Leibniz, en faveur de l'immatérialité ou de l'immortalité de l'âme diffèrent beaucoup de ceux de Stahl (1) ; qu'il n'y a pas de monades corporelles, parce que tout corps

(1) Ad., XXI.

a des parties, et n'est par conséquent pas simple, n'est pas une monade (1) ; que les mouvements organiques qui suivent l'appétit ne s'exécutent pas par l'appétit, quoiqu'au profit de l'appétit, mais en vertu des lois mécaniques (2) ; qu'on ne peut fonder l'immatérialité de l'âme sur l'activité qui lui serait propre, puisque tout corps en mouvement a une activité propre sans cesser d'être matériel, quoiqu'il ait d'ailleurs quelque chose d'immatériel, l'entéléchie première ; que c'est s'exprimer d'une manière inintelligible que de parler d'un mouvement en soi qui existerait en dehors du corps, de la perception et de l'appétit d'une chose étendue, etc. ; que revenir à de pareilles idées, après les découvertes des modernes, c'est revenir au gland après la découverte du blé (3) ; que les esprits animaux ou un fluide sont le principe du mouvement (*faciunt impetum*), parce qu'un corps ne peut en général être mu que par un autre corps contigu et naturellement en mouvement ; que l'opinion contraire est obligée de recourir à des chimères, etc. (4). Toutes ces propositions, plus ou moins curieuses en elles-mêmes, et à cause du nom de leur auteur, sont ou des répétitions ou des questions accessoires à celles qui ont été débattues ; il suffit donc de les avoir mentionnées.

Mais nous ne devons pas terminer cette partie de notre travail sans faire remarquer deux choses : la première, que Leibniz avait, au fond, plus d'estime qu'il n'en marquait dans sa polémique, pour les raisons de

(1) Ad., XXII, XXIX.
(2) Ad., XXVI.
(3) Ad., XXIX.
(4) Ad., XXXI.

Stahl; et que, fort mal à propos du reste, il ramène l'animisme de son adversaire à l'archée de Van-Helmont, persuadé qu'il veut être sans doute, que l'âme qui, suivant Stahl, préside à la vie organique est matérielle, ou quelque chose d'approchant. C'est ce qui ressort d'une lettre *de Stahlii dogmatibus,* en date du 8 décembre 1711 (1).

CHAPITRE III.

Critique de Stahl par M. Lemoine.

Il nous reste à examiner les objections récemment soulevées contre l'animisme, dans un travail très estimable d'ailleurs, par M. Alb. Lemoine (2). En voyant l'auteur traiter, dans le cours de son livre, l'animisme de doctrine fausse, erronée, nous attendions à chaque instant des raisons à l'appui de cette assertion. Elles ne se trouvent qu'à la fin de l'ouvrage, dans la conclusion. Mais on lit, quelques pages plus haut (3), cette explication de l'animisme : « La confusion et l'identification des phénomènes vitaux et des actes intellectuels rapportés à un même principe, l'âme raisonnable. »

Est-ce bien là l'animisme, même celui de Stahl? Nous ne le croyons pas : Stahl ne confond point les fonctions organiques de l'âme avec les fonctions intellectuelles du même principe; rapporter les unes et les autres à un

(1) G. G. Leibn., t. V, p. 318, éd. Dutens.
(2) *Stahl et l'Animisme,* p. 1858.
(3) P. 181.

seul agent, faire présider mal à propos les secondes aux premières, ce n'est ni les confondre ni les identifier; elles restent distinctes et diverses malgré leur origine commune.

C'est abuser de la logique contre Stahl, c'est-à-dire entreprendre de tirer de l'animisme une conséquence qu'il ne renferme pas, que de vouloir mettre la conservation du corps en ligne première et presque unique dans les occupations de l'âme; l'âme ne cesse pas, dans ce système, d'être la fin même du corps, d'avoir la première et principale importance dans les soins à donner à l'ensemble. Peu importe que le corps soit l'ouvrage de l'âme ; cet ouvrage n'est accompli qu'à titre de moyen ou d'instrument ; et cette tâche n'entraîne ni la paralysie des autres facultés, des facultés supérieures, ni leur négation dans une théorie complète et vraie. Dès lors sont sans portée comme sans fondement les paroles suivantes : « Mais ce corps, que Stahl place toujours sans doute bien au-dessus de l'âme, n'a-t-il pas encore trop d'importance, ne doit-il pas aussi nous être trop cher, du moment qu'il est notre ouvrage et que nous avons le soin de le conserver? Ce devoir infini, *qui incombe à notre âme,* ne suffit-il pas à lui seul pour occuper tous ses loisirs, bien qu'il (le corps) ne doive être dans les desseins du Créateur que l'instrument de l'âme et l'officine de ses pensées et de ses actions particulières? » (1) — Non, le corps n'est pas trop cher à l'âme, parce qu'il est son œuvre ; et ne fût-il pas son ouvrage, le soin que nous devons en prendre est exactement le

(1) *Stahl et l'Animisme,* p. 187.

même; ce soin est subordonné, dans tous les cas, à la dignité, à la liberté et à la santé de l'âme comme principe de fonctions supérieures.

Si M. Lemoine nie l'animisme, il ne nie pas toutefois la nécessité d'un principe immatériel pour expliquer la vie organique : « Lorsqu'on est forcé, dit-il, de reconnaître dans la matière organisée, vivante, autre chose que la simple matière, la vie, qui n'est cependant ni un organe ni une disposition de molécules, mais quelque chose, je ne sais quoi, force, principe, ou de quelque nom qu'on l'appelle, incorporel, inétendu, sinon spirituel et intelligent, n'est-on pas contraint d'admettre aussi l'existence d'une force ou d'un principe immatériel des phénomènes supérieurs à la simple existence de la matière organique, l'âme ou l'esprit? » (1) Jusque là l'animisme de Stahl n'est point blâmé; mais s'il sort de cette indétermination, c'est-à-dire de l'état de vitalisme spiritualiste pur et simple; s'il devient assez précis pour qu'on dise : Cet esprit, cette cause de la vie organique dans l'homme, c'est l'âme même de l'homme, c'est l'âme pensante; alors il devient erroné, insoutenable, suivant M. Lemoine.

C'est là précisément ce qu'il faut voir, et jusqu'ici rien ne prouve la vérité de l'assertion. Distinguons d'abord la vie comme phénomène, et la vie comme force productrice de ce phénomène, c'est-à-dire comme agent. Cette distinction faite, et la nécessité de l'immatérialité de cet agent reconnue, sont deux points d'une haute importance, et sur lesquels nous sommes d'accord. Mais

(1) *Stahl et l'Animisme*, p. 187.

là vraisemblablement M. Lemoine nous abandonne pour se jeter dans le réalisme dogmatique de l'école de Montpellier, bien qu'il semble lui être médiocrement sympathique. Au fait, ce vitalisme présente au moins trois phases : dans ses premiers représentants, Barthez et Bordeu, il est très indéterminé; dans M. Lordat il finit par être un principe immatériel distinct de l'âme et du corps; dans M. Boyer il n'est plus qu'une fonction de l'âme, il est stahlien. M. Lemoine peut être pour le vitalisme de la première, ou plus vraisemblablement de la seconde phase, mais à coup sûr il n'est pas pour celui de la troisième : « Nous avons distingué, dit-il, deux parties dans cette doctrine, le vitalisme et l'animisme. Si l'animisme est inséparable du vitalisme, on peut isoler celui-ci de celui-là, on peut rejeter l'animisme, conclusion arbitraire et erronée du stahlianisme, sans condamner pour cela la doctrine tout entière, les prémisses avec la conclusion, le vitalisme avec l'animisme. » (1)

Cette distinction n'est-elle pas plus précise dans l'habile exposition de M. Lemoine que dans les livres de Stahl, et dès lors ne serait-elle pas une abstraction un peu violemment opérée sur la doctrine exposée? En d'autres termes : Y a-t-il eu réellement une époque dans la vie d'écrivain et de physiologiste du médecin de Hall où il n'ait été que vitaliste, où il n'ait admis qu'un principe de la vie organique, étranger au corps, immatériel, sans qu'il éprouvât le besoin de donner à sa pensée plus de précision, et sans qu'il inclinât à regarder

(1) *Stahl et l'Animisme*, p. 188.

l'âme comme le principe en question? Si, dans sa pensée, l'âme a toujours été le principe vital, il ne serait pas exact de distinguer dans sa doctrine le vitalisme et l'animisme : ce serait là une abstraction possible assurément, mais une abstraction violente, contraire à la pensée de Stahl, et qui ne représenterait nullement deux phases, ni même deux points de vue de sa doctrine; sa pensée serait indivisible; il n'aurait pas admis, comme étant sa doctrine, le vitalisme indéterminé dont on lui fait un mérite, et une détermination de ce vitalisme dont on le blâme.

Or, nous ne voyons pas qu'on ait suivi, dans l'exposition de la doctrine de Stahl, l'ordre chronologique de ses écrits, ni par conséquent qu'on ait établi que cette distinction qu'on y fait entre le vitalisme et l'animisme, corresponde à deux périodes distinctes de la pensée de Stahl, périodes dont l'une serait celle du vitalisme pur, et l'autre celle du vitalisme déterminé, celle de l'animisme.

Nous ne pouvons nier, du reste, que Stahl ne s'exprime, suivant les circonstances, avec plus ou moins de précision. Mais de ce qu'il est plus vague dans un cas que dans l'autre, on n'en peut conclure qu'il est ici animiste et là vitaliste; autrement, il faudrait soutenir qu'il aurait été l'un et l'autre tout à la fois, c'est-à-dire qu'il aurait pensé et pas pensé en même temps que l'âme soit cause de la vie organique.

En effet, dans sa polémique avec Leibniz, ne retrouve-t-on pas ce double langage, tantôt plus, tantôt moins précis? et n'est-ce pas même des passages qui manquent de précision qu'abuse Leibniz pour essayer d'entraîner logiquement son adversaire dans le matérialisme? Et pourtant M. Lemoine, mieux que personne, a fait voir que Stahl est bien sincèrement spiritualiste, et qu'il n'a jamais donné une raison suffisante de soupçonner ses véritables sentiments à cet égard, encore bien que ses expressions n'eussent pas toujours parfaitement répondu à sa pensée.

Il nous semble donc qu'on n'a pas suffisamment motivé la distinction du vitalisme et de l'animisme dans la doctrine de Stahl. Il nous semble même, en nous en tenant à la *Theoria medica vera,* le seul ouvrage de Stahl que nous connaissions jusqu'ici, que cette distinction est sans fondement historique.

Mais si elle n'est pas possible en fait, elle est possible logiquement; nous reconnaissons très bien que le vitalisme peut être conçu d'une manière indéterminée, c'est-à-dire sans qu'on se prononce, sans même qu'on puisse encore se prononcer sur la nature du principe de la vie, sans qu'on puisse dire si ce principe est l'âme ou si c'est autre chose.

Toutefois, il n'en est pas moins certain, *à priori,* que c'est l'âme ou que c'est autre chose, parce qu'il est nécessaire qu'il en soit ainsi. Pas de milieu, en effet, entre cette alternative : l'âme est pour quelque chose ou n'est pour rien comme cause dans les phénomènes de la vie purement organique ou végétative. Une doctrine qui ne va pas jusqu'à pouvoir affirmer vraisemblablement au moins l'une ou l'autre de ces deux propositions, est donc une doctrine qui manque de précision.

Ce qu'il y a de parfaitement certain, c'est qu'un principe agent est nécessairement tel ou tel, et qu'il n'est indéterminé, un agent *quelconque,* que dans le vague de nos pensées, dans leur défaut de précision. Le vitalisme n'est donc pas séparable de l'animisme, si l'animisme est la détermination du vitalisme; pas plus qu'une opération de l'âme ne peut être une opération accomplie sans l'âme.

En thèse plus générale : quelle que soit la cause immatérielle de la vie, cette cause est nécessairement l'âme ou quelque autre principe simple. Si c'est l'âme, on ne peut séparer le vitalisme de l'animisme, et par conséquent l'animisme du vitalisme, que par une abstraction pure et simple; mais cette abstraction n'est pas moins contraire à la nature des choses que celle qui détache le point de la ligne, la ligne de la surface, et la surface du solide. A cet égard, elle ne prouve pas davantage. Il ne suffit donc pas qu'on puisse, par abstraction, distinguer le vitalisme d'avec l'animisme, pour qu'on puisse rejeter l'animisme et le considérer comme une erreur. Il faudrait, pour être en droit de repousser l'animisme, avoir de tout autres raisons. Voyons donc celles qu'on va nous donner.

« Pour commencer par le côté le plus faible du système, il est évident que l'animisme, réduit aux proportions que nous lui avons assignées, est une erreur. » Nous nions cette évidence de la meilleure foi du monde; nous déclarons avoir lu avec la plus grande attention le travail très intéressant et très bien fait, d'ailleurs, de M. Lemoine, avec l'intention d'y noter tout ce qui pourrait ressembler, de loin ou de près, à un argument contre l'animisme, et que jusqu'ici nous n'y avons trouvé que ce qui vient d'être rapporté et discuté. Or, cela même, nous avons dit pourquoi, nous semble tout à fait impropre à produire l'évidence de la fausseté de l'animisme. Mais continuons :

« L'âme n'est pas le principe de la vie, elle ne préside pas aux fonctions organiques ; son domaine est plus restreint, mais il est à la fois plus relevé : c'est elle qui pense et qui veut ; elle n'est pas mêlée directement à l'affaire de la vie. » — Assertion sans preuve ; c'est la question. Il faudrait montrer qu'il y a incompatibilité absolue, nécessaire entre la fonction de la pensée et la fonction vivifiante. Passons.

« Les faits sur lesquels Stahl s'appuie pour identifier l'âme avec le principe de la vie, n'ont pas la valeur qu'il leur attribue, parce qu'ils n'ont pas été assez exactement observés par lui. » — C'est possible ; mais ce ne serait pas là non plus une preuve que l'animisme fût une doctrine erronée ; on peut donner à l'appui d'une vérité de fort mauvaises raisons, ou n'en pas donner du tout, sans que cette vérité cesse d'en être une.

« Stahl n'a considéré que le résultat matériel et final des phénomènes psychologiques, il fallait les étudier en eux-mêmes. » — Ce n'est pas en se renfermant dans les faits de conscience purs et simples que Stahl aurait pu résoudre la question des rapports du physique et du moral, mais bien en s'attachant tout particulièrement au côté par lequel ces faits tiennent aux phénomènes physiologiques.

« Puisque sa doctrine le conduisait à confondre la physiologie avec la psychologie, il fallait que Stahl se fît psychologue, et il est resté presque exclusivement physiologiste. » — Sa doctrine ne le conduisait nullement à confondre la physiologie et la psychologie; déjà nous avons dit que ce n'est pas confondre deux ordres de fonctions que de les rapporter à un même agent. Comment, s'il en était ainsi, pourrait-on, sans sortir de la psychologie, admettre plusieurs espèces d'opérations de l'âme, plusieurs facultés? comment pourrait-on, par exemple, admettre les conceptions comme produit de la raison pure, et les notions comme produit de l'entendement par le moyen des sens?

D'ailleurs, est-il nécessaire d'être profondément versé dans la psychólogie pour savoir qu'il y a une foule de faits qui doivent se passer dans l'âme sans y laisser de traces, sans donner conscience d'eux-mêmes? que le commerce reconnu entre le corps et l'âme est une preuve suffisante de sa possibilité, et une présomption d'un commerce plus profond qui échappe à l'observation, mais que l'induction ou l'analogie permet de conclure? Sans doute Stahl n'a pas dit en parlant de la psychologie, ni même de la physiologie, tout ce qu'il y aurait à dire en faveur de l'animisme; mais il ne s'ensuit nullement que l'animisme soit une doctrine erronée.

« Il n'avait pas même aperçu cette grande et profonde distinction que la science moderne a mise en relief entre la vie de nutrition et la vie de relation, entre les différents organes qui desservent l'une et l'autre. » — Cette distinction n'était point nécessaire à connaître pour établir la thèse de l'animisme ou pour la ruiner. Elle ne l'emporte ni ne l'exclut nécessairement. Elle est, d'ailleurs, beaucoup moins absolue que ne le croit M. Lemoine. La vie de relation n'est possible que par la vie de nutrition; celle-ci est étroitement mêlée à celle-là.

De même la vie de nutrition a pour condition la vie de relation. Ajoutons que les phénomènes de la seconde, qui s'accomplissent par ceux de la première, y conduisent à leur tour par une transition insensible. Où commence précisément l'action de la vie végétative dans la préhension des aliments? où finit précisément l'action de la vie de relation? Suivant Bichat, qui est bien pour quelque chose dans la distinction des deux ordres de vie, « chaque genre de fonctions, de *relation* et d'*organisation*, forme (avec l'autre, c'est ce que veut dire l'auteur) un tout qu'on ne peut isoler et qui a un but commun; ce tout est la vie. » Et Buffon, qui a peut-être eu la première part, sinon la plus importante dans cette distinction, n'a-t-il pas dit : « Un végétal n'est qu'un animal qui dort; donnons-lui des sens et des membres, bientôt la vie animale se manifestera. » L'animal n'est donc que le végétal éveillé; la vie de relation, que la vie organique mise en rapport *sensible* avec le monde extérieur. Le rapport existait déjà, mais il n'était ni senti ni connu.

« Stahl n'a pas observé que l'âme ne dirige pas les mouvements des organes locomoteurs avec tant de précision, même quand elle agit volontairement, que parce que l'exercice lui a appris à le faire. Au commencement ces mouvements sont irréguliers et sans but, ce qui n'arrive pas aux fonctions de la vie nutritive, toujours régulières et ordonnées dès le principe, de sorte que les fonctions de la vie devraient offrir tout d'abord le même désordre que les mouvements des organes locomoteurs, ou ceux-ci la même régularité que ceux-là, s'ils avaient tous deux une même cause. » — La conclusion n'est pas rigoureuse contre l'animisme en général; elle a une certaine force contre l'animisme de Stahl, j'en conviens, puisque Stahl supposait, contre toute vraisemblance, que l'âme accomplit les fonctions de la vie organique comme elle fait celles de la vie de relation, c'est-à-dire avec connaissance et volonté, tandis qu'il est on ne peut plus présumable qu'elle agit en pareil cas sans intelligence ni volonté, c'est-à-dire d'une manière purement instinctive. Et alors s'explique la régularité des fonctions de la vie organique. Elles sont aussi régulières que celles de la vie de relation chez les animaux. Il ne suffit donc pas, pour qu'on puisse opposer les unes aux autres dans l'homme, qu'elles partent d'un même principe : il faudrait encore qu'on pût prouver qu'elles sont exécutées de la même manière, c'est-à-dire avec une égale connaissance et une égale volonté. Or, c'est précisément là ce qui ne peut être supposé sans pétition de principe.

« Stahl en appelle encore à l'influence des passions.... Cette influence des passions de l'âme sur les fonctions vitales, et des états organiques sur les modifications de l'âme, par cela même qu'elle part tantôt d'un être intelligent, tantôt d'une cause aveugle, ne consiste pas, évidemment, dans une action directe et volontaire. » — Il n'est pas nécessaire que cette action soit directe et volontaire pour que la cause de l'animisme soit soutenable; elle est parfaitement indépendante de cette double condition, et si Stahl a prétendu le contraire, c'est un tort qui lui est personnel, mais qui ne compromet en rien la cause de l'animisme mieux comprise. Nous ne voyons pas bien, du reste, que dans la physiologie des passions l'âme n'agisse pas directement, quoique involontairement, sur le corps ; nous sommes même persuadé du contraire. Dire que « l'influence des passions de l'âme sur les fonctions vitales résulte des lois de l'union de l'âme et du corps, qui veulent que l'état de l'une de ces deux substances se modèle toujours sur celui de l'autre et le représente », c'est dire assurément une vérité, mais ce n'est pas dire en quoi consistent les lois de cette union ; ce n'est pas expliquer le mode d'action de l'âme sur le corps et réciproquement. L'animisme est plus précis ; il soutient l'action immédiate de l'âme sur le corps dans les passions comme dans tous les autres états organiques. Et quand même il admettrait l'influence immédiate du corps sur l'âme, si cette influence dépendait de l'état particulier où l'âme a mis le corps, elle reviendrait à une action indirecte de l'âme sur elle-même. En quoi, certes, il n'y a ni impossibilité ni contradiction. Il y a plus, c'est qu'il est très possible, très vraisemblable même, d'autres diraient très sûr, qu'une foule d'états de l'âme, tels que les sensations, les perceptions, certains mouvements instinctifs, etc., n'existent dans l'âme que par suite de l'intervention de l'organisme. Pourquoi, puisque nous pouvons modifier nos sensations, nos perceptions par les instruments dont nous munissons nos organes, et qui sont un produit de notre industrie; pourquoi notre organisme, s'il était l'œuvre de l'âme, n'apporterait-il pas aussi des modifications dans notre âme? Pourquoi notre âme serait-elle incapable de former un pareil organisme?

Mais c'est là précisément ce qu'on nie : « Il est surtout évident, dit-on, que l'âme ne construit pas son corps ; et Stahl, qui en appelle à l'expérience de Malpighi sur les œufs inféconds des poules qui n'ont pas connu le coq, pour établir quelque opinion relative à la participation des deux sexes dans le phénomène de la génération, aurait bien dû s'arrêter un instant de plus sur cet exemple ; il y aurait vu un corps formé de toutes pièces sans une âme qui l'habite, c'est-à-dire le démenti le plus formel donné à l'animisme. » A l'animisme tel qu'on peut le concevoir dans une certaine hypothèse, peut-être ; mais à l'animisme en général, non. L'œuf organisé, quoique non fécondé, a dû l'être par un agent quelconque. Or, à moins d'admettre l'emboîtement infini des germes, ou leur création successive dans le temps, et d'exclure dans les deux cas l'action d'une cause seconde quelconque, il faut bien que l'organisation soit due à quelque agent naturel et immatériel. Or, tant qu'on n'aura pas démontré que les agents connus suffisent pour expliquer le fait dont il s'agit, que loin d'y répugner ils s'y prêtent visiblement, que l'induction et l'analogie y concluent, il n'y aura pas de raison pour faire intervenir immédiatement l'action créatrice, ou pour imaginer un agent troisième, qui serait, en tous cas, moins propre à rendre raison du fait, que l'un des deux principes connus qui constituent l'homme. L'âme de la mère, au besoin, explique donc suffisamment l'organisation de l'ovule que la mère renferme. Il ne serait pas impossible, d'ailleurs, que l'âme de l'enfant futur pût commencer cet organisme, mais qu'elle eût besoin de matériaux fournis par l'autre sexe pour développer le germe formé de la matière organique élaborée par la mère. Et sous ce rapport l'animisme de Stahl même ne reçoit visiblement aucun démenti. L'évidence dont on parle n'est qu'une illusion. Nous renvoyons à cet égard aux explications données précédemment.

M. Lemoine reconnaît, d'ailleurs, une action profonde de l'âme sur le corps, puisqu'il regarde comme des faits naturels, quoique exceptionnels, extraordinaires, un grand nombre de phénomènes vitaux qui étaient rapportés par les anciens à une cause surnaturelle : « Les faits incontestables de l'innervation, de quelque façon qu'ils se produisent, les effets matériels des visions extatiques, l'insensibilité, l'excitation des organes, les stigmates de Marie Mœrl, et mille particularités de l'illuminisme, sont des choses incompréhensibles sans doute, mais qui par cela même interdisent à tout esprit sérieux et prudent de fixer une limite à l'influence de l'âme, de ses pensées et de ses actions sur les phénomènes de la vie purement organique, et de lui dire : Tu n'iras pas plus loin. »

Nous n'en demandons pas davantage. Cela suffit pour couper court à toutes les fausses évidences au nom desquelles on prétend repousser l'animisme. D'ailleurs, nous n'avons dissimulé aucune des objections de M. Lemoine, et le lecteur jugera si nos réponses sont, ou non, décisives.

CHAPITRE IV.

Disciples de Stahl en Italie et en Angleterre.

Stalh eut de nombreux disciples et pas mal d'adversaires. Nous n'avons pas à nous occuper davantage de ceux-ci (1) ; quant à ceux-là, les uns s'en tinrent à la doctrine du maître, les autres la perfectionnèrent ou l'altérèrent. Nous dirons un mot des plus célèbres en dehors de l'Allemagne. Nous parlerons ailleurs des physiologistes stahliens en Allemagne.

L'Italien Piétro Verri, beaucoup plus connu comme économiste que comme physiologiste ou comme psychologue, attribuait à l'âme certains plaisirs et certaines peines dont le moi ne se rend pas bien compte. C'est ainsi, par exemple, qu'il supposait que les affections tristes peuvent provenir de maladies organiques non senties du moi (c'est-à-dire de l'âme ayant conscience de son opération et de son état), non localisées par lui, mais instinctivement connues de l'âme (c'est-à-dire de l'âme n'ayant pas conscience de son opération ni de son état) (2).

Le stahlisme semble également transpirer dans ces paroles d'Antonio Genovesi : « Si l'esprit est le principe immédiat de l'énergie corporelle, c'est une forme substantielle du corps. Mais si l'esprit n'est pas une forme substantielle du corps, il ne peut avoir sur lui aucune influence immédiate. Si l'âme, sans être une forme substantielle du corps humain, préside dans le cerveau, il faut alors admettre quelque substance moyenne, qui soit l'âme végétale et sensitive de l'homme, c'est-à-dire un principe actif des opérations corporelles, et de cette énergie qui semble nécessaire au corps. » (3)

(1) Ses principaux adversaires furent : MART. NAGG. BOROSNYAI (*Disq. de potentia et impotentia animæ humanæ in corpus organicum sibi junctum*, Hal, 1729); PETR. CPH. BURYMANN (*Succinctum hypotheseos Stahlianæ Examen de anima rationali corpus humanum struente, motusque vitales tam in statu sano quam morboso administrante*; Lips., 1731, 1735).

(2) V. ap. GIOJA, *Ideol.*, t. II, 70-78.

(3) *Disciplina metaphy. elem.*, t. III, p. 134-136.

Les écrits de Cudworth avaient dû préparer ses compatriotes à recevoir le système de Stahl avec moins de répugnance, sauf à le tempérer par d'autres doctrines. C'est ainsi que Georges Shell, dans son livre *De natura fibræ,* accorde à l'âme une action spéciale encore dans les mouvements involontaires. François Nichols est beaucoup plus franchement stahlien que Shell, car il donne à l'âme les passions que lui attribuait déjà le maître (1). On dirait qu'il en a suivi tous les mouvements dans les maladies (2). Portfield et Robert Whytt sont plus modérés : le premier voit surtout l'action instinctive de l'âme dans les changements de l'œil, par exemple dans la dilatation extraordinaire de la pupille d'un chat qu'on plonge dans l'eau. Le second regarde l'âme comme la cause des contractions involontaires des muscles. Il la fait présider aux impressions de plaisir et de douleur, aux mouvements irréfléchis pendant le sommeil, aux mouvements convulsifs, et même aux contractions des muscles détachés du corps.

(1) L'âme, disait Stahl, est sujette à errer, à cause de la dégradation de l'homme par le péché originel. De là ses instincts parfois en opposition avec la santé du sujet. Dans maintes circonstances, elle s'épouvante, se désespère, tergiverse, est colère, impatiente. De là, la direction vicieuse, la suspension, l'omission, l'irrégularité des mouvements. (V. *Dict. des Sc. méd.*, v° Stahl.)

(2) *De Anima medica prælectio*, 1750.

LIVRE IV.

VITALISME DE MONTPELLIER. — VITALISME DE PARIS.

AUTRES DOCTRINES QUI S'EN RAPPROCHENT.

CHAPITRE PREMIER.

Bordeu et Barthez.

Quelque chose qui tient une sorte de milieu entre le matérialisme et le vitalisme spiritualiste fut professé au dernier siècle, et a continué de l'être sous le nom de vitalisme.

Bordeu se rapproche plus de Van-Helmont que de Stahl, lorsqu'il conçoit chaque organe comme un être particulier qui a sa sensibilité propre. Il a sans doute contribué pour sa bonne part à mettre en crédit l'idée contradictoire de *sensibilité organique* pure, de *sensibilité latente*, acceptée et répandue par des écrivains qui étaient, d'ailleurs, fort éloignés du stahlisme, tels que Bichat, Richerand, Broussais, Bérard. Bordeu semble encore avoir modifié le stahlisme en plusieurs autres points : il attribue la sensibilité organique et le mouvement involontaire au corps vivant, comme à une propriété de la vie même, plutôt qu'à un principe spécial distinct du corps, plutôt qu'à l'âme proprement dite (1).

Ces idées sont très éloignées du stahlisme véritable et très superficielles, puisqu'elles donnent l'effet pour la cause; car on peut demander à Bordeu d'où vient cette organisation vivante, la vie en action, qu'il nous donne comme cause de la sensibilité et du mouvement vital. On n'a pas trop bonne grâce, quand on en est là, de faire une guerre aussi violente aux esprits animaux (2), pour lesquels, du reste, nous n'éprouvons pas la plus légère sympathie.

Barthez n'est, lui aussi, qu'un semi-animiste, comme on a dit en parlant des stahliens incomplexes. Il refuse à l'âme le pouvoir extraordinaire sur le corps, que Stahl et ses disciples orthodoxes lui reconnaissent : 1° parce qu'elle n'a pas la conscience ou la pleine connaissance des mouvements vitaux; 2° parce que la volonté ne peut suspendre ni changer le mouvement du cœur et des artères; 3° parce qu'il est hors de vraisemblance que l'âme raisonnable ordonne les mouvements nécessaires au développement, à la marche et à la terminaison des maladies, à moins que les stahliens n'avouent que les erreurs de l'âme sont perpétuelles. »

Mais tous ces motifs reposent sur la supposition fausse, tant de fois rencontrée déjà, et qui se représentera plus

(1) *Traité de la Méthode thérapeutique et pratique, extrait des Œuvres de Bordeu,* par MIEUVIELLE.

(2) *Recherches anatomiq. sur la position des glandes et sur leur action.*

d'une fois encore dans cette esquisse historique, que la sphère de l'âme ne s'étend pas plus loin que celle du moi. Il y a peu d'erreurs plus généralement répandues, depuis Descartes surtout, et en même temps plus fécondes en fausses conséquences. L'une des plus funestes, c'est d'avoir réduit la science de l'âme, la psychologie, à quelques faits de conscience bien évidents sans doute, mais d'une vulgarité souvent insignifiante. Nous reconnaissons, toutefois, qu'un certain mysticisme est une maladie de l'esprit fort dangereuse et toujours endémique; mais ce n'est pas là une raison suffisante de déplacer les limites d'une science.

Barthez méconnaissant une partie des facultés de l'âme, une partie de ses fonctions, et se trouvant néanmoins en face de faits qui sortent du domaine de la science générale des corps, est obligé de les rapporter à une *cause inconnue* dans son essence, que l'expérience seule fait découvrir, et qu'il nomme *principe vital*. « Dans l'état actuel de nos connaissances sur l'homme, dit-il, on doit rapporter les divers mouvements qui s'opèrent dans le corps humain vivant à deux principes différents, dont l'action n'est point mécanique, et dont la nature est occulte. L'un est l'âme pensante, et l'autre est le principe de la vie... La bonne méthode de philosopher dans la science de l'homme exige qu'on rapporte à un seul principe de la vie dans le corps humain les forces vivantes qui résident dans chaque organe, et qui en produisent les fonctions. Rien ne prouve que les causes des fonctions de ces organes ne puissent être rapportées aux facultés d'un seul principe vital, modifié et déterminé dans ses opérations par l'organisation propre à chacun d'eux, et que ces causes particulières doivent exister hors de ce principe. » (1)

Si l'on demande maintenant à Barthez quelle est la nature du principe en question, il répondra qu'il n'en sait rien, sinon que ce n'est ni le corps ni l'âme : « Je prouverai, dit-il, qu'on doit se réduire à un scepticisme invincible sur la nature du principe de la vie dans l'homme. » (2) — « Je prouverai que le principe vital doit être conçu par des idées distinctes de celles du corps et de l'âme, et que nous ignorons même si ce principe est une substance ou seulement un mode du corps humain vivant. » (3)

Ici Barthez se montre trop fidèle disciple de Bordeu, et son ontologie laisse beaucoup à désirer : un simple mode de quoi que ce soit ne peut être une cause, un agent, une force ; et, quoi qu'en dise Barthez, il faut bien, ou qu'il tombe dans un vain réalisme en donnant l'être à des modes qui ne le possèdent point, ou qu'il reconnaisse la substantialité, l'existence réelle de ce qu'il appelle le principe vital, que ce principe, du reste, soit l'âme ou le corps, ou, comme il le croit, une troisième entité. Comment, d'ailleurs, expliquer la formation du corps humain par un mode de ce corps ? Il faudrait donc que ce corps fût avant d'être, qu'il fût cause avant d'être effet, car ce mode du corps humain vivant est déjà sans doute un effet de la vie, du principe vital. Ce principe est donc nécessairement antérieur à l'organisme vivant, et distinct de cet organisme. Barthez reconnaît

(1) *Nouveaux Eléments de la Science de l'homme*, t. I, p. 20-21.
(2) Ibid., p. 27.
(3) Ibid., p. 61, 106.

lui-même que « ce principe existe indépendamment de la mécanique du corps humain et des affections de l'âme pensante. » (1) Ce qui est vrai, en effet.

Voyons maintenant quelles fonctions Barthez attribue au principe vital. Nous savons déjà qu'il incline à n'en admettre qu'un seul, malgré la diversité de ses effets dans les différents organes. Il y a plus : s'il fallait admettre autant de principes vitaux qu'il y a d'organes, à cause de la diversité des fonctions, outre qu'il serait beaucoup plus difficile d'expliquer l'unité harmonique de ces opérations diverses (2), il faudrait supposer encore plusieurs principes pour le même organe, puisque « on peut prouver rigoureusement... que le principe vital de l'homme produit souvent, en même temps et dans un même organe, deux tendances à des fonctions en sens opposés ; tendances dont l'une résiste à l'autre, et en rend manifestement l'effet plus difficile. » (3)

Ce fait remarquable n'est cependant pas pour Barthez une raison suffisante de multiplier les principes vitaux dans l'homme. Pourquoi donc, si rien ne s'oppose à ce que les phénomènes organiques s'expliquent par des fonctions instinctives de l'âme, si une foule de faits tendent à l'établir, pourquoi Barthez admettra-t-il inutilement cette troisième entité, dont il ignore invinciblement la nature, et dont il ne sait pas même si elle existe substantiellement? Il est clair que la logique de Barthez est ici en défaut; en principe il est de l'avis d'Occam et de l'Ecole : *Entia non sunt multiplicanda præter necessitatem;* mais, d'un

(1) *Nouveaux Eléments,* etc., t. I, p. 81.
(2) Ibid., p. 110; t. II, p. 5, 12, 143.
(3) P. 93.

autre côté, grâce à l'idée imparfaite jusqu'à la fausseté qu'il se fait de l'âme et de ses fonctions, erreur qui, du reste, lui est commune avec la presque totalité des physiologistes et même des psychologues, il ne pourra attribuer à l'âme, au moi (je le crois bien!) les opérations de la vie organique. De là la nécessité logique de supposer une autre cause à ces sortes d'effets. Et comme le corps, en tant que corps, n'explique pas davantage ces sortes de phénomènes, Barthez se voit réduit à supposer une cause qui n'est pas plus une des propriétés générales de la matière, une des forces qui les produisent, qu'elle n'est l'âme elle-même, l'âme-moi. Il faut donc qu'elle soit ou une entité distincte, ou une propriété du corps vivant lui-même. Nous avons déjà mis en évidence la contradiction, ou tout au moins l'insuffisance de cette dernière hypothèse.

Mais continuons à montrer, d'après Barthez, quelles sont les fonctions de son principe vital : « Une sorte d'harmonie préétablie entre les affections du principe vital et l'organisation du corps qu'il anime, fait que ce principe essaie, dans les diverses espèces d'animaux, des mouvements relatifs à des organes qui n'existent point encore, ou dont la formation est trop imparfaite. » (1)

Ce qui est vrai, mais ce qui ne prouve pas que, « tandis que les organes ne se perfectionnent et ne se fortifient que par degrés, le principe de la vie soit parfait dans les fonctions génératrices et vitales qu'il exerce dès les premiers temps de la formation de ces orga-

(1) *Nouveaux Eléments*, etc., t. II, p. 101.

nes; » (1) car il peut recevoir, par réaction de l'organisme développé, un surcroît d'énergie.

Barthez ne sachant que penser de la nature du principe vital, n'y voyant que « la cause qui produit tous les phénomènes de la vie dans le corps humain, » (2) inclinant parfois à n'en faire qu'une « faculté innée, ou qui advient au corps animal, » (3) très porté d'autres fois à reconnaître à ce principe une existence distincte de celle du corps qu'il anime (4), ne peut naturellement en affirmer l'immortalité. Elle ne serait possible, en tout cas, et encore n'est-ce là qu'une simple possibilité, qu'autant que le principe vital aurait une existence propre, distincte de celle du corps (5). Mais cette possibilité même disparaît si ce principe n'est qu'une propriété du corps vivant. Il y a plus : c'est qu'en ce cas, suivant Barthez, il peut être attaqué directement par certains poisons (6). L'action directe que Barthez attribuait à ces poisons sur le principe vital, Fizès l'attribue aussi à la fièvre; elle tend directement à la destruction de ce principe (7).

Le grand service de Barthez en physiologie n'est donc pas d'avoir remis en crédit une entité inutile, mais d'avoir fait ressortir jusqu'à la dernière évidence l'impossibilité d'expliquer les phénomènes de la vie par les seules lois de la mécanique, de l'hydraulique et de la

(1) *Nouveaux Eléments*, etc., p. 104.
(2) Ibid., t. I, p. 47.
(3) Ibid., p. 106.
(4) Ibid.
(5) Ibid., t. II, p. 237.
(6) Ibid., p. 198-201.
(7) FIZÈS, *Traité des Fièvres*, 1750.

chimie, ainsi que par les facultés que l'âme exerce et déploie avec intelligence, conscience et volonté (1). Il réfute donc tout à la fois les matérialistes purs et les spiritualistes exclusifs, qui n'ont connu l'âme et ses facultés qu'à demi. Mais lui-même, ne la connaissant pas mieux, imagine faussement, ou du moins sans nécessité, un troisième principe. C'est là son erreur selon nous, l'erreur du vitalisme montépésulien tout entier. Et cette erreur eût pu être évitée s'il eût été bien démontré à ceux qui l'ont commise que l'âme accomplit une foule d'opérations dans l'ordre psychologique, sans intention, sans volonté, sans conscience, sans intelligence préalable. C'est ce que nous avons constaté mille fois dans la première partie de ce travail, la partie dogmatique. Nous avons par là même établi l'importance de la psychologie en physiologie. Nous l'avons établie encore en faisant voir que d'autres faits, des faits physico-psychiques, ne s'expliquent bien que par l'action instinctive de l'âme dans le corps et par le corps. Si nous félicitons Barthez d'être sorti du mécanisme et du solidisme, nous ne pouvons lui faire un mérite de s'être séparé de l'animisme; mais nous convenons que certaines parties de celui de Stahl étaient un peu hasardées. Barthez a, du reste, corrigé le vitalisme de Bordeu lui-même, en n'admettant qu'un seul principe de vie, au lieu d'en admettre autant qu'il y a d'organes.

(1) BAUMÈS, *Eloge de Barthez.*

CHAPITRE II.

Grimaud, Lecat, Cabanis, Virey.

Le stahlien le plus prononcé de l'école de Montpellier, c'est Grimaud. Il vit parfaitement que Stahl se serait arrêté en beau chemin s'il n'eût accordé que la force motrice à l'âme, ce qui n'est pas. Le principe de la vie est un, dit-il, mais il possède deux forces (facultés) distinctes, la force motrice et la force attirante ou digestive. Celle-ci pénètre les masses et change leurs qualités en constitutives. Le principe de la vie ou la nature est présent à toutes les parties du corps, les conserve et les maintient dans l'état de santé par des forces que nous ne pouvons absolument concevoir, et les altère et les corrompt dans l'état de maladie, en les frappant d'un caractère de dégénération ou de dépravation qui n'appartient qu'à lui (1). L'altération ou la maladie est-elle bien un effet de la force vitale? Nous croirions plutôt le contraire, et Stahl n'aurait pas souscrit à cette proposition.

Dans un autre ouvrage, Grimaud s'explique si catégoriquement sur la nature spirituelle du principe vital, qu'il est permis de penser que ce principe était bien à ses yeux un être, et un être spirituel, l'âme (2). Peu

(1) *Leçons de Physiologie*, t. I, p. 325-328.

(2) Les substances les plus vénéneuses perdent leur action et deviennent absolument inertes par l'effet de l'habitude. C'est un fait qui ne peut recevoir aucune explication qu'autant qu'on attribue tous les actes du corps vivant à un principe différent de la matière; car on ne peut pas dire que l'habitude soit une affection de la matière. (*Traité des Fièvres*, 2e éd., t. I, p. 113.)

nous importe, du reste, que la raison sur laquelle il croit devoir fonder son opinion en ce point soit solide ou non.

Le vitalisme professé à Montpellier avec éclat eut ses partisans au dehors, même parmi des médecins ou savants qui n'avaient été initiés à cette doctrine que par des livres, et non par la parole d'autant plus persuasive de maîtres habiles, qu'elle agit sur des esprits non prévenus encore, et pleins de l'ardeur avec laquelle l'imagination et la jeunesse s'attachent à toutes choses. Tel fut, par exemple, le célèbre chirurgien Claude-Nicolas Lecat. Mais ce vitalisme, quoi qu'en dise Roussel, n'est pas « le système le plus simple, le plus vrai, le plus conforme aux faits et le plus orthodoxe, » (1) puisqu'il est encore celui de Montpellier, et qu'il est loin d'avoir, par sa simplicité même, l'étendue et la profondeur de l'animisme péripatéticien et scolastique du moyen âge.

Un stahlien, qui avait sans doute puisé sa doctrine à l'école de Montpellier, où il avait fait des études médicales, Cabanis, semblerait s'écarter beaucoup de l'esprit bien connu de cette doctrine, s'il n'accordait pas à la matière même toutes les facultés réservées au principe vital par ses maîtres. On sait, en effet, que Cabanis, dans ses fameux *Mémoires*, veut tout expliquer, les phénomènes intellectuels et volontaires, comme les organiques et les involontaires, par l'organisme. Et quand on fait attention que le spiritualisme de la plupart des vitalistes de Montpellier, en ce qui regarde le principe vital lui-même, est au moins très suspect ; que celui de Stahl même a

(1) *Système physique et moral de la Femme,* préface. Voir aussi l'*Eloge* d'ALIBERT, par le même.

paru d'autant plus suspect de matérialisme que Stahl traitait cette question de puérilité (*negotium otiosum*), sauf l'inconséquence d'attribuer à la matière ce qui ne peut appartenir qu'à l'esprit, on est moins surpris de voir Cabanis si favorable au vitalisme et à l'école de Montpellier. C'est de l'enthousiasme : « On avait donné le nom d'animistes aux disciples immédiats de Stahl, tels qu'Alberti, Junker, Nenter (Hunter?), etc. Ceux qui depuis ont associé ses vues à celles des solidistes, des chimistes ou même des mécaniciens, tels que Gohl, Gaubius, Sauvages, Robert Whytt, ont reçu le nom de *sémianimistes*. Enfin, des opinions de Stahl et de Van-Helmont, et du solidisme étendu, modifié, corrigé, s'est formée une nouvelle doctrine à laquelle Bordeu, Venel, Lamarre, l'on peut même dire l'école de Montpellier presque entière, ont donné beaucoup d'éclat et de partisans. » (1) — « Agrandie (la doctrine du sémianimisme) depuis ces maîtres célèbres, par les vastes travaux de Barthez ; fortifiée, par ses élèves et ses successeurs, de ce que les découvertes modernes et les progrès des sciences collatérales pouvaient lui fournir de preuves nouvelles ; perfectionnée par l'application des méthodes philosophiques que de bons esprits commencent à porter enfin dans tous les objets de nos études, elle se rapproche de plus en plus de la vérité. Bientôt ce ne sera plus une doctrine particulière ;... en se dépouillant de l'esprit exclusif,... elle deviendra la seule théorie incontestable en médecine. » (2)

(1) *Révolutions de la Médecine*, c. II, § XV. Cf. § XI.

(2) Ibid., § XV; et *Discours d'ouverture du cours sur Hippocrate*, t. 1 de Œuvres complètes, p. 118. Voir aussi *Du Degré de certitude en médecine* Œuv. compl., t. I, § I, p. 423.

On s'étonne davantage que des hommes, qui semblent avoir compris tout ce qu'il y a d'inconnu dans la matière que le vulgaire croit si bien connaître, n'aient pas été plus prononcés en faveur d'un vitalisme plus radical. Cette réflexion nous est suggérée par cette phrase de Georges Cuvier : « Le matérialisme est une hypothèse d'autant plus hasardée, que la philosophie ne peut donner aucune preuve directe de l'existence effective de la matière » (1).

Un savant écrivain, d'une érudition plus curieuse que patiente et approfondie, doué de plus d'imagination et de chaleur de sentiment que de méthode, mais très estimable au fond, Virey, est certainement l'un de ceux qui ont le plus contribué dans notre pays et de nos jours à faire reconnaître à l'âme sur le corps toute son influence véritable. Mais il faut dire, malgré ce qu'il y a d'élevé et de généreux dans sa doctrine, qu'elle tend un peu trop à résoudre ou tout au moins à subordonner le principe vital dans l'homme à je ne sais quelle âme du monde, quelle nature universelle qui, à son tour, semble frayer le chemin au panthéisme. Malgré ce défaut, son livre *De la Puissance vitale* est assurément l'un des plus utiles qu'on puisse lire. On y sent une âme élevée, religieuse, dont la chaleur agrandit la pensée, et qui sait qu'elle prie, qu'elle poétise, qu'elle chante, tout en étudiant laborieusement les phénomènes de la vie et leur cause seconde (2). L'auteur était depuis longtemps préoccupé

(1) *Règne animal*, introd., t. I, p. 45, édit. gr. in-8°.

(2) L'ouvrage intitulé : *De la Puissance vitale considérée dans ses fonctions physiologiques chez l'homme et tous les êtres organisés, avec des recherches sur les forces médicatrices et les moyens de prolonger l'existence*, est de

de ces nobles pensées : déjà dans son *Art de Perfectionner l'Homme* on voit qu'il est vitaliste. « Lors même, dit-il, que nous sommeillons, l'âme veille; elle s'affecte dans les songes, elle travaille sans cesse dans le corps : tantôt elle l'augmente, le répare, l'excite ou l'apaise; tantôt elle le tourmente ou le rend malade, ou bien le purge, le guérit; elle produit ou suspend tout à coup l'écoulement du sang, du lait ou d'autres humeurs; elle fait frissonner, elle échauffe, elle craint ou s'irrite, elle aime ou elle hait. » (1)

On reconnaît bien là les vestiges du stahlisme; mais on regrette que l'auteur fasse de la faculté végétative et de la sensitive des propriétés corporelles, et du principe vital un fluide nerveux sécrété du sang artériel; qu'il admette encore les esprits animaux, et qu'il refuse une âme aux plantes et même aux bêtes; qu'il ne leur accorde qu'une chaleur, un feu subtil, aidés de l'humidité (2), suivant en cela Louis Vivès (3), écrivain célèbre de la renaissance.

Virey, en faisant dépendre du sang le principe vital, se rattache aussi à l'opinion de Jean Hunter. On lit, en effet, dans les œuvres de ce dernier que « si nous n'admettions pas un principe vital du sang, nous aurions agi dans nos investigations comme si nous eussions disséqué un cadavre sans établir aucun rapport entre lui et le corps vivant, ou même sans savoir qu'il avait été doué

1823. L'*Art de perfectionner l'homme* est de 1808. Le premier est devenu plus rare encore que le second.

(1) *Art de perfectionner l'homme*, t. I, p. 5.

(2) Ibid., p. 7-8, 10-17.

(3) *De Anima*, I, ch. dernier.

de vie » (1). Telle semble aussi avoir été la doctrine de Lamure (2).

Le vitalisme de Montpellier s'est soutenu jusqu'à nos jours; il semble même devoir s'étendre, témoin les discussions auxquelles il a donné lieu dans ces derniers temps, discussions qui viennent de se ranimer, et qui ne semblent pas près de finir.

CHAPITRE III.

M. Lordat.

Si nous voulons savoir où en est maintenant cette école, c'est à la doctrine de son plus grand représentant, M. Lordat, que nous devons nous renseigner. Or, de tous les écrits du célèbre docteur que nous pouvons consulter, nous n'en voyons pas de plus propre à nous éclairer que les réponses par lui faites sur ce sujet à l'un de ses amis, M. Gruyer, qui sait poser les questions (3). Nous y lisons que « la force vitale est la puissance qui forme un agrégat vivant, et qui opère dans cet agrégat le phénomène de la vie. Cette force n'est connue que par ses effets. Est-ce une substance, n'en est-ce pas une? C'est ce que M. Lordat n'ose décider. Il inclinerait cependant pour l'affirmative s'il ne craignait cette autre question : Qu'est-ce que cette

(1) Œuvres, t. III, p. 126, trad. nouvelle. — Ap. ALQUIÉ, *Précis de la Doctrine de Montpellier*.
(2) Ibid.
(3) Voir les *Essais philosophiques* de M. GRUYER, t. IV, p. 531-556.

substance devient après la mort? On est si persuadé, dit-il, de l'indéfectibilité des substances! » D'où il paraîtrait que M. Lordat ne partage pas au même degré cette persuasion; ce doute ne ferait pas l'éloge de son ontologie, surtout s'il concevait la substance vitale comme une substance inétendue et indivisible. Mais son ontologie souffre une autre difficulté : c'est qu'il conçoive une cause, une puissance, sans sujet propre, sans substance. Nous trouvons en outre, dans les motifs de la réserve de M. Lordat, une considération peu digne d'un philosophe : Quoi donc! vous hésitez à affirmer la substantialité, c'est-à-dire, après tout, la réalité du principe vital, ou, comme vous l'appelez, de la force vitale, parce que vous pouvez être embarrassé sur la question ultérieure de savoir ce que devient cette force à la mort? Etes-vous donc obligé de le savoir? Et qu'est-ce qui vous empêche de dire comme Barthez, votre illustre maître, qu'elle succombe comme principe de vie sinon comme substance, ou qu' « elle peut passer dans d'autres corps humains et les vivifier par une sorte de métempsychose? » (1) Le disciple et le maître lui-même seraient sans doute moins embarrassés, s'ils n'avaient pas jugé nécessaire d'admettre ce troisième principe d'une nature, d'une existence même si équivoque à leurs propres yeux, et si, à la place d'un vitalisme obscur et plein de difficultés insolubles, ils avaient professé l'animisme.

Et cependant M. Lordat se flatte, peut-être plus qu'il ne conviendrait, même à une méthode irréprochable, d'éviter toute hypothèse. Le vitalisme n'en serait-il pas

(1) *Nouveaux Eléments*, etc., t II, p. 237.

une, et l'une de celles que la saine méthode condamne, puisqu'elle serait inutile si l'on pouvait expliquer les phénomènes de la vie par une fonction instinctive de l'âme pour le moins aussi bien que par un agent moyen dont on ne peut pas même affirmer l'existence, puisqu'on ne peut pas dire si c'est une simple qualité (de l'âme ou du corps sans doute), ou une substance? Pourquoi, par exemple, refuser à l'âme une action directe sur le cerveau, les nerfs, les muscles, etc. (1), si pareille action n'est pas plus concevable de la part du principe vital, et si l'on convient, d'ailleurs, que l'âme l'exerce dans les mouvements volontaires? Si le principe vital est immatériel, s'il est esprit, comment son action directe sur le cerveau, sur l'organisme en général, est-elle plus concevable que celle de l'âme? S'il est matériel, s'il est corps, comment concevoir alors toutes les fonctions pleines d'intelligence et de calcul qu'on lui attribue (2)? Et pourquoi encore le corps lui-même, ou quelqu'une de ses parties, ne suffirait-il pas à expliquer les phénomènes de la vie?

La solution la plus naturelle de toutes ces difficultés, c'est donc que les fonctions attribuées au principe vital appartiennent à l'âme. Peu importe l'antagonisme qu'on signale avec raison entre les phénomènes organiques et les fonctions supérieures de l'âme ; ce n'est là qu'un antagonisme de fonctions, et nullement d'existence ; toutes ces fonctions, malgré leur opposition, sont parfaitement

(1) *Nouveaux Eléments*, etc., p. 536.

(2) N'eût-elle que la mémoire (ibid., p. 540), les sensations, les perceptions, etc., que la mémoire suppose, la force vitale ne pourrait être corporelle.

compatibles dans un même sujet. On retrouve, d'ailleurs, des oppositions analogues entre les facultés de l'âme-moi ; telles sont celles qui existent entre la passivité et l'activité, entre l'activité fatale et l'activité spontanée, entre l'activité spontanée et l'activité réfléchie, entre la sensibilité et l'intelligence, entre les perceptions et les conceptions, entre l'imagination et la raison, etc.

Nous ne comprenons donc point par quelles bonnes raisons l'on pourrait soutenir l'impossibilité que l'âme non pensante encore, mais agissant déjà instinctivement, fût la cause efficiente et seconde de tous les phénomènes organiques dont Dieu seul est la cause première et finale (1).

Il y a peu d'années, M. Lordat est revenu sur une question qui semble avoir le plus occupé sa longue vie, et à laquelle il attache un intérêt supérieur (2). Nous ne pouvons pas dire cependant que ses derniers efforts, en faveur d'une cause si chère, aient été couronnés de succès, et que les difficultés que nous venons de signaler n'existent plus. C'est toujours le même vague sur la nature du fameux principe : « L'idée expérimentale d'une force vitale, principe d'impondérables, divisible, quoique primitivement indivise, unitaire en tant qu'elle est éco-

(1) M. Gruyer, dans une lettre très remarquable, où il pousse à bout le vitalisme, fait très bien ressortir la nécessité de distinguer ici la cause efficiente et la cause finale, et l'impossibilité de faire jouer à un principe vital quelconque le rôle de cause finale sans en faire une autre âme, ou même davantage ; mais il reconnaît également l'impossibilité que l'âme pensante, l'âme-moi, soit cette cause finale dont nous avons besoin (*N. El.*, p. 549-556). Si M. Gruyer avait reconnu plus nettement dans l'âme l'activité efficiente, mais instinctive et spontanée, et dans Dieu la cause finale, nous serions complétement d'accord avec lui.

(2) *Dualité du dynamisme humain*, Montpellier, 1854.

nomiquement harmonique, spontanée, douée de finalité, semble pouvoir être un intermède naturel de deux substances incomparables, incommensurables entre elles. » (1) Est-ce là une définition, une description, une, caractéristique? Je ne sais; mais quoi que ce soit, il est difficile de l'entendre, et de pareilles phrases soulèvent des montagnes de questions, bien loin de préparer la voie à l'aplanissement d'une seule difficulté.

Ce qu'il y a de clair, c'est que la foi de M. Lordat au vitalisme n'a point fléchi, bien que son idée du principe de la vie soit beaucoup plus négative que positive : « La notion que nous avons de la force vitale ne nous présente pas une idée concrète de sa nature. D'après ses effets, elle n'est ni de la matière ni de l'intelligence. » (2)

Il y aurait visiblement trop à dire sur des propositions de ce genre. On peut cependant se demander, en passant, si l'auteur se conçoit bien lorsqu'il parle d'une *notion* qui donne ou ne donne pas une *idée* concrète ou non; lorsqu'il oppose l'*intelligence* à la *matière,* lorsqu'il affirme que les effets du principe vital ne permettent pas de le faire matériel ou spirituel (car c'est sans doute spirituel qu'il veut dire par le mot intelligence)?

Subjugué par l'idée fausse que tous les états et toutes les opérations de l'âme nous sont connus par la confusion de l'âme et du moi, il ne peut logiquement attribuer à l'âme que des opérations dont elle a conscience : « Dans mon moi intellectuel il ne se passe rien, ni sensation, ni conception idéale, ni action, ni opération, ni volonté, ni affection dont je ne puisse conserver l'his-

(1) *Dualité du dynamisme humain,* p. CXLIX et CL.
(2) Ibid., p. CCXVIII.

toire... Rien donc de ce qui se fait dans mon agrégat, sans la volonté et la connaissance de mon sens intime, ne peut être considéré comme un effet de cette âme. Ainsi, ce n'est pas elle qui empêche directement la constitution chimique si putrescible de mes tissus de se décomposer, comme cela se fera un instant après ma mort. » (1) Il attribuera donc ce phénomène à une autre puissance, à la puissance occulte d'un principe vital; principe qui « agit vers un but sans savoir ce qu'il fait. » (2) C'est en vertu de cette puissance que « des femmes accouchent après avoir été pendues; que de jeunes chiens qu'on a décapités portent encore la patte vers le cou. » (3) Cette force vitale est la seule âme que nous ayons, dit-il, jusqu'au moment de la naissance; la seule qu'aient jamais les monstres privés d'encéphale et de tête, les jumeaux inclus appelés fœtus de fœtus (4).

On ne sait pas trop, à ce compte, ce que deviendrait l'âme des fous, des idiots par accident, et quels droits pourraient encore avoir ces malheureux, ainsi que les crétins, dont quelques-uns n'ont point d'intelligence, et possèdent moins d'instinct que les animaux. Dans la pensée de M. Lordat, les animaux semblent avoir quelque chose de plus que le principe vital, c'est-à-dire « une puissance vivante, munie de facultés innées, et douée d'un instinct susceptible de perception et de réaction. » (5) Les animaux seraient-ils donc plus sacrés que

(1) *Dualité du dynamisme humain*, p. 7.
(2) Ibid., p. 1.
(3) Ibid.
(4) Ibid., p. 39-40.
(5) Ibid., p. 28.

de pauvres idiots, ou ces infortunés auraient-ils moins de droits que la brute?

Le dernier mot de M. Lordat sur la nature de son principe vital est, comme on voit, difficile à saisir. L'aurait-il dit dans sa dernière publication? Nous l'y avons cherché vainement : tout ce que nous y avons trouvé de plus précis se réduit aux lignes suivantes, qui ne nous semblent qu'une répétition, plus une comparaison géométrique dont la raison nous échappe : « Pour nous, dit-il, en continuant les recherches de Barthez, le résultat a été que la dissemblance de part et d'autre (entre le principe vital, le corps et l'âme) n'a fait qu'augmenter, et que de jour en jour nous nous rapprochons davantage de la nécessité d'énoncer, sans retenue, que la force vitale n'est décidément ni de la nature du corps, ni de la nature de l'âme pensante, mais qu'elle est entre ces dernières comme une ligne asymptote. » (1)

Ainsi, M. Lordat est de plus en plus pour la différence essentielle du principe vital comparé à la matière et à l'esprit; si bien que ce principelui apparaît en outre comme quelque chose qui n'est ni étendu ni non étendu, ni composé ni simple. Et cependant, malgré cette dissemblance croissante (je prends cette fois l'expression de l'auteur à la lettre), le principe vital se rapproche sans cesse du corps et de l'âme, acquiert chaque jour avec l'un et l'autre un nouveau degré de ressemblance, sans pouvoir jamais atteindre à l'identité de l'une et de l'autre. C'est ainsi, du moins, que nous comprenons l'asymptotisme en question. Mais cette

(1) *Rappel des principes doctrinaux de la constitution de l'homme*, etc., p. 65, in-8°, 1857.

comparaison même, nous ne la discuterons pas ; il aura suffi de la traduire, et nous l'avons fait de la meilleure foi du monde.

Le vitalisme, qui n'est point le patrimoine d'une école ni d'une classe de savants, mais qui est enseigné à Montpellier d'une manière plus systématique et plus consciente que partout ailleurs, à tel point qu'il en est devenu comme une enseigne, ne semble pas devoir succomber de sitôt, sauf, au besoin, à refleurir ailleurs : *Movebo candelabrum.* M. Lordat laissera plus d'un disciple parmi ses jeunes collègues de l'école de Montpellier. Il ne paraît même point, si nous en jugeons par la thèse de M. Jaumes, que ces disciples doivent sortir de la réserve de leurs maîtres, sur la nature du principe vital, tout en se montrant très affirmatifs à d'autres égards : « La cause qui nous fait vivre, y est-il dit, n'est pas l'âme ; elle n'est pas la matière : elle *est ce qu'elle est,* ce qu'indiquent ses expressions phénoménales. On fausse la conception de cette cause quand on veut en savoir davantage. Les hypothèses matérialiste, animiste, panthéiste, sont ainsi écartées d'un seul coup, et la métaphysique médicale est déterminée d'une manière définitive. » — Nous savons ce qu'il faut rabattre de ces dernières assertions.

Sera-t-on plus hardi et plus réservé tout à la fois dans un autre camp de la même armée ? Nous l'ignorons ; mais s'il est permis d'en juger par un écrit tout récent, et qui a été inspiré par les éclatants débats que la question a soulevés naguère, on entendrait le vitalisme dans un sens tellement général, que le pneumatisme d'Athénée, l'archéisme de Van-Helmont, l'animisme de Stahl, y trouveraient aussi leur place à côté du dynamisme vital de Montpellier (1). Et alors le vitalisme serait proprement et généralement le contraire du mécanisme et du matérialisme pur.

Mais au sein même de l'école de Montpellier le vitalisme est loin d'être entendu de la même façon ; Bordeu et Barthez n'étaient pas d'accord sur ce point. Si M. Lordat diffère à quelques égards de ses deux prédécesseurs, il n'est pas dit que M. Jaumes professera de tous points la même doctrine que son maître ; et déjà, nous n'en pouvons douter, M. Boyer est beaucoup plus animiste ou stahlien que vitaliste à la manière de Barthez ou de Lordat (2).

Quoi qu'il en soit de l'accord ou du désaccord des vitalistes entre eux, la grande affaire c'est que la question se pose, qu'elle s'étende, s'agite et prenne rang parmi les opinions qui passionnent, afin qu'elle triomphe ou succombe, suivant qu'elle sera reconnue vraie ou fausse. Déjà on proclame le vitalisme, ailleurs qu'à Montpellier, un véritable système et un système vrai (3). Aux médecins de faire voir l'influence de ce système dans la pratique de leur art, et de montrer, par exemple, que la thérapeutique doit modifier ses procédés, suivant qu'on regarde l'inflammation comme l'exaltation des propriétés

(1) M. Edouard Auber, *Esprit du Vitalisme et de l'Organisme*, p. 19.

(2) Si nous n'avions pas eu l'honneur d'être momentanément collaborateur de M. Boyer dans la publication de la traduction de Stahl par M. le Dr Blondin, nous serions plus à notre aise pour dire tout le bien que nous pensons de ce physiologiste, philosophe et littérateur. Nous ne pouvons pas non plus oublier M. Blondin lui-même, qui, de vitaliste qu'il était d'abord, a passé à l'animisme stahlien d'une manière non équivoque.

(3) V. *Arguments, réflexions et commentaires*, etc., Montp., 1858.

vitales, ou qu'avec M. Bérard on veut qu' « il y ait, en outre de cet état, une modification propre ; que la douleur de l'inflammation ne soit pas une simple augmentation de la sensibilité physiologique (normale ?), mais un mode différent, un mode qui lui soit évidemment opposé pour la conscience et le sens commun ; » (1) aux praticiens expérimentés et qui raisonnent, de prouver, s'il y a lieu, que la pratique doit varier suivant qu'on attribuera l'inflammation, entendue de l'une ou de l'autre de ces deux manières, soit à une propriété physique du corps organisé, soit à l'action d'un principe distinct de ce corps, mais présidant aux phénomènes vitaux qui s'y développent dans l'état de maladie comme dans l'état de santé.

L'âme agissant soit par instinct, soit par réflexion, étant une au fond, et les fonctions de la première espèce devant être plus ou moins énergiques, plus ou moins appropriées à la grande fin qu'elles sont destinées à remplir (la santé et la conservation du corps dans de certaines limites et conditions), suivant que l'âme, qui se connaît et qui connaît ses actes est dans un état plus normal et plus heureux, — comme le témoigne suffisamment la joie et la tristesse, le moral des malades, en un mot, — il nous paraît certain que la pratique médicale sentira d'autant mieux l'importance d'agir sur le physique par le moral, qu'elle sera plus convaincue de l'intime liaison qui existe entre les opérations organiques de l'âme inconsciente, et les états et les opérations de l'âme consciente.

(1) *Appl. anal. méd.*, II, 483.

CHAPITRE IV.

Transition du vitalisme à l'organisme.

§ I.

La vie expliquée par la vie même.

Plusieurs physiologistes, au nombre desquels sont plus particulièrement : 1° les organiciens, qui dissimulent leur matérialisme ; 2° les empiriques, qui ne veulent point sortir de l'observation pure et simple des faits, comme si les faits ne devaient pas avoir leur raison d'être ou leurs causes; 3° les réalistes, qui prennent les phénomènes pour des réalités, les propriétés pour des substances, croient pouvoir se dispenser de sortir de la sphère du visible pour en rendre raison. Ils oublient que le visible nous force à reconnaître l'invisible, et que l'invisible seul explique le visible; ou bien que si l'on renonce à toute explication de ce genre, plus rien au monde n'est intelligible : il n'y a plus aucune différence entre la perception de l'animal et celle de l'homme; il n'y a plus de connaissance, parce qu'il n'y a plus de pensée; tout se réduit à des sensations et à des perceptions confuses, où l'esprit ne démêle absolument rien, ne saisit rien, ne met rien, ne pense rien. Dans cette manière de voir, la nature visible est l'alpha et l'oméga, elle s'explique elle-même, elle est tout à la fois cause et effet. A ce dernier système appartiennent les *Lettres sur le vitalisme* de M. le docteur Chauffard, médecin en chef des hôpitaux d'Avignon, qui professe un vitalisme plus déterminé que celui de M. Lordat. Il n'admet point de *principe* vital distinct du corps organisé, quoiqu'il reconnaisse une *force* vitale, qu'il fait consister dans la vie elle-même considérée comme un fait primitif, mais inséparable de l'organisme. C'est ce qu'il cherche à faire comprendre par la comparaison suivante : « Il n'y a pas plus, dit-il, d'attraction ou force attractive distincte et séparée des corps, qu'il n'y a de vie ou de force vitale séparée de l'être vivant. Ainsi, attraction et force attractive sont identiques, comme vie et force vitale. » (P. 115.)

Nous ne croyons pas nécessaire d'aller plus avant dans l'analyse de cette doctrine pour être en droit d'en apprécier la valeur.

Puisque, dans ce système, les phénomènes de l'organisme sont les produits de la vie, que la vie elle-même est une force, et que cette force est inhérente à la matière, si rien de tout cela ne peut se soutenir, le système lui-même doit succomber.

Or, 1° nous ne connaissons de la vie, d'une connaissance perceptive, que les phénomènes par lesquels elle se manifeste dans les corps vivants. La cause efficiente, immédiate de ces phénomènes est précisément ce qu'on peut, dans tous les systèmes, appeler principe de vie, mais ce qu'on ne connaît pas autrement jusque là, et qu'on voudrait cependant connaître. Il est certain d'abord que la vie, comme phénomène, comme effet, comme organisation vivante, ne peut être cause de cette organisation, de cet effet, de ce phénomène ; pas plus qu'une chose en général ne peut être cause d'elle-même ; pas plus qu'un phénomène quelconque, une forme visible, ne peut en général être une cause, c'est-à-dire une substance agissante.

Voilà donc un sens suivant lequel la vie ne peut être le principe de la vie : c'est lorsqu'on entend par le mot vie, les manifestations mêmes du principe de la vie.

2° Si par vie nous entendons maintenant la cause naturelle, immédiate, individuelle ou déterminée des phénomènes organiques dans tout corps vivant, sans doute il y a là une cause agissante. Mais, outre que cette cause peut être la cause première, et non point une cause créée, il reste toujours à savoir, dans le cas où cette force serait une cause seconde ou créée, si elle est matérielle ou spirituelle ; et si, étant l'une ou l'autre, elle est distincte de la matière qui constitue le corps organisé qu'elle anime, ou de l'esprit qui se manifeste par des opérations d'un autre ordre dans certains corps vivants.

Or, nous mettons en principe : 1° qu'il n'y a pas de changements, de transformations, de combinaisons nouvelles, de compositions ou de décompositions qui ne supposent une cause ; 2° qu'il n'y a pas de cause qui ne soit un agent ; 3° qu'il n'y a pas d'agent qui ne soit substantiel ou réel ; 4° qu'un simple mode, une simple manière d'être d'une chose, qu'elle soit sensible ou intelligible, est sans réalité propre, sans énergie quelconque, et ne peut être cause de rien.

Et comme, d'un autre côté, la notion de *force*, dont on a par parenthèse fort abusé, et dont on abuse encore tous les jours, n'est pas autre chose que la notion de *cause*, plus celle d'*effort*, qui suppose à son tour celle de *résistance*, il s'ensuit : 1° qu'il n'y a pas plus de force générale que de cause générale ; que toute force est individuelle; 2° qu'il n'y a pas plus de force sans réalité substantielle propre, que de cause qui ne soit pas un agent déterminé. En d'autres termes, il n'y a pas de force sans sujet fort.

La force n'est donc pas quelque chose qui existe en soi; la force ne peut être que l'attribut de quelque substance. De plus, cet attribut est essentiellement de l'ordre intelligible pur. Nul n'a jamais ni vu ni senti une force quelconque; on ne peut voir ou sentir que des phénomènes, des efforts organiques ou autres, mais jamais des causes en soi ou dans leur essence, puisque cette essence est ce qu'il y a de plus intime dans les agents causateurs, ce qu'il y a d'absolu, d'*in se*, tandis que tout ce qui se perçoit, par cela seul qu'il se perçoit, et dans la mesure même où il est perçu, est nécessairement une manière d'être relative et non une réalité, un attribut et non un sujet, un accident et non une substance, un phénomène et non un noumène, un rapport et non une entité, une relation et non un terme, une apparence et non une réalité.

Dire que la vie considérée dans sa cause est une force, c'est donc dire que c'est une cause, ce qui est très vrai. Ajouter que cette force est inséparable de son effet, c'est vrai encore, en ce sens que l'agent est partout où son action se manifeste. Mais si l'on voulait dire par là que cet agent comme sujet produit, partout, et toujours, et nécessairement, son action, la thèse ne serait pas aussi évidente. Tout effet suppose bien un sujet qui le produit, une cause qui le réalise; mais la réciproque n'est pas vraie : beaucoup d'agents n'agissent pas toujours; il peut se faire qu'ils ne se trouvent pas dans les circonstances favorables pour produire leurs effets ; ou, s'ils sont libres, qu'ils manquent de la volonté à cet effet.

Il n'y a donc pas de liaison nécessaire en tout sens, ou absolument entre un principe de vie et la vie réelle. Un principe de vie n'est donc pas essentiellement inséparable d'un organisme, dont il peut être cause, quoique tout organisme soit inséparable d'un principe de vie dont il relève. Ce qu'il y a de nécessaire dans un principe de vie, ce n'est donc pas la production actuelle et constante de la vie, mais seulement la faculté de la produire.

Ainsi :

1° La vie comme cause de l'organisme n'est point essentiellement inhérente à l'organisme;

2° Elle est moins encore l'organisme même, qui est, au contraire, son effet ;

3° Elle est antérieure logiquement et chronologiquement à cet effet ;

4° Cet effet, l'organisme, n'est point naturel, primitif, puisqu'il a une cause seconde ;

5° Ce n'est pas l'organisme, ou la vie comme effet, qui est primitif dans la nature, mais bien la cause seconde ou créée de la vie, le principe de vie proprement dit.

Il nous reste à prouver :

6° Que le principe vital ne peut être une force corporelle d'un corps organisé ou non.

En effet :

1° Le principe naturel de la vie d'un corps organisé ne peut être une force de ce corps même organisé : autrement, l'organisation de ce corps serait tout à la fois cause et effet d'elle-même. Ce qui implique contradiction.

2° La chose est impossible encore parce que l'organisation est un effet, et, comme tel, un simple phénomène, un état sensible qui n'est point en soi, qui, dès lors, ne peut pas être une cause, ni par conséquent une force.

3° Le principe vital ne peut être une force d'un corps organisé quelconque, par la raison que les corps ne seraient organisés que par des forces qui ne seraient pas l'effet, mais bien le principe de l'organisation, et qu'elles devraient résider dans les corps, comme corps en général; que les corps en général, comme tels, leurs propriétés essentielles n'expliquent nullement les merveilles de l'organisation; que leurs propriétés, purement mécaniques, ne rendent pas raison des mille mouvements intestins des corps organisés; que si des propriétés organisatrices étaient inhérentes au corps comme corps, tous les corps devraient être organisés.

4° Le principe vital ne peut donc pas être non plus une propriété essentielle des corps en général.

5° Il n'en peut pas être une propriété accidentelle. D'où lui viendrait-elle? Et comment pourrait-elle agir sans être un sujet substantiel? Et comment concevoir un sujet substantiel qui surviendrait dans un autre, qui n'en serait qu'un mode? Il y a là un abîme de contradictions.

En thèse générale : une force n'est qu'un sujet fort, ou c'est une vaine et impuissante abstraction. Or, un sujet matériel doué de force, un agent corporel, n'est qu'un corps agissant, à moins de concevoir deux sujets en un seul, deux substances matérielles n'en formant qu'une seule, ou deux substances de natures diverses ne formant plus par leur réunion qu'un sujet d'une seule nature, de nature matérielle; ce qui implique.

Quant à la comparaison établie entre la force vitale et la force attractive, elle nous semble d'autant plus malheureuse que la force attractive est pour le moins aussi incertaine que la force vitale elle-même. Ce serait donc expliquer l'inconnu par l'inconnu. Rien, d'ailleurs, ne prouve que la cause, très certaine cependant, de l'attraction ne soit un principe distinct des corps attirés. Cela est si vrai, que la notion de corps est aussi ancienne que l'humanité, et que la notion d'attraction est récente. Celle-ci ne fait donc point partie essentielle de celle-là. L'attraction, comme cause, ne nous est donc pas démontrée faire partie des corps. Elle peut donc, quoi qu'en dise M. Chauffard, consister en un principe substantiel distinct de la matière, quoique uni à la matière. On ne peut dire non plus que l'attraction et la force attractive sont identiques, qu'à la condition d'entendre par l'attraction la cause attractive. Ce qui revient à reconnaître une cause inconnue à un effet connu.

Ainsi donc, un principe de vie, une force vitale distincte de la vie comme effet, peut être uni au corps, comme l'âme elle-même, comme le principe attractif encore. Et dès lors l'exemple pris de l'attraction ne prouve rien de ce qu'on voulait prouver.

Nous ne pouvons donc admettre la théorie vitaliste de M. Chauffard. On en trouvera une exposition et une réfutation plus circonstanciées dans l'opuscule de M. Gruyer intitulé : *Analyse critique des Lettres sur le vitalisme de M. le docteur P.-E. Chauffard.*

§ II.

La vie expliquée par le fluide électro-nerveux.

Suivant quelques-uns, l'âme aurait bien une certaine action dans la vie organique ; mais cette action ne serait pas immédiate : ce serait celle d'un architecte qui dirige des ouvriers, des agents inférieurs moins habiles que lui ; celle d'un moteur spirituel qui transmet, avec ses idées et ses intentions, ses volontés mêmes. L'agent véritable, l'agent immédiat, la cause efficiente propre de la vie, ne serait donc pas l'âme, mais une certaine force immatérielle déjà, quoique pas spirituelle encore, le fluide électro-nerveux, enfin. C'est ainsi que M. le docteur Murat, par exemple, conçoit le rôle de l'âme et de l'électricité dans les phénomènes de la vie. D'autres accorderont plus à l'âme, de manière à faire d'elle la véritable cause efficiente, et de l'électricité une cause instrumentale. D'autres, au contraire, accorderont davantage à l'électricité, et mettront peut-être complétement à l'écart la direction de l'âme, et tendront à expliquer la vie par les seules propriétés de la matière pondérable ou impondérable. Ce sont là des nuances dont les extrêmes limites sont marquées par l'animisme et le matérialisme.

On comprend que nous ne pouvons les considérer toutes en détail ; elles peuvent varier à l'indéfini. Nous considérerons uniquement celle qui vient d'être formulée en dernier lieu. Suivant cette manière de concevoir la vie, l'âme, en sa qualité de directrice de l'électricité nerveuse, procéderait avec connaissance de cause et volonté ; ce qui fait rentrer ce système dans le stahlisme, et dans la partie la plus insoutenable de ce système. D'un autre côté, le fluide électro-nerveux recevrait les idées et les volontés de l'âme ; ce qui en fait un agent doué d'une certaine intelligence et d'une certaine volonté, quoiqu'on ne dise pas qu'il soit doué de conscience, et qu'on semble même lui refuser le caractère de la spiritualité, tout en prétendant qu'il est immatériel. Par ce côté-là on cesse d'être stahlien, on tombe dans le vitalisme nébuleux de Montpellier. Ce système semble donc avoir le double tort de réunir ce qu'il y a de plus insoutenable dans le stahlianisme et le barthezianisme. Il a été exposé dans la *Revue médicale* (fév. 1859). Nous croyons en avoir fidèlement analysé l'esprit dans les quelques lignes qui précèdent. En voici la lettre; nous n'en reproduisons que les passages essentiels :

« Dans l'acte de la conception, l'âme pénètre la pe-
« tite masse amorphe, qui, sous l'influence nerveuse et
« fécondante du sperme, reçoit l'aptitude au développe-
« ment du type animal dont elle renferme ou possède
« la notion. Dès cet instant elle entre en fonction, et
« dirige l'action de l'agent vital, organique et non or-
« ganisateur, en un mot de la force nerveuse, ou élec-
« tro-nerveuse, pour prévenir l'erreur où pourrait con-
« duire l'admission d'une seconde force de la vie. »

Voici maintenant mes réflexions :

1° L'âme, pour pénétrer la petite masse amorphe, a-t-elle besoin du fluide électrique? Si elle n'en a pas besoin, comme il paraît bien, pourquoi lui serait-il nécessaire dans ses autres rapports avec le corps?

2° Comprend-on bien l'influence nerveuse du sperme? Le sperme est-il de nature nerveuse ?

3° Fût-il de nature nerveuse, quel rapport bien compris y a-t-il entre son action sur la masse amorphe et l'aptitude qu'en recevrait cette masse à se développer?

4° Ne confondrait-on pas, d'ailleurs, l'*organisation* d'une masse considérée comme matière première, avec le *développement* d'une organisation déjà faite?

5° D'où viendrait l'organisation qui précéderait le développement sous l'influence du sperme? Si c'est de l'action toute mécanique ou physique d'un corps, évidemment l'âme n'a que faire ici? Si c'est de l'âme, agissant ou non avec un instrument corporel, pourquoi ne pas le dire?

Mais si elle agit avec un instrument corporel, quel est cet instrument?

Comment peut-elle agir sur cet instrument sans intermédiaire?

S'il lui faut un intermédiaire, physique encore, pour avoir quelque prise sur la masse amorphe, pourquoi ne lui en faudrait-il pas un second pour s'emparer de cet instrument et le manier; pourquoi pas un troisième, et ainsi de suite à l'infini?

Si, au contraire, elle peut agir par elle-même sur cet instrument corporel, à quoi bon cet instrument pour concevoir l'action de l'âme sur le corps?

6° Qu'est-ce que l'aptitude au développement d'un type animal dans une masse amorphe, sinon la propriété de pouvoir servir de matériaux à l'organisation, ou plutôt la susceptibilité de pouvoir être organisée? Or, tous les éléments reconnus par la chimie organique sont par eux-mêmes dans ce cas, et n'ont aucun besoin de l'action du fluide spermatique pour faire partie de la cellule primordiale, du germe ou de l'ovule, pas plus qu'ils n'ont besoin de cette influence pour s'assimiler plus tard l'oxigène, l'hydrogène, le carbone, l'azote, etc.

Ainsi, l'organisation première dans le germe végétal ou animal, son développement ultérieur, son entretien ou sa réparation, n'ont pas besoin de l'action du sperme.

7° Ce n'est pas tout : comment cette masse amorphe peut-elle, si elle est amorphe, si elle est matérielle, renfermer la notion d'un type quelconque? La matière, la matière inorganisée renfermer une notion ! J'avoue que ce langage me semble étrange.

8° L'âme, agissant instinctivement, pourrait tout au plus avoir la notion dont on parle; c'était l'hypothèse à l'aide de laquelle Cuvier cherchait à expliquer les opérations instinctives des animaux. Il faut donc renoncer à la notion, ou la placer dans l'âme, et, dès lors, remplacer l'action nerveuse ou fécondante du sperme par l'action de l'âme.

9° Nous concevons très bien l'embarras où l'on se trouve : il s'agit, en effet, d'organiser une matière suivant un type, de la disposer de manière à réaliser l'une de ces mille et mille combinaisons particulières qui semblent jetées chacune à un même moule, et qui portent par cela seul un caractère d'identité propre à faire ranger tous les individus qui en sont marqués dans une même catégorie qu'on appelle espèce.

Pour résoudre ce problème, il faut donc : 1° un type, 2° de la matière, 3° un agent ou une force.

Si l'on isole le type d'avec l'agent vital, il sera comme

non avenu; l'agent ne le connaissant point, ou plutôt ne l'ayant pas pour loi de son mouvement, ne pourra pas plus le réaliser que ne pourrait le faire un mobile sans règle, un mouvement abandonné au hasard.

Si l'on met le type en question dans la matière organisable, mais privée de mouvement, elle sera doublement susceptible d'être organisée : d'abord à titre de matériaux pouvant servir à l'organisation ; ensuite comme matériaux porteurs du type en question, ou de la notion qui le représente quand il est encore à réaliser; ou bien, enfin, pour ne pas mettre la pensée dans la matière, comme matériaux susceptibles de prendre telle ou telle disposition, mais qui n'en prendront certainement aucune, parce qu'ils sont, par hypothèse, sans mouvement.

Il faut donc, ou doter cette matière de l'activité, et la faire agir suivant certaines lois dont l'accomplissement amène le type réalisé; ou bien mettre le type dans un moteur distinct de la matière organisable.

Or, on ne peut donner à la matière capable d'entrer dans un corps organisé, le mouvement organisateur, par la double raison que la matière, considérée chimiquement, la matière la plus élémentaire que nous connaissions par l'expérience, n'est pas douée de propriétés vitales, ne possède pas de mouvement organisateur, sans quoi toute matière s'organiserait, et, de plus, parce que, encore bien que l'on pût ramener le mouvement organisateur aux simples mouvements de cohésion ou d'affinité chimiques, ce qui est déjà d'une certaine violence, on n'aurait absolument aucune raison suffisante de la différence des types vivants formés par une matière, qui est la même pour tous les végétaux et pour tous les animaux. Est-il concevable, en effet, que du carbone, de l'hydrogène, de l'oxygène, si parfaitement identiques dans leur état de pureté, se combinent dans une proportion, dans une autre, et cela, non seulement pour produire de simples agrégats, mais pour réaliser une infinité de types plus ou moins gracieux, depuis la vésicule la plus rudimentaire jusqu'à la plante la plus riche de formes et de propriétés? Et notez que je ne parle que du règne végétal. Quelles merveilles incomparablement plus étonnantes ne rencontrons-nous pas dans le règne animal! Et le tout s'expliquerait par l'addition de l'azote aux trois éléments principaux des plantes! par des mouvements chimiques aveugles! Et cette prodigieuse *diversité* n'aurait sa raison d'être que dans l'*unité* de nature la plus stricte que la science puisse donner et la raison concevoir! Cette diversité serait le produit de l'unité rigoureuse d'éléments indécomposables!

Et cependant il faut bien reconnaître que des effets si divers, produits avec la même matière, avec les mêmes éléments chimiques, en fort petit nombre même, doivent avoir une cause. Or, comme cette cause n'est pas le type, qui n'est une notion que pour l'esprit humain, notion qui, d'ailleurs, n'est en aucun cas un être, une substance, une force, et qui, dès lors, ne peut rien expliquer de réel; comme, d'un autre côté, la matière organisable n'explique pas davantage l'organisation où elle entre comme matière pure et simple et nullement comme forme, il faut, de toute nécessité, recourir à une troisième chose.

Or, cette troisième chose, c'est une force active, spirituelle, créée diverse suivant la diversité même des êtres qu'elle est appelée à former. Cette force, qui est individuelle ou propre à chaque être organisé ou organisable, est essentiellement active, comme toute force en général, mais elle n'est essentiellement agissante qu'autant qu'elle se trouve dans des circonstances opportunes. Elle agit, dans chaque espèce, suivant des lois propres : et quoiqu'elle n'ait point de notion à elle connue qu'elle doive réaliser, la loi de son action est telle, néanmoins, qu'elle réalise le type de l'espèce à laquelle elle appartient.

Voilà, ce nous semble, une théorie aussi simple que nécessaire. Nous disons nécessaire, parce qu'elle nous paraît commandée par les faits mêmes qu'elle est destinée à expliquer. Nous croyons la lire dans la nature même; notre explication n'est donc qu'une sorte de traduction presque forcée de ce qui se passe dans le monde vivant, rapprochée des idées fondamentales de l'esprit humain sur le monde, c'est-à-dire de notre manière nécessaire de concevoir la vie en nous et hors de nous.

Continuons :

« Pour moi, ajoute-t-on, il existe une force qui opère « les phénomènes organiques de l'agrégat, et concourt « à la manifestation de ceux qui doivent être spéciale- « ment dits vitaux. Cette force n'est autre que la force « nerveuse, fluide électrique, modifié par la puissance « vivante, et qui doit ou peut être considéré comme « constitué par un principe actif, immatériel par consé- « quent, mais ayant pour support la matière à son état « élémentaire. C'est ce principe d'activité de la ma-

« tière brute, agent de toutes ses transformations, qui, « entrant avec elle dans la sphère de la vie, produit la « constitution organique ou organisée, sous l'impression « et la direction intelligente, quoique inconsciente, de « l'âme. »

Reprenons :

Nul doute qu'il n'existe une cause, c'est-à-dire un agent qui opère l'agrégation des parties matérielles destinées à former un tout organisé et vivant. — Mais, 1° il ne faut pas confondre un simple agrégat avec un tout organisé ; il y a entre ces deux choses toute la différence d'une concrétion quelconque, où des parties sont simplement adhérentes à d'autres parties, d'un minéral par exemple, avec des organismes, où la disposition des parties est autre, où la force vitale est constamment en action pendant la vie ; où le mouvement de la vie est, en général, incessant (excepté dans les graines qui attendent les conditions extérieures propres à favoriser leur développement, dans les germes de certains animaux, dans les animalcules qui peuvent rester longtemps comme privés de tous leurs mouvements vitaux) ; où les parties sont faites pour le tout, comme le tout pour les parties ; où, par conséquent, il y a solidarité plus ou moins intime entre toutes les parties, c'est-à-dire unité organique ou vivante et d'ensemble, et non seulement unité de masse ou pour les yeux, mais aussi unité interne et de vie pour la pensée, unité qui suppose dès lors un foyer unique de force, un agent indivisible dont le phénomène de l'organisation n'est, dans toutes ses parties, qu'un rayonnement visible. C'est du moins ce qui se passe dans les animaux supérieurs pour les parties de leur corps qu'on appelle nobles, et qui ne peuvent se séparer sans entraîner la perte du sujet.

2° Cette force, qui concourt, dit-on, à la manifestation des phénomènes vitaux, ne serait légitimement admise comme instrument de l'âme qu'à l'une ou à l'autre de ces conditions : ou qu'elle fût reconnue par l'expérience à titre d'instrument, ou qu'elle fût imposée par le raisonnement.

Or, l'expérience n'a pas, que nous sachions, fait sortir le fluide nerveux de l'état d'hypothèse (1), pas plus qu'elle n'a prouvé l'identité d'un fluide quelconque de ce genre avec l'électricité. On a peut-être prouvé l'identité de l'électricité animale avec l'électricité générale ; ce qui est tout autre chose.

De plus, si ce fluide nerveux, cette électricité nerveuse n'était déjà qu'un produit de l'organisation, en le supposant d'ailleurs existant, il ne pourrait, sans cercle vicieux, être donné comme une cause instrumentale de l'organisation même, au moins de l'organisation des nerfs.

Mais si l'âme peut organiser les nerfs sans le fluide électrique, pourquoi ne pourrait-elle pas organiser également d'autres espèces de tissus, pourquoi pas tous?

Il n'y a donc aucune raison, ni expérimentale ni autre, pour admettre ce fluide.

Certes, je ne nie point l'électricité dans le règne animal, pas plus que dans les autres règnes; mais du fait des phénomènes électriques au fait d'une force propre

(1) Voir l'ouvr. de M. Longet sur le système nerveux.

qui en serait la cause, et dont l'âme se servirait pour produire tous ses effets organiques, il y a loin. D'abord l'électricité, comme cause inconnue des phénomènes connus sous ce nom, est-elle une substance distincte de la substance matérielle même dans les corps, ou n'en est-elle qu'une propriété? Si elle n'en est qu'une propriété, elle n'est pas une force, un agent; c'est la matière qui est cet agent, cette force : il n'y a pas de force, en effet, sans sujet fort, comme il n'y a pas de cause sans sujet causateur. On tombe souvent dans une grave erreur à cet égard, en substantifiant de simples qualités, en leur accordant une réalité propre qu'elles n'ont pas. De plus, l'électricité fût-elle un corps à part, distinct de la matière proprement dite des corps où elle opère ses effets, distinct du calorique (qualité ou substance), distinct de la lumière (propriété ou substance encore), il resterait toujours à savoir si elle n'est pas, de même que la matière pondérable, l'étoffe et non l'instrument des corps organisés. Ce qui porterait à le croire, c'est que l'électricité se montre dans tous les règnes, et plus encore dans le règne minéral que dans les deux autres; c'est que dans le règne organique elle n'est point en raison du degré de complexité ou de développement de l'organisme, puisqu'elle n'est nulle part plus abondante que dans certaines espèces de poissons; c'est que cette classe d'animaux semble plutôt devoir ses propriétés électriques à des appareils analogues à une pile de Volta, par conséquent à une certaine disposition de leurs tissus organiques considérés comme corps bruts purs et simples qu'à ces mêmes parties comme corps organisés. C'est qu'enfin ce qu'on appelle l'électricité chez ces animaux, où cet ordre de phénomènes est le plus saillant, n'est en réalité qu'un effet dont la cause pourrait bien encore être inconnue. On n'a pu parvenir jusqu'ici à reconnaître, soit sur des torpilles, soit sur des anguilles de Surinam, aucune trace de tension électrique libre, aucune polarité, aucune attraction ou répulsion des corps légers, ni action sur des électromètres très sensibles, même avec le secours des meilleurs condensateurs, ni, enfin, obtenir aucune charge de bouteilles ou de batteries. H. Davy a aussi expérimenté l'influence des commotions électriques de la torpille sur la décomposition de l'eau et de l'aiguille aimantée. Il a fait passer à plusieurs reprises les coups de l'animal à travers un arc composé de fil d'argent et d'eau, sans pouvoir remarquer la moindre décomposition du liquide. Il a fait également passer plusieurs fois ces mêmes chocs à travers l'arc d'un multiplicateur très sensible, sans obtenir la plus légère déviation de l'aiguille aimantée (1). Il paraît, du reste, que la décharge est une fonction qui s'accomplit volontairement (2); ce qui semblerait indiquer encore que la décharge, ici du moins, est l'effet d'une fonction organique plutôt que sa condition instrumentale. Et comme les nerfs en sont l'instrument, puisque l'effet cesse quand on les coupe, il est assez peu vraisemblable que l'électricité est, à son tour, la condition instrumentale de la formation des nerfs ou de leur action : la même chose serait ainsi la cause instrumentale de sa cause instrumentale. Il faudrait au moins distinguer deux espèces d'électricité, et peut-être revenir au

(1) TIEDLEMANN, *Tr. compl. de physiol.*, t. II, p. 575-576.
(2) Ibid.

galvanisme. Ce qui semble constant, c'est que « l'excitation électrique par les nerfs vivants est un phénomène subordonné à la vie et dépendant des actions de la force nerveuse. » (1) C'est-à-dire que les phénomènes électriques qui se manifestent dans le système nerveux seraient un effet et non une cause de ce système.

3° Après tout, l'électricité fût-elle un instrument de l'âme dans les opérations organisatrices, de développement, de conservation, de médication, de réparation, etc., le système du vitalisme spiritualiste n'en serait pas moins entier, pourvu qu'on ne fît pas de l'électricité une force propre, une cause coefficiente avec l'âme, une cause qui aurait, dès lors, sa spontanéité et sa loi propre. L'essentiel est donc de bien déterminer le rôle de l'électricité par rapport à l'âme.

Or, c'est ce qui ne nous semble pas avoir été fait assez clairement par M. Murat, lorsqu'il fait *modifier* l'électricité par la *puissance vivante;* qu'il la fait *constituer* par un principe actif, immatériel, mais qui aurait pour *support* la matière à son état élémentaire.

Il y a là bien des choses qui demanderaient un éclaircissement, encore bien que l'électricité nerveuse fût par elle-même un agent, et non un simple effet, l'effet d'une cause inconnue. Mais, nous l'avons dit, nous raisonnerons dans l'hypothèse de l'auteur. Alors encore se présentent les difficultés suivantes :

a) Qu'est-ce que la puissance vivante qui modifie l'électricité nerveuse? est-ce l'âme? Alors c'est plus qu'une puissance vivante, c'est une force vivifiante.

(1) TIEDLEMANN, *Tr. complet de physiol.*, t. II, p. 581.

b) Qu'est-ce qui est constitué par le principe actif? est-ce encore le fluide électrique? Il le paraît bien. Mais si c'est le fluide électrique qui est constitué par le principe actif, il n'en est donc pas simplement modifié, il en est créé, car la constitution de quelque chose de simple par sa cause en est la création.

Si cette interprétation est vraie, d'autres difficultés surgissent; et nous appréhendons fort que le rôle de l'âme dans le règne organique en général, dans l'homme en particulier, ne soit tout à fait secondaire, et qu'ainsi M. Murat ne soit bien près d'être un vitaliste à la façon de l'école de Montpellier, avec cette différence, toutefois, que son principe vital, à lui, serait beaucoup plus déterminé, puisqu'il serait le fluide électrique, et que l'âme aurait sur lui une initiative et une direction que ne lui accordent pas au même degré les partisans du vitalisme didynamique.

Et alors :

1° De quel droit faire de la cause des phénomènes électriques un agent à part, distinct de la matière, immatériel par conséquent?

2° Si cet agent est un sujet, une substance immatérielle, il ne peut être, par rapport à la matière, comme l'accident ou la qualité est à la substance; mais il est à la matière comme une substance est à une autre substance : et alors que signifie l'expression que la matière en est le *support?*

3° Si, de plus, le fluide électrique est l'*agent* de toutes les transformations de la matière brute; s'il *produit* la constitution organique; si l'âme ne coopère à cette œuvre que par voie d'*impression* et de *direction* intelligente, il s'ensuit :

a) Que le fluide électrique est la cause efficiente immédiate de la vie phénoménale, de l'organisme vivant, de la vie comme effet;

b) Que l'âme n'en est que la cause médiate, éloignée, impulsive et directrice;

c) Que partout où elle est privée de cet instrument, ou plutôt de cet agent, de cet ouvrier de l'organisation, elle ne peut pas la produire;

d) Que cet agent est bien plus, en effet, qu'un instrument, puisqu'il est actif de sa nature, et qu'il ne lui manque, pour pouvoir accomplir par lui seul toutes les merveilles de la vie organique, que d'avoir un mouvement réglé en conséquence;

e) Que l'*impression* (impulsion?) de l'âme dont on le fait dépendre est inutile, puisqu'il est actif de sa nature;

f) Que la direction même n'est guère plus nécessaire, puisqu'il n'y a pas d'être essentiellement actif qui ne soit naturellement destiné à déployer son activité d'une manière ou d'une autre, et qui ne porte en soi le mode de son action. L'activité sans mode prédéterminé d'action serait une pure abstraction.

Nous venons de chercher à découvrir la pensée de M. Murat et les conséquences qu'elle peut renfermer à son insu. La preuve que nous l'avons bien entendu et que plusieurs, au moins, des conséquences que nous avons dégagées de sa théorie sont bien les siennes, c'est qu'il les avoue. « Selon toutes ces idées, dit-il, l'âme « vivante, quoique principe *impulsif* de tous les actes de

« la vie, n'intervient pas de la même manière dans leur « génération. Elle n'intervient dans les actes organiques « que *médiatement,* et en agissant sur l'*agent* vital, que « j'ai dit entrer nécessairement comme partie intégrante « dans les combinaisons chimico-vitales qu'il opère. »

Si nous demandons maintenant à M. Murat pourquoi cet intermédiaire, en apparence si gratuit, voici ce qu'il répondra : « Comment concevrait-on que le principe « intelligent, *se substituant à la force brutale*, mais « *vitalisée* par son influence, et alors devenue force ner- « veuse ou force vitale, produisît lui-même les combi- « naisons dont je parle? Prétendrait-on qu'*il entre lui-* « *même substantiellement* dans ces combinaisons? Non, « sans doute; cette hypothèse serait par trop absurde. »

C'est donc par suite de l'impossibilité de comprendre l'action immédiate de l'âme sur la matière qu'on imagine l'intermédiaire électrique en question. C'est-à-dire, comme l'a judicieusement remarqué M. Sales-Girons, que M. Murat en est encore à ces idées radicalement fausses des cartésiens, que l'étendue est l'essence des corps, comme la pensée est l'essence des esprits. Dès lors il ne voit pas de rapports possibles entre les deux choses. A quoi nous répondons :

1° Il ne suffit pas, pour déclarer un rapport impossible, de n'en pas voir la possibilité, il faut en voir nettement la répugnance.

Or, pour affirmer l'impossibilité absolue de tout commerce direct entre le corps et l'âme, il faudrait connaître la nature intime des corps et des esprits. Or encore, nous croyons que M. Murat n'en est pas là, et que si par hasard il admettait, comme le fait généralement la philosophie moderne, qu'il y a partout force, dans les corps comme dans les âmes ; s'il était pour le dynamisme et non pour l'atomisme, il serait loin, bien loin de croire à une impossibilité de commerce entre ces deux ordres de choses.

2° D'ailleurs, on lui répondra, quelles que soient ses idées à cet égard, que son moyen ne *moyenne* rien ; s'il est immatériel, et qu'il semble à ce titre pouvoir soutenir des rapports avec l'âme, il n'en peut plus avoir aucun avec le corps, s'il est vrai que des êtres de nature aussi différente que l'esprit et la matière soient entre eux sans commerce possible.

3° Puisqu'on fait entrer l'électricité, l'agent vital, comme partie intégrante dans les combinaisons chimico-vitales qu'il opère, quoiqu'on ait reconnu que cet agent est *actif* et *immatériel*, je ne comprends pas du tout pourquoi l'âme, qui, elle aussi, est immatérielle et active, ne pourrait pas entrer à titre de force, comme un esprit peut le faire, et dès lors substantiellement, dans les combinaisons dont il s'agit. Aurait-on par hasard oublié que le fluide électrique a été appelé un principe actif, immatériel? est-ce que l'âme, d'ailleurs, n'est pas présente au corps? est-ce qu'elle n'en reçoit pas des influences? est-ce qu'elle ne lui en rend pas?

Et si l'agent électrique ne peut faire partie intégrante d'un organisme, s'il est d'une nature homogène avec les autres parties de cet organisme, que devient alors son immatérialité?

Si, au contraire, on lui conserve le caractère immatériel qu'on a bien voulu lui donner, la manière dont il *entre* dans l'organisme, et dont il y tient sa place, dont il en fait partie, n'est plus concevable que figurément. Mais alors pourquoi l'âme n'en ferait-elle pas partie au même titre?

Si, enfin, l'âme ne peut figurer ainsi que dans un organisme tout préparé, ce qui est au moins une question, pourquoi l'organisme ne devrait-il pas également précéder le fluide électro-nerveux?

Et si cependant ce fluide, qui semble n'être qu'un effet de l'organisation, a pourtant une vertu organisatrice, pourquoi l'âme n'aurait-elle pas la même puissance?

On le voit donc, il y a parité.

Plus de droit dès lors de dire, sous forme de conclusion : « L'âme ne peut intervenir dans les phénomènes « de constitution organique, comme dans ceux d'élabo-« rations sécrétoires, digestives, nutritives, qu'en agis-« sant sur l'agent électro-nerveux. »

Nous nions la conclusion, au moins quant à la certitude, puisqu'aucune prémisse ne la motive.

Nous croyons donc que M. Murat se montre trop facile en fait de logique, lorsqu'il ajoute : « Cette manière « de voir, dont les probabilités s'élèvent presque à la « certitude de la vérité, permet de concevoir facilement « et rationnellement la puissance impulsive, mais non « opérante de l'âme, qui *provoque* les phénomènes or-« ganiques. »

Nous ne voyons pas davantage, et par la même raison, « la nécessité d'admettre que l'âme imprime sa vo-« lonté dans son agent vital, pour le forcer à l'action « qu'elle veut, telle par exemple que celle d'opérer la « contraction musculaire, et de la diriger dans le sens

« convenable au but à atteindre; celle encore de re- « cevoir, ou plutôt de représenter les impressions, les « images des objets corporels que la mémoire rappelle, « que l'imagination diversifie à l'infini, et les signes des « objets incorporels qui matérialisent et incarnent les « conceptions, dont alors, et alors seulement, elle a la « conscience rationnelle. »

Que de points nous aurions encore à reprendre en tout cela, si nous ne craignions de fatiguer le lecteur! Mais il faut qu'on nous permette au moins de les signaler.

1° *L'âme qui imprime sa volonté dans son agent* vital! Et l'on nous reproche notre psychologie! et l'on prétend faire de la physiologie! Nous sommes loin de nier l'utilité de la physiologie, normale ou pathologique, et nous croyons en avoir donné la preuve. Mais qu'on nous permette aussi de croire que la psychologie pourrait bien aussi être de quelque utilité pour se comprendre en physiologie, lorsqu'il s'agit de l'âme, de ses opérations et de sa participation aux phénomènes de la vie. Alors au moins on saurait quand on parle au propre ou au figuré; on saurait que l'âme ne peut, à proprement dire, faire passer sa volonté (sa volition, je suppose) dans une autre âme. Ce qui n'est pas esprit peut subir de la part d'un esprit son action, son influence, en recevoir le mouvement, nous ne savons de quelle manière. Mais un esprit qui *connaît* la volonté d'un autre ne peut l'exécuter qu'en se servant de la *sienne* propre. La volonté du premier ne devient pas autrement celle du second.

2° *Pour le forcer à l'action*. Il y aurait donc tendance contraire, résistance dans l'agent vital? Et comment alors cette résistance est-elle vaincue de la part de l'âme? est-ce par la persuasion? l'agent vital serait donc un être raisonnable? Et pourtant ce n'est qu'un fluide électro-nerveux, actif, immatériel. Serait-ce par une sorte de coaction ou de contrainte étrangère à toute persuasion, à tout ce qui est propre à agir sur une volonté qui ne peut être le partage d'un être non raisonnable, quoique l'âme lui imprime sa volonté, ce qui semble bien difficile encore à cet égard? Mais alors cet agent est un fort mauvais serviteur; quoique incapable de volonté par lui-même, il en aurait une cependant, celle de ne pas faire ce qui lui serait prescrit, et ne céderait qu'à la force.

3° Voici bien autre chose : cet agent, qui sans être une âme, est cependant immatériel, mais qui n'est, après tout, qu'un fluide électro-nerveux, est capable de représenter des *impressions, des images d'objets* corporels; et ce qu'il y a de plus merveilleux, c'est qu'en même temps que tout se passe ainsi dans son intérieur, en lui, la mémoire de l'âme reproduit en même temps ces impressions, ces images, et précisément parce que le fluide électro-nerveux vient de fonctionner de la sorte. Je ne sais si c'est là de la physiologie, mais à coup sûr ce n'est pas une psychologie très orthodoxe : confusion des impressions et des images; confusion des images visibles ou proprement dites avec les perceptions de ces images; supposition contradictoire, à savoir que les images étendues ou proprement dites puissent exister dans un être simple ou immatériel; ou, si l'on aime mieux, cette autre supposition contradictoire, à savoir que les images, comme perceptions d'une âme, puissent exister ailleurs que dans une âme ; abîme inaperçu entre la formation de l'image physique dans le fluide électrique, et la formation consécutive de la perception correspondante dans l'âme. Comment en effet l'image dans l'agent deviendrait-elle l'image dans l'âme ? Comment même l'une aurait-elle lieu à la suite de l'autre ? Est-ce par transmission ou de quelque autre manière ? *Quidquid dixeris argumentabor.*

4° Et l'âme qui aurait une conscience *rationnelle!* J'avoue que je ne puis concevoir le sens de ce dernier mot ainsi placé. Toujours de la psychologie, cependant. Mais passons. L'âme aurait donc la conscience rationnelle des conceptions, dès là seulement que le fluide électro-nerveux les aurait matérialisées et incorporées au moyen de signes !

Indépendamment de la confusion qu'on semble faire en prenant les conceptions pour des objets incorporels, deux choses fort différentes, je ne puis admettre que des signes (les signes du langage sans doute), des signes quelconques, empruntent leur qualité de *signes* au fluide électro-nerveux. Pour qu'un phénomène devienne un signe, un signe conventionnel surtout, il faut bien autre chose : il faut des idées, des intentions, dont on ne paraît se douter. Mais, encore que l'opération fût aussi simple qu'on l'imagine, les conceptions, en s'unissant aux signes, gardent leur nature purement intelligible, à moins qu'on ne leur substitue des produits de l'imagination, ce qui n'est plus représenter des conceptions, mais bien les mettre à l'écart. J'avoue, du reste, que le langage sert à fixer la réflexion sur les conceptions de la raison pure, mais je n'admets pas que sans les mots qui les expriment, la raison ne les produise pas ou qu'elle n'en ait pas conscience. S'il en était ainsi, ces sortes de mots, comme signes, seraient encore à inventer; ils n'auraient pas eu de raison d'être.

Enfin, nous ne pouvons nous empêcher de signaler encore la contradiction que nous croyons remarquer entre l'hypothèse de l'immatérialité du fluide électro-nerveux, et le même fluide considéré sous forme de *courant* ou de *nappes*. Nous ne pouvons non plus reconnaître comme un fait *évident,* pas même dans le système de l'atomisme, que la *force matérielle* (élémentaire), support de l'agent électrique, soit divisible. Leibniz n'aurait sans doute pas été plus accessible à cette évidence.

Telles sont les réflexions critiques qui nous ont été suggérées par l'article de M. Murat. On ne discute ainsi que ce qui en vaut la peine; et comme M. Murat n'est pas le seul à faire jouer à l'électricité un rôle qui tendrait à réduire singulièrement celui du principe par excellence de la vie, celui de l'âme, en un mot; comme ce système est même poussé si loin par d'autres que l'âme en deviendrait une hypothèse sans raison suffisante, on comprendra pourquoi nous avons attaché à l'examen de cette doctrine, quoiqu'elle ne soit pas ici destinée à expliquer la vie tout entière, une très grande importance.

CHAPITRE V.

La vie expliquée par l'action de Dieu, ou le théovitalisme avec tendance matérialiste.

M. Gruyer ne se contente pas de battre en brèche le vitalisme de Montpellier. Dans une brochure intitulée : *Coup d'œil sur le vitalisme*, 1858 (1), après avoir de nouveau résumé et apprécié la doctrine de M. Lordat (v. surtout p. 10, 11, 13), il expose lui-même sa doctrine.

Il a cependant cela de commun avec les vitalistes de Montpellier qu'il nie que la vie soit une fonction instinctive de l'âme. Et comme c'est là, dit-il, le caractère du principe vital, il rejette ce mode d'action dans l'âme comme dans le principe vital lui-même (p. 21).

Mais il faudrait, pour pouvoir rejeter cette fonction de l'âme, avoir démontré : 1° que l'âme ne fait rien dans l'organisme ou autrement, sans qu'elle le sache ou qu'elle le veuille ; 2° qu'il est impossible d'admettre en elle une activité analogue à celle de l'instinct des animaux ; 3° que ces actes instinctifs de l'animal sont ou le fruit d'une intelligence et d'une volonté réfléchies, ou l'œuvre immédiate de la cause première ; 4° que quand même tout cela serait reconnu, l'hypothèse d'un principe vital ou celle de l'action immédiate de Dieu serait encore une nécessité logique.

(1) En 1859, il en a fait paraître une seconde, sous ce titre : *Observations sur les doctrines vitalistes de Barthez, de Stahl et de M. Jeannel.*

Or, M. Gruyer, nous l'avons prouvé, ne peut nier des actes spontanés, instinctifs, non éclairés de l'intelligence, non raisonnés, non voulus, non sentis même, dans notre âme.

Il ne peut nier qu'il n'y ait là, selon toutes les apparences les plus vraisemblables, quelque chose de parfaitement analogue aux actes les plus merveilleux de l'animal, aux actes instinctifs.

Il ne peut nier, avec certitude du moins, ni même avec vraisemblance, qu'il y ait dans l'animal une cause secrète, qui tient à la nature de l'animal, faisant partie des lois qui le régissent, et en vertu de laquelle il se conserve lui et son espèce.

Il n'est nullement vraisemblable, si peu que c'est même impossible à beaucoup d'égards, que l'animal fasse toutes ses opérations avec intelligence et volonté réfléchies. Il en accomplit un grand nombre qui vont droit à un but qu'il ne peut vouloir, parce qu'il ne peut le connaître ni *a priori* ni *a posteriori,* puisque l'idée de ce but appartient à l'ordre des notions contingentes, et que, d'autre part, l'animal manque absolument d'une expérience antérieure qui lui permettrait soit la réminiscence et l'association des idées, soit l'analogie ou l'induction.

Admettre que Dieu agit immédiatement dans l'animal, qu'il en dirige tous les mouvements, c'est, d'une part, nier gratuitement une certaine intelligence, une certaine spontanéité dans la brute; c'est nier l'analogie qui existe entre elle et nous; c'est nier en elle l'utilité des sens, puisque Dieu n'en avait pas besoin pour mouvoir ces machines; c'est faire exécuter au Créateur une œuvre sans sagesse, puisqu'elle est superflue, et dès lors contre l'ordre universel de l'appropriation des moyens aux fins. Ici, en effet, les moyens, tout apparents qu'ils sont, n'étaient pas nécessaires, ne sont pas même des moyens : il n'y a ni sensations ni perceptions; ou du moins c'est comme s'il n'y en avait pas, puisqu'elles n'ont aucune influence sur une activité qui n'est elle-même qu'une chimère.

Recourir à l'action immédiate de Dieu pour expliquer les actes instinctifs dans l'animal, ou les phénomènes de la vie dans une espèce d'êtres quelconques, c'est pécher contre l'esprit scientifique, qui, d'après les philosophes mêmes du moyen âge, s'arrête quand il a atteint la dernière cause seconde. Faire intervenir Dieu, c'est, en matière de science, couper le nœud de la difficulté et non le résoudre. C'est ne rien expliquer. C'est tomber dans une sorte de *sophisma pigrum* et de mysticisme aussi opposé à l'esprit et à la méthode scientifiques qu'à la saine logique. Car, dans la recherche scientifique des causes, il faut, pour avoir le droit d'affirmer l'action immédiate de Dieu, non seulement qu'on ignore la cause seconde cherchée, mais encore qu'il soit démontré qu'il n'y en a pas. Autrement, l'ignorance et la superstition pourraient, avec raison, affirmer le merveilleux partout où la nature suffit encore à l'explication des phénomènes. Il n'y aurait pas de lois naturelles, mais seulement des actes divins.

Or, en fait, M. Gruyer n'a pas démontré qu'il n'existe pas, qu'il ne peut pas exister de cause seconde ou naturelle des phénomènes organiques; il n'a pas même démontré l'invraisemblance que l'âme soit précisément cette cause. Donc il ne peut légitimement affirmer que l'organisme soit l'effet immédiat d'une action divine. Sans doute il peut en être ainsi, mais cela ne suffit point; il faut prouver la nécessité qu'il en soit ainsi. Autrement, nous restons dans notre droit d'investigateur en cherchant ici une cause seconde, en l'induisant sur des présomptions nombreuses et fortes. Notre doctrine est donc plus conforme à l'esprit et à la méthode scientifiques.

M. Gruyer est trop pénétré de cette méthode et de cet esprit, il est trop éloigné du mysticisme, pour se payer d'une hypothèse qui exclut tout aperçu scientifique. Aussi suppose-t-il lui-même une cause seconde, qui tiendrait aux propriétés mêmes de la matière.

Après avoir admis comme base des corps une matière élémentaire formée d'atomes indivisibles, simples, quoique étendus (vraisemblablement), de grosseurs et de figures diverses (p. 26); après avoir supposé que toutes les propriétés des corps dérivent de là, ou n'en sont que des effets, l'auteur raisonne ainsi : « Si nous venions à « considérer quelque machine plus ou moins compli- « quée, ingénieuse, résultat de la combinaison des idées « de l'homme, telle qu'une montre à répétition, par « exemple, tout en reconnaissant qu'elle doit avoir une « cause finale en dehors de la matière, qu'elle est l'ou- « vrage d'un être intelligent qui s'est proposé d'avance « un but déterminé, qui, en la construisant, a disposé « ses matériaux de manière à atteindre ce but, en don- « nant ainsi à leur ensemble une propriété finale qu'au- « cun d'eux n'avait séparément, nous serions cepen- « dant forcés de convenir, et l'ouvrier qui l'a faite en

« conviendrait avec nous, qu'elle n'est fondée que sur « les propriétés des différents corps qui en font partie ; « que ceux-ci ne sont que des agrégats d'atomes ; que « leurs propriétés dérivent plus ou moins directement « de celles de ces atomes (y compris ceux du calorique, « si on le conçoit comme un fluide distinct de la matière « propre des corps) ; et que tous les mouvements qui « s'exécutent, que tous les phénomènes qui se passent « dans cette machine n'ont pas, en définitive, d'autres « causes que des actions de la matière sur la matière.— « Or, pourquoi n'en serait-il pas de même des phéno- « mènes vitaux, s'il est vrai, comme je le crois par de « bonnes raisons, que, l'âme mise à part, ainsi qu'elle « doit l'être en effet, les êtres organisés ne sont que « des corps d'une constitution particulière, dont les pro- « priétés et, par suite, les lois doivent être, par là même, « tout autres que celles des corps bruts, et qui, par « conséquent, doivent donner lieu à des phénomènes « tout différents des phénomènes physiques proprement « dits? » (p. 28, 29.)

Telle est la substance de l'hypothèse de M. Gruyer : le reste n'en est que le développement ou l'application (v. en particulier p. 30-33, 35-37, 43 et 52). Il nous suffira de l'examiner pour savoir à quoi nous en tenir sur tout ce qui s'ensuit.

Or, cette hypothèse peut être réduite aux propositions suivantes :

1° On peut comparer l'organisme à une machine, où les forces de la matière et les pièces de la machine sont disposées par l'intelligence humaine de façon à atteindre au but voulu, but qu'aucune des pièces de la machine, aucune des forces matérielles dont elles sont douées n'eût pu atteindre isolément, ou sans la combinaison et la disposition qui résulte de l'intelligence et du travail de l'homme.

2° Les êtres organisés ne sont donc que des corps d'une constitution particulière, dont les propriétés et les lois, par conséquent les phénomènes, doivent être tout autres que les propriétés, les lois et les phénomènes des corps bruts.

3° L'âme, par de bonnes raisons, doit être écartée lorsqu'il s'agit d'expliquer les phénomènes de l'organisation.

La première proposition n'est qu'une hypothèse qui préjuge la question par une comparaison toute gratuite : cette comparaison est donc une pétition de principe.

Elle a un second défaut, c'est d'assimiler le connu, la confection d'une machine par les mains de l'homme, avec la constitution organique des êtres vivants. Le premier terme de la comparaison est connu dans son origine, le second ne l'est pas.

En troisième lieu, cette comparaison pourrait aussi bien être en faveur de notre thèse qu'elle est contre : car, tout en admettant qu'il y a dans l'organisation une donnée matérielle, et une donnée intellectuelle, à savoir le but, nous pouvons dire que le grand ouvrier, après avoir créé la matière et l'esprit, chacun avec ses propriétés et ses lois respectives, voulut, par une disposition logiquement ultérieure, que de ces deux principes, lorsqu'ils devraient constituer un être mixte, le premier subît de la part du second telle ou telle disposition particulière, disposition qui en fait précisément un corps organisé.

4° Faire intervenir Dieu d'une manière immédiate dans la production de chaque être organisé, c'est affirmer ce qui est en question; c'est nier que le monde organique soit pourvu de lois suffisantes pour qu'il puisse durer; c'est pécher contre la méthode scientifique. Cette méthode, plutôt que de recourir à la cause première, qui n'explique rien déterminément parce qu'elle explique tout généralement, s'arrête dans son investigation; c'est faire acte de mysticisme, et non de philosophie ou de science.

5° La comparaison pèche par un autre point : c'est qu'à moins de donner davantage encore à l'hypothèse mystique, il faut nier ce qui paraît assez évident, à savoir, que le monde organique est monté de telle façon que chaque espèce d'être organisé possède en soi, dans les deux éléments qui en constituent le couple sexuel, une vertu de reproduction. Ce qui n'arrive pas aux machines.

6° Il paraît bien certain aussi que les êtres organisés possèdent, à des titres divers, une vertu de conservation, de réparation, de reproduction partielle, renfermée dans une certaine intensité variable suivant les circonstances et les espèces; vertu encore que ne possèdent point les machines, qui ne se réparent point d'elles-mêmes.

7° Toute l'action des machines s'explique par les seules propriétés générales des corps; le plan seul de leurs parties, de leur agencement, du but dernier de leur action, suppose une conception étrangère aux propriétés matérielles. Il n'en est pas de même dans l'organisme : ce n'est pas seulement l'existence de l'individu et de l'espèce, pas seulement même la forme et les propriétés de cet individu, mais c'est encore l'action et le mode d'action de la force vivifiante qui supposent autre chose que des forces purement mécaniques. C'est ce que nous avons vu amplement dans la première partie de ce travail. Aussi M. Gruyer se réfugie-t-il dans l'hypothèse d'une constitution particulière aux corps organisés. C'est sa seconde proposition.

Or, cette proposition, où l'auteur reconnaît que les propriétés, les lois, les phénomènes des corps organisés sont tout autres que les phénomènes, les lois et les propriétés des corps inorganiques, nous l'acceptons jusque là. Mais au lieu d'en conclure, comme l'auteur, que cette triple différence n'est que l'effet d'une constitution particulière aux corps organisés, nous disons que cette constitution elle-même fait déjà partie, et partie essentielle, partie primordiale, originelle, de l'organisation, et que loin d'expliquer les phénomènes de l'organisme, elle n'est elle-même qu'un effet de la force organisatrice.

Or, cet effet, cette constitution particulière, ne peut s'expliquer par les propriétés et les lois générales de la matière. Il faut donc, en cela même, un agent particulier qui en rende compte.

Reste à savoir quel est cet agent. M. Gruyer, qui croit pour de bonnes raisons, dit-il, que ce n'est pas l'âme, et qui, pour de meilleures raisons encore, ne veut pas que ce soit quelque autre agent distinct de l'âme et du corps, est obligé de reconnaître que c'est un agent surnaturel, un esprit étranger au corps organisé, ou Dieu même. Il se prononce pour Dieu. C'est simplifier la question dans un sens, mais c'est la compliquer dans un autre, puisque c'est faire intervenir Dieu dans les détails de la vie, quand il serait possible de faire autrement.

Mais c'est cette possibilité-là même que M. Gruyer n'a pas aperçue. Il croit sans doute avoir reconnu l'impossibilité contraire. En effet, on ne peut faire appel à Dieu, en matière d'explication, qu'après avoir bien certainement épuisé toutes les causes créées possibles. Puisqu'il y a dans le monde un enchaînement de causes secondes, et que plus la science fait de progrès, plus elle se confirme dans la conviction que les phénomènes cosmiques sont dus à des propriétés inhérentes aux principes substantiels qui constituent le fond des choses créées, il serait déraisonnable d'affirmer l'action immédiate de Dieu si l'on n'avait démontré auparavant, clair comme le jour, que son action médiate ou par des causes secondes ne peut expliquer le phénomène. Dans le cas actuel il faudrait donc, avant d'affirmer et pour être en droit d'affirmer l'action immédiate de Dieu dans les phénomènes organiques, avoir démontré que ces phénomènes sont absolument inexplicables par un agent naturel; que l'âme n'est et ne peut être pour rien dans l'organisation de son propre corps, et dans tout ce qui s'y passe; qu'elle en subit l'influence sans pouvoir en exercer aucune sur le corps; ou que si elle agit sur le corps, sur la matière, ce qu'il est difficile de nier, cette action a des bornes parfaitement marquées et assignables, et que ces bornes sont telles qu'aucun phénomène de la vie organique ne peut s'expliquer par l'action de l'âme; que cette action, du moins, ne peut être qu'intelligente et volontaire ou préconçue. Or, M. Gruyer a-t-il démontré tout cela? Nullement. Nous restons donc avec l'union de l'âme et du corps, avec l'influence de l'un sur l'autre, avec l'action spontanée de l'âme sur le corps; action certaine en fait dans une multitude de cas, et qui nous est une raison suffisante de la présumer dans tous les cas analogues. Or, qui dit action spontanée ne dit point action désordonnée; tout mouvement naturel, celui de l'âme comme celui des corps, s'accomplit au contraire suivant des lois, c'est-à-dire suivant des règles : l'action et les modes d'actions sont nécessairement déterminées. Il n'y a de désordonnés que les actes qu'une volonté libre voudrait être tels, et qu'elle produirait en conséquence.

Il nous semble donc que notre thèse n'a subi aucun échec de l'argumentation de M. Gruyer. Ou plutôt, comme il argumente moins contre notre thèse qu'à l'appui de la sienne, son hypothèse nous paraît bien moins naturelle que celle que nous soutenons. Elle nous semble même un peu contradictoire, puisqu'il reconnaît, d'une part, qu'il faut une constitution particulière dans les corps organisés pour produire les phénomènes vitaux, et que « les propriétés vitales des substances organiques, « et par suite leurs fonctions, doivent, en définitive, dé- « river des propriétés premières ou élémentaires de la « matière pondérable et de certains fluides impondé- « rables, s'il en existe de tels, et s'ils contribuent aux « fonctions des organes ou qu'ils interviennent dans la « production des phénomènes vitaux. » (p. 31.)

Que devient ici la comparaison de la machine et de l'ouvrier? L'auteur du monde organique n'interviendrait plus du tout dans le passage des phénomènes de la matière inorganique aux phénomènes vitaux dans les corps organisés; il aurait créé dès le principe dans toute matière une vertu organisatrice, si bien que, si l'on voulait reprendre la comparaison plus haut posée, il faudrait, pour qu'elle fût exacte maintenant, que l'ouvrier pût donner à chacune des pièces de la machine les vertus merveilleuses de s'agencer entre elles, de se mettre en mouvement, de s'arrêter, de se remettre en activité, de se réparer et ainsi de suite. Notons, en effet, que la vie, les phénomènes qui en sont l'expression, les lois suivant lesquelles ils s'accomplissent, les propriétés essentielles qui donnent naissance à ces lois, que tout cela est comme en germe dans la matière : « Il résulte de tout cela que « la vie elle-même, quoiqu'elle n'en soit qu'une consé- « quence très éloignée, existe pourtant en germe dans « l'atome, dans l'une ou l'autre de ses propriétés, par « exemple, soit dans ses affinités générales ou électives, « soit dans quelque propriété inconnue qui ne se mani- « festerait pas dans les corps bruts; ce qui pourrait bien « être, et ce qui n'est pas purement conjectural ni con- « traire à l'observation, puisque dans nos expériences « de cabinet ou de laboratoire, comme de la nature, nous « voyons l'électricité et le galvanisme révéler leur exis- « tence dans certaines substances en contact, tandis qu'on « n'en aperçoit pas la moindre trace dans ces mêmes « substances dès qu'elles se trouvent isolées... J'incline « donc à penser que par elle-même la matière est plas- « tique, qu'elle tend naturellement à s'organiser, comme, « en effet, placée dans des circonstances plus ou moins « favorables par le hasard, elle s'organise jusqu'à un « certain point, tant bien que mal, en essayant au moins « quelques ébauches, tantôt d'une sorte, tantôt d'une « autre. » (p. 31 et 32.)

Ainsi, la machine se construira d'elle-même, je veux dire que les matériaux premiers y suffiront; c'est du moins ce qui devrait être, puisque la matière suffit, lorsqu'elle est placée dans les circonstances propres, pour qu'elle s'organise. On reconnaît cependant « qu'elle n'est « pas capable de produire un premier type, un être ré« gulier, parfait en son genre, dénotant clairement un « but, une fin, une intention marquée...... » pas plus qu' « elle ne formera par elle-même ou sans cause finale « la plus simple des machines employées dans nos arts. » (p. 32.)

On limite donc arbitrairement la vertu organique de la matière; on ne lui accorde qu'une tendance aveugle à l'organisme, quoiqu'on lui accorde la faculté de produire la vie, comme si la vie pouvait exister indépendamment d'un organisme vivant, d'un système de fonctions d'organes, d'appareils, en un mot sans un ensemble merveilleux d'opérations et de moyens appropriés!

Mais si tout cela est nécessaire à la vie, et si la vie est le produit spontané de propriétés purement matérielles, l'explique-t-on par des propriétés purement mécaniques, telles que l'attraction, l'affinité? Pourquoi, dès lors, l'attraction et l'affinité, qui semblent bien être des propriétés générales de la matière, ne produisent-elles pas partout et toujours des êtres organisés et toujours les mêmes, sauf toutefois la différence en degrés? Aussi admet-on quelque autre « propriété inconnue » qui ne se manifesterait pas dans les corps bruts. Mais, ou cette propriété est encore de celles qui n'expliquent point la vie, la vie dans un organisme déterminé, réel, véritable, et alors nous n'avançons point, d'autant moins même que nous sommes tout à fait dans le fictif et l'inconnu ; ou bien, au contraire, nous sortons des propriétés générales de la matière et de leurs effets pour chercher ailleurs la raison de la vie. Dans ce dernier cas nous retrouvons l'ouvrier et la machine. Aussi M. Gruyer ajoute-t-il : « La force vitale des physiologistes peut être « envisagée de deux manières très différentes, qui se « confondent dans leur esprit, et qui, selon moi, doivent « se rapporter à deux êtres distincts, dont l'un, intelli- « gent et véritablement unitaire, ou parfaitement simple, « est la cause intentionnelle de l'organisation, sans être « celle des phénomènes vitaux; dont l'autre, au con- « traire, en est la seule cause, ou, pour mieux dire, l'a- « gent, en ce qu'il est le sujet individuel, mais très com- « plexe de toutes les forces ou propriétés vitales, qui, « passant de la puissance à l'acte, deviennent les causes « efficientes ou productrices de ces phénomènes, en « sorte que le sujet de ces forces, ou le principe vital « considéré sous ce dernier point de vue n'est autre « que l'organisme lui-même. »

Ceci n'est pas médiocrement difficile à concevoir, puisque, pour un effet organique donné à produire, on admet d'une part une cause intentionnelle, ce qui veut dire, sans doute, une cause finale, un but, une idée à réaliser, et d'autre part une cause efficiente, qui réside dans un sujet entièrement différent de la cause finale. Comment l'idée sera-t-elle réalisée par la cause efficiente qui ne la connaît pas, ou comment la cause intentionnelle qui la connaît la réalisera-t-elle si elle n'est pas cause efficiente? Il me semble que, lorsqu'on en est là, on n'a pas trop bonne grâce de s'insurger contre l'hypothèse d'une âme qui agit instinctivement sur la matière, qui l'organise de même, gouverne et entretient de même l'organisme qu'elle anime. Que dire de l'organisme, effet de la vie, qui serait lui-même principe de la vie, au moins pour une part! Aussi M. Gruyer semble-t-il abandonner cette contradiction aux physiologistes qui expliquent la vie par la vie elle-même (p. 35), ou du moins il résout l'organisme, comme cause de la vie, dans un principe organisateur qui « n'est autre que Dieu « (p. 36). Dieu peut et peut seul organiser la matière, « soit directement, soit par l'intermédiaire d'un autre « principe, dont on ne conçoit pas qu'il puisse avoir « besoin. » (p. 43.)

Voilà qui est positif : c'est Dieu qui est le principe de la vie dans tout être organisé? Mais une fois l'organisme donné, il se suffit, il devient principe de vie : « Pourquoi, l'organisme étant donné, quel qu'en soit le principe, chercher hors de l'organisme, de ses lois, des propriétés d'où elles dérivent, des fonctions qu'exécutent les organes en vertu de ces propriétés et de ces lois? » (p. 43.)

En résumé donc, la pensée de M. Gruyer est que : Dieu est le principe organisateur de tous les êtres vivants; lui seul peut organiser la matière; il n'a besoin pour le faire d'aucun autre principe; mais la matière une fois organisée, ou l'organisme une fois établi, il devient à lui seul la raison de toutes les fonctions vitales. Cette explication de la vie organique par des propriétés mécaniques de la matière, ou par des propriétés spéciales qui distingueraient les machines vivantes, et qui seraient une disposition particulière de la création, fait reculer la question au moins jusqu'à Descartes, qui assimilait, lui aussi, les êtres organisés à une horloge, et qui a donné naissance, par cette hypothèse, aux hypothèses subsidiaires de la *prémotion physique*, de l'*assistance*, de l'*occasionalisme*. Celle de M. Gruyer rentre dans celle de la *prémotion;* son langage rappelle si bien celui de Descartes, qu'en relisant celui-ci on croit presque lire celui-là : « Je désire, dit Descartes, que vous considériez que ces fonctions (attribuées à la machine organisée, comme la digestion, la circulation, l'assimilation, la respiration, la veille et le sommeil, les sensations, les perceptions, l'imagination, le souvenir, les appétits, les passions, la locomotion) suivent toutes naturellement en cette machine de la seule disposition de ses organes, ni plus ni moins que font les mouvements d'une horloge ou autre automate de celle de ses contrepoids ou de ses roues; en sorte qu'il ne faut point, à leur occasion, concevoir en elles aucune autre âme végétative ni sensitive, ni aucun autre principe de mouvement et de vie, que son sang et ses esprits agités par la chaleur du feu qui brûle continuellement dans son cœur, et qui n'est point d'autre nature que tous les feux qui sont dans les corps inanimés. » (1)

L'hypothèse de l'action immédiate de Dieu, dans la formation des êtres organisés, est peut-être la plus ancienne de toutes; c'est celle d'un merveilleux constant dans la nature; c'est celle de l'enfance de la civilisation, de la période théocratique; c'est celle des théologiens de tous les temps, qui font de la phy-

(1) V. le *Traité de l'Homme.*

sique avec du surnaturalisme. Mais ce n'est pas d'aujourd'hui non plus qu'elle a été repoussée par tous ceux qui ne voient la science que dans la connaissance des causes secondes et de leur mode d'action. Pour ne parler que d'un seul, Kant, après avoir mis les deux grandes hypothèses en présence, celle d'une forme organisatrice naturelle, et celle d'une force organisatrice surnaturelle; après avoir rejeté comme aussi peu intelligible que la chose même à expliquer les formes internes de Buffon, ou comme des fictions entièrement arbitraires le désir et l'aversion qui porteraient les éléments organiques de la matière à s'unir suivant certaines lois, comme l'avait rêvé Maupertuis; Kant dit avec raison qu'il n'y a pas moins d'arbitraire à soutenir, en face de ces ténébreuses origines, que l'action immédiate de Dieu est là. Pourquoi, dit-il, ne serait-elle pas aussi dans le ferment, qui a la singulière vertu de produire quelque chose de semblable à lui? Or, qui a jamais dit, quoiqu'on ne puisse pas expliquer mécaniquement l'action du ferment, qu'elle est due à un principe surnaturel? (1)

Nous ne voyons pas, en effet, pourquoi Dieu ne serait pas cause unique de tous les phénomènes déterminés qui constituent le monde visible, s'il est cause de quelqu'un d'entre eux. Il faut en venir, avec les occasionalistes et les panthéistes, à nier tout rapport entre le physique et le moral, à affirmer ici et partout l'action de Dieu, ou ne le faire agir directement nulle part.

Il ne nous est pas plus démontré, d'un autre côté,

(1) *Beweisgr. zu einer Demonstration*, etc., p. 225 du t. I des Œuv. compl., éd. Rosenk.

qu'il ne puisse donner à un principe spirituel le pouvoir et le besoin instinctifs d'organiser la matière, qu'il ne nous est démontré qu'il ne puisse donner à l'un des principes qui nous constituent une certaine action sur l'autre. Nier l'un de ces pouvoirs c'est nier l'autre; c'est tomber dans l'occasionalisme, dans le mysticisme, dans le panthéisme. Mais de ce que Dieu peut organiser immédiatement la matière, et qu'il n'a besoin, à cet effet, d'aucun principe, on ne peut pas plus conclure qu'il s'est réservé cette tâche qu'on ne peut affirmer qu'il produit tout ce qui arrive dans le monde, parce qu'il le peut, parce qu'il n'a besoin d'aucun auxiliaire pour tout faire immédiatement. J'en conclus tout au contraire que, pouvant faire par lui seul et directement tout ce qui se fait, et toutefois ne l'accomplissant en général que par des causes secondes, il ne produit de même la vie que par une cause seconde, par un sujet vivifiant; ce sujet, dans l'homme, est incontestablement, pour une multitude de phénomènes organiques mêmes, l'âme. Nous présumons donc que c'est elle encore qui produit immédiatement les autres phénomènes vitaux.

Nous ne pouvons donc pas être touché de cette raison, que « l'âme n'est alors qu'un instrument aveugle « sous la main de Dieu, une superfétation par consé- « quent, un être (à cet égard) complétement inutile » (p. 37). — Toute cause seconde ne serait pas moins inutile.

Quant au sens intime qu'on invoque pour prouver que « si l'âme ne peut pas à volonté produire tel ou tel phé- « nomène vital, elle est bien plus incapable encore, à « titre de cause finale, d'organiser le corps qu'elle

« anime » (p. 37), nous savons, au contraire, par le sens intime et le raisonnement : 1° que l'âme produit volontairement une foule de phénomènes vitaux ; 2° qu'elle en produit spontanément, aveuglément une foule d'autres non moins merveilleux ; 3° qu'elle a même produit, dans le principe, sans le savoir et sans le vouloir, tous les phénomènes qu'elle a depuis reproduits avec intelligence et volonté ; 4° qu'il n'y a pas lieu de raisonner *a fortiori* de l'impossibilité où elle est de produire avec volonté et intelligence certains actes vitaux, à l'impuissance de les produire autrement ou par une vertu instinctive ; 5° que l'analogie nous autorise, au contraire, à penser tout différemment.

Si maintenant nous étions obligé de classer M. Gruyer, il nous semble que sa place serait parmi ceux qui croient la matière susceptible de propriétés vitales, c'est-à-dire parmi les matérialistes. Mais son matérialisme suppose un Dieu, créateur de la matière et de ses propriétés. Il n'exclut pas non plus un principe distinct de la matière, et dont le rôle est de penser. Seulement, on ne voit plus ici bien clairement pourquoi la matière ne pourrait pas être douée de la pensée comme elle l'est de la faculté vitale, et le spiritualisme de M. Gruyer ne paraît pas plus nécessaire que celui de Locke.

En deux mots : le théovitalisme est certainement une hypothèse possible ; mais comme c'est une hypothèse qui sort de l'ordre naturel, il ne suffit pas qu'elle soit possible pour être admissible, il faut, de plus, qu'elle soit nécessaire : c'est-à-dire qu'il faut être dans l'impossibilité absolue d'expliquer la vie par des causes secondes pour l'attribuer immédiatement à l'action de Dieu.

Autrement, on mettrait Dieu partout; il serait la cause unique; aucune force naturelle ne serait admissible. C'est l'hypothèse panthéiste. Mais M. Gruyer n'est point panthéiste, et, loin de nier les causes secondes, les forces naturelles, il accorderait plutôt à la matière une vertu organisatrice. Mais ce n'est là qu'une hypothèse sans fondement, contredite même par la distinction généralement reçue, et fondée sur l'observation, entre les propriétés générales des corps et les propriétés organiques. Et comme il faut une raison à ces dernières il nous semble infiniment plus naturel de l'attribuer à une force, à un sujet spécial, qu'à la matière, qui, comme simple matière, ne paraît rien contenir de semblable. D'ailleurs, s'entend-on bien quand on parle d'ajouter des propriétés à la matière? Ne serait-ce pas là une nouvelle création, l'addition d'une force à une autre, d'un sujet à un autre, d'une essence à une autre, etc.? Et, dès lors, en quoi diffère-t-on des vitalistes ou des animistes? Nous n'insistons pas; nous tomberions dans des redites.

L'étendue de ces réflexions s'explique par l'importance de l'homme qui les a fait naître. De tous les systèmes que nous avons passés en revue, celui de M. Gruyer est assurément le plus spécieux et le plus habilement présenté. En lui rendant cet hommage, nous sommes d'autant moins suspect de flatterie, que nous avons examiné ses conceptions de plus près, et avec toute la rigueur qu'impose la religion de la vérité, mêlée aux égards nécessaires pour l'homme, pour le penseur plein de droiture et de désintéressement.

CHAPITRE VI.

Le vitalisme à Paris.

On a beau se raidir à Paris, et vouloir se renfermer dans un *organicisme* comme dans une forteresse inexpugnable : l'ennemi est dans la place. Les débats qui se sont élevés, il y a quelques années, au sein de l'Académie de médecine, qui ont retenti longtemps dans les journaux, qui ont pris la forme de livres, et qui partout se sont montrés fort animés, prouvent suffisamment que le vieux matérialisme de l'école de Paris a fait son temps. Je ne citerai pas tous les noms qui ont pris couleur dans cette querelle; je ne prétends même pas donner tous les plus importants; mais personne ne trouvera mauvais, je pense, que je décline ceux de MM. Cerise, Guyot, Ed. Auber, Parchappe, Am. Latour, Blaud, Bouillaud, Piorry, Prosper Lucas, etc.

Ne pouvant reproduire en entier le mouvement doctrinal du vitalisme parisien, je demanderai la permission d'en reproduire au moins deux fragments : l'un, qui date de loin déjà, mais qui est d'autant plus important à remarquer, qu'il a obtenu en 1842 les suffrages de l'Académie de médecine, nous voulons parler du livre de M. le docteur Cerise sur *les Fonctions et les Maladies nerveuses;* l'autre, qui est presque de notre temps, et qui se compose d'une série d'articles dans un journal de médecine fort répandu (1).

(1) *Union médicale*, 1855, t. IX, n. 75-77.

Nous remarquons dans le livre de M. Cerise quelques faits bien propres à établir l'action de l'âme, de l'âme pensante même, sur les fonctions organiques les plus indispensables, sans qu'il soit d'ailleurs nécessaire de recourir à un principe intermédiaire.

Ainsi : 1° l'enfant ne porte ses aliments à sa bouche que s'il a appris à le faire (1). — 2° L'expectoration et la mastication exigent également une sorte d'apprentissage. — 3° Les perceptions, les imaginations influent puissamment sur les phénomènes de la vie organique ou végétative, et réciproquement. — 4° L'apparition des règles, plus précoce chez les jeunes filles dont l'intelligence a été cultivée de bonne heure que chez celles de condition inférieure. — 5° Une plus grande sensibilité physique chez les sujets dont l'intelligence est plus développée. — 6° L'absence de la manie ou de la folie agitée chez les sourds-muets, chez ceux-là surtout dont l'éducation a été négligée, parce qu'ils manquent d'idées et de sentiments pour produire ce phénomène physiologique. — 7° L'idiotie qui se développe chez les crétins, à mesure que les instincts disparaissent d'ordinaire pour faire place à une intelligence qui, cette fois, ne vient pas. L'idiotie est telle alors, que ces infortunés n'ont pas même l'instinct de rentrer dans leur bouche leur langue assaillie par les mouches, ni l'instinct de la satiété, ne refusant jamais d'avaler la bouillie qu'on leur met dans la bouche, ni celui de la propriété relative à

(1) Il y a des exceptions; nous avons vu un enfant, le jour même de sa naissance, prendre à deux mains un verre qu'on portait à sa bouche. Il est vrai qu'il ne l'y porta pas lui-même.

l'excrétion des aliments, ni celui d'expectorer les mucosités qui encombrent les bronches (1).

Le vitalisme de M. Cerise n'est pas l'animisme que nous professons; mais ce n'est pas non plus, tant s'en faut, l'organicisme (2). Il en est de même du vitalisme de M. Guyot.

M. Jules Guyot tient une sorte de milieu entre l'école de Montpellier et celle de Paris. D'une part, il admet un principe vital, qui est plutôt une propriété du corps que le corps même; d'autre part, il reconnaît l'existence d'un principe spirituel. « L'homme, dit-il, est doué d'un esprit différent de la matière et supérieur à elle... L'homme seul pouvant comprendre le principe de la vie matérielle, lui seul possède un principe spirituel étranger et supérieur au principe vital... Je suis arrivé à reconnaître la nécessité de l'existence d'un principe spirituel en constatant l'existence et la matérialité du principe vital, le dernier et le plus sublime principe des combinaisons et des propriétés de la matière. » (3)

Ainsi, M. Jules Guyot n'est spiritualiste que parce qu'il ne peut expliquer la connaissance du principe vital par le principe vital lui-même, qui est matériel.

On se demande tout d'abord si le principe vital, qui est doué d'activité, qui agit avec ordre, avec intelligence, qui est une force, une cause enfin, est bien

(1) *Des fonctions des maladies nerveuses*, etc., p. 41-47. Voir aussi l'introduction, du même auteur, aux *Rapports du physique et du moral*, de Cabanis.

(2) Il se rapproche davantage du vitalisme de Montpellier; on le voit par l'introduction de l'auteur au livre capital de Cabanis, introduction qui a été finement appréciée par M. Sales-Girons, *Rev. méd.*, 1656, t. I, p. 257.

(3) L'*Union médicale*, t. IX, n° 75.

certainement corporel? On se demande en outre si, étant corporel et néanmoins capable de produire tant de phénomènes merveilleux, il ne pourrait pas produire aussi la réflexion?

Mais laissons s'expliquer l'auteur sur la nature du principe vital : « La force qui donne et entretient la vie dans tous les êtres organisés, qui préside à leur formation, qui se maintient en eux et domine leurs fonctions et leurs actes pendant toute leur existence, n'est point, absolument parlant, un principe; *elle n'est elle-même qu'une des formes déductives du mouvement*, comme les corps animés sont eux-mêmes une des formes des états matériels plus généraux. » (1)

Voilà donc le principe vital qui, plus haut, était *le dernier* et *le plus sublime principe des combinaisons* et *des propriétés de la matière,* qui n'est plus précisément un principe, mais une *forme*, et encore une forme *déductive.* Et comme les formes n'ont pas d'existence propre, qu'elles ne sont que les choses formées elles-mêmes, le principe vital, qui semblait tout à l'heure avoir une existence à part comme cause, se résout maintenant dans le corps formé lui-même; en sorte qu'il pourrait bien être cause et effet de lui-même tout à la fois, c'est-à-dire tout simplement impossible. Il y a plus, ou plutôt il y a autre chose encore : les idées seules se déduisent, et si M. Guyot s'est bien compris, je veux dire s'il est resté fidèle à l'acception générale des mots qu'il emploie, le principe vital ne serait plus que la conclusion d'un syllogisme. Il ne serait donc ni principe, ni force,

(1) L'*Union médicale*, t. IX, n° 75.

ni corps, ni esprit. Ce qui ne peut être, à coup sûr, la pensée de M. Guyot.

Qu'est-ce donc, encore une fois, que le principe vital, suivant l'auteur estimable du *Traité de l'incubation* ou *de la chaleur appliquée à la guérison des maladies*? C'est la chaleur. « La chaleur est la cause prochaine et déterminante de la formation de tous les êtres organisés pour vivre : elle communique donc aux molécules constituantes du germe le degré de mouvement nécessaire pour amener une série de réactions, *dont le premier résultat sera l'organisation de ces molécules*, et le second l'*accroissement de cette organisation* par réaction sur les molécules assimilables, juxtaposées ou apportées. » (1)

Nous sommes bien loin de nier que la chaleur ne soit une condition du développement des germes, et même de leur formation; mais nous craignons fort que M. Guyot n'ait pas assez distingué entre une simple condition et une cause proprement dite. Nous cherchons la cause seconde de la vie, c'est-à-dire la raison dernière, dans les êtres organisés, de leur organisation, de leur développement, de leur conservation, etc. Or, nous le confessons, la chaleur ne nous semble qu'une force purement physique, qui ne rend compte d'aucune des merveilles sans nombre et infiniment variées du monde organique.

Et remarquons encore que M. Guyot, lorsqu'il donne plus de précision à son idée du principe vital, tombe dans la même contradiction que nous avons cru rencontrer déjà lorsque sa pensée était moins précise, lorsqu'il

(1) *L'Union médicale*, t. IX, nº 76.

faisait du principe vital la cause et l'effet de soi-même. Cette contradiction prouve, à la vérité, que l'auteur est conséquent. Mais il n'est pas facile de concevoir comment une chose peut être sa cause et son effet propre. Or, cependant, nous venons de voir que la chaleur n'a pas pour effet unique de présider au développement et à la conservation du germe, mais qu'elle préside même à la formation du germe. Voilà donc le principe vital antérieur par son existence et son action à un organisme quelconque. Mais voici l'organisme antérieur à l'action de tout principe vital, à un principe quelconque de cette espèce. En d'autres termes, nous voici dans l'alternative infinie de la poule et de l'œuf. Y rester, c'est s'abîmer dans l'infini, c'est faire le monde éternel, c'est nier, à certains égards, une cause première. C'est, en tout cas, donner un démenti à la géologie, qui démontre un commencement certain dans notre monde organisé, au moins dans le développement de ce monde. En tout cas, ce n'est pas donner le dernier mot scientifique de l'organisation. Ecoutons : « Tout être vivant vient d'un œuf ; tout œuf est composé de même (tout œuf vient d'un être vivant?). Qu'est-ce donc qu'un œuf, une graine, un germe? Une graine, un germe, un œuf sont le produit d'une fonction organique ; une sécrétion d'abord, une excrétion ensuite, contenant, sous un volume très petit, avec ou sans enveloppe, avec ou sans matière assimilable juxtaposée, les éléments minéraux nécessaires pour ourdir une organisation semblable à celle dont il est le produit. » (1) Le principe ou

(1) L'*Union médicale*, t. IX, nº 76.

la force qui fait tout cela, c'est le principe vital, qui est lui-même inséparable d'une organisation. « Il faut distinguer l'organisation du principe qui l'anime : le principe ne peut rien sans l'organisation, et l'organisation ne peut rien sans le principe. » (1) D'où je conclus que le monde organique n'a pas de commencement suivant M. Guyot, ou que M. Guyot ne veut pas s'expliquer sur ce commencement, et que, par conséquent, son principe vital, expliquât-il d'ailleurs ce qu'il devrait expliquer, laisse intacte la question de l'origine, dont il devrait aussi rendre compte.

M. Guyot résume lui-même sa doctrine dans les cinq propositions qui suivent, et marque, en conséquence, sa place dans le cadre des écoles diverses.

« 1° La cause prochaine et déterminante de la formation de tous les états organisés pour vivre est la chaleur.

« 2° Aucun être vivant ne s'est organisé que sous l'influence d'un degré de chaleur défini, toujours le même pour une même espèce, appliqué pendant un temps déterminé aussi.

« 3° Aucun être organisé pour vivre ne se maintient vivant qu'à la condition d'entretenir au dedans de lui-même le même degré de chaleur qui lui a donné naissance.

« 4° Toutes les affaires organiques, toutes les propriétés vitales, toutes les fonctions, tous les phénomènes vitaux émanent de la température propre, et sont réglés par elle; leur activité est proportionnelle à l'élévation de son degré.

(1) L'*Union médicale*, t. IX, n° 77.

« 5° La température propre aux animaux est leur principe vital matériel.

« Voici donc un point de départ logique, une base rationnelle pour la philosophie médicale. Cette base est conforme au vitalisme hippocratique; elle diffère du vitalisme de Montpellier : 1° en ce qu'elle dégage entièrement le principe matériel du principe spirituel; 2° en ce qu'elle s'appuie sur les forces physiques de la nature, dont elle se déduit directement, et en ce que les forces vitales n'y sont réellement que les forces physiques engagées et compliquées dans les combinaisons organiques. En ceci elle s'accorde parfaitement avec l'école de Paris, dont elle s'éloigne en repoussant la localisation de toutes les maladies, et en n'admettant que comme secondaire la thérapeutique des organes. » (1)

Tout en accordant à M. Guyot l'influence de la chaleur dans les phénomènes de la vie, nous ne pouvons y voir qu'une condition et non une cause : la chaleur n'a qu'un mode d'action physique; elle ne peut agir avec cette intelligence réfléchie ou même instinctive qui caractérise les êtres spirituels doués d'une activité propre. Elle doit même manquer de toute *activité* proprement dite. Comme tout ce qui est matériel, elle ne peut être que *mobile*.

Ce n'est pas non plus par de simples différences graduelles de chaleur qu'on peut expliquer la différence des types spécifiques des êtres organisés; ce qui ne diffère qu'en degrés ne diffère point en essence, mais seulement en étendue : la même espèce de plante qui

(1) L'*Union médicale*, t. IX, n° 77.

croît au nord ou au midi ne diffère point ici et là par des caractères essentiels, mais seulement par des qualités accessoires, ou par une différence intensive de ses vertus spécifiques.

Il n'est pas non plus démontré, nous le croyons du moins, que le même degré de chaleur qui a été nécessaire pour commencer à vivre soit nécessaire pour continuer. En fût-il ainsi, le degré de chaleur ne serait qu'une des nombreuses conditions extrinsèques de la possibilité de la vie pour chaque espèce d'être.

Nous voyons encore bien moins que toutes les affinités organiques, toutes les propriétés vitales, toutes les fonctions, etc., soient l'effet de la température, qu'elle en soit la règle et la mesure. Que de choses dans la vie, dans l'ensemble des phénomènes qui la composent, surtout dans la vie sensitive, intellectuelle et morale, que la température n'explique point, qui n'ont aucun rapport avec elle !

Nous savons peu ce que c'était que le principe vital pour Hippocrate; on affirme plus à cet égard qu'on ne prouve, et nous ne répondrions pas que M. Guyot se flattât mal à propos d'être de l'école hippocratique en cela. Il ne diffère pas non plus de l'école de Montpellier par les deux points qu'il assigne, mais par d'autres. Comme l'école de Montpellier, il fait du principe vital quelque chose de distinct de l'âme et du corps organisé, qui n'est ni antérieur ni postérieur à l'organisme, qui en est, au contraire, inséparable; mais, à la différence de cette école, il détermine la nature de ce quelque chose, il le voit dans le calorique. Est-il plus d'accord avec l'école de Paris qu'avec l'école de Montpellier? la première de ces écoles résout-elle les forces vitales individuelles dans les forces physiques générales de la nature, dont les individus ne seraient que des effets particuliers? Nous l'ignorons. Mais s'il en était ainsi, on s'expliquerait difficilement les individualités organiques, et plus difficilement encore leurs différences spécifiques; on tomberait dans un naturalisme universel qui se résoudrait lui-même dans le panthéisme, dernier mot du réalisme, c'est-à-dire du système qui consiste à donner des réalités objectives aux idées générales.

Nous croirions volontiers que M. J. Guyot tombe dans ce dernier défaut, car il nous parle encore ailleurs d'un principe *général* de vie que posséderait *chaque* organisation vivante (1); ce qui semble déjà un peu contradictoire dans les termes. Un individu n'est tel, au contraire, que parce qu'il a un principe de vie *propre, individuel,* non général par conséquent, bien que ce principe ait des qualités, une essence de même nature qu'une foule d'autres individus de même espèce. Mais substantiellement, ontologiquement, il est lui, lui seul, et pas un autre.

Au surplus, si M. Guyot distingue le principe vital d'avec l'âme, c'est qu'il n'entend par âme que l'âme raisonnable, l'âme humaine considérée comme capable des fonctions les plus nobles. C'est accorder beaucoup à la matière, à la chaleur; et si l'on va jusqu'à la faire sentir, percevoir, vouloir d'une volonté spontanée même, je ne vois pas pourquoi on n'irait pas jusqu'à la faire

(1) L'*Union médicale*, t. IX, nº 77.

penser. C'est ainsi qu'un spiritualisme trop restreint, exclusif, compromet le spiritualisme même. C'est ainsi que Descartes et son école, en refusant une âme aux animaux, ont plus fait pour le matérialisme que les matérialistes eux-mêmes. Nous protestons donc, pour notre part, contre cette proposition : « Personne, aujourd'hui, « ne reconnaît une âme aux mollusques, aux crustacés, « aux reptiles, aux poissons, aux mammifères même, « l'homme excepté; moins encore aux insectes. » (1)

CHAPITRE VII.

L'animisme de la *Revue médicale.*

Le principal organe du vrai vitalisme, du vitalisme animiste à Paris, c'est la *Revue médicale,* fondée depuis bien des années déjà par le docteur Cayol. Toutefois, elle n'a pris la couleur parfaitement tranchée qu'elle présente aujourd'hui que sous l'impulsion de son rédacteur en chef, M. Sales-Girons.

En effet, Cayol disait encore en 1854, que la force est une faculté propre au corps organisé, une loi de la vie (2), la vie elle-même, la vie phénoménale, l'ensemble des phénomènes qui la composent, le fait le mieux constaté qu'on puisse trouver dans la science physiologique (3).

(1) L'*Union médicale,* t. IX, nº 47.
(2) Ibid., t. I, p. 393-396, aph. 2ᵉ, 9ᵉ.
(3) Ibid., p. 400-401.

Ce langage, il faut en convenir, a quelque chose de louche; il ne faudrait pas le presser beaucoup pour en tirer un vitalisme insoutenable, un vitalisme matérialiste, ou quelque chose de moins encore. En effet, la force vitale est une faculté propre aux corps organisés; elle n'est pas un agent substantiel, ayant sa réalité propre, son existence distincte: ce n'est plus qu'une qualité des corps organisés, car toute faculté n'est qu'une vertu de l'agent qui en est revêtu. Mais alors d'où vient l'organisation? il faudra donc évidemment qu'elle soit un effet d'une cause antérieure à la force vitale, puisque cette force n'est qu'une faculté des corps organisés. On ne gagnerait rien à la faire contemporaine de ces sortes de corps, puisqu'elle n'en expliquerait pas plus l'organisation que si elle n'en était que l'effet.

Comprend-on bien, d'ailleurs, une force ou faculté résultant de l'organisation? Ce qui résulte de l'organisation, ou plutôt ce qui en est comme la traduction, c'est la vie, ce sont les phénomènes qui la constituent à nos yeux, qui sont l'organisation vivante elle-même. Il n'y a pas là rapport de cause à effet, mais simple substitution de mots : il n'y a pas plus d'organisation vivante sans phénomènes de la vie que de phénomènes vitaux sans organisation vivante; l'un, c'est l'autre.

Il faut donc à ces phénomènes, à l'organisation vivante elle-même, une cause. Et comme il n'y a, suivant les définitions que nous examinons, d'autre réalité dans les corps organisés que de la matière, puisque la force vitale n'est qu'une faculté, il est nécessaire que cette force soit la faculté ou la propriété d'autre chose, c'est-à-dire d'un sujet fort ou puissant. Et comme l'organisation n'est déjà qu'un effet, une disposition particulière de parties matérielles présentant le phénomène de la vie, l'organisation n'est pas, ne peut pas être le sujet que nous cherchons. Force est donc que ce soit la matière. Voilà donc la matière, tout inerte qu'elle est en soi, qui se met par-ci par-là à s'organiser, qui est douée, comme telle, d'une force, d'une énergie organisatrice.

Ce n'est pas tout : cette force, qui devait être une cause, un agent propre à expliquer l'organisation, n'est plus qu'un effet, un phénomène, dès qu'on en fait la vie phénoménale. Elle cesse par le fait d'être une réalité, une substance, un être; elle n'est plus qu'un phénomène, une qualité se manifestant dans un être, un accident enfin. C'est ainsi que, pour n'avoir pas distingué la vie comme cause de la vie comme effet, Cayol résout l'une dans l'autre, passe de l'une à l'autre sans qu'il s'en doute.

On dirait même qu'il est plus porté à concevoir la force vitale comme effet, comme phénomène, que comme cause ou comme agent, puisqu'il l'assimile à l'attraction, en disant qu'elle est la loi des corps organisés comme l'attraction est la loi des corps inorganiques, loi dont la cause est Dieu seul. La vie, même dans l'homme (1), ne serait donc plus qu'un effet, une manière d'être et de se comporter de l'organisme, comme l'attraction n'est aux yeux de l'observateur qu'une manière dont les corps inorganiques se comportent entre eux, et dont la véritable cause, la cause unique, immédiate, serait Dieu.

(1) L'*Union médicale*, t. IX, p. 403.

Ainsi, Cayol, ne voulant pas encore être animiste, serait mystique; il tomberait donc d'un moindre mal dans un pire. Il nierait dans le monde organique, le monde inorganique même, une cause créée, une cause seconde des phénomènes de l'un et de l'autre de ces ordres. Il retomberait ainsi dans le système des cartésiens mystiques, qui, ne pouvant rien expliquer de ce qui se passe dans les corps par l'étendue, faisaient partout intervenir la Divinité.

Il est dangereux, comme on voit, de ne pas vouloir avancer sur la voie dans laquelle on s'est engagé quand elle est bonne; la logique ne nous permet pas de rester en chemin; il faut marcher, ou reculer et se contredire : Cayol a marché; il a surmonté l'effroi qu'il avait eu d'abord à l'idée de sortir des faits pour en affirmer une cause naturelle, mais intelligible. Il a fini par sentir qu'en définitive on n'explique rien de sensible que par l'insensible ou l'intelligible, de même qu'on ne connaît rien d'intelligible que par le sensible, et que ces deux ordres de choses, si différents qu'ils soient, se tiennent aussi étroitement dans la pensée de l'homme que dans la nature. Nous félicitons M. Sales-Girons d'avoir amené son maître à ce point.

Mais nous ne pouvons cependant pas absoudre complétement le disciple : autant le maître est d'abord réservé en matière métaphysique et d'autorité, autant son empirisme est circonspect, rigoureux, méticuleux même; autant le disciple a d'entrain et d'élan : nous ne lui reprochons point, certes, d'être animiste, puisque nous le sommes, et non moins que lui; mais il ne l'est peut-être pas par la meilleure méthode; il accorde, selon nous, trop d'importance aux noms propres. C'est la manière de la foi, ce n'est pas celle de la science ; cette manière ne peut aspirer qu'à un rôle scientifique tout à fait secondaire. Assurément, celui de S. Thomas est l'un des plus grands ; mais il ne faut pas oublier que l'Ange de l'Ecole a eu des maîtres et des auxiliaires, et qu'il était plus difficile d'être Albert et surtout Aristote sans Thomas d'Aquin, que d'être Thomas d'Aquin avec Aristote ou Albert. Il ne faut pas oublier non plus que le Docteur angélique a ses vices de méthode, qui sont ceux de son temps ; qu'il raisonne souvent quand il suffirait d'observer, ce qui serait même un peu plus sûr ; et que sa théorie de l'âme, comme principe de vie, renferme une opinion pour le moins singulière. Il s'en fût garanti s'il eût été plus péripatéticien et surtout plus fidèlement albertiste : nous voulons parler de son âme végétative et sensitive, matérielle, périssable tout au moins, à laquelle succède, dans l'homme, l'âme raisonnable.

Du reste, Cayol lui-même a fini par aller trop loin en fait de respect pour l'autorité, lorsqu'il se montre disposé à sacrifier toute une doctrine, toute proposition quelconque (1) qui serait pertinemment déclarée en opposition avec cette autorité. En supposant l'opposition possible, il immolerait l'évidence immédiate ou raisonnée au respect de l'autorité, ce qui suppose que l'autorité et ses décisions sont plus certaines que quoi que ce soit ; ce qui met l'autorité au-dessus de la certitude, la foi au-

(1) *Revue médicale*, 1854, t. I, p. 404-591. Il est vrai que l'auteur ne parle que des propositions de l'*hypocratisme moderne;* mais il en est plusieurs qui sont aussi évidentes que celle-ci : il fait jour; faudrait-il donc les révoquer en doute, les regarder même *comme fausses et erronées*, s'il plaisait à qui ou à quoi que ce soit de les regarder comme telles?

dessus de la raison, alors cependant que l'autorité et la foi ne sont possibles que par la raison. Qu'on y prenne garde : cette soumission excessive, outre qu'elle n'est point d'accord avec le *rationabile obsequium* (1) que professe cependant Cayol (2), implique un scepticisme philosophique qui n'a jamais porté bonheur à la foi; c'est, comme le disait Leibniz, se crever les yeux pour mieux voir dans un télescope. C'est se montrer plus exigeant en matière de foi que Leibniz, qui aurait avec raison fait plier le dogme devant l'évidence d'une proposition purement rationnelle (3); plus exigeant que Bonald, qui ne reconnaissait pas moins l'autorité de l'évidence que l'évidence de l'autorité; plus exigeant que Pascal lui-même, d'ailleurs si porté à dénigrer la raison humaine, mais qui a pourtant reconnu que « si on choque les principes de la raison, notre religion sera absurde et ridicule. » Il faut laisser de semblables extrémités à l'usage de ceux qui ont brûlé leurs vaisseaux, par exemple, de M. Teissier (4).

Pour en revenir à M. Sales-Girons, dont l'animisme nous plaît par sa netteté et sa franchise, il a fort contribué à distinguer un vitalisme d'un autre, et la faute n'en est pas à lui si l'on s'y trompe encore désormais. Il a mis en parfaite évidence, selon moi, l'incertitude, l'obscurité, l'insuffisance, les hésitations, les changements, les contradictions mêmes de plusieurs doctrines vitalistes de l'école de Paris. Il a montré on ne peut plus clairement

(1) *Rom.*, XII, 1.

(2) *Revue médicale*, 1854, t. I, p. 590.

(3) Voir son *Discours sur l'accord de la foi et de la raison*, en tête de sa *Théodicée*.

(4) *Revue médicale*, 1854, t. I, p. 386-393, 577-592, 634-635, etc.

l'organisme ou le vitalisme parisien converti au vitalisme de Montpellier; les différences radicales qui distinguent la doctrine de Bichat et celle de Barthez, malgré les efforts ingénieux récemment déployés pour les confondre, pour les identifier même. Il a distingué avec raison quatre sortes de vitalisme, suivant que le principe de la vie est considéré comme une qualité de l'organisme, dont il serait inséparable, ou comme une force cosmique universelle, ou comme un principe de vie propre au sujet vivant, mais distinct du corps et de l'âme, ou bien enfin comme l'âme, dont une autre fonction dans l'homme est de penser. Muni de ces distinctions, il force tous les systèmes vitalistes à prendre place ici ou là, sous peine de rester dans un vague insignifiant, ou de s'envelopper dans des réticences qui accusent un manque de logique, de sincérité ou de courage (1). On voudrait cependant de sa part des explications qu'il a souvent annoncées, mais qui sont encore à donner. Elles semblaient n'attendre pour se produire que l'aveu de Cayol, une déclaration non douteuse d'animisme; cette déclaration a été faite enfin (2), et nous en félicitons de nouveau celui qui l'a obtenue. Rien donc ne peut plus arrêter M. Sales-Girons.

Parmi les autres animistes qui se sont prononcés dans la *Revue médicale,* Blaud, depuis longtemps connu par sa physiologie, mais qui peut-être montrait, lui aussi, plus de déférence envers l'autorité que la foi n'en demande et que les intérêts de la méthode scientifique n'y

(1) V. *Revue médicale,* 1855, t. I, p. 78 s., 315 s., 321 s., 368 s., 388 s., 449 s., 500 s., 513 s., 525 s.; t. II, p. 423 s., 437 s., 492 s.; 1856, t. I, p. 1 s., 257 s.

(2) V. *Revue méd.,* 1856, t. I, p. 193 s., 322-328, 386-388.

autorisent, Blaud admettait historiquement trois systèmes de physiologie : le matérialisme, le vitalisme et l'animisme. Il oubliait le naturalisme, qui explique aussi la vie par une âme du monde, et le panthéisme qui voit cette âme en Dieu. Il faisait bonne justice du matérialisme et du vitalisme; mais il était moins heureux dans l'explication qu'il donne de l'animisme. Tout en faisant très bien ressortir ce qu'il y a de merveilleusement intelligent dans l'organisation et dans les harmonies organiques; tout en concluant avec une parfaite vérité que cet ordre admirable suppose une intelligence qui l'a combiné, que cette intelligence à son tour suppose un être qui la revête, puisqu'il n'y a pas d'intelligence sans être intelligent; tout en constatant un être de cette sorte en nous, le principe pensant, le moi, il conclut mal à propos que cet être, l'âme, je parle de l'âme en tant qu'elle se connaît, produit avec intelligence les phénomènes de l'organisation dans l'homme (1). En effet, il est évident : 1° que nous n'avons aucune conscience de cette action prétendue raisonnée; 2° qu'il y aurait là beaucoup plus de savoir que notre âme consciente n'en peut déployer jamais ; 3° que l'âme des bêtes, celle des plantes mêmes ne seraient pas moins intelligentes à cet égard que l'âme humaine. On ne peut donc pas admettre que l'âme agisse ici avec une intelligence réfléchie, délibérée et dont elle ait conscience. Son action est donc tout instinctive; il n'y a de sa part en tout ceci ni connaissance ni volonté propres. Blaud n'était pas éloigné d'en convenir, puisqu'il reconnaissait lui-même que « l'âme semble se montrer

(1) *Revue médicale*, 1854, t. I, p. 328-342, 449-466.

étrangère à toutes les fonctions, par cela seul qu'elles s'exercent à notre insu. « Mais, ajoutait-il avec raison, qui pourrait assurer qu'il n'y a pas entre elles et leurs organes des rapports secrets que nous ne pouvons saisir, et que c'est par ces rapports mystérieux que ces fonctions s'exercent toujours sous l'influence de notre être spirituel ? (1) » Pour confirmer cet aperçu, Blaud faisait ressortir l'action de l'âme de ses émotions, de ses passions, dans l'état de maladie. Cette esquisse complétait son travail physiologique, en ce qu'elle achevait de montrer la part qui revient à l'âme dans les divers états organiques, dans la maladie comme dans la santé. Mais il ne démontrait pas d'une manière assez pressante l'inutilité et peut-être l'impossibilité d'un intermédiaire spirituel ou matériel (et s'il n'est pas cela, il est chimérique) entre le corps et l'âme.

Je dis l'inutilité, puisqu'il est certain qu'aucune raison ne nous oblige à penser que l'âme ait besoin d'un intermédiaire pour agir volontairement ou involontairement sur le corps auquel elle est unie. Cette prétendue nécessité provenait, aux yeux de certains cartésiens, de la notion imparfaite jusqu'à la fausseté qu'ils se faisaient des corps. Et puis, suivant ces idées-là mêmes, on n'a jamais répondu à ce dilemme : ou votre intermédiaire est étendu ou inétendu, ou il n'est ni l'un ni l'autre. Dans le premier cas la difficulté reste tout entière ; dans le second cas votre intermédiaire n'est qu'un fantôme, une ombre, un pur néant. Dans les deux cas donc il n'explique rien et n'est absolument d'aucune utilité. Dans

(1) *Revue médicale*, 1854, t. I, p. 452-453.

le troisième, on ne s'en fait aucune idée et l'on ne sait de quoi l'on parle, même hypothétiquement.

Je dis, de plus, qu'il est peut-être impossible. En effet comment les sentiments, les passions, les idées de l'âme, qui sont des états purs et simples, agiraient-ils sur un principe vital substantiellement distinct de l'âme? Comment sous cette action ce principe vital agirait-il à son tour sur l'organisme comme s'il éprouvait lui-même ces passions, ces émotions, ces sentiments, comme s'il avait ces idées? Est-ce l'âme qui, ne pouvant pas non plus transmettre ses états au principe vital, le met elle-même en mouvement, le fait agir d'une façon ou d'une autre? Mais alors, s'il faut qu'elle agisse, et qu'elle agisse avec intelligence quoique sans conscience ni volonté, c'est-à-dire instinctivement; s'il faut que cette action porte sur un principe qui est déjà matériel, ou tout au moins une propriété de la matière, comme le supposent certains vitalistes, n'est-il pas incomparablement plus simple de la faire agir directement sur le corps, sur la matière?

Les difficultés, nous voulons dire les impossibilités au moins apparentes, sont les mêmes lorsqu'il s'agit d'expliquer l'action du corps sur l'âme par le moyen d'une tierce substance; ce moyen ne peut pas plus revêtir les états du corps s'il est spirituel, qu'il ne peut revêtir les états de l'âme s'il est corporel. Ce moyen ne moyenne donc absolument rien.

On comprend que le mouvement, la chaleur, l'électricité et d'autres états corporels passent d'un corps à un autre; on comprend que des idées, des sentiments et d'autres états de l'âme suscitent dans d'autres âmes, par l'intermédiaire de la parole ou autrement, des états semblables, ou analogues, ou différents même ; mais ce qui ne se comprend pas, avec ou sans intermédiaire, c'est le fait néanmoins incontestable, qu'à la suite de certains phénomènes qui s'accomplissent dans le corps, l'âme se trouve dans tel ou tel état à elle propre, et qu'à la suite de certains états de l'âme, qui n'appartiennent qu'à elle seule, qu'elle ne peut transmettre au corps, il survienne dans le corps des états qui n'appartiennent aussi qu'à lui. Il y a là un enchaînement aussi certain qu'il est merveilleux et régulier.

Et comme tout intermédiaire est absolument inutile pour l'expliquer, attendu que la difficulté subsiste toujours et tout entière, le bon sens fait une loi de n'en imaginer aucun. En s'en tenant aux faits et à leur succession régulière, proportionnée, présentant tous les caractères du rapport de causalité, on reste dans le domaine de l'observation, dans les voies de la saine méthode ; méthode qui comprend aussi le principe de causalité, et qui l'applique, comme elle comprend l'analogie et l'induction. M. Bouillaud a donc raison de reconnaître le principe de causalité et de l'appliquer ; mais il aurait tort de ne pas vouloir reconnaître aussi le principe de substantialité, et d'hésiter à dire que toute cause est substance, et qu'il y a en nous un principe qui sent, pense et veut, comme il y en a un autre qui sert à cette triple fonction et qui en est souvent le but.

Cayol, lui aussi, hésitait mal à propos, craignant de sortir des voies de la méthode expérimentale pour entrer et s'égarer peut-être dans celles de la métaphysique, s'il admettait autre chose que des faits, des lois, dans la grande question du rapport du physique et du moral.

Ce rapport, ces lois ne subsistent pas isolés et comme suspendus en l'air; ils ont des sujets en qui ils s'accomplissent, une cause qui les fait être comme phénomènes. Eh bien! c'est cette cause qu'il s'agit d'affirmer du côté de l'âme aussi bien que du côté du corps, comme n'étant pas moins certaine, plus certaine même à certains égards.

Quant à son mode intime d'action, c'est autre chose; il est plus que permis de n'en rien affirmer; c'est une nécessité : mais il n'est pas défendu de rien supposer. Aussi, Blaud ne sortait-il pas des règles de la méthode en pensant que des impondérables, tels que l'électricité, pourraient bien être pour l'âme une sorte d'instrument, à l'aide duquel elle agirait sur le système nerveux, comme le corps agirait sur l'âme par les mêmes moyens. Remarquons, toutefois, que cette explication est entièrement insuffisante pour expliquer par une cause seconde l'existence même des nerfs et du reste de l'organisme, à moins que l'auteur ne fasse servir encore cette espèce d'impondérable à l'organisation elle-même. Ce qui est fort possible.

Mais le grand argument de Blaud, en faveur de l'action d'un principe intelligent, spirituel, dans l'organisme humain (et pourquoi pas dans tout organisme, quoique à des degrés divers d'unité vitale), c'est que « pour produire et diriger soit les harmonies particulières, soit l'harmonie générale de l'organisation, il faut nécessairement un moteur commun, un directeur unique des organes formant ces harmonies, qui ait pour partage l'unité de la nature, la spontanéité d'action et l'intelligence, et qui, par conséquent, soit spirituel. » (1) Tel est le dernier mot de Blaud. Nos convictions sont les siennes; mais, encore une fois, il y a, croyons-nous, cette différence entre sa manière de voir et la nôtre, que l'intelligence avec laquelle notre âme agit dans la vie organique pure, soit en constituant, soit en conservant dans l'état de santé ou de maladie, soit en réparant l'organisme lorsqu'il essuie certaines pertes partielles, ne lui appartient point, en ce sens qu'elle n'en a pas conscience, et que son action n'étant pas éclairée, n'est pas volontaire : cette action, toute intelligente qu'elle est, n'appartient à l'âme qu'en vertu des lois qui président à ses opérations spontanées, c'est-à-dire qui font que, dans telle ou telle situation, l'âme devra exécuter, sans le savoir ni le vouloir, telle et telle opération, tout comme l'animal accomplit son œuvre, et une œuvre souvent merveilleuse, sans savoir ni pourquoi, ni comment.

On ne peut nier la possibilité d'opérations pareilles de la part de l'âme, puisque nous prouvons, en psychologie, qu'elle en accomplit une foule d'autres analogues sans plus d'intelligence ni de volonté.

Les faits de ce dernier ordre bien constatés nous permettent donc de conclure par analogie, non seulement la possibilité, mais encore la très grande vraisemblance d'opérations du même genre de la part de l'âme sur le corps. Et cette vraisemblance reçoit une confirmation qui l'élève presque au rang d'une démonstration par les phénomènes organiques qui se manifestent dans

(1) *Revue médicale*, 1854, t. I, p. 459.

le corps soit à l'état de santé, soit à l'état de maladie, à la suite des états et des opérations purement psychiques, tels que les sentiments, les passions, les idées, les imaginations, etc.

Nous croyons que c'est pour avoir méconnu les opérations psychiques involontaires et sans dessein que M. Parchappe, qui a d'ailleurs tracé d'une main si intelligente et si ferme les règles de l'observation en matière de cause et d'effet (1), n'a pas cru pouvoir attribuer à l'âme des opérations organiques. C'est là, du moins, ce que nous entendons par les paroles qui suivent : « L'identification de la force ou des forces qui président aux phénomènes de la vie avec la force que supposent les phénomènes d'intelligence, de liberté et de moralité, ne peut être admise ni philosophiquement ni physiologiquement. En effet, il s'agit là dé deux ordres de phénomènes différents par leur essence, qui ne sont pas soumis aux mêmes lois et qui ne peuvent dépendre du déploiement d'une même force ou de forces semblables. » (2) Nous ne ferons à cela qu'une seule observation, pour ne pas nous répéter : c'est qu'il faudrait nier alors jusqu'à la participation de l'âme dans les mouvements les plus volontaires de la locomotion.

Nous ne savons pas si M. Piorry est animiste, ni jusqu'à quel point il peut l'être; mais il nous semble avoir assez heureusement formulé l'action instinctive de l'âme dans l'organisme, lorsqu'il a dit que « l'âme, sous l'influence divine, est le promoteur de la formation orga-

(1) Dans l'*Union médicale*.
(2) *Revue médicale*, 1855, t. I, p. 435.

nique. » (1) Nous voyons là tout à la fois la spontanéité de l'âme et l'intelligence divine qui l'éclaire par les lois qui régissent cette action, lois qui résultent, selon nous, de l'essence même de l'âme, de sa nature, et qui, par conséquent, ne rendent point nécessaire l'action incessante de Dieu dans toute cette correspondance entre la matière et l'esprit.

Si nous avions suivi l'ordre strictement chronologique dans l'exposé des doctrines du monodynamisme de l'école parisienne, nous aurions parlé plus tôt de l'opinion de M. le docteur Prosper Lucas. Mais cette autorité, encore plus imposante à nos yeux que les précédentes, devait venir en dernier lieu, parce qu'elle est plus formelle et qu'elle a un caractère physiologique supérieur. Nous sommes ainsi tout naturellement conduits du point de vue physiologico-médical au point de vue physiologique pur.

Dans son savant *Traité de l'hérédité naturelle*, etc., il s'exprime très catégoriquement sur l'unité du principe de la vie dans l'homme, à l'occasion du dualisme vital de M. Lordat. « Pour nous, dit-il, la force vitale et le sens intime de l'être sont indivisibles. — La seule différence que nous admettons, au point de vue de la vie, entre ces deux ordres d'attributs généraux du dynamisme humain, est celle que nous avons exprimée en disant que les uns étaient sensibles, les autres insensibles au principe de notre être. Mais toute distinction de nature essentielle entre les qualités propres de la force vitale et les qualité propres du sens intime manque,

(1) *Revue médicale*, 1855, t. I, p. 302.

dans notre conviction, de base physiologique ; la raison en est simple : c'est qu'il n'existe pas de distinction de nature entre les deux principes auxquels on (M. Lordat) les rapporte. — Selon notre manière de voir, qui n'est point seulement celle de l'école de Paris, mais celle des plus savants physiologistes d'Allemagne, de Burdach, de Bischoff, etc., etc., ces dénominations ne représentent, en fait, que deux formes d'activité de l'unité radicale de l'organisation : la première soumise, la seconde soustraite à la conscience de l'être ; mais perceptibles ou non à cette conscience, il est pour nous visible comme la lumière, que les modes d'être et d'agir de ces deux énergies du dynamisme humain, également sujets aux diverses influences des états de la vie, également forts ou faibles, réglés ou déréglés, selon les mille circonstances, selon les mille variations de la santé physique, selon l'espèce d'énergie des agents sur l'organisation, participent au fond d'une seule et même nature, au point de vue de la vie. — Le sens intime, en un mot, est toujours, par rapport à l'organisation, réductible à l'essence de la force vitale ; et, comme tel, il reste physiologiquement inséparable d'elle (1).

On le voit, M. Lucas se prononce de la manière la plus nette en faveur d'un principe unique de vie, sans distinction des ordres de phénomènes à expliquer.

Quelle est maintenant, suivant lui, la nature de ce principe? C'est ce que nous ne voyons pas très clairement dans son ouvrage. Mais puisqu'il admet le libre arbitre, et qu'il est loin d'expliquer l'organisation par

(1) *De l'Hérédité*, etc., t. I, p. 451-452.

elle-même ou de laisser ce fait capital sans explication, comme s'il pouvait être sans cause, il est naturel de penser que ce principe unique de vie est celui-là même qui préside à l'organisation et qui est libre en nous, l'âme, en un mot. Et comme M. P. Lucas admet la formation spontanée dans le principe (1), et dans beaucoup de cas encore aujourd'hui (2), elle ne serait point l'effet de forces purement corporelles, ainsi que l'entendent la plupart des partisans de ce système, mais l'œuvre d'un principe de vie distinct de la matière organisable. C'est ce même principe qui rendrait raison de la formation de tout germe, encore bien que le germe dût être animé par un autre sujet spirituel. De cette manière, on ne reste pas en face de l'embryon sans lui assigner ni cause ni commencement, ainsi que le pratiquent la plupart des physiologistes, qui ne remontent pas plus haut que l'évolution, comme si le développement ne supposait pas une formation organique préalable! comme si la série des générations n'était pas finie, et que la raison ne fît pas une nécessité de lui assigner un commencement! comme s'il ne se formait chaque jour sous nos yeux de la matière organique! comme si, dans la formation de cette matière, ainsi que dans celle des germes organisés qui précèdent la fécondation, il n'était pas nécessaire d'admettre l'action d'une cause seconde, comme on le fait pour tous les autres phénomènes de la nature! Qu'on y prenne garde : en refusant de reconnaître cette cause seconde invisible, on ne peut empêcher la raison d'abandonner l'une de ses lois les plus importantes, celle de

(1) *De l'Hérédité*, etc., t. I, p. 23.
(2) Ibid., p. 38.

la causalité ; et alors, pour ne pas vouloir la reconnaître ici comme ailleurs, pour ne pas vouloir subir cette loi de la raison, qui veut au visible une cause invisible mais naturelle encore, une cause seconde, en un mot, on l'oblige à se jeter dans le surnaturel, à faire intervenir la cause première immédiatement et sans nécessité. C'est ainsi que la crainte excessive et sans fondement d'un spiritualisme naturel jette dans un spiritualisme qui ne l'est pas, c'est-à-dire dans le mysticisme.

Il y a donc, si nous entendons bien la pensée de M. P. Lucas, une force organisatrice, naturelle, dont l'action est antérieure et supérieure à celle qui se manifeste dans tout corps déjà organisé, et qui est cause de cette organisation primordiale. Or, cette cause ne peut être la matière brute considérée avec ses propriétés et ses lois universelles, c'est-à-dire dans son essence. Il faut donc qu'elle soit autre chose. Pour nous qui ne concevons pas de milieu entre la matière et l'esprit, c'est un principe spirituel, distinct, individuel, le même qui doit revêtir l'organisation, ou un autre, suivant qu'il y a formation primitive ou formation consécutive, suivant qu'une série d'êtres organisés de même espèce commence ou qu'elle continue.

CHAPITRE VIII.

Le principe de la vie tel que le conçoivent les physiologistes contemporains.

On peut distinguer, à ce point de vue, les physiologistes en trois grandes classes : ceux qui pensent devoir s'en tenir aux phénomènes et à leur enchaînement visible, sans remonter à une cause invisible, mais naturelle encore; ceux qui affirment cette cause, sans vouloir se prononcer sur sa nature; ceux enfin qui, en l'affirmant, la déclarent ou corporelle, ou spirituelle, ou d'une autre nature moins déterminée.

Nous avons déjà vu toutes ces opinions se produire dans le cours de cette histoire. Il nous reste à passer en revue les noms et les doctrines des principaux physiologistes modernes qui ont traité ou du moins touché la question du principe de la vie, mais en nous attachant surtout à ceux qui ont professé l'animisme.

Jetons d'abord un rapide coup d'œil sur les successeurs immédiats de Stahl.

Jean-Daniel Gohl, qui exerçait la médecine à Berlin, dans ses *Pensées sur l'esprit débarrassé de préjugés, et particulièrement sur les esprits animaux,* « attaque l'hypothèse de ces esprits, et suppose l'existence d'un principe plastique qui préside à la formation de l'embryon; c'est une espèce d'âme végétative, qui agit d'après des idées innées, et avant que la raison soit développée. Il la compare à la faculté qu'ont les insectes de former des constructions admirables, sans que nous puissions nous imaginer qu'il les aient raisonnées... » Gohl se figurait donc que le principe plastique avait en lui-même l'idée innée du travail qu'il devait faire, et qu'il agissait d'après cette idée comme un maçon construit une maison d'après un plan qu'il a dans la tête...

Suivant Junker, « l'intellect pur agit sans conscience, sans sensation dans les phénomènes du corps; mais il prévoit ce qui doit arriver au corps, et agit tant qu'il peut de manière à prévenir le mal. » (1) Cette ignorance d'une part et cette prévision de l'autre ne se concilient pas.

Dans ses *Nova paradoxa,* ou traité de l'âme de l'homme et des plantes, Alberti mêla plusieurs idées superstitieuses à celles de son maître.

Depuis que les sciences naturelles ont pris un caractère presque exclusivement expérimental, la question métaphysique ou des causes, qui s'y rattache, en a été séparée avec plus ou moins de rigueur. Mais on a beau s'en tenir aux faits : la raison humaine, tout en approuvant cette retenue, tout en la prescrivant même comme méthode scientifique, ou pour ne pas mettre avant ce qui doit être après, pour ne pas confondre ce qui doit rester distinct dans les sciences comme il est distinct dans la nature ; la raison, après avoir décrit et classé les faits, après avoir reconnu les effets, ne peut cependant s'empêcher de poser la question des causes. Et son désir de les pénétrer se montre jusque dans le langage de ceux qui semblent y renoncer systématiquement. C'est ainsi que Blumenbach, après avoir reconnu l'existence mystérieuse d'une cause de la génération, de la nutrition, de la conservation, de la réparation ou reproduction, l'appelle *nisus formativus,* et ne veut point qu'on la confonde comme effet avec le principe vital inconnu comme cause, parce que cette cause, dit-il, est enveloppée des ténèbres les plus épaisses (2). Mais il a beau

(1) *Histoire des Sciences naturelles,* t. III, p. 190-191.

(2) In dies magis convincor inesse corporibus organicis vivis ad unum omnibus peculiarem vim ipsis connatam et quamdiu vivunt perpetuo activam et efficacem...; quam vim, ne cum aliis *vis vitalis* generibus confundatur, *nisus formativi* nomine distinguere liceat ; quo tamen nomine

vouloir rester dans le domaine des faits, le *nisus formativus* suppose nécessairement un agent.

D'autres physiologistes d'un grand nom, tout en reconnaissant dans les sciences naturelles la ligne de démarcation entre le physique et le métaphysique, entre le visible et l'invisible, entre l'expérimental et le rationnel, tout en se renfermant dans les faits, ne nient point la possibilité absolue d'appliquer aux faits des conceptions légitimes de l'ordre métaphysique, et s'y hasardent même. Tels sont, par exemple, Burdach et Jean Muller.

Burdach avoue d'abord que le mouvement vital a un but, que le présent est fait pour l'avenir, tandis que dans les corps inorganiques le présent est tout simplement la suite du passé (1). Il aperçoit très bien encore que la vie comme cause est indépendante de la forme des organes et même de tout organe spécial : « C'est, dit-il, un des plus importants résultats de la zootomie d'avoir démontré que la vie subsiste et accomplit ses fonctions malgré la diversité infinie de la configuration, et même sans organes spéciaux. Ainsi, dans les organismes inférieurs, la digestion, la respiration, la distribution du suc vital et la procréation s'exécutent sans appareils qui leur soient exclusivement consacrés. » (2)

La vie considérée dans son principe, loin donc de dépendre de l'organisation, doit l'expliquer.

non tam causam quam affectum quemdam perpetuum ibique semper similem, *a posteriori*, ut dicant, ex ipsa phænomenorum constantia et universitate abstractum insignire volui; eadem fere ratione qua attractionis aut gravitatis nomine ad denodandas quasdam vires utimur, quarum tamen causæ etiam cimmeriis, ut dicunt, tenebris sepultæ lateant.

(1) *Traité de Phys.*, t. IX, p. 692.

(2) Ibid., t. IX, p. 692.

Nos physiologistes contemporains, sans nier le principe vital, tout en le nommant même, se préoccupent beaucoup moins de sa nature que de ses effets. C'est ainsi, par exemple, que M. Magendie attribue l'action nerveuse à je ne sais quel fluide nerveux, ou à quelles vibrations du même genre de tissu, qu'il rapporte au principe vital comme à sa cause.

C'est au même principe, mais grossièrement envisagé dans les êtres microscopiques mêmes qui en font l'objet, qu'il faudrait sans doute rattacher ces animalcules, qui n'ont pas plus de trois millièmes de pouce, et qui, suivant M. Milne-Edwards, composent toutes les parties du système animal, le sang, la bile, la chair, les os. Robert Brown, célèbre botaniste anglais, prétend que tous les corps (organisés?) sont ainsi formés de particules ou monades vivantes; qu'elles se rencontrent jusque dans le feu. Ces monades seraient les parties dernières de tous les corps : on les retrouverait vivantes dans le bois, le coton, le papier, la laine, la soie, les cheveux, les muscles, même après que ces substances ont été réduites en cendres. L'huile, la résine, la cire, le soufre n'en donneraient pas. Ces monades sont, dit-il, de cinq millièmes de pouce (1).

Le principe vital aurait donc autant de foyers d'action qu'il y a de ces monades élémentaires dans un corps organisé. Mais comme il faut une cause à l'agglomération de ces monades pour en former un tout d'une es-

(1) Si ces monades ne sont qu'organisés, mais sans avoir un principe de vie propre, il suffit d'une seule âme, celle du tout organisé ou de l'animal, pour en expliquer l'existence; mais si elles sont autant d'animalcules, elles ont alors chacune leur âme propre, leur sensibilité et leur sphère d'action.

pèce particulière, il faut supposer encore une force vitale qui préside à cet arrangement; c'est l'âme de l'individu comme corps organisé visible, comme animal. On est effrayé quand on vient à penser que ces monades, que nous regardons comme élémentaires, pourraient très bien être des animalcules ayant eux-mêmes un principe vital organisateur (1), qui formerait la monade d'une multitude d'autres monades incomparablement plus petites encore, et qui seraient chacune un animal ayant son âme organisatrice, et composé à son tour de monades vivantes....!

La vie serait donc divisée, hiérarchisée à l'infini, et les principes de vie, les forces organisatrices, les âmes, les dieux ou démons de Thalès rempliraient le monde; et au-dessus de ces dieux, de ces démons, de ces âmes aux principes de vie, de plus en plus élevés, serait la raison de toute vie, dont l'action médiate est partout : *Jovis omnia plena.*

Voilà le vrai; et cette vérité, frappante d'évidence, est tout à la fois la cause de l'animisme universel, du naturalisme, du polythéisme, du mysticisme, du panthéisme et du théisme, suivant l'idée déterminée qu'on se fait de l'action de Dieu dans le monde.

Rien n'empêche cependant de rechercher le mode d'action du principe vital dans chaque individu, dans chaque appareil, dans chaque organe, et même dans chaque espèce de tissu organique; mais cette espèce d'analyse réclame une synthèse. Il faut donc une action du principe vital qui rende compte de l'harmonie des

(2) Cf. TIEDEMANN, *Physiologie de l'Homme*, trad. fr., t. II, p. 649-650, 723-726, 730, 768-777.

opérations physiologiques dans un même sujet. Et comme les modes divers d'action, suivant la nature des tissus et des organes, peuvent très bien s'expliquer comme des fonctions spéciales d'une force unique, de celle-là même qui préside à l'ensemble d'un sujet vivant, il n'y a aucune nécessité d'admettre autant de forces que d'espèces de phénomènes. S'il fallait multiplier à ce point les forces vivantes dans un sujet, outre qu'on ne serait pas dispensé d'en concevoir une particulière qui les fît fonctionner d'accord, ne faudrait-il pas encore, sous peine d'inconséquence, multiplier ces forces en raison du nombre des points vivants de l'organisme dans chaque espèce de tissus? Ce n'est pas tout, en effet, d'admettre autant d'espèces de forces qu'il y a de sortes de phénomènes organiques; il faut encore se rendre raison de son mode d'action, de l'unité ou de la multiplicité de cette action. Or, quand on rejette l'*unicité* d'un principe vital, sous prétexte qu'il n'explique point la diversité des fonctions organiques, comme s'il ne pouvait pas avoir lui-même plusieurs modes d'actions, ne s'expose-t-on pas à la nécessité de multiplier ces principes, non seulement en raison du nombre des phénomènes divers, mais encore en raison de la multiplicité des phénomènes de même nature, suivant qu'ils s'accomplissent dans telle partie du corps ou dans telle autre, et dans tel et tel point même d'une partie regardée comme unique, mais qui est, en réalité, composée comme le corps lui-même, par exemple dans un même muscle? Ces réflexions nous sont suggérées par celles de M. Flourens sur le principe vital.

« Barthez avait raison, dit-il, d'appeler *forces* les

causes de nos fonctions ; il avait raison de vouloir rattacher toutes les forces secondaires à une première, qui est la force générale (1) de la vie ; mais il avait tort de faire de cette force générale et commune de la vie un être individuel, abstrait, détaché des organes, et plus tort encore de croire avoir expliqué un phénomène particulier quelconque, quand, à propos de ce phénomène, il avait prononcé le mot de *principe vital,* car évidemment, étant nécessairement impliqué dans tous, le principe vital ne peut servir d'explication propre pour aucun.

« Le vrai problème est d'arriver à la force particulière de chaque phénomène particulier, à la propriété singulière qui le produit. Et c'est là ce que tous les physiologistes cherchent à faire depuis Haller. — Depuis que, par ses belles expériences, Haller a localisé l'*irritabilité* dans le *muscle* et la *sensibilité* dans le *nerf,* la voie des découvertes fécondes et des progrès certains en physiologie a été ouverte, car la physiologie tout entière est là, je veux dire dans la détermination expérimentale des *forces* de la vie, et la localisation précise de chaque force vitale donnée dans chaque élément organique distinct. » (2)

Si ces idées de l'illustre secrétaire perpétuel de l'Académie des sciences étaient fondées, il s'ensuivrait qu'il faudrait admettre en psychologie autant d'âmes particulières en nous qu'il y a d'opérations psychiques spé-

(1) Il n'y a pas de force générale comme sujet fort, mais simplement action s'étendant à plusieurs choses. Tout sujet est nécessairement individuel.

(2) *Journal des Savants,* avril 1854.

ciales. Or, nous savons de science certaine, par la conscience, que la diversité de ces opérations n'exclut point l'unité d'un principe commun qui en soit la cause unique ; que ce principe, au contraire, est certainement unique et un. Pourquoi donc les divers phénomènes de la vie organique, tout en étant dus à des modes particuliers d'action, ne seraient-ils pas des effets d'une même cause?

« Le principe vital crée, au moyen des éléments généraux, l'organisation qui doit lui correspondre. C'est lui qui établit les conditions de configuration nécessaires au travail de la plasticité ; par exemple, la séparation des masses pour le jeu de l'affinité chimique, l'atténuation des aliments pour la production du chyle, la séparation de l'air dans d'étroits canaux pour la respiration, la séparation de la masse du sang en petits courants pour la nutrition et la sécrétion. Il se sert des forces chimiques ;... et c'est seulement lorsque la force vitale faiblit que les forces de l'univers reprennent leur prépondérance. » (1)

L'explication de l'organisation par une force spéciale, d'ailleurs profondément inconnue en soi, comme toute cause véritable, n'est qu'une conséquence de la grande loi de causalité ; et comme la vie phénoménale et ses causes se hiérarchisent dans le monde, le principe universel de causalité aboutit à une cause des causes, à un principe dernier de tous les autres principes.

« La vie, comme mode d'existence, doit dépendre d'un principe universel, d'une cause unique de l'existence en général. Notre conscience débute par une op-

(1) *Journal des Savants*, avril 1854, p. 698.

position, par la distinction du moi et du non-moi. Or, comme la conscience est ce que nous savons de plus positif, ce qui, dans notre savoir nous appartient le plus en propre, et qu'elle sert de base à toutes nos autres connaissances, nous reconnaissons aussi que la même opposition d'esprit et de corps, d'intérieur et d'extérieur, de force et de matière, d'activité et de repos, se répète partout. » (1)

Ce dualisme contrasté, qui est une autre loi de la raison humaine, est donc dominé par la loi supérieure de la causalité, mais d'une causalité graduée, et où les principes de vie inférieurs sont subordonnés aux supérieurs. Aussi « le règne organique est un produit de la vie planétaire, qui, à son tour, subsiste comme membre d'un tout supérieur..... Entre l'univers et l'existence organique, il y a une harmonie préétablie, dont la cause est l'être primordial et infini, qui se révèle comme vie et amour. » (2)

Dans la deuxième édition de sa *Physiologie* (3), Muller semble prendre l'effet pour la cause, puisqu'il incline à expliquer la force organisatrice et tous les phénomènes de la vie comme résultat d'une certaine combinaison des éléments, d'un mélange de matière première (*einer mischung der Stoffe*) (4). Mais dans son *Manuel de Physiologie* et dans son *Journal*, le célèbre physiologiste distingue nettement l'âme d'avec le corps. Il est vrai que sa pensée semble encore laisser parfois un certain doute

(1) *Journal des Savants*, avril 1854, p. 679-680.
(2) Ibid., t. IX, p. 701.
(3) Ibid., t. I, p. 26, en allem.
(4) V. *apud.* HERM. FICHTE, *Zeitschrift*, etc.

sur ce point, comme lorsqu'il dit qu' « une force organique préside à la formation des organes, à leur ensemble et à leur conservation par la nutrition. » (1) Mais cette force, cause de l'unité organique, une elle-même, est inexplicable par la multiplicité corporelle; et elle doit être l'effet de l'unité spirituelle (2). Comment, d'ailleurs, expliquer l'unité de conscience par l'unité de l'organisme? « Il serait aussi absurde de l'entreprendre que de vouloir expliquer l'unité d'un morceau d'harmonie par la réunion des instruments qui servent à l'exécuter, au lieu de recourir à la pensée de l'artiste. » (3) C'est donc un principe simple, qui n'a son siège dans aucun organe particulier, le principe vital, qui réalise l'idée typique de l'organisme (4). « La force organisatrice qui, dans le germe de l'embryon, crée tous les organes de l'animal, en quelque sorte comme autant de parties nécessaires à la réalisation de l'idée de cet animal, continuant d'agir dans la nutrition, il en résulte la possibilité que les pertes éprouvées par l'organisation soient réparées, au moins dans certaines limites. » (5)

Il semblerait donc, d'après ce passage et quelques autres endroits du livre de J. Muller, que l'âme ne forme pas le germe de l'embryon, mais seulement l'embryon lui-même : « Avant la formation du cerveau, l'âme n'est que virtuelle dans le simple germe; elle n'a dans cet état

(1) *Manuel de Phys.*, t. I, p. 226, prem. édit. en français.

(2) Laesst sich naemlich nachweisen dass die organische Einheit des Korpers aus bloss materiellen Bedingungen schlechthin unerklaerbar sei, dass sie selbst seelischer Art sein müsse. *Journal*, p. 262.

(3) Ibid., p. 263.

(4) *Manuel de Phys.*, t. II, p. 484.

(5) Ibid., t. I.

ni sentiment, ni volonté, ni conception, ni pensée. Mais le germe produit l'organe au moyen duquel cette âme acquiert la conscience de soi-même. » (1)

D'où il suivrait qu'une force distincte de l'âme produit le germe, et qu'à son tour le germe produit le cerveau, qui est une condition pour qu'il y ait pensée, conscience.

Nous consentirions très volontiers à ce que l'âme des parents produisît en eux les matériaux propres à former un embryon, à savoir l'œuf et le sperme, et que l'âme du nouveau sujet ne pût vivifier le germe, le convertir en embryon, l'embryon en fœtus, etc., qu'à cette double et première condition; mais nous ne pouvons accepter à la lettre la production du cerveau ou de quoi que ce soit par le germe, qui n'est pas un principe de vie, qui en est, au contraire, un premier effet.

Il y aurait donc, suivant Muller, trois principes de vie dans l'homme : l'un qui produirait le germe ; un second qui le développerait et en ferait un embryon ; un troisième enfin, l'âme, qui serait le principe propre et immédiat de la pensée : « Le sperme et le germe doivent contenir non seulement la force nécessaire pour produire un individu vivant, mais encore le principe de l'âme du nouvel être à l'état latent. Des parties du corps autres que le cerveau participent au principe de l'âme, mais ce principe ne déploie sa liberté et son activité que dans le cerveau, parce que là il trouve l'organisation nécessaire tant pour recevoir les impressions des conducteurs sensibles que pour agir sur les forces d'autres par-

(1) *Manuel de Phys.*, t. II, p. 485-487.

ties, sur les appareils moteurs. La conscience, la pensée, la volonté, la passion ne sont possibles que dans le cerveau, et quoique le principe duquel émanent les idées, les pensées, etc., existe à l'état de germe fécondé, *il faut que ce germe animé crée l'organisation entière de l'encéphale.* » (1)

Voilà donc l'activité de l'âme, comme âme *pensante* ou quant à la pensée en *acte,* subordonnée à l'organisme; mais elle ne l'est pas comme âme *capable de penser,* ou quant à la pensée *en puissance :* « L'activité seule de l'âme dépend de l'intégrité de la structure anatomique et de la composition chimique du cerveau. Le mode d'action et l'état de l'encéphale marchant toujours parallèlement l'un à l'autre, le second détermine toujours le premier; mais l'essence de l'âme, sa force latente, en tant qu'elle n'a point à se manifester, ne paraît dépendre d'aucun changement du cerveau... Dans l'idiotisme, même le plus profond, par cause de microcéphalie, nous ne pouvons point supposer une maladie innée de l'âme, un défaut primordial du principe moral : à coup sûr le germe contenait la disposition aux plus hautes perfections de ce principe; mais le développement incomplet du cerveau a rendu impossible celui des aptitudes supérieures de l'intelligence, de même que, chez l'homme le mieux conformé, un changement soudain de l'état du cerveau frappe instantanément de maladie les manifestations de l'âme, ou la force même de faire repasser son énergie à l'état latent, d'où elle

(1) *Manuel de Phys.*, t. I, p. 715.

ressort souvent aussi nette que par le passé après l'éloignement de la cause morbifique. » (1)

Le vitalisme de Muller n'est donc pas unitaire, comme on aurait pu le croire d'abord ; mais il n'est pas non plus aussi manifestement ternaire qu'on pourrait le penser d'après ce qu'on vient de voir. Il y a mieux, c'est que Muller ne sait pas bien à quoi s'en tenir. Il ne sait même pas s'il doit ou non distinguer le principe vital d'avec l'âme : il aperçoit des raisons ou des possibilités pour et contre, mais il ne sait ni les compter ni les peser; ce qui le laisse dans le doute. Il faut pourtant lui savoir gré d'avoir reconnu que l'âme n'est pas réduite à la pensée pour toute fonction ; c'est évidemment assez pour que le principe vital devienne inutile, malgré le rôle important qu'on lui fait jouer d'abord ; il n'est que le nom de la cause inconnue de nos commencements, mais pas du tout un principe nécessairement distinct de celui de la pensée ou de l'âme : « Le principe vital d'où part l'organisation entière dans le germe, et qui produit aussi l'organe pour l'action de l'âme, diffère-t-il essentiellement de cet organe; ou bien l'activité de l'âme n'est-elle qu'un mode particulier d'action du principe vital? La physiologie empirique ne saurait arriver à la solution de ce problème.

« Nous savons que le principe vital peut continuer d'agir sans manifestation de l'âme, car il entretient jusqu'à la naissance la vie même des monstres privés de cerveau et de moelle épinière. On ne peut cependant pas conclure de là que le principe de l'âme diffère du

(1) *Manuel de Phys.*, p. 715.

principe vital quant à l'essence, car nous avons déjà vu qu'il y a, même hors du cerveau, un état latent de ce principe dans tout corps animé. Mais on n'en doit pas conclure non plus que le principe de l'âme n'est qu'un mode des effets du principe vital. Nous voyons seulement, ce qui nous est prouvé aussi par la création de l'embryon entier, avant le développement des facultés de l'âme, que l'activité de cette dernière n'est point nécessaire à la manifestation du principe vital. D'un autre côté, nous savons tout aussi positivement que l'activité de l'âme n'est point possible dans un corps animé sans le concours du principe vital, car c'est ce dernier *qui crée et qui entretient* l'organisation cérébrale, sans laquelle l'activité de l'âme ne pourrait s'exercer. L'hypothèse d'après laquelle le principe de l'âme est indépendant du principe vital, invoque à son appui que toute une classe d'êtres organisés vivants, celle des plantes, n'offre aucune trace des phénomènes moraux. Cependant l'objection diparaîtrait en admettant que là le côté moral du principe vital se trouve à l'état latent, et si une hypothèse n'a pour elle que de pouvoir expliquer un grand nombre de faits, elle est neutralisée par une autre qui explique tout aussi bien ces faits.

« S'il y a un vrai motif d'admettre que la vie morale des créatures animales n'est qu'un mode de manifestation de leur principe vital, c'est que les deux genres d'effets peuvent être l'expression de la raison ; que la production de l'organisation du plus bas animal par le développement du germe est l'expression de la plus haute raison, et que ce qu'il y a en cela de raisonnable surpasse de beaucoup tous les effets moraux dont cette créature a la conscience. Stahl faisait émaner toutes les actions animales de l'âme, parce qu'elles sont conformes à un but. Cette âme de Stahl, si la vie morale telle qu'on la conçoit généralement en dépend ou en émane, diffère beaucoup de ce qu'on appelle ordinairement la vie morale; elle est bien supérieure. On voit sans peine que la théorie de Stahl repose sur l'intuition de la force qui agit d'après les inspirations de la raison dans tous les êtres vivants, et qu'il considérait comme une émanation de cette première cause d'une créature, ce que nous sommes dans l'usage d'appeler vie morale. Mais pour que cette opinion soit exacte, ce dont on ne saurait donner la démonstration empirique, il faut ne pas perdre de vue que l'âme, qui a la conscience et qui pense, n'embrasse qu'une petite partie des effets de cette âme supérieure, agissant conformément à la raison, qui est, en définitive, la cause d'une créature, et qui prévoit, dans son organisation, dans ses penchants instinctifs, tout ce qui pourrait lui arriver pendant son conflit avec le monde extérieur. » (1)

Il est difficile d'être plus nettement stahlien. S'il restait des doutes à cet égard, je veux dire sur l'opinion de Muller touchant le monodynamisme vital dans l'homme, ils seraient facilement dissipés par ce qui suit : « Les trois formes principales de la manifestation de la vie animale (l'assimilation, la mobilité et la sensibilité) ne sont que des phénomènes divers d'une seule et même force essentielle, qui dépendent de la différence de composition des divers organes. Il y a quelque chose d'ab-

(1) *Manuel de Phys.*, t, I, p. 716-717.

surde à se figurer que la force reproductive engendre la substance nerveuse, pendant que les effets du nerf une fois formé seraient les conséquences d'une force différente de celle à laquelle il a été redevable de sa formation. La cause première de la vie qui agit dans les animaux crée toutes les parties qui entrent dans l'idée d'un être animal, et produit en elles le mode de composition dont le résultat est la faculté de se mouvoir et celle de sentir, c'est-à-dire la faculté conductrice d'impressions qui se propagent à un centre de perception et de réaction. Les produits de cette force unique, de ce *primum movens,* qui engendre et reproduit sans cesse toutes les parties, sont, les uns aptes à opérer des transformations de matières destinées à être conduites plus loin pour servir aux besoins du tout, d'autres des organes de locomotion, et d'autres encore des organes par le moyen desquels ont lieu les actions de tous les organes sur un centre commun et les réactions de celui-ci sur eux. Les premiers sont les organes de la nutrit ion ; les autres, les muscles ; et les derniers, les nerfs. Il y a, en outre, des parties auxquelles l'activité créatrice et reproductive, ou la cause fondamentale des organes, ne fait acquérir d'autres propriétés essentielles que des qualités physiques de solidité, d'élasticité, de viscosité, etc., comme les os, les cartilages, les ligaments, les tendons. »

Si nombreuses et si longues que soient ces citations, l'autorité d'un physiologiste tel que J. Muller est trop imposante pour que nous ne soyons pas très excusable de recueillir avec soin tout ce qui, dans ses ouvrages, se trouve d'accord avec le monodynamisme spiritualiste. Il fait voir que le germe ne préexiste pas tout formé dans les parents, mais qu'il y est formé par une force particulière. Nouvelle preuve en faveur du stahlisme : « On ne peut plus mettre en doute aujourd'hui que le germe n'est point une simple miniature des organes futurs, comme le croyaient Bonnet et Haller, car les rudiments des organes ne deviennent pas visibles par l'effet seul du grossissement ; ils ont un assez grand volume dès leur première apparition ; mais ils sont simples, de sorte que nous voyons les organes complexes naître peu à peu d'un organe primitivement simple. Si Stahl avait connu ces faits, il y aurait trouvé un argument de plus en faveur de sa doctrine, que l'âme raisonnable elle-même est le premier mobile de l'organisation, qu'elle est l'unique cause de l'activité organique, qu'elle construit harmoniquement et maintient son corps d'après les lois de sa propre activité, et que c'est par son action organique qu'a lieu la guérison des maladies. Les contemporains et les successeurs de ce grand homme ne l'ont pas bien compris quand ils ont cru que, suivant lui, l'âme qui crée les idées, avec intention et conscience, est aussi ce qui donne l'impulsion à l'organisme. L'âme de Stahl est la force de l'organisation elle-même se manifestant d'après des lois rationnelles. Mais Stahl est allé trop loin en plaçant celles des manifestations de l'âme qui sont accompagnées de conscience, sur le même rang que la force de l'organisation, qui se manifeste d'une manière harmonique, mais d'après une nécessité aveugle.

« L'activité agissant avec harmonie et sans conscience, se déploie aussi dans les phénomènes de l'instinct. »

Ici, Muller admettant l'hypothèse de Cuvier sur les opérations instinctives, à savoir, une activité appliquée à la réalisation d'une sorte d'idée fixe, de rêve ou de vision qui poursuit les animaux, il se demande quel est le siège de ce rêve, et ne le trouve que dans l'agent causateur de l'organisation : « Mais ce qui excite ce rêve, cette vision, ne peut être que la force organisatrice agissant d'après des lois rationnelles, que la cause première (créée) elle-même d'une créature. Cette force existe dans le germe antérieurement à tous les organes, de manière qu'elle paraît n'être enchaînée non plus à aucun organe chez l'adulte. »

Mais d'où vient que cette âme ne pense pas encore d'une pensée réfléchie, qu'elle n'a pas conscience de ses opérations? C'est que « la conscience, qui ne donne lieu à aucun produit organique, et ne forme que des idées, est un résultat tardif du développement lui-même, et elle est liée à un organe dont son intégrité dépend, tandis que le premier mobile de toute organisation harmonique continue d'agir jusque chez le monstre privé d'encéphale. La conscience manque aux végétaux, avec le système nerveux, et cependant il y a chez eux une force d'organisation agissant d'après le prototype de chaque espèce de plante. »

S'élevant encore plus haut, l'illustre physiologiste se demande d'où vient la force vitale elle-même : « Cette force, et la matière qu'elle organise primitivement ont-elles jamais été les idées éternelles de Platon? les prototypes créateurs se sont-ils infusés à une époque quelconque dans la matière, continuant toujours depuis lors à se rajeunir dans chaque animal? On ne sait. Ce qui est certain, c'est que chaque forme animale ou végétale se maintient invariable par les produits, et que, parmi tant de milliers d'animaux et de plantes, il n'y a aucune véritable transition d'une espèce à une autre. Tous ces organismes, tous ces animaux, tous ces modes, pour ainsi dire, de sentir le monde ambiant et de réagir sur lui, sont indépendants depuis l'époque de leur création : l'espèce s'éteint quand les individus productifs viennent à être détruits ; le genre ne peut plus produire l'espèce, ni la famille rétablir le genre. »

Ce qu'il y a de certain pour Muller, c'est qu'on ne peut expliquer la diversité d'action des divers organismes par l'organisation primitive elle-même, ni par la forme qu'affecte primitivement la matière. La chimie n'expliquera donc jamais la vie ; la force vitale est, au contraire, dans une sorte d'antagonisme constant avec les forces chimiques, qui ne triomphent à la fin que par la mort. La première est une force d'agrégation harmonique, de synergie particulière, d'unité mobile et vivante, quand, au contraire, la seconde est une force d'agrégation purement collective, ou d'une symétrie toute géométrique, une force dont le but est une totalité morte et en repos. Mais laissons parler l'auteur : « La forme de la matière organique ne détermine pas primordialement le mode de ses actions, car le germe affecte la même forme chez les animaux les plus divers, vertébrés et invertébrés : partout il se compose de la cellule, de l'œuf, de la vésicule et de la tache germinatives. La forme de la matière est déjà un phénomène qui dépend d'un autre, savoir, de l'affinité des éléments et de ses produits. Si donc la composition seule était la cause des forces organiques, comme des chimistes le soutiennent, la composition elle-même serait en même temps le principe formateur.

« La force organique agit au-delà des limites des organes lors de la métamorphose de la matière animale dans les vaisseaux, lors de la transformation du chyle, qui acquiert de nouvelles propriétés en suivant la filière des vaisseaux lymphatiques. Elle agit sur le sang à travers les parois des vaisseaux, et le maintient liquide, tandis qu'après sa sortie des vaisseaux il se coagule sous presque toutes les conditions, quand il n'est pas décomposé. Un liquide même qui s'est extravasé, ou qui s'est accumulé par l'effet d'une maladie, résiste plus longtemps à la putréfaction dans le corps vivant qu'au dehors; ce qui ne tient pas uniquement au défaut d'accès de l'air, puisqu'il arrive souvent lorsque les forces baissent, que du sang et du pus se décomposent dans le corps. »

Il fait ressortir ailleurs, en répétant du reste ce qui est reconnu de tous, la différence essentielle des composés purement chimiques et des composés organiques; l'impuissance de la chimie à reconstituer ces derniers après les avoir réduits à leurs éléments chimiques ou fondamentaux; son impuissance à réaliser, non pas seulement des formes organiques, des types, mais de simples agrégats d'éléments aussi nombreux qu'ils se rencontrent dans les corps organisés. Si on lui oppose l'action des impondérables, jointe à celle des affinités chimiques, il répond avec raison :

« Dans les corps inorganiques, la combinaison dépend de l'affinité des forces inhérentes aux substances combinées ensemble, tandis qu'au contraire, dans les corps organiques, la puissance enchaînante et conservatrice ne réside pas uniquement dans les propriétés des substances elles-mêmes, et qu'il y a autre chose encore qui non seulement fait équilibre à l'affinité chimique, mais même occasionne les combinaisons organiques d'après les lois de sa propre activité. Parmi les impondérables, la lumière, la chaleur, l'électricité ont tout autant d'influence sur les combinaisons et les décompositions dans les corps organiques que dans ceux qui ne le sont pas; mais rien ne nous autorise à regarder aucun de ces agents comme la cause première de l'activité dont jouit la matière organique vivante. »

Il est donc bien établi que Muller admet, en dehors des forces mécaniques, physiques, chimiques, d'autres forces toutes spéciales, qui seules peuvent rendre raison de la formation, de la conservation et de la propagation des êtres vivants.

Nous savons, en outre, qu'il incline à n'en reconnaître qu'une seule dans chaque individu vivant, et que cette force unique est ce qu'on appelle âme. Mais à cet égard, nous l'avons vu, il n'a pas toute la fermeté désirable.

Sa doctrine fléchit encore sur un autre point qui tient de fort près à celui-là : l'indivisibilité du principe de la vie, sa nature propre, sa pérennité essentielle, son individualité enfin : « Nous ignorons complétement, dit-il, si dans l'exercice de la vie, outre la décomposition continuelle de substances, il y a aussi déperdition de force organique, et, dans le cas d'affirmative, comment cette perte s'opérerait; mais ce qui paraît certain, c'est que, quand les corps organiques meurent, la force organique se résout en des causes naturelles générales, d'où elle semble être régénérée par les plantes. Si l'on refusait de croire à la multiplication de la force organique par des sources inconnues du monde extérieur, dans les corps organiques existants, il faudrait admettre que son apparente multiplication infinie dans l'accroissement et la propagation n'est qu'une évolution de germes emboîtés les uns dans les autres, ou supposer, ce qui serait incompréhensible, que la division de la force organique qui a lieu dans la propagation n'affaiblit pas son intensité; mais il resterait toujours ce fait, que la mort des corps organisés rend continuellement une certaine quantité de force organique inactive, ou la résout en ses causes physiques générales. » (1)

Dans un autre endroit, Muller donne encore à l'âme des parties ; se laissant abuser par son apparente étendue, par son apparente divisibilité même, il dit : « L'âme, bien qu'elle n'agisse que dans le cerveau, n'est toutefois pas bornée exclusivement à cet organe. Ce qui le prouve particulièrement, c'est :

« 1° Que les animaux inférieurs sont divisibles ; quelques-uns même se reproduisent par division de leur corps. Donc le principe vital est divisible avec la matière, puisque de tronçons séparés naissent de nouveaux individus. — Chacun des tronçons a sa volonté propre et ses appétits particuliers. — Le principe vital est donc susceptible de se diviser avec la matière.

« 2° L'âme est divisible, ainsi que le principe de la vie, même chez les animaux supérieurs, sans en excepter

(1) *Manuel de Phys.*, t, I, p. 16-36.

l'homme. Témoin la génération par l'union du germe et de la semence. Cette seule rencontre suffit chez les poissons, les grenouilles, les salamandres, sans nulle participation du mâle et de la femelle, comme le prouvent les fécondations artificielles. Le germe et le sperme, ou l'un des deux, doivent donc contenir le principe de la vie à l'état latent. Le principe de l'âme n'est donc pas borné au cerveau dans le mâle ou la femelle, ou dans tous deux ; il est donc divisible, puisqu'il survit, chez les parents, à la génération. » (1)

Cette opinion sur la divisibilité de l'âme est insoutenable, par le fait : 1° qu'elle est indivisible : on l'a démontré ailleurs ; 2° parce que si elle était divisée réellement dans certains cas, elle ne serait entière dans aucune partie, à moins qu'on n'imagine que la partie restante reproduit la partie qui manque, à la façon de certains corps organisés, ce qui tendrait à confondre l'âme avec le corps. L'erreur de Muller provient de ce qu'il a confondu l'âme avec ses opérations : l'âme est une, et n'a pas substantiellement de rapport local avec le corps qu'elle vivifie ; ses opérations seules sont multiples, et se manifestent dans toutes les parties du corps, sous une forme ou sous une autre.

En localisant l'âme substantiellement dans le cerveau, on lui donne aussi quelque étendue. De plus, on la fait agir où elle n'est pas, puisqu'on reconnaît que son action n'est pas bornée au cerveau. On peut dire, à la vérité, que l'action de l'âme sur le corps n'est immédiate que dans le cerveau, et que les nerfs seuls sont ses pre-

(1) *Manuel de Phys.*, t. I, p. 713. — Cf. t. II, p. 483, 485, 487.

miers instruments (1). Si cela est possible, cela du moins est fort peu nécessaire, puisque la vie organique et la vie de relation existent dans des sujets privés d'encéphale, de nerfs même, et que chez les animaux vertébrés elle persiste encore plus ou moins longtemps après la décollation ou l'évulsion du cerveau.

Au surplus, ce siége de l'âme, cet organe dont nous avons déjà parlé, organe qui semble fuir devant le scalpel, organe que Descartes et tant d'autres ont cru avoir trouvé, a été vainement cherché, à la suite des physiologistes qui se flattaient d'avoir été assez heureux ou assez habiles pour le découvrir, par M. Hartman (2).

Il faut donc dire de l'âme par rapport au corps, qu'elle n'est nulle part, mais que son action est partout, quel qu'en soit le mode ; c'est sans doute ainsi que le conçoit M. Ennemoser, lorsqu'il dit : « Ce qui rend vivant, c'est partout l'esprit comme principe de vie ; mais si la vie est une en nous, elle se présente néanmoins sous deux aspects : comme force subjective de l'esprit en soi, comme âme c'est-à-dire, et comme force qui anime le tissu matériel qu'elle emploie à sa manifestation. » (3) Ce qui n'empêche pas cet auteur de distinguer profondément l'âme et le corps: « Le développement spirituel de l'homme fait encore des progrès dans un corps qui est

(1) A moins qu'on n'admette avec M. F.-W. Hagen, comme intermédiaire entre l'âme et les nerfs eux-mêmes, un fluide impondérable qui, du reste, émanerait des nerfs, un éther qui occuperait les cavités cérébrales, vrai canal, par conséquent, des opérations de l'âme. L'action de l'âme sur les nerfs aurait donc lieu par une sorte de courant électro-galvanique. *Beitraege zur Anthropologie*, 1841, p. 102 et s.

(2) *Der Geist der Menschen*, etc., p. 221, 2e éd., 1832.

(3) *Der Geist des Menschen in der Natur oder die Psychologie*, Stuttg., und Tübing, 1849, p. 651.

parvenu à sa maturité, et peut, en vertu de sa perfectibilité, atteindre une perfection sans rapport avec les facultés corporelles : ce qui est une preuve manifeste que l'esprit, comme force déterminante originelle, précède le corps et doit survivre à la forme du corps. On peut encore conclure de là qu'un esprit parfait, distingué par des dons particuliers, ne procède point de la forme parfaite du corps, mais tient ses dons, ses perfections, de sa faculté supérieure primitive, en conséquence de laquelle il reçoit un instrument plus parfait, et se rend ensuite par là même plus parfait. » (1)

L'un des physiologistes les plus distingués de l'Allemagne, et que l'Institut de France ait naguère honoré du titre de correspondant, M. Carus, se montre animiste plus décidé que Muller. Il rappellerait même, par certaines expressions, les idées platoniciennes, les espèces ou formes des scolastiques, et l'idéalisme absolu de Hégel. On se rappelle aussi involontairement, à l'occasion de cette doctrine, la belle pensée des néoplatoniciens, qui mettaient le corps dans l'âme plutôt que l'âme dans le corps, c'est-à-dire qui concevaient le corps en puissance dans sa cause, qui l'y concevaient tout déterminé virtuellement, à part les influences étrangères qui devaient modifier l'action de la force vitale. Suivant M. Carus donc, l'âme est une idée, mais une idée active, l'idée indestructible du corps, où elle se manifeste à nos sens comme phénomène matériel (2). Si l'on y fait attention, cette doctrine est très proche parente de celle des thomistes,

(1) *Der Geist des Menschen in der Natur oder die Psycologie*, ibid.
(2) *Revue germanique*, 31 janv. 1859, art. de M. Dollfus.

qui font de l'âme la *forme* du corps. Cette idée vivante, agissante, substance et cause, puisqu'elle est une force, est-elle différente, en effet, de la forme substantielle des scolastiques? Quant à nous, il nous est difficile d'y voir autre chose. Et l'on sait que les scolastiques avaient emprunté cette doctrine des Grecs. Quoi qu'il en soit de la filiation des idées de M. Carus, qui ne peut prétendre à une originalité aujourd'hui difficile, il n'en est pas moins une autre autorité considérable. Voici, au surplus, comment il explique l'acte organique de l'idée vitale : Cette idée arrive insensiblement par l'effet du développement organique auquel elle préside à son propre insu, jusqu'à la conscience d'elle-même. Mais cette conscience, où s'épanouit l'âme au moyen du cerveau, reste limitée, incomplète, et laisse en dehors de son cercle de lumière tout un ordre de fonctions que l'âme continue d'accomplir avec le corps, sa manifestation phénoménale, tout en les ignorant (1).

Ainsi le corps serait, comme la pensée même, une autre manifestation de l'âme, un produit de l'une de ses fonctions, non pas le corps comme corps, mais le corps comme corps organisé, ou plutôt l'organisation et la vie du corps, la forme et le mouvement qui en font un individu vivant d'une espèce ou d'une autre. Seulement, il y a cela de particulier à la force vitale humaine, qu'elle produit d'abord son corps instinctivement, qu'elle le développe, et qu'au bout d'un certain temps les organes de ce corps deviennent pour l'âme, par suite d'une réaction facile à concevoir et qui, dans tous les

(1) *Revue germanique*, ibid.

cas, est incontestable comme fait, un instrument de sensation, de perception, de mouvement, de pensée même. L'âme humaine, en s'incarnant, entrerait donc dans une période de développement dont le corps qui doit lui servir d'instrument est une condition essentielle. Sans cette incarnation, qui semble à certains mystiques une servitude, et qui était déjà aux yeux de Platon une condition pire, un châtiment pour des fautes antérieurement commises, l'âme humaine ne s'élèverait point à la pensée, à la pensée pure, aux conceptions de la raison; elle ne percevrait et ne sentirait même point; elle ne serait une âme humaine que virtuellement. Elle ne peut donc concevoir des destinées supérieures et y aspirer qu'en passant par cette condition en apparence si misérable. La vie terrestre serait donc pour elle, non pas une chute, non pas un exil, mais un progrès, un développement considérable, un acheminement à des destinées supérieures. Ainsi se trouverait encore justifiée, si elle avait besoin de l'être, l'admirable économie des choses de ce monde.

LIVRE V.

PHILOSOPHES CONTEMPORAINS

PARTISANS PLUS OU MOINS PRONONCÉS DE L'ANIMISME.

CHAPITRE PREMIER.

Philosophes français.

§ I.

Maine de Biran.

Parmi les philosophes français du XIXe siècle qui se sont occupés de la question du principe vital, il faut mettre en première ligne Maine de Biran. Il a très bien aperçu qu'il se passe dans notre âme une foule de faits ignorés du moi (1). Il a même distingué le moi d'avec l'âme substantielle (2). Bien plus, il est allé jusqu'à supposer que l'âme peut avoir des sensations, sans savoir qu'elle les a, et que c'est par là qu'elle commence (3).

(1) *Œuvres phil.*, t. II, p. 157-173 et passim.

(2) Ibid., p. 188, 309, 310, 314, 359, 360, 362, 363, 370, 374, 375, 376, 386, 387, 395, 397, 398; et t. III, p. 3-7, 9-15, 17-27, 81, 172-174, 300-309, 327-329.

(3) C'est ce qu'il appelle « l'affection simple, ou l'existence purement affective. » T. II, p. 134-173, mais surtout p. 141-142. Il cherche des autorités sur ce point, et croit trouver dans cette idée Bacon, Leibniz, Buffon, Monroo. V. aussi t. III, p. 228 et seq.

Cette assertion, un peu absolue, serait sans doute plus conforme à la vérité si l'on distinguait dans l'homme une conscience primitive, directe ou non réfléchie, et une conscience consécutive et réfléchie. Les sensations et les actes qui ont lieu dans les premiers temps de notre existence ne seraient marqués que de cette espèce de conscience vague, irréfléchie, et où tout se trouve mêlé, confondu. C'est là, suivant toute apparence, notre première façon de nous concevoir, et dont l'analogue, mais à un degré bien plus grand de confusion et d'obscurité, est peut-être le partage des animaux, surtout des animaux vertébrés et supérieurs encore.

Maine de Biran, proclamé avec une certaine emphase le premier métaphysicien français depuis Malebranche, avait sans doute une valeur métaphysique ; mais le besoin de la métaphysique est encore plus vif en lui que ses connaissances en ce genre ne sont réelles : il entrevoit plus qu'il ne voit, et souvent il entrevoit mal. Ses aperçus sont nébuleux, et il n'est parvenu à se dépouiller imparfaitement de l'empirisme qui avait été sa première manière de voir en philosophie, que pour réaliser des abstractions.

Il n'a pas vu nettement non plus que le moi n'était qu'une simple conception de la raison. Si parfois il semble l'entrevoir, cet aperçu ne tarde pas à s'évanouir.

La distinction entre l'âme et le moi n'a donc pas sous sa plume toute la portée légitime dont elle est susceptible, puisqu'il admet un principe vital distinct, non seulement du moi, mais de l'âme elle-même.

Son spiritualisme manque aussi de fermeté, puisqu'il hésite entre un principe vital particulier et une simple *combinaison organique,* pour rendre compte de la sensation animale, qu'il appelle aussi un mode affectif (1). Pourquci ce mode, dont le moi finit souvent par avoir conscience, on en convient, ne serait-il pas un mode de l'âme? Pourquoi cette âme non-moi ne serait-elle pas l'auteur de tous les phénomènes involontaires qui s'accomplissent en nous, et qui ne peuvent s'expliquer par les forces physiques, chimiques ou mécaniques du corps comme corps pur et simple? Il est d'autant plus étrange de paralyser ainsi l'activité de l'âme non-moi, qu'on se demande : « Pourquoi l'âme n'agirait pas sans le moi, puisqu'elle peut exister sans lui? » (2)

Maine de Biran, qui semblait devoir être plus franchement animiste que Stahl lui-même, commence par l'être beaucoup moins : il n'est d'abord que vitaliste, à peu près à la façon de l'école de Montpellier. Souvent même il attaque l'animisme unitaire de Stahl, tout en reconnaissant que ce médecin célèbre « fut le créateur de la vraie physiologie, comme Descartes avait été le père de la vraie métaphysique de l'âme. » (3) Mais les critiques supposent que Stahl admettait la conscience des opérations purement organiques, supposition qui n'est que trop fondée, quoique Stahl ait quelquefois dit le contraire.

Les erreurs de Stahl ne justifient point celles de son critique. On n'a pas même la ressource de distinguer les diverses époques où ses ouvrages ont été composés,

(1) *Œuvres philos.*, t. II, p. 141 et passim.

(2) Ibid., p. 193.

(3) *Nouvelles considérations sur les rapports du physique et du moral*, p. 45.

puisqu'il est parfois impossible de concilier des pensées prises du même écrit. C'est ainsi que dans ses *Nouvelles Considérations sur les rapports du physique et du moral*, après avoir dit que « Stahl abonda trop dans le sens absolu de Descartes, en croyant avec lui que tout ce qui était démontré ne pouvoir appartenir au corps devait par là même être exclusivement attribué à l'âme pensante » (1), il reconnaît cependant que ce n'est point à l'âme en tant qu'âme *pensante*, mais bien au contraire à l'âme en tant qu'elle ne pense pas, que Stahl attribuait les phénomènes organiques. Ce n'est donc plus au corps, comme l'aurait fait Descartes, que Stahl attribue ces opérations. Ce n'est pas non plus à l'âme pensante, ayant conscience de ses opérations, comme on le supposait plus haut : c'est à l'âme, et à l'âme non pensante, à l'âme agissant sans volonté, sans idées, sans conscience.

Si Stahl a eu tort d'affirmer que l'âme a l'intelligence, la conscience et la volonté de ses opérations organiques les plus secrètes; s'il a eu cet autre tort de nier, plus faiblement il est vrai, cette conscience, cette volonté et cette intelligence, ce n'est pas une raison pour le trouver d'accord avec lui-même, ou pour présenter sa doctrine en ce point comme toute d'une pièce et comme proclamant l'inconscience des opérations organiques. Nous savons, en effet, que Stahl était plutôt pour l'opinion contraire, et que c'est là une des causes les plus puissantes des imperfections et de l'insuccès de son animisme. Mais comme la pensée de Maine de Biran n'est

(1) *Nouvelles considérations*, etc., p. 45.

pas ici de la plus grande clarté, nous devons la donner textuellement : « En attribuant à la force *moi* tout mouvement corporel, involontaire et non aperçu, comme volontaire ou libre et intérieurement aperçu, Stahl considère que cette force agissante, toujours à l'œuvre, n'a *pas besoin d'avoir conscience de son effort, de ses actes ou de ses vouloirs,* pour être la vraie cause de tous ses mouvements, tant organiques que volontaires, *pas plus qu'elle n'a besoin de se connaître elle-même* pour exister réellement à titre de force ou de substance-moi. *A ce titre* purement nominal ou abstrait, *l'âme,* considérée comme cause ou force productive inconnue, *n'a plus rien de commun avec la personne ou le moi* qui se connaît ou se sait exister. » (1)

Si nous comprenons bien Maine de Biran, il ne donne pas cette manière de voir de Stahl comme une contradiction ; il y verrait plutôt l'expression de la vérité.

Ce passage a, selon nous, le premier tort assez grave de n'être pas la reproduction textuelle d'un passage de l'illustre physiologiste d'Anspach. Mais, tout en supposant exacte cette exposition de la doctrine de Stahl, conçoit-on bien qu'il ait pu soutenir sans contradiction que l'âme est et n'est pas tout à la fois consciente de ses opérations organiques? Comment, si l'âme n'a pas alors conscience de ses efforts, de ses actes, de ses volitions, si elle ne se connaît pas, si en un mot elle n'est pas un moi, en tant qu'elle est le principe de la vie organique, comment peut-elle être en même temps, sous le même aspect, une âme pensante (2)? Et si elle ne l'est pas,

(1) *Nouvelles considérations*, etc., p. 47.
(2) Maine de Biran semble ici avoir supposé et fait supposer à Stahl

comme il faut bien en convenir, où donc sera l'impossibilité qu'elle soit le principe de vie organique? C'est, dit-on, que les phénomènes de la vie organique et ceux de la pensée sont trop différents pour qu'on puisse les attribuer à une cause unique. Laissons exposer à l'auteur son objection dans toute sa force : « Croire que la même âme, la même cause inconnue, s'appliquant tour à tour ou à la fois à des instruments divers, fait sentir ces organes chacun à sa manière, sécrète la bile dans le foie, les sucs gastriques dans l'estomac, digère les aliments, enfin, par une analogie qui passe toutes les bornes, veut, réfléchit, se souvient, compare et juge dans le cerveau; ramener ainsi à l'unité de cause ou de loi des faits si divers, si incomparables par leur nature, n'est-ce pas tomber dans une erreur plus grande et plus manifeste encore que celle des premiers physiologistes mécaniciens? N'est-ce pas violer aussi ouvertement toutes les règles d'une sage induction et s'écarter de la méthode même exclusivement appropriée aux sciences naturelles, d'après laquelle, en comparant ces faits divers, alors qu'ils sont également extérieurs au moi, on ne peut être conduit à admettre ou à supposer une vraie identité de cause, qu'autant qu'il y a analogie ou ressemblance complète entre les effets observés? Or, comment assigner quelque ressemblance entre des faits aussi essentiellement divers par leur nature, que le sont, par

que l'âme est pour ainsi dire double dans sa forme, et que tant qu'elle préside à la vie organique pure, qu'elle en est le principe, elle sent et agit sans que le moi le sache et le veuille, à la différence de ses états et de ses actes dans la sphère de la vie supérieure ou humaine proprement dite. Nous apprécierons tout à l'heure cette manière de voir.

exemple, tels actes antérieurs de vouloir, de souvenir, de jugement, de réflexion, et telle fonction ou mouvement organique représenté à l'imagination ou aux sens? La différence seule de ces deux modes d'observation, par lesquels nous pouvons constater ces deux natures de faits, ne suffit-elle pas pour montrer toute l'absurdité qu'il y aurait à ranger dans la même catégorie des choses aussi hétérogènes, à leur appliquer les mêmes lois, les mêmes dénominations, à les rattacher enfin à la même cause..... Nous ne pouvons nous empêcher de croire qu'ils étaient plus près de la vérité..... ces anciens philosophes qui employèrent les titres d'*âme vegétative, sensitive* et *raisonnable* pour exprimer trois principes de vie ou d'opération. » (1)

Maine de Biran incline effectivement à la multiplicité des principes de vie. « En admettant, dit-il, que tout soit vie dans la création, je ne dirai pas qu'il n'y ait qu'ordre de gradation complète et perpétuelle d'un mode de vie à un autre, depuis l'état le plus obscurément rêveur d'une organisation commencée jusqu'à l'état le plus complétement éveillé d'une organisation achevée, etc. Je pense plutôt qu'il y a là *deux natures, deux ou trois forces,* chacune *sui generis,* capables d'agir et de se manifester toujours sous certaines conditions de réceptivité, soit isolément, soit combinées, soit qu'il y ait métamorphose ou métempsychose. » (2)

Non seulement donc Maine de Biran préfère la pluralité des principes de vie à l'unité, il admettrait encore,

(1) *Nouvelles considérations,* etc., p. 48-50.
(2) *Œuvres philos.*, t. III, p. 314.

plutôt que cette unité, une métamorphose ou une métempsychose, deux choses cependant qui impliquent une sorte d'unité.

Mais ce n'est pas là le seul défaut de son opinion. Reprenons brièvement les raisons qu'il en donne, et voyons-en le peu de solidité. Elles reviennent toutes à la différence très grande, en effet, qui existe entre les phénomènes de l'ordre corporel et ceux de l'ordre spirituel. Si c'était là une raison suffisante de nier l'action immédiate de l'âme dans les phénomènes de la première espèce, il faudrait que Maine de Biran niât l'action de l'âme dans la locomotion, qu'il se rangeât de l'avis des occasionalistes, ou qu'il adoptât l'harmonie préétablie de Leibniz. Il en est si loin cependant, que nul plus que lui n'a soutenu l'action immédiate de l'âme sur le corps dans les mouvements volontaires; il y voit le rapport de cause à effet dans toute sa pureté, et en fait même la base de toute sa théorie sur le moi ou la personnalité. Qu'importe maintenant que dans un cas l'âme agisse volontairement, et dans l'autre involontairement? N'est-ce pas toujours ici et là passage de l'âme au corps, de la force spirituelle à la force matérielle? Qu'il s'exclame ensuite tant qu'il voudra sur les énormités de l'hypothèse fondamentale du stahlisme, tout cela ne signifie plus rien, ou tout cela fait contre sa propre doctrine. Mais en réalité il n'y a rien là d'aussi énorme que la supposition contradictoire que la prétendue correspondance entre un principe vital distinct du corps et de l'âme, et la communication sympathique ou autre des états de l'un de ces extrêmes à l'autre. Ajoutons que l'induction et l'analogie sont pour nous, loin d'être contre nous : non pas, comme le suppose l'auteur, en assimilant des phénomènes qui ne se ressemblent point, mais en partant au contraire de faits aussi certains que les actes instinctifs, les actes habituels, et une foule d'autres où l'âme joue incontestablement un rôle involontaire et dont elle n'a ni l'intelligence ni la conscience.

C'est encore une supposition fausse, de la part de l'auteur, de prétendre que les faits des deux ordres s'accomplissent suivant les mêmes lois et qu'ils ont les mêmes dénominations; rien de tout cela n'est exact.

Quoi qu'il en soit, la polémique de Maine de Biran contre le vitalisme unitaire ou animique de Stahl a sa source dans la fausse idée empruntée au cartésianisme, que toute opération de l'âme doit donner conscience d'elle-même. Le passage qui suit en fait foi : « Tout ce qui sort de la libre activité tombe sous les lois nécessaires de la nature morte ou vivante, et appartient à la physique. Les facultés, les fonctions de la vie animale prise dans toute son étendue, sont du propre ressort de la physiologie, qui laisse à part et au-dessus d'elle la science des facultés de l'être libre, intelligent, moral. » (1)

L'auteur a reconnu depuis que l'âme et le moi sont bien distincts, et que l'âme a non seulement des états propres, mais encore des actes. Nous lisons même dans les *Nouvelles Considérations* ces phrases passablement dans l'esprit d'un vitalisme spiritualiste : « Le principe qui entretient l'affectibilité dans les organes, veille sans cesse (*active excubias agit*) : il parcourt ensemble ou suc-

(1) *Nouvelles considérations*, etc., p. 89. — V. en outre, t. III, p. 32-33.

cessivement, et dans un ordre déterminé par la nature ou les habitudes, toutes les parties de son domaine, qui s'éveillent ainsi ou s'endorment tour à tour. Mais l'animal peut être assoupi pendant que la pensée et le moi sommeillent encore. Il ne serait pas impossible d'observer ces dégradations, ni peut-être, en les rapportant à leurs causes organiques, d'expliquer ainsi une partie des effets si surprenants du somnambulisme. » (1)

Maine de Biran va bien loin quand *il* prétend savoir, quoique son *moi* l'ignore, ce qui se passe dans son âme sensitive : « Il m'arrive assez fréquemment, dit-il, de dormir profondément, malgré un véritable état de souffrance que l'âme sensitive éprouve et que le *moi*, absent, ne sait pas. » (2)

Voilà, je l'avoue, ce qui ne m'arrive jamais, ce que je trouve même si peu compréhensible, que je crois y voir clairement une contradiction. Et qu'on ne croie pas que cette âme sensitive n'est que sensitive, toute différente qu'elle est du moi. Non, elle est encore active; mais il est vrai de dire que son action est organique, c'est-à-dire involontaire, ou n'émanant pas du moi : « A titre de force sensitive, douée même d'une sorte d'activité vitale ou physiologique (comme l'entendait Stahl), l'âme s'ignore elle-même; elle ne sait pas qu'elle vit ou sent; elle ne sait pas qu'elle agit, alors qu'elle effectue ces tendances instinctives ou animales (3), qui présentent à l'observateur tous les caractères d'une véritable activité. Telle est la source des perceptions obscures que

(1) *Nouvelles considérations*, p. 112.
(2) Ibid., p. 120.
(3) Il fallait dire organiques ou végétatives.

Leibniz attribue à l'âme humaine, dans l'état de simple monade ou force vivante. » (1)

Si nous ne nous trompons pas sur la pensée de Maine de Biran, l'âme, comme principe de la vie organique, aurait des manières de sentir et d'agir qui lui seraient propres, qui seraient ignorées du moi. Qu'elle agisse alors sans volonté, nous le concevons et nous le croyons; mais nous ne pouvons pas plus accorder qu'elle ait une sensibilité étrangère à celle du moi que des idées dont le moi n'aurait pas conscience. Si l'âme avait une sensibilité propre, étrangère au moi qui sent en nous, elle aurait par là même deux *moi*, l'un sans conscience ou avec une conscience entièrement distincte, l'autre avec la conscience qui nous constitue. Mais n'y a-t-il pas contradiction à supposer un *moi* sans conscience? Et, d'un autre côté, conçoit-on bien une sensibilité sans un *moi*, sans quelque chose qui *se sente sentir?* Telle serait cependant cette sensibilité dont les déterminations précéderaient les actes organiques. Il nous semble plus vraisemblable de supposer que l'âme agit alors sans éprouver rien de semblable à ce que nous appelons des sensations et des sentiments, à moins que le moi n'en ait conscience, de la même manière que cette action est dépourvue de toute volonté et de toute intelligence propres à l'âme.

On ne peut nous objecter les sensations et les mouvements spontanés de l'animal, car ces sensations et ces mouvements appartiennent déjà à la vie de relation, à une âme douée de quelques-unes des facultés du second ordre de vie. Mais au-dessous des fonctions pro-

(1) *Doctrine philos. de Leibniz.*

pres à la vie animale, fonctions qui supposent une certaine volonté, une certaine connaissance et une certaine sensibilité, il y a déjà dans l'animal lui-même, comme dans l'homme, un ordre de fonctions vitales inférieures, qui ne supposent pas plus de sensibilité que d'intelligence et de volonté; ce sont les fonctions de la vie organique pure, ou de la vie végétative. C'est là ce que Stahl et Maine de Biran n'ont pas assez nettement aperçu. Du reste, Maine de Biran finit, comme on voit, par l'animisme. Le voilà donc tout à fait rendu au stahlisme. Nous l'y laissons.

§ II.

M. Lélut.

Un philosophe contemporain, d'une portée métaphysique ordinaire, mais d'une rare sagacité psychologique, d'un coup d'œil sûr et d'une finesse d'analyse incomparable, M. Jouffroy, a terminé sa carrière par une sorte de profession de foi d'un spiritualisme physiologique qui ne laisse aucun doute sur sa façon de penser : « Des deux éléments que nous distinguons dans l'homme, l'un est l'effet de l'autre. Le corps, que nous voyons, est l'effet; la force vitale, que nous ne voyons pas, est la cause. Cet effet n'est produit et ne subsiste que par la lutte de la vie, dont il émane, contre les forces générales de la nature, auxquelles toute matière est habituellement soumise. » (1)

(1) *Nouv. fragm. philos.*, p. 230.

Ce n'est là qu'un animisme indiqué. Il est plus saillant déjà dans un autre philosophe, qui a, sur Jouffroy et sur tous ceux qui ne sont que psychologues, l'avantage considérable d'être physiologiste et médecin, et, comme médecin, d'avoir étudié d'une manière toute spéciale les affections mentales ; nous voulons parler de M. Lélut. Dans ses *Recherches sur la physiologie de la pensée,* il s'applique à l'étude « des conditions organiques de la pensée et des conditions organiques de la vie. » (1) Comme Malebranche, il entend par pensée « tout ce qui, dans la personne humaine, n'est pas son corps, ses organes, sa vie, et toutes leurs sortes de mouvements. » (2) Plus clairvoyant que beaucoup d'autres, il a parfaitement aperçu que l'âme n'est pas douée d'une activité volontaire seulement ; que la conscience ou le moi n'accompagne pas uniquement les actes de cette nature ; qu'il y a une foule de faits internes, de l'ordre intellectuel même, où la volonté n'est pour rien, et dont nous avons cependant pleine conscience ; que par conséquent « le moi, pour le prendre dans ce qu'en ces derniers temps surtout on a considéré comme son essence, le moi n'est pas exclusivement la volonté, mais encore le sentiment personnel de nos perceptions et de nos idées, le sentiment de l'existence, sorte de résultante de toutes les émotions confuses dues aux actions organiques. » (3)

S'il attaque avec raison sur ce point la théorie du moi professée par Maine de Biran et par d'autres après lui,

(1) *Nouv. fragm. philos.*, p. 8.
(2) Ibid., p. 20.
(3) Ibid., p. 29-30.

il repousse avec non moins de raison l'assertion de nos vulgaires psychologues, qui s'imaginent avoir conscience de leurs facultés : « Ce ne sont pas, dit-il, des facultés, des forces, je n'en excepte pas même la volonté, que nous observons, que nous percevons en nous; ce sont des phénomènes, des manifestations, des manières d'être. » (1)

Entrant plus avant dans les profondeurs de la vie, il se pose ces deux questions : « 1° La vie a-t-elle un principe distinct, d'une part, de la matière et de ses forces; d'autre part, de la force, de la substance pensante, principe qu'on puisse par excellence appeler le principe vital? — 2° Quelque réponse qu'on fasse à cette question, l'idée de vie implique-t-elle l'idée de sensibilité? Les corps vivants sont-ils nécessairement des corps sentants, sentant dans tous leurs actes et par toutes leurs parties? » (2)

A la première question les vitalistes de Montpellier disent oui; les *organicistes* ne disent rien, ou, s'ils disent quelque chose, c'est pour répondre à la question par la question. Ils veulent bien accorder, quelques-uns du moins, que les forces qu'ils appellent vitales sont essentiellement distinctes des forces de la nature non vivante; ils dénombrent, pèsent, déterminent même avec soin ces forces diverses; mais, cela fait, ils s'arrêtent et déclarent que la science doit s'arrêter avec eux. « Au-delà de ces forces inhérentes aux organes et n'étant en quelque sorte que ces organes agissant, ils ne

(1) *Nouv. fragm. philos.*, p. 30-31.
(2) *Mémoire sur les phénomènes et le principe de la vie*, p. 10.

cherchent pas s'il y a quelque chose, ils n'admettent pas qu'il puisse y avoir quelque chose, un principe qui soit celui de ces forces. Cette doctrine, qui est celle de Bichat, est devenue celle de l'école à laquelle il a en réalité donné naissance, l'école de médecine de Paris, l'école des *organicistes,* dont Broussais a plus qu'aucun autre affirmé et étendu les principes. » (1)

Après avoir ainsi rapporté les solutions des écoles de Montpellier et de Paris, après avoir rappelé celle de Stahl, M. Lélut, rapprochant le vitalisme et l'animisme, dit qu'« elles ont ceci de commun que, soustrayant, beaucoup plus que ne le fait la doctrine des forces vitales, les actes du corps vivant à la souveraineté exclusive de la matière, même organisée, elles placent, l'une et l'autre, ces actes sous l'empire d'un principe intelligent. » (2)

Passant ensuite à la seconde question, c'est-à-dire à la question de savoir « quel est le rapport de la vie avec l'intelligence du principe vital ou de l'âme, ou tout au moins avec la sensibilité ; en d'autres termes : si la vie et la sensibilité sont deux choses essentiellement distinctes, ou deux choses essentiellement unies, » (3) M. Lélut, après avoir reproduit les opinions de quelques anciens, et celle de Bichat, qui admettait une *sensibilité* locale, *organique,* dont il faisait le principe des phénomènes dont le moi n'a pas conscience; après avoir rappelé que d'autres ont imaginé une sensibilité latente qu'ils ont substituée à la sensibilité organique de Bi-

(1) *Mémoire sur les phénomènes,* etc., p. 11.
(2) Ibid., p. 13.
(3) Ibid.

chat, repousse ces fictions, les traite de métaphores à peine tolérables en physiologie. Il n'admet de sensibilité qu'à la condition qu'il y ait conscience. Comme « le moi n'a pas conscience de la vie même des organes qui sont ses instruments directs, » il y a là tout un ordre de faits qui échappent à la connaissance de l'âme.

Il n'a pas de peine à prouver que si l'on admet une sensibilité latente comme principe des mouvements organiques dans l'homme, il n'y a pas de raison pour ne pas l'étendre aux animaux, aux végétaux, aux minéraux mêmes, où s'opèrent aussi des mouvements qui ont déjà une apparence de choix, les mouvements d'affinité élective. Et alors apparaît un animisme universel, dont le nom moderne et propre est bien connu.

Qui ne voit d'ailleurs qu'avec cette sensibilité locale, il y aurait une infinité de foyers sensibles, une infinité de *moi* sentants? Mais qu'arriverait-il alors? M. Lélut nous le dit : « On peut tenir pour assuré que, dans une pareille anarchie de moi organiques, l'homme ne serait jamais que malade soit du corps, soit de l'âme, et, de plus, qu'il serait bientôt mort. » (1)

Le remède à ce désordre? C'est l'accord, la subordination, la hiérarchie, l'unité, enfin : c'est l'animisme. Ici, M. Lélut est moins explicite qu'il ne voudrait l'être; mais il l'est assez pour que nous puissions le regarder comme un des nôtres : « Il n'y a qu'une manière d'en finir avec cette anarchie de petits *moi*, la manière dont on en finit avec toutes les anarchies : c'est de les soumettre au despotisme d'un seul *moi*, du grand *moi*,

(1) *Mémoire sur les phénomènes*, etc., p. 17.

du vrai *moi,* à peu près comme l'a fait Stahl, en mettant à la réforme tous ces ministres muets, aveugles et sourds, qu'on a voulu lui donner sous les noms d'archée, de principe vital, d'âme nutritive, végétative, irrationnelle, matérielle, etc. » (1)

Mais sans doute parce qu'il ne distingue pas plus que Stahl les fonctions instinctives d'avec les fonctions volontaires, et parce qu'il n'admet pas avec le médecin de Halle que l'âme puisse faire tant de choses volontairement et avec connaissance de cause sans en avoir, sans en conserver la moindre conscience, il est naturel qu'il n'accepte l'animisme de Stahl que sous bénéfice d'inventaire : « Ce n'est pas qu'il faille tout adopter de Stahl. Son interprétation des faits ne leur est pas toujours parfaitement conforme; quelquefois même elle les contredit. Cette demeure, par exemple, que l'âme se bâtit à elle-même, dans les ténèbres de notre origine, me semble une œuvre d'architecture, je ne dirai pas assez difficile à comprendre, car dans ces matières tout l'est, mais assez difficile à mettre d'accord avec l'ordre d'apparition des faits. Je crois qu'ici, comme ailleurs, l'hôte n'arrive que lorsque le logis est prêt. Mais ce qu'on peut dire avec Stahl, c'est que dans cet édifice tout n'est pas transparent ou sonore, et que le maître n'y voit et n'y entend pas tout. Seulement, comme la maison est bonne, qu'elle est l'ouvrage d'une main dont l'habileté égale la toute-puissance, que les serviteurs en sont bien dressés, le service, dans les parties mêmes qui sont soustraites à l'œil et à l'oreille du maître, se fait comme

(1) *Mémoire sur les phénomènes,* etc., p. 17.

s'il avait ordonné. Quelquefois, et par suite d'une modification mystérieuse, telle de ces parties, actuellement sombre et muette, s'éclaire soudain, devient retentissante, et le maître alors voit et entend ce qu'il n'avait ni vu ni entendu jusque là. » (1)

On ne peut dire plus joliment que l'organisme primitif est l'œuvre immédiate d'une puissance supérieure à l'âme qui doit l'habiter ; que cet organisme est monté de manière à fonctionner suivant les besoins et les désirs de l'âme, ce qui nous rapprocherait de l'harmonie préétablie ; que tel organe, qui fonctionne en général sans qu'il y ait sensation, peut devenir sensible dans certains états pathologiques, etc. Du reste, M. Lélut interprète lui-même son allégorie : « Dans cet être double que nous sommes, le *moi*, le principe, quel qu'il soit, qui sent à la fois et a conscience, n'exerce son activité et sa clairvoyance que de compte à demi avec les organes, qui, de leur côté, sont obligés de compter avec lui. » (2) C'est élever bien haut la condition des organes, sans compter, du reste, que la vie dont ils sont doués, leur composition merveilleuse sont déjà autant d'effets qui demandent une cause naturelle, à moins de se jeter dans le théovitalisme, dans le mysticisme, et de renoncer à la science. Telle n'est point l'intention de M. Lélut ; il a besoin d'une âme pour expliquer les opérations des animaux ; il se distingue par ce côté-là du machinisme organique de Descartes ; mais, et toujours parce qu'il n'admet pas des actes tout à fait inconscients de l'âme, quoiqu'il en reconnaisse d'invo-

(1) *Mémoire sur les phénomènes*, etc., p. 17-18.
(2) Ibid.

lontaires, il ne voit plus de nécessité d'admettre un principe de vie propre, une force vitale, un agent organique immatériel pour les végétaux ; en un mot, il leur refuse une âme : « Les végétaux vivent en vertu d'un mécanisme et d'une composition organiques, par suite d'un système de forces dans lesquelles jusqu'ici on n'a pu saisir qu'une opposition au moins apparente avec le mécanisme, la composition, le système de forces de la nature inerte. » (1)

Nous craindrions fort, nous devons l'avouer, que si l'unité organique des végétaux, leur mouvement vital, l'admirable harmonie de leurs appareils divers, la variété et la beauté de leurs formes s'expliquaient par des forces multiples, par des forces purement matérielles, il n'en fût de même de l'organisation et de la vie des animaux, de celle de l'homme même. Nous craindrions encore que ces forces matérielles ne ressemblassent par trop aux *moi* organiques si justement repoussés par l'auteur. Que seraient, d'ailleurs, ces forces? Si c'étaient autant de sujets distincts, n'aurions-nous pas quelque raison d'appréhender l'anarchie? Si ce sont de simples propriétés de la matière, on comprend peu que des propriétés soient des agents, et l'on voit encore moins, si la matière, à titre de matière pure et simple, est douée de pareilles vertus, comment cette matière s'organise ici et ne s'organise pas là, comment surtout elle agit avec un discernement qui suppose l'instinct, c'est-à-dire une merveilleuse direction suivant le rapport des moyens les plus propres aux fins les plus profondément calculées.

(1) *Mémoire sur les phénomènes*, etc., p. 17-18.

Nous n'ignorons pas que l'action instinctive de l'âme a ses difficultés; mais l'instinct des animaux n'a-t-il pas aussi les siennes? et cependant on est obligé de l'admettre avec toutes ses merveilles, avec sa profonde sagesse et sa profonde ignorance, avec son apparente liberté et son impulsion sans résistance.

Si M. Lélut n'est pas précisément animiste, il est encore moins vitaliste à la façon de Barthez. Après avoir cité quelques phrases décisives de cet auteur, il ajoute : « Il était nécessaire de citer textuellement ces passages, dont les contradictions et les incertitudes en disent plus que tous les commentaires. Ce principe vital, qui est ou n'est pas un attribut ou une substance, qui peut survivre au corps ou mourir avec lui, ou même aller animer d'autres corps par une sorte de métempsychose; qui, d'un autre côté, peut indifféremment faire ou ne faire pas partie de l'âme; cette âme, par conséquent, qui peut, à la place du principe vital, ou au moins par son moyen, intervenir dans la direction des actes de la vie végétative : ce sont les ténèbres qui se font là où on avait cru entrevoir la lumière, une doctrine passant sous les fourches caudines d'une autre doctrine; c'est, pour le dire en toute vérité, le principe vital absorbé par l'âme, le vitalisme, dans la personne de Barthez, rendant son épée à l'animisme de Stahl. » (1)

M. Lélut serait donc plutôt pour l'animisme de Stahl ou même pour la sensibilité organique de Bichat, que pour le vitalisme, « lors surtout qu'il croit apercevoir entre Bichat et Stahl une parenté de doctrine qui n'est

(1) *Deuxième Mémoire sur la physiologie de la pensée*, p. 37-38.

pas une simple illusion. » En effet, si Bichat reconnaît que « la sensibilité est une et la même dans la vie organique que dans la vie de relation, s'il proclame implicitement l'unité de gestion de la personne humaine, il ne lui reste qu'à reconnaître l'unité de conscience, l'âme et sa substance, pour lui donner la direction de ses deux vies. Il était donc sur la voie du stahlianisme; il ne lui restait, pour y entrer complétement, qu'à donner le gouvernement personnel de l'homme à l'âme tout entière, au lieu de l'attribuer inexactement à l'une des facultés de l'âme, à la sensibilité. » (1)

La sympathie de M. Lélut pour la doctrine de Stahl se révèle plus manifestement encore dans les passages suivants : « Dans un ensemble comme le corps humain, ou plutôt la personne humaine, où tout se comporte et agit dans une si complète harmonie, dans une si admirable unité, on peut bien, et ce n'est pas trop dire, préjuger de l'identité, de l'unité d'instrument, à l'identité, à l'unité du principe. Ce principe, ce n'est pas le principe vital, qui n'est qu'un mot tout aussi mot que celui de propriété vitale. C'est encore moins l'organisme vivant, dont l'activité, quelque essentielle qu'on la fasse, n'est point une activité qui sente. Il ne reste, en dehors de cet organisme et de cette activité, qu'un principe, qui ne soit pas seulement actif, mais qui soit essentiellement et exclusivement sentant. C'est ce principe qui est seul en jeu dans le fait... de l'addition, de la substitution de la sensibilité à l'excitabilité sans conscience,... et dans le passage de la sensibi-

(1) *Deuxième Mémoire*, etc., p. 48.

lité à l'insensibilité ou à la simple vie dans certaines maladies, par exemple dans la paralysie.... Le principe de la pensée ou de la sensibilité est resté sans doute; il est là derrière et tout près; mais l'instrument lui fait défaut, et il n'agit et ne sent plus. Dans ce cas, au lieu d'une addition, c'est une soustraction qui s'est faite; une soustraction de la sensibilité, la vie seule restant.... Or, ce que j'exprime là comme je le sens, c'est, ce me semble, ce que Bichat et Stahl ont dit ou voulu dire, chacun de leur point de vue. » (1)

Mais voici qui est plus positif encore : « Cette âme, ce principe animateur et directeur de la personne humaine, et que Bichat a réduit des deux tiers en le restreignant à la sensibilité, mais que Stahl avait maintenu dans sa triple et seconde unité, cette âme, si j'osais le dire, descend plus ou moins dans la profondeur des organes, suivant leurs dispositions, originelles ou acquises, de santé ou de maladie; tantôt remontant de ces profondeurs, tantôt y redescendant, mais le faisant toujours et surtout par sa partie en quelque sorte plus corporelle, celle qui a suffi à Bichat pour ses explications. » (2)

Poursuivant cette pensée de la présence de l'âme dans tout l'organisme, et partant du fait qu'il n'est aucune partie du corps qui ne puisse devenir sensible, il pense qu'il n'en est aucune qui ne l'ait été d'abord; peu importe qu'elle soit ou non pourvue de nerfs, ou, si l'on aime mieux, que la matière nerveuse y soit ou n'y soit pas visible. Que M. Lélut conçoive l'âme active, comme

(1) *Deuxième Mémoire*, etc., p. 48-49.
(2) Ibid., p. 49-50; v. aussi p. 51, 53-68.

il la conçoit sensible, que cette action soit tantôt instinctive, tantôt volontaire; qu'il fasse de la première la cause de l'organisation et de la vie, et nous verrons encore moins de différence entre l'idée qu'il se fait de la vie et de sa cause naturelle, et l'idée que s'en font les animistes, qu'il n'en voit lui-même entre la sensibilité organique de Bichat et le vitalisme de Stahl.

Un partisan plus prononcé de l'animisme, et qui s'est révélé avec l'éclat d'un talent depuis longtemps connu, c'est M. F. Bouiller. La position qu'il a prise à cet égard n'est pas équivoque. Mais nous ne croyons pas avec lui que Leibniz puisse être mis au nombre des animistes proprement dits. Son système de l'harmonie préétablie, sa polémique contre Stahl, nous semblent exclure toute action de l'âme sur le corps; sa lettre à Wagner, *De vi activa*, n'est qu'une inconséquence ou un abus de mots. Il y aurait bien encore quelques points sur lesquels nous ne serions pas entièrement d'accord avec M. Bouiller; mais comme ils sont accessoires à la question, nous croyons inutile de nous en occuper.

CHAPITRE II.

Philosophes étrangers.

Les destinées du vitalisme unitaire et spiritualiste ont été, comme on voit, peu brillantes dans notre pays et de notre temps; nous manquons de la résolution suffisante dans l'esprit pour suivre jusqu'au bout une idée juste; notre analyse, ou ne se soutient pas, ou n'ose se montrer; le commun sens, qu'on veut à toute force avoir pour juge, tout frivole et incompétent qu'il est, nous retient dans les limites de son domaine ou tout auprès; nous ne voulons pas qu'il nous perde de vue et moins encore qu'il nous condamne. Inconséquence et faiblesse. Pourquoi donc philosophons-nous si c'est pour être jugés et même applaudis par ceux qui ne philosophent point? Tant que nous en serons là nous manquerons ou de profondeur ou de courage.

L'Allemagne philosophique, malgré ses écarts, sait au moins marcher dans ses voies; elle ne les abandonne par aucune considération. Je l'en félicite. Aussi la trouverons-nous bien plus explicite et souvent plus avancée que nous dans la question du principe de la vie.

Notons tout d'abord qu'Albert, qui en avait si nettement tracé la voie au moyen âge, appartient à la race germanique, et que Stahl, qui l'a réouverte au commencement du XVIIIe siècle, a la même origine.

Quand Stahl mourut, Swedenborg avait quarante-six ans. Le philosophe mystique de la Suède dut connaître la doctrine, alors très célèbre, du docteur allemand. Sans avoir l'esprit observateur et analytique de l'auteur de la *Vraie théorie médicale,* son esprit mystique dut s'accommoder d'un système qui tendait à donner à l'âme une puissance occulte considérable; partisan comme il l'était de la seconde vue écossaise, et de visions bien autrement merveilleuses, il ne devait pas reculer devant l'idée que l'âme est l'architecte du corps qu'elle doit vivifier. Aussi dit-il que « le spirituel se revêt du naturel, ainsi que l'homme fait d'un habit. » (1)

(1) *Du Commerce de l'Ame et du Corps,* § IX.

Le plus illustre philosophe allemand depuis Leibniz, Kant, n'avait guère à se prononcer sur ce point, du moins d'après les résultats de sa *Critique de la raison*. S'il avait eu à cet égard une doctrine positive à enseigner, il est cependant permis de présumer, d'après ses *Leçons de métaphysique* (1), qu'il aurait plutôt opté pour le stahlisme que pour la tendance au matérialisme, deux opinions extrêmes entre lesquelles il ne voyait pas facilement de milieu.

§ I.

J. Gottl. Fichte.

Il n'y a pas de doute sur les sentiments de Fichte (J. Gottl.) : l'âme était si bien la cause du corps, dans son système, qu'elle était cause de tout. « L'âme fait son corps, le monde, Dieu même. — La volonté est le fait primitif du moi. — Le moi, qui est l'esprit, est pure activité, pure volonté, pure conscience; et il n'y a pas d'être en soi derrière la volonté de la conscience. »

Mais la question ne devait pas avoir de sens pour Schelling et les philosophes de son école, puisque, suivant eux, l'esprit et la matière, l'homme et la nature, ne sont que deux aspects de l'être absolu. Il pourrait se faire néanmoins que Schelling eût imaginé une troisième force pour tenir en rapport l'âme et le corps, comme il en concevait une pour équilibrer l'attraction et la répulsion, c'est-à-dire pour expliquer comment l'attraction et la

(1) V. notre traduction, p. 272, et dans le texte allemand, p. 188-195.

répulsion planétaires cessant parfois, suivant lui, de se faire équilibre, par exemple dans les aphélies et les périhélies, finissent cependant par le reprendre.

Hégel, pas plus que Schelling, n'avait à s'occuper des rapports entre l'âme et le corps, et cela pour des raisons analogues. Le panthéisme naturaliste ou idéaliste, peu importe son caractère, excluant la pluralité des substances, n'a pas de raison de se demander quel rapport elles peuvent soutenir entre elles. Aussi Hégel, et la gauche de son école, n'admettent dans l'homme ni un principe de vie propre, âme ou principe vital, pas plus qu'un principe corporel ; l'un et l'autre sont un égal non sens en face de l'absolu, qui ne peut être ni l'un ni l'autre. L'esprit comme le corps, le corps comme l'esprit ne sont que des formes ou des degrés du développement de l'absolu. Seulement, la nature aboutit à la forme spirituelle comme à sa conclusion. L'esprit lui-même, à son tour, a trois degrés de développement : c'est, successivement, l'esprit subjectif, l'esprit objectif et l'esprit absolu. Le premier se manifeste comme âme ou esprit naturel, par exemple dans le rêve, dans l'état de sommeil magnétique. Il s'éveille ensuite à la conscience, et finit par se montrer comme esprit libre qui se détermine en soi-même. L'esprit objectif comprend les différentes sphères de l'existence sociale, depuis la propriété jusqu'à l'état et à l'histoire du monde moral. L'esprit absolu, enfin, se manifeste dans la religion, l'art et la philosophie.

Le vice du réalisme se montre ici à découvert, dans la personnification de l'esprit objectif et de l'esprit absolu. Cette tendance erronée est loin d'être corrigée par la négation des réalités véritables, de la substantialité de l'esprit subjectif, de la vie individuelle propre, présente et future. Cependant, comme la vie personnelle dans ce monde est bien évidente, on conçoit qu'elle ait été admise au moins comme phénomène. Quant à la vie future, elle pouvait paraître moins claire, et l'on n'est pas surpris de la voir révoquer en doute par nombre d'hégéliens (1), d'autant plus que le maître ne s'est pas nettement expliqué sur ce point; mais sa doctrine ne permettait pas, dit-on, d'admettre l'immortalité de l'âme, dont il ne reconnaissait pas la substantialité (2).

Souvent la logique du disciple va plus loin et plus intrépidement que celle du maître; d'autres fois, cependant, elle manque de suite ou de résolution. Telle nous semble être celle de quelques disciples de Schelling et de Hégel. Steffens a parfaitement compris, et ce n'était pas difficile, que la question de la personnalité, ou de l'individualité de l'esprit accompagnée de conscience, est l'une des plus importantes entre toutes celles qui préoccupent les intelligences les plus élevées de notre temps. J. C. Heinroth et G. H. Schubert ont cherché à réduire la triplicité du corps, de l'âme et de l'esprit à l'unité d'une monade spirituelle unique, indivisible, qui est en même temps vivante ou âme, et qui par là peut revêtir une forme corporelle, se construire de matériaux chimiques un corps extérieur (3).

(1) Strauss, *Christliche Glaubenslehre*, t. II, p. 109-110.

(2) *Zeitschrift für Phil. und speculative Theolog.*, etc., von Dr J. H. Fichte, Prof. der Phil. an der Univ. Tubing, XII. B. erst. Heft., 1844, p. 91.

(3) Ibid., t. II, p. 93-95, 1844.

§ II.

M. Herman Fichte.

M. Herman Fichte est aussi de cet avis. Et d'abord en ce qui regarde le moi, il le distingue de l'âme avec pleine raison. Il fait remarquer très justement que « la confusion du moi et de l'âme est féconde en conséquences erronées : on met le moi d'un côté avec les états dont on a conscience d'être l'auteur, et le non-moi, que l'on regarde tout entier comme corporel, avec tous les états involontaires, d'un autre côté ; le non-moi devient ainsi tout corporel ; ce dont on a conscience, et cela seulement, appartient à l'âme, comme tout ce dont on n'a pas conscience appartient au corps (1).

Ce n'est pas avec moins de raison qu'il ne voit dans le moi qu'une pure conception et lui refuse toute réalité substantielle : « Le moi en général, dit-il, n'est absolument rien de substantiel ; c'est une représentation universelle (*Allegemeine Vorstellung*) qui accompagne l'âme, laquelle âme est le substantiel et le réel. » (2) « Le moi ne peut donc être qu'un caractère, un prédicat d'une chose réelle, qui se manifeste précisément par des actes dans lesquels il se révèle à lui-même et à d'autres, mais comme moi ; qui se montre comme une substance individuelle, et non comme une substance particulière générale. » (3)

(1) *Zeitschrift für Phil. und speculative Theolog.*, etc., p. 247.
(2) Ibid., p. 246.
(3) Ibid., p. 252.

M. H. Fichte n'a pas moins bien saisi le rapport entre l'âme et le corps, en ce sens du moins qu'il ne la met nulle part, et qu'il en voit l'action partout. « On a cru, dit-il, en distinguant l'âme du corps, qu'on ne pouvait mieux faire que de la rattacher au corps par la plus petite partie possible du corps, comme si cette partie n'était pas encore divisible, étendue, et que la difficulté ne fût pas de savoir comment l'inétendue peut être en rapport immédiat avec l'étendue.... On en est venu à dire cependant que ce n'est pas une partie du cerveau, mais *tout le cerveau,* qui est le siége de l'âme, sans en excepter, bien entendu, l'organe central des nerfs moteurs. Mais pourquoi l'âme ne serait-elle pas partout où son action se manifeste? » (1) Il en est ainsi, en effet, si les expressions *être quelque part,* en parlant d'un principe simple, sont entendues figurément ou par analogie. Quoi qu'il en soit, quant au mode d'union, « l'âme humaine est un être réel, mais absolument individuel. A chaque corps organique et limité en soi il faut accorder la sienne; chacune à l'inverse se forme un corps organisé, qui répond de la manière la plus étroite et la plus spéciale à ses particularités. Le corps n'est, par suite, que l'âme elle-même tournée vers le dehors, l'âme se manifestant dans le temps et dans l'espace. L'âme humaine, de pair avec son organisation corporelle, et par le moyen de cette organisation, qui représente l'auxiliaire qu'elle s'est elle-même composé, parcourt les degrés de développement qui la conduisent à devenir un être unissant en lui des situations durables, en partie conscientes,

(1) *Zeitschrift für Phil. und speculative Theolog.*, etc., p. 257-258.

en partie inconscientes. » (1) La force vitale (*Lebenskraft*) n'est que l'âme elle-même; le corps extérieur, l'image mobile de la marche de l'âme intérieure et de la vie; le développement, une éducation organique nécessaire (2). M. H. Fichte est donc évidemment pour l'animisme. Il va plus loin : il ne voit dans le corps qu'une sorte de phénomène animique. Idée heureuse, qui fait du corps la forme visible de l'âme, et qui prévient toutes les difficultés, toutes les fâcheuses conséquences attachées à la conception contraire, à savoir que l'âme est la forme du corps. Au fond, sans doute, c'est la même chose; mais la première expression nous semble beaucoup plus heureuse que la seconde; elle indique mieux le rapport des deux choses, l'empire de l'esprit sur la matière (3).

§ III.

M. J.-E. Erdmann.

M. J.-E. Erdmann, professeur ordinaire de philosophie à Halle, nous semble moins heureux lorsqu'il cherche à faire revivre un animisme qui n'est que la conséquence naïve de l'opinion scolastique ou péripatétique suivant laquelle l'âme est la forme du corps. C'est un animisme sans doute, mais un animisme qui ne donne pas à l'âme

(1) *Anthropologie*, etc., p. 172, ap. *Revue germanique*, 31 janv. 1859, p. 29-30.

(2) Ist die Lebenskraft nur die Seele selbst, der aeussere Leib das wechselnde Abbild des inneren Seelen-und Lebensherganges, die Entwicklung eine nothwendige organische Erziehung.

(3) Auf die Sinnenwelt gerichtete Machterweisung des Geistes.

toute la supériorité qui lui revient, et qui pourrait bien en compromettre l'indépendance essentielle, la personnalité propre, l'immortalité même : « Le corps, dit-il, est la réalisation, l'acte (*Bethaetigung*) de la fin, la réalité, le développement de l'âme. Le corps et l'âme sont deux facteurs inséparables : (seulement) l'âme est ce qui conserve le corps. » (1)

§ IV.

M. Petoecz.

Mais l'un des philosophes contemporains qui ont traité le plus hardiment le problème de l'union de l'âme et du corps, dans la plus large acception du mot, c'est M. Petoecz, dans son *Coup-d'œil sur le monde* (2). Il examine le *milieu* imaginé par quelques physiologistes entre l'âme et la force, et appelé par eux *bioticon*. C'est une espèce de principe vital qui se distinguerait des autres impondérables, en ce qu'il serait le produit de l'acte vital (*Lebensprocess*), et qu'il favoriserait les fonctions de la vie et entretiendrait le commerce entre l'âme et le corps. C'est, comme on voit, une sorte d'âme corporelle à fonctions végétatives ou organiques imparfaites. Nous disons imparfaites, puisque, loin d'expliquer la vie individuelle dans son origine, il en serait, au contraire, un effet. Ce principe ne serait donc ni matière, ni force,

(1) *Leib und Seele nach ihrem Begriff und ihrem Verhaeltniss zu einander*, p. 81-88, Hall., 1837.

(2) *Ansicht der Welt*, von Dr MICHAEL PETOECZ, in-8°, Leipz., 1838, p. 87, 157, 283, 305.

puisqu'il tiendrait le milieu entre ces deux choses. Il ne serait pas davantage esprit par opposition à matière, et par la même raison. Mais ces caractères, dit M. Petoecz, sont purement négatifs et relatifs. Si c'est là seulement ce qu'on en sait, on ignore ce qu'il est et ce qu'il n'est pas en soi. Et alors comment peut-on savoir qu'il est impondérable? Il est, d'ailleurs, contradictoire qu'il soit en même temps *le produit et le moyen* des fonctions vitales (1).

A cette doctrine, M. Petoecz oppose celle que voici: « Aussitôt que l'âme de l'enfant, âme d'abord sans vie, devient animée, et qu'elle se trouve insinuée dans sa première enveloppe (*Nothülle*), elle commence à se construire son corps (*Hüllenbau*) avec les sucs nourriciers qu'elle tire du sein de la mère... Mais cette opération ne se fait pas sans peine; l'âme rencontre dans la confection de son corps plusieurs obstacles... Elle peut ne pas avoir sous la main les matériaux les plus convenables pour construire son habitation corporelle sur le plan ou l'idée qu'elle porte au dedans d'elle. Son travail peut être contrarié par la maladie de la mère qu'elle habite; les âmes inanimées qui lui servent de matériaux peuvent être plus ou moins propres à s'assimiler par elle; etc. » (2)

D'où l'on voit que, suivant notre philosophe, les corps, les corps organisés du moins, ne seraient déjà que des âmes non vivantes, ou dont l'action vitale serait subordonnée à celle de l'âme organisatrice (3). On voit égale-

(1) *Ansicht der Welt*, p. 87-90.

(2) Ibid., p. 187-193.

(3) L'âme des corps inorganiques, qui détermine les affinités chimiques, est l'âme du monde, p. 283.

ment par là que l'âme est d'abord revêtue passivement d'une première enveloppe. N'eût-il pas été plus rationnel de lui faire composer cette première enveloppe elle-même, puisqu'on lui fait construire son corps? N'est-ce pas limiter sans nécessité l'action de l'âme, que de l'assujétir à un premier corps comme à un moyen nécessaire? Quelle impossibilité manifeste y a-t-il donc à ce que l'âme agisse immédiatement sur d'autres âmes de même genre, sinon de même espèce? Toutes les âmes sont, d'ailleurs, virtuellement les mêmes et semblent avoir une même destinée : « Les âmes des plantes, des animaux et des hommes sont *toutes égales entre elles,* toutes des êtres capables de connaissance, des êtres doués de toutes les sortes de facultés dont une âme est capable. Mais ces facultés leur seraient inutiles, si elles ne pouvaient les appliquer et manifester. Or, elles ne peuvent les déployer que par le moyen de leur enveloppe corporelle. Si donc les facultés de l'âme ne doivent nécessairement exister que pour être appliquées et se développer, les âmes doivent aussi avoir reçu une enveloppe appropriée à cette double opération; c'est-à-dire qu'il doit y avoir d'abord en elles une idée innée, qui est comme le modèle d'après lequel elles doivent ensuite se construire leur enveloppe organique qui doit leur servir enfin dans l'application et la manifestation immédiates de leurs facultés. Cette idée doit donc leur être innée; et dans la construction de leur habitation corporelle, elles ne peuvent pas s'en écarter. Mais encore faut-il, pour qu'elles puissent se livrer à ce travail, qu'elles soient placées dans des circonstances favorables. Si elles ne les rencontraient pas sur la terre, elles les trouveraient dans une meilleure patrie, où les âmes des plantes mêmes se construisent une enveloppe, un corps pourvu des sens nécessaires pour connaître tout ce qui peut être perçu, et qui leur servent de moyen pour s'élever par la pensée à la majesté divine manifestée par les choses sensibles, et de cette invisible majesté à la connaissance de Dieu leur créateur. » (1)

Telle est la destinée des âmes. Quant à leur origine, elle serait physique ou naturelle, excepté celle du premier couple. « Les âmes des parents quittent leur enveloppe pour produire par l'acte de la génération l'âme de l'enfant, après quoi elles reprennent possession de leur corps respectif. La preuve qu'il en est ainsi, c'est, dit-on, l'insensibilité, l'immobilité, quelquefois la mort des poissons pendant la saison du frai. Ce qui fait dire aux pêcheurs qu'à cette époque les poissons dorment et sont aveugles. » (2)

(1) *Ansicht der Welt*, p. 328-329.

(2) Ibid., p. 157. On peut voir encore dans cet auteur : 1° sur l'union de l'âme et du corps expliquée par leur identité, p. 87-90; 2° sur le concours des âmes des parents et la divisibilité de l'âme, p. 159-165 (si l'objection contre cette divisibilité, tirée de la simplicité de l'âme, peut être résolue par le fait des fragments de vers animés, par celui de la reproduction de deux animaux avec un seul, par la sympathie des frères siamois et autres, etc.?); — 3° sur la construction du corps par l'âme, p. 187; — 4° sur les difficultés que présente cette théorie, p. 188; — 5° sur les propriétés vitales de ce qui paraît sans vie; sur la différence entre les âmes, les âmes des hommes et celles des animaux et des plantes, p. 305; etc.

CONCLUSION.

Tel est l'état des esprits sur la question capitale du principe de la vie dans l'homme. Si une doctrine tient une partie de sa force du nombre et du savoir de ceux qui la professent, il faut convenir que le monodynamisme spiritualiste doit paraître assez imposant à ceux qui seraient tentés de le rejeter, pour qu'au moins il dût être examiné avant d'être condamné.

Nous croyons avoir fait plus que recueillir des autorités à l'appui de cette doctrine; si nous ne nous abusons, nous avons mieux prouvé qu'on ne l'avait fait jusqu'ici, grâce toutefois aux travaux de nos prédécesseurs, combien l'animisme l'emporte sur toutes les autres doctrines touchant le principe de la vie.

A la critique, maintenant, de nous juger. Mais quoi qu'elle fasse ou ne fasse point, nous resterons avec le sentiment d'avoir rempli dans la mesure de nos forces l'une des plus grandes tâches qui incombent à notre temps: je veux dire d'établir le spiritualisme individuel, personnel, avec la plénitude des fonctions qui appartiennent à l'âme humaine, en faisant sortir la psychologie du champ par trop étroit des phénomènes de conscience, où elle était outre mesure amoindrie et un peu étouffée. S'il a été un temps, pas encore très éloigné de nous, où il fut nécessaire de se renfermer dans cet ordre de faits pour triompher plus sûrement du matérialisme, le moment est venu, croyons-nous, de rendre à la psychologie son essor, de l'établir sur toute l'étendue de son domaine, et de restreindre d'autant celui qu'une physiologie malheureusement ambitieuse avait cru pouvoir usurper au profit du matérialisme. Ce n'est pas une conquête à faire; c'est une usurpation à repousser, un domaine légitime à revendiquer, des limites toutes posées par la nature même des choses à reconnaître. C'est ce que nous avons tenté.

TABLE DES CHAPITRES.

LA VIE DANS L'HOMME.

DEUXIÈME PARTIE.

EXISTENCE, FONCTIONS; — NATURE, CONDITION, FORME, ORIGINE ET DESTINÉE DU PRINCIPE DE LA VIE.

LIVRE I.

Existence et fonctions organiques du principe de la vie dans l'homme.

LIVRE II.

Nature, condition présente, forme, origine et destinée future de l'âme.

TROISIÈME PARTIE.

HISTOIRE DE L'ANIMISME, OU MONODYNAMISME SPIRITUALISTE.

—

LIVRE I.

De l'animisme dans l'antiquité.

LIVRE II.

De l'animisme au moyen âge.

LIVRE III.

De l'animisme de Stahl et de ses disciples.

LIVRE IV.

Vitalisme de Montpellier. — Vitalisme de Paris. — Autres doctrines qui s'en rapprochent.

LIVRE V.

Philosophes contemporains, partisans plus ou moins prononcés de l'animisme.

Dijon, imp. J.-E. Rabutôt, place Saint-Jean, 1 et 3.

www.ingramcontent.com/pod-product-compliance
Lightning Source LLC
Chambersburg PA
CBHW060845220326
41599CB00017B/2386
* 9 7 8 2 0 1 4 4 8 4 0 7 6 *